崔家骥　著

现代控制系统设计理论的新发展

（第三版）

上海交通大学出版社
SHANGHAI JIAO TONG UNIVERSITY PRESS

内容提要

本书详细介绍了一个与60多年来的现代控制理论中最基本的设计原则——分离原则完全不同的综合设计原则。这一设计新原则将综合根据观测器设计的结果和受控系统输出观测的关键参数,来设计一个允许只针对部分受控系统状态的状态反馈控制——“广义状态反馈控制”。这一部分系统状态的数目等于观测器,即反馈控制器的阶数。这一阶数将首次根据不同的实际受控系统条件和不同的实际设计要求来完全自由地调整决定,也将因此完全统一现有的状态反馈控制和静态输出反馈控制。这一广义状态反馈控制的最重要的鲁棒性即可靠性,能保证在绝大部分受控系统条件下被实现,而现有的状态反馈控制的鲁棒性在绝大多数受控系统条件下不能被实现。这一广义状态反馈控制不但比整个控制理论中的其他基本控制形式有效得多,而且其实际设计的方法在解析和计算两方面都在本书中得到了重大改进。因此,本书不仅丰富和发展了自动控制理论,特别是现代控制论,而且还为这一理论的广泛实际应用创造了必要的条件。

本书所含内容及表达方式简单明了,并附有大量例子和习题,可作为相关专业的教科书。

图书在版编目(CIP)数据

现代控制系统设计理论的新发展/崔家骥著. —3版. —上海:上海交通大学出版社,2022.8
ISBN 978-7-313-26986-7

Ⅰ.①现… Ⅱ.①崔… Ⅲ.①控制系统-系统设计 Ⅳ.①TP271

中国版本图书馆CIP数据核字(2022)第104840号

现代控制系统设计理论的新发展(第三版)
XIANDAI KONGZHI XITONG SHEJI LILUN DE XINFAZHAN (DI-SAN BAN)

著　　者:崔家骥
出版发行:上海交通大学出版社　　地　　址:上海市番禺路951号
邮政编码:200030　　电　　话:021-64071208
印　　制:当纳利(上海)信息技术有限公司　　经　　销:全国新华书店
开　　本:710mm×1000mm 1/16　　印　　张:19
字　　数:328千字
版　　次:1996年9月第1版 2022年8月第3版　　印　　次:2022年8月第3次印刷
书　　号:ISBN 978-7-313-26986-7
定　　价:158.00元

第三版前言

本书的主要意义在于提出了一个现代控制理论的根本崭新的设计原则。这个设计原则将综合根据每个不同受控系统的实际具体条件及其反馈控制器的实际参数，来设计广义状态反馈控制，因此这个新的设计原则也就是“综合设计原则”。

现有的现代控制设计理论，自开创至今的60多年来，一直遵循著名的“分离设计原则”。这个设计原则首先假定已知所有受控系统的全部内部状态，以此来设计一个状态反馈控制，然后设计一个控制器/观测器来实现这一控制。因此在这个设计原则下，状态反馈控制以及实现它的控制器，是完全分(离)开设计的。

因为绝大多数实际受控系统都远不能满足分离原则的上述假定条件，所以对于这些远非理想的绝大多数受控系统，虽然能够估算出状态反馈控制的信号，但是根据现有分离原则设计出来的控制器都不能够实现其所要实现的状态反馈控制的可靠性/鲁棒性，或不能够实现这一状态反馈控制所对应的环路传递函数。

这里提到的控制理论界常用的高“鲁棒性”(robustness)，即为系统在模型误差、输入扰动以及输出测量噪声这些不利条件下仍然保持高性能(至少是稳定性)的能力，也即系统针对这些不利因素的低敏感性，因此鲁棒性就是可靠性。

众所周知，提高可靠性/鲁棒性从来就是实行反馈自动控制的最主要目的。我们还知道，高可靠性和高性能一直是一对矛盾对立的设计要求，又是实际控制系统必须兼顾满足的一对设计要求。

因此上述“不能够实现其所要实现的状态反馈控制的可靠性/鲁棒性”这一情况，为60多年来的现代控制论/分离设计原则的致命缺陷，必须解决这一关键的未解难题。

因为这一理论上的致命缺陷，所以60多年来现代控制论并没有什么成功的实际应用,以致从 20 世纪 80 年代起,控制理论界的主流又返回到了经典控制论,如"后经典控制论"(neo-classical control theory)。

但是众所周知,因为经典控制论的基础——传递函数/环路传递函数模型远不如现代控制论的基础——状态空间系统模型更直接、详细、简明,所以经典控制论不论在分析上还是在设计上都远不如现代控制论。比如在分析显示系统的鲁棒稳定性上,基于环路传递函数的增益裕度和相位裕度就远不如现代控制论的基于极点实部及其敏感性的分析显示更普遍精准。增益/相位裕度更不能像极点那样保证满足反馈系统的性能要求。这也是为什么在二十世纪六七十年代,控制理论界的主流几乎完全从经典控制论转到现代控制论的原因。总之,由于这一致命缺陷,整个控制理论基本处于徘徊不前的状态。

因为这一关键理论问题一直没能得到真正解决,所以现代控制理论里的现有设计,比如其他的关于现代控制论的书籍和文献里的设计,并不比 60 多年前的设计有大的和实质性的进展。

这里的"实质性进展"不是指有没有新的设计命题或再命题,而是指有没有更能充分保证满足高性能和高鲁棒性的新命题,更是指这些新命题有没有令人满意的和有实用意义的解。很明显,不能满足以上这两个要求的设计命题不可能有实际意义,所以也不能算是对自动控制设计理论的实质性进展。

例如,"最优控制"这一设计命题并不等于其设计结果就真的是"最优的",或真的就最能兼顾提高控制系统的性能和鲁棒性。另外 20 世纪 60 年代的对一个二次型指标的最优化也只有状态反馈控制才能实现,而前面已经提到这一控制本身的鲁棒性最终却不能在绝大多数受控系统条件下被实现。因此这一设计命题及其解/结果完全不能令人满意,事实上也很少有成功应用。

又如,最新的和基于敏感性函数(或环路传递函数)的一些最优设计命题,也并不如基于极点及其敏感性的设计命题能够充分保证控制系统的高性能和高鲁棒性。另外这些最新设计命题不但普遍无解,而且即使有解也只是数值解,即需要计算机进行大量数值逼近迭代计算才能得到的近似解。比如,很多这样的设计命题的解的计算,需要基于相应的矩阵不等式(LMI)这样一个更复杂的数学问题的数值解。这一数值解是否存在根本无法预测,而且根本无法对基于这样的数值解的最终设计结果进行理性的修正和调整。这应该是为什么这些最优设计的结果并没有被认为是合适的教材内容的原因。

总之,"实现广义状态反馈控制的环路传递函数/可靠性"是控制理论中不可回避的关键设计问题,真正解决这一关键问题有着长远的和决定性的重大意义。

现代控制系统的理论家们只以不同的方式提出了反馈控制设计的命题，但目的应该是对真正关键的命题，探索出令人满意的解及其设计计算原则和方法，即实质性地解决反馈控制设计问题。

本书提出的设计新原则，可以在绝大多数受控系统条件下，简明设计出能完全实现其广义状态反馈控制的环路传递函数/可靠性的反馈控制器。这个设计新原则真正解决了上述这个 60 多年来一直未解决的关键设计问题，所以应该是现代控制设计理论 60 多年以来的实质性进展。

这个新设计原则更能针对所有实际具体的受控系统条件和设计要求，通过调整控制器的阶数来有效调整广义状态反馈控制的强度以及实现这一控制的可靠性的程度这两者之间的交换。这些特点都是现代控制设计理论 60 多年来未有的重大突破。

前面已经提到，广义状态反馈控制和直接状态反馈控制的设计是基于对系统内部结构的更详细和更直接得多的信息了解，因此是整个控制理论的所有基本控制形式中最有效的控制形式。问题只是根据分离原则设计的状态反馈控制的可靠性一直不能实现。而本书的新设计原则，则完全解决了这个不可回避的关键问题。所以本书的新结果也应该是整个自动控制设计理论的重大进展。

本书提出的新设计原则的另一个重大意义在于其整个设计命题和计算都非常简明。

众所周知，只有简明的分析结果，才是真正透彻的分析和理解的结果。比如线性系统的性能/稳定性由该系统的极点最直接地决定，所以本书中基于极点及其敏感性的鲁棒稳定性指标(可靠性与性能的综合指标)就普遍精准和简明得多(请见 2.2.2 节)。又比如，实现广义状态反馈控制的环路传递函数/鲁棒性的条件，就是没有系统输入的反馈。这个条件在本书里也以 $TB=0$ 这样最简单的线性代数方程的形式设立(请见定理 3.3 和定理 3.4)。

众所周知，只有简明的设计方法，才可能被实际设计的工程师们真正学习掌握。而只有真正掌握了设计方法，才可能在实际设计中根据实际系统条件和设计要求来应用，才可能根据最终模拟数据对这些设计方法中的具体步骤和参数甚至原始设计要求，反过来进行必要的调整。

本书提出的设计计算非常简明，并且基本不用数值解，所以与其他相关著作显著不同的是，本书展示了更多得多的从三阶到九阶的多输入、多输出系统的实际设计例子。这些例子的大多数都是完全手算完成的，而且这些例子里的设计计算的每一步结果都完整清晰地展示出来。这样才能使读者真正学习和掌握本书的设计方法的每一步，才能使他们在以后真的能够实际应用和调整。

这些设计计算的程序(共有 12 个),都是可以在计算机上直接编码的,是最核心的算法。

最后,本书第三版相对于 2007 年第二版所做的最主要的改进,就是将本书的设计方法及其优越性更加详细、更加充分和更加完整地加以叙述和解释,其主要体现在以下两个方面。

(1) 修改了控制器/观测器设计的两章中的第 2 章(即第三版的第 7 章)。

首先将“最小阶函数观测器设计的最可能好的理论结果”这一结论,以更正式和更严密得多的形式证明出来。根据这一加强了的结论,又增加宣布了两个更强的终结性质的推论/结论:这一设计问题的理论部分已经完全解决;因为这一设计问题的计算部分的进一步改进和复杂化没有实际意义,所以整个设计问题已经基本解决。这些结果都将合并在第三版的 7.1 节。

其次增加了一个新的 7.2 节,用来介绍故障检测和控制的反馈控制器设计。这里的故障即重大的和偶然发生的系统输入控制部分的故障,以系统输入的一个突发外加信号来代表。这类故障与本书其他章节里微小的和经常的输入扰动完全不同,所以处理的方式也完全不同。就像针对危害微小经常遇到的病毒的免疫处理和针对突发重病的处理完全不同一样。所以这一问题也非常重要。有一些专著和文献都在专注于这个问题。

整个第三版第 7 章的内容,约是第二版第 7 章内容的三倍。

(2) 对第 8 章中的特征结构配置(即特征值和特征向量配置)的设计方法做了更加详细、充分和完整的叙述和解释。系统状态矩阵的特征值即为该系统的极点,而特征向量又能决定其相应特征值的敏感性。所以特征结构配置能特别有效地保证和提高反馈控制系统的性能和可靠性。又因为本书的设计新原则提出了广义状态反馈控制,而且只有状态反馈和广义状态反馈控制才能配置特征值和特征向量,所以这是第三版中具有最重要意义的改进。

比如在 8.3 节中加了两个完整的控制器和广义状态反馈控制的设计例子,特别是这两个例子都配置共轭复数的特征值,而实际反馈控制系统的极点/特征值一般也都是共轭复数。第二版相应的 8.1.3 节中没有配置共轭复数特征值的例子,这样的例子能特别清晰、充分和完整地显示本书新的设计程序和方法的优越性。另外还加了 10 个与此例类似的例子作为习题,而这样完整的实际设计的例子,在现有的其他专著和文献中一般只有一个,更何况此例中的 2×2 维环路传递函数矩阵使得现有经典控制论不可能精准分析。更重要的是,此例中的输入多于输出的情况又使得现代控制论的现有其他设计不可能保证实现控制系统的鲁棒性。

因为新加了很多内容，所以第二版的第 8 章在第三版中分成了两章，分别针对特征值配置和特征向量配置的设计问题。这样第三版将比第二版多一章，一共 10 章。

这一新版有一个最主要的参考文献，即作者于 2015 年发表的一篇题为《观测器设计》的综述论文（https://www. researchgate. net/publication/273352547_Observer_design_—_A_survey）。

作者

2022 年 7 月 13 日于纽约

第二版前言

本书详细介绍了一个与现有现代控制理论中最基本的设计原则——分离原则完全不同的综合设计的原则和途径。这一途径可以在大多数系统的情况下第一次保证实现广义状态反馈控制的鲁棒性。广义状态反馈控制可以比别的基本控制形式有效得多地提高反馈系统的性能和鲁棒性，而性能与针对系统的模型误差和输入扰动的鲁棒性又是实际控制系统的关键要求。因此，本书不仅丰富和发展了状态空间控制理论，还为这一理论的广泛应用创造了必要的条件。

这一设计新途径首次根据观测器设计的结果来设计一个可以带有限制的状态反馈控制。这一限制根据不同的系统条件而不同，并因此能完全统一现有的两个基本控制形式，即不带限制的状态反馈控制和最带限制的静态输出反馈控制。因此我们把本书的这一新的状态反馈控制称为“广义状态反馈控制”。

相对于第一版及其十个主要新结果（见第一版前言），本版做了以下两个方面的主要改进，并分成 9 章来叙述。

首先针对第一个主要结果即本书的设计新途径，本版在第 4 章对其优越性和合理性做了充分得多的证明。本版证明了这一新的设计不但比现有的能实现状态反馈控制的鲁棒性的设计对更广泛的系统成立，而且这一广泛性上的差别是极为显著的。本版还特别根据一个 1996 年发表的结果（Wang，1996）证明尽管本书的广义状态反馈控制带有限制，但仍然非常有效并能在大多数的系统条件下保证控制系统的稳定性。本版在 6.4 节还进一步强调这一新的设计途径可以通过自由调节观测器的阶数来有效调节控制系统的性能和鲁棒性。

本版第二方面的也是更重大的改进，是用广义状态反馈控制配置特征结构的设计。针对这一设计问题的设计方法，本版在 8.1 节做了重大改进。本版还根据 9.3 节内的比较叙述了特征结构配置设计相对于一些最优控制设计在关键的设计参数的设立和调整上的显著优越性，并根据第 2 和第 3 章内的基本分析强调了特征结构配置设计相对于针对环路传递函数的范数的直接设计的普遍、重大的优越性。这两个比较上的结论被分别列为本版的第九和第十个主要结果。第一版的第四和第十个主要结果，即关于故障检测与自适应控制的结果，则因为与本书的最主要的结果关系不大而没有包含在第二版中。

除了上述四个主要结果以外，本版的其余第三到第八个主要结果及其对应章节列举如下：第三，特征向量配置设计(8.2 节)；第四，最小阶函数观测器的设计(第 7 章)；第五，矩阵方程 $TA-FT=LC$ 的解(第 5 章)；第六，不观测所有系统状态就直接产生广义状态反馈控制信号的基本设计概念及其推广(第 3～7 章)；第七，对现有状态反馈控制和静态输出反馈控制的完全统一(6.3 节)；第八，一个普遍准确得多的并能被特征结构配置设计优化的鲁棒稳定性的测量(2.2.2 节)。

可以说，本书的设计新途径(第一个结果)的提出基于第五、第六和第七个结果中的新理论和新观念，而其所赖以成立的广义状态反馈控制的优越性则在第二、第三、第八、第九和第十个结果中得到证实。

也可以说，如果本书的第一版强调了用经典控制论中的环路传递函数的概念来实现广义状态反馈控制的鲁棒性，那么本版则更强调了用现代控制论中的方法设计出来的广义状态反馈控制(及其对应的环路传递函数)能有效得多地提高控制系统的性能和鲁棒性。

本书的结构如下：第 1～4 章循序从系统模型到系统分析，再从提出设计要求到确定(新的)设计途径。第 5 章叙述对一个不同于西尔维斯特(Sylvester)方程的矩阵方程的解及其计算问题。这个方程是本书第 6～8 章的设计问题的关键方程，而只有本章中解耦的解才能满足本书的设计要求。第 6 章和第 7 章各自根据一个不同的目的设计观测器。其中只有第 6 章的目的(即保证实现广义状态反馈控制的鲁棒性)才与本书的设计新途径有关。第 8 章和第 9 章用广义状态反馈控制来分别配置特征结构和实行二次型最优控制。9.3 节还对这两章的设计做了比较。

因为本书一开始就涉及对多输入多输出系统的深入分析与设计，所以本书一般来说适合作为学过状态空间理论的研究生的教科书。此外，因为本书的数学工具仅为线性代数(为保证基础内容的完整，本书附录 A 还做了尽可能简明的介绍)，又因为本书的每个问题都是从最基本的概念和内容开始介绍，所以本书也可作为实际科研设计人员和有系统/信号基础的理工科大学生的参考。本书每一章的后面都有习题供练习和理解该章的内容。另外附录 B 还列出了八个实际控制系统的数学模型供综合练习和参考。

为方便读者，本版最后还加了一个英语的内容索引，每个词都附有中文翻译。

作者希望能够通过本书的出版向读者介绍一个根本崭新、简单实用又有上述众多优点的基本设计原则与途径。

作者

2007年2月

第一版前言

本书汇集了自 20 世纪 80 年代，特别是 20 世纪 90 年代以来发表的关于线性系统状态空间设计理论的研究成果。这些成果已经构成了一条比较完整的和崭新的设计途径。这一设计途径可以在兼顾系统性能的前提下，基本解决现有结果未能解决的低敏感性问题。性能及鲁棒性(后者即为对于系统参数变化和信息干扰的低敏感性)是对任何一个实际工程系统的两个既互相矛盾又不可忽视的主要要求。因此，这一新的设计途径不仅丰富和发展了状态空间设计理论，还为这一理论的广泛应用创造了必要的条件。

状态空间理论是从 20 世纪 60 年代发展起来的。在现有的理论中，状态反馈控制和实现状态反馈控制的观测器是完全分开来设计的。虽然这样设计出来的直接状态反馈系统能有某种最优的性能和低敏感性，但是在绝大多数情况下，带有实现这一最优状态反馈控制的观测器的反馈系统却没有同样的低敏感性。本书介绍的设计新途径是把状态反馈和实现它的观测器结合起来设计，也就是根据观测器的设计结果来设计状态反馈。这样设计出来的系统不但可以实现一种只稍带有限制的(广义的)状态反馈控制，而且可以拥有和相对于这一状态反馈控制的直接状态反馈系统完全相同的低敏感性。这一结果对于所有输出多于输入，以及所有拥有一个以上稳定传输零点的系统都有效。对于其他的系统，该设计新途径也可以不加改变地应用，并能在维持敏感性方面达到某种最佳近似的程度。

控制理论主要由经典控制理论和状态空间(现代)控制理论所组成。与经典控制理论相比，状态空间理论能够更加详细准确地描述单一系统的性能和敏感性，但是对于反馈系统的敏感性的描述却不清楚。虽然本书只限于介绍状态空间理论，但是本书的分析和设计仍然能够充分地兼顾反馈系统的性能和低敏感性。这是因为本书充分应用了经典控制理论中的一个关键的基本概念——用环路传递函数来描述反馈系统的敏感性。当然，根据这一基本概念提出的设计要求仍然是由基于状态空间系统模型的设计来满足的。

控制理论的主要意义在于能够普遍地指导复杂控制系统的设计。这就要求控制理论能够提出真正兼顾系统的性能和低敏感性的设计要求。这又要求针对这些具体设计要求，控制理论能够提出真正系统的、简单的、普遍的和能充分利用设计自由度的解决方法。本书只对这些设计方法及其理论基础做集中的介绍，而不试图对现有状态空间理论的其他众多的结果做全面的介绍。对于一些特别是分析性质的数学结果，本书也只注重其物理意义和出处，不做详细的和严格的论述。

本书包括了下列 10 个主要的和在同类文献中尚未出现的新结果：

(1) 一种可以实现(广义)状态反馈控制的输出反馈控制器的原理及设计方法。这一控制器所在的反馈系统具有和其对应的状态反馈系统完全相同的低敏感性(第 2、第 3 和第 4 章)。

(2) 用静态输出反馈/广义状态反馈来全面配置特征值和特征向量(4.1 节)。

(3) 在特征值配置设计时，充分利用所有的剩余自由度来配置特征向量，这一结果包括数值的迭代方法和解析的解耦方法(4.1 节和 4.2 节)。

(4) 能兼顾系统模型误差以及观测噪声影响的故障检测、定位和容错控制器，及其普遍、简明的设计程序(第 5 章)。

(5) 能实现任意(无限制)状态反馈控制的最小阶观测器，及其最简化的、系统性的和普遍的设计程序(3.4.1 节)。

(6) 矩阵方程 $TA-FT=LC$(A 和C 是任意的和能观的，F 的特征值是任意的)的解(F, T, L)。这一解与现有的 Sylvester 方程 $TA-FT=C$ 的解(F, T)有着根本不同。这一解不仅不要求矩阵 A 和 F 有不同的特征值，而且还能使矩阵 F 的特征值完全解耦，并能使矩阵 T 的每一行都由其基向量来表示。此外，这一解能使其所解的方程的剩余自由度得以充分利用，而这一方程又是状态空间设计理论中最基本的和最重要的方程(第 2～第 5 章)。

(7) 从反馈控制器的状态以及系统的输出观测中直接产生所需的状态反馈控制信号(而不是先产生系统的状态以后再产生状态反馈控制信号)的设计思想。这一基本思想将第一次被运用在本书的整个设计途径中(而不只是运用在函数观测器的设计中)(第 2～第 5 章等)。

(8) 对状态空间理论中的未知输入观测器以及静态输出反馈这两个现有的基本控制结构的完全统一(3.4.2 节)。

(9) 用新的更加普遍准确的理论公式以及每个单一特征值的敏感性，来测量和指导鲁棒稳定性的设计(1.3 节)。

(10) 用自适应状态反馈控制的概念来设计故障包容控制器(4.2节)。

以上10个结果中的前5个是具体的设计结果,后5个是使这前5个结果得以产生的新理论、新基础、新方向和新概念。因此本书中的设计新途径(第1个结果)是建立在一些重要的理论研究的发展和成果(第6~8个结果)上的。除了第2和第3个结果以外(其中第3个结果中的一部分尚未公开发表),其他结果主要出自作者10年来发表的论文。

设计计算的可靠性也是极其实际和重要的。这是因为实际的控制设计问题是复杂的和需要大量运算的,而不可靠的计算方法在大量的计算中往往会因为初始数据误差和计算舍入误差的积累,最终使计算结果完全不可靠。基于这一原因,本书尽量采取了可靠的设计计算程序,比如用海森伯格型矩阵取代规范型矩阵,用正交线性变换取代普通线性变换,等等。可靠的计算也是状态空间理论相对于经典控制理论的另一个重要优点,因为后者所要求的多项式计算往往是不可靠的。

因为本书提出了更高的设计要求(同时满足性能和低敏感性)和更可靠的计算要求,并且一开始就深入到多输入和多输出系统的普遍的分析和设计中,所以,本书要求读者具有比较扎实的线性代数的基础。这一情况相似于经典控制论的发展要求读者具有比较扎实的复变函数的基础。但是本书所需的数学工具没有超出简单线性代数的范围。另外,线性代数计算的复杂性也因为数学软件的出现而在实际运用中大大简化了。本书的设计方法完全以计算机算法程序的形式出现,而这些程序中的每一步计算都已简化到了可以用现有数学软件一步完成的程度。为了使读者更好地掌握本书所需要的数学基础,作者在附录A中用尽可能简单的方式介绍了本书必需的线性代数和数值线性代数的一些基础结果。

总之,本书比较全面地涉及了状态空间理论的基本分析和设计问题,并给予了简明而深入的叙述和处理。因此本书适合作为学过一门控制理论课程的学生的教科书。本书包含的大部分内容是作者二十世纪八九十年代发表的研究结果,其中有些结果是近日才发表的。因此本书也可以作为介绍最新的研究成果和研究方向的专著。本书还特别注重介绍了具体到计算问题和考虑到实际要求的设计方法。因此本书还可以供从事实际控制系统设计的工作者参考。

本书共分5章。第1和第2章分别对单一系统和反馈系统进行分析,主要集中在系统的性能和敏感性这两个方面。这一分析揭示了本书提出的新的设计途径的优越性和必要性。第3章介绍本书提出的、能实现广义状态反馈控制的输出反馈控制器的动态部分的设计。这一章是本书提出的新的设计途径的基础步骤，也是第 4 和第 5 章中介绍的设计方法的基础。第 4 章介绍产生状态反馈和广义状态反馈控制的部分，即本书的输出反馈控制器的输出部分的设计。该章主要介绍了特征结构配置的设计，同时也介绍了线性二次型最优控制的设计。第 5 章介绍了一个具体的故障检测、定位和容错控制器，它可以和第 3、第 4 章中的输出反馈控制器并行连接和运行。此外，每一章都有充足的例题解释。除了第 2 章以外的每一章的后面还有简单练习题。附录 A 简略地介绍了与本书内容有关的线性代数和数值线性代数的一些基本知识；附录 B 列举了 8 个综合性的设计题目。

作者多年来一直在美国工作，对国内的研究成果了解不够。本书是作者第一本中文专著，也是作者编写的第一本书，内容又基本上是全新的，因此难免有偏漏之处，希望能够得到国内同行的包涵和指正。

在本书的写作过程中，作者得到了纽约州立大学陈启宗教授、清华大学郑大钟教授和中国科学院自动化研究所郑应平教授的帮助。作者能够撰写本书与其伯父崔耀宗博士的帮助是分不开的。本书中由计算机辅助完成的计算和作图主要由 Mr. Reza Shahriar 协助完成。“李立聪基金”为本书的出版提供了资助费用，作者在此一并向他们表示感谢。

作　者

目 录

第 1 章

系统的数学模型和基本性质

系统控制理论的直接对象不是工程系统本身，而是工程系统的数学模型。本章叙述多输入多输出线性系统的两类不同基本数学模型，以及系统的一些最基本的性质和参数。本章共分以下四节。

1.1 节介绍多输入多输出（MIMO）线性时不变系统的状态空间模型和传递函数模型，以及它们的形成及其相互之间的关系。

1.2 节叙述系统状态空间模型的特征分解，即把这个模型中的状态矩阵分解成约当型。

1.3 节介绍系统的能控和能观这两个基本性质。

1.4 节介绍系统的零点、极点这两类基本参数。本节和 1.3 节中的基本性质和基本参数可以由特征分解后的状态空间模型简明清晰地显示出来。

1.1 两类不同的数学模型

控制理论的工作一直主要集中在线性时不变系统。本书也只涉及线性时不变系统的控制问题。一个实际的线性时不变系统可以用状态空间和传递函数这两类数学模型来描述。基于状态空间模型的控制理论称为“状态空间控制理论”或“现代控制理论”，基于传递函数模型的控制理论称为“经典控制理论”。

本节将叙述这两类数学模型的形成及它们之间的关系。

状态空间模型是由一组（n 个）一阶线性常系数微分方程（1.1a）和一组线性方程（1.1b）所组成

$$\frac{\mathrm{d}\boldsymbol{x}(t)}{\mathrm{d}t}=A\boldsymbol{x}(t)+B\boldsymbol{u}(t)^{①} \tag{1.1a}$$

① 注：本书中由于黑斜体较多，为以示区别，书中矩阵用大写斜体表示，行、列向量用黑斜体表示。

$$\boldsymbol{y}(t)=C\boldsymbol{x}(t)+D\boldsymbol{u}(t) \tag{1.1b}$$

其中，$\boldsymbol{x}(t)=[x_1(t), \cdots, x_n(t)]^{\mathrm{T}}$ 是系统的状态向量；$\boldsymbol{u}(t)=[u_1(t), \cdots, u_p(t)]^{\mathrm{T}}$ 是系统的输入信号；$\boldsymbol{y}(t)=[y_1(t), \cdots, y_m(t)]^{\mathrm{T}}$ 是系统的输出信号；A，B，C，D 分别是 $n\times n$，$n\times p$，$m\times n$ 和 $m\times p$ 维的实常数矩阵。

在上述模型中，方程(1.1a)称为系统的"动态方程"，这一方程描述系统的动态部分，即由系统的初始状态 $\boldsymbol{x}(0)$ 和输入 $\boldsymbol{u}(t)$ 决定系统状态 $\boldsymbol{x}(t)$ 的部分。因此矩阵 A 称为系统的"状态矩阵"。方程(1.1b)则称为系统的"输出方程"，这一方程描述系统的"输出部分"，即由系统状态 $\boldsymbol{x}(t)$ 和系统输入 $\boldsymbol{u}(t)$ 决定系统输出 $\boldsymbol{y}(t)$ 的部分，这一部分的信号之间的关系是瞬间的，即静态的、无记忆的。

从式(1.1)及其定义可以看到，参数 p 和 m 分别代表系统输入和输出的数目。如果 $p>1$，我们称其所在的系统为"多输入"(multi-input，MI)系统。如果 $m>1$，我们称其所在的系统为"多输出"(multi-output，MO)系统。

系统状态 $\boldsymbol{x}(t)$ 的物理意义是其初始值 $\boldsymbol{x}(0)$ 能充分地反映系统的初始状态或初始的能量分布。比如在只包含线性时不变元件(如电感、电阻和电容)的电路系统中，系统状态 $\boldsymbol{x}(t)$ 是由电路中的所有独立的电容电压和电感电流所组成的，这样 $\boldsymbol{x}(0)$ 就充分地反映了电路系统的初始电荷量和磁通量的储量和分布。又比如在只包含线性时不变元件(如弹簧、阻尼器和质体)的线性运动的机械系统中，系统状态 $\boldsymbol{x}(t)$ 是由系统中所有独立的质体速度和弹簧弹力所组成的，这样 $\boldsymbol{x}(0)$ 就充分地显示了该机械系统的初始动能和初始势能的储量和分布。因此，系统状态的数目 n 也代表系统内独立的能量储存元件的数目。

例 1.1 一个线性时不变的电路系统如图 1.1 所示。

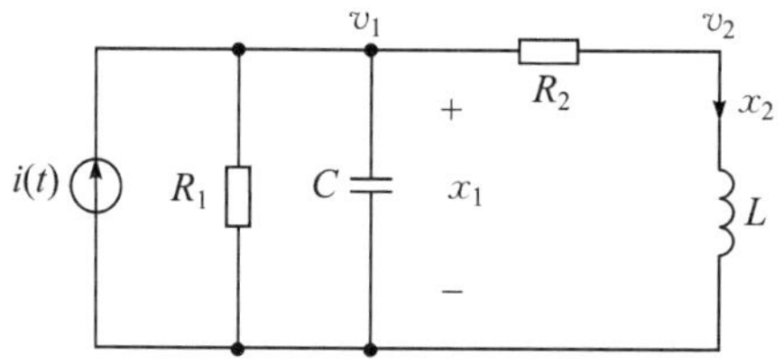

图 1.1 一个线性时不变的电路系统

设 $v_1(t)$，$v_2(t)$ 为电路系统中的两点电压，再设电路中的电容电压和电感电流分别为该电路系统的两个状态 $x_1(t)$ 和 $x_2(t)$，则有

$$v_1(t)=x_1(t),\ v_2(t)=x_1(t)-R_2x_2(t) \tag{1.2}$$

也就是说当知道了电路系统的状态以后，系统内的任何点电压和支电流（包括被指定为输出信号的电压或电流）都可以是系统状态和系统输入的线性组合。电路系统的输出部分的模型(1.1b)就是这样得来的。比如当输出 $\boldsymbol{y}(t)=[v_1(t),\ v_2(t)]^{\mathrm{T}}$ 时，式(1.1b)内的

$$C=\begin{bmatrix}1 & 0\\ 1 & -R_2\end{bmatrix},\quad D=0$$

电路系统动态部分的模型也可以从标准的电路分析中得到。平衡 v_1 和 v_2 这两点上的电流，则有

$$i(t)=C\frac{\mathrm{d}v_1(t)}{\mathrm{d}t}+v_1(t)/R_1+[v_1(t)-v_2(t)]/R_2 \tag{1.3a}$$

$$0=[v_2(t)-v_1(t)]/R_2+\left[\int v_2(t)\mathrm{d}t\right]/L \tag{1.3b}$$

将式(1.2)代入式(1.3)并经过简单运算[包括对式(1.3b)的两边微分]，就可以得到式(1.1a)的形式，即

$$\frac{\mathrm{d}x_1(t)}{\mathrm{d}t}=(-1/CR_1)x_1(t)+(-1/C)x_2(t)+(1/C)i(t)$$

$$\frac{\mathrm{d}x_2(t)}{\mathrm{d}t}=(1/L)x_1(t)+(-R_2/L)x_2(t)$$

这样在式(1.1a)中

$$A=\begin{bmatrix}-1/CR_1 & -1/C\\ 1/L & -R_2/L\end{bmatrix},\quad B=\begin{bmatrix}1/C\\ 0\end{bmatrix}$$

例 1.2　在如图 1.2 所示的线性运动的机械系统中，设 $v_1(t)$ 和 $v_2(t)$ 为系统内的速度，再设系统的质体速度和弹簧弹力为系统的两个状态 $x_1(t)$ 和 $x_2(t)$，则有

$$v_1(t)=x_1(t),\quad v_2(t)=x_1(t)-(1/D_2)x_2(t) \tag{1.4}$$

也就是说当知道了机械系统的状态以后，系统内任何一点上的速度和任何部件上的应力（包括被指定为输出信号的速度和应力）都可以是系统状态和系统输入的线性组合。机械系统输出部分的模型(1.1b)就是这样得来的。比如，当输出 $\boldsymbol{y}(t)=[v_1(t),\ v_2(t)]^{\mathrm{T}}$ 时，式(1.1b)中

$$C=\begin{bmatrix}1 & 0\\ 1 & -(1/D_2)\end{bmatrix},\quad D=0$$

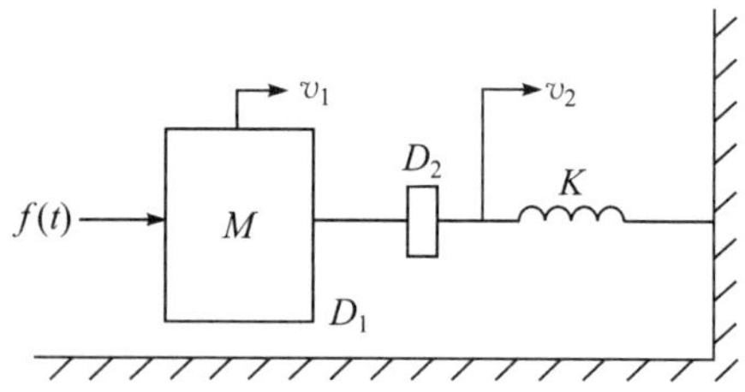

图 1.2　一个线性运动的机械系统

机械系统动态部分的模型也可以从标准的力学分析中得到。平衡在 v_1 和 v_2 这两点上的力，则有

$$f(t)=M\frac{\mathrm{d}v_1(t)}{\mathrm{d}t}+D_1v_1(t)+D_2[v_1(t)-v_2(t)] \tag{1.5a}$$

$$0=D_2[v_2(t)-v_1(t)]+K\left[\int v_2(t)\mathrm{d}t\right] \tag{1.5b}$$

将式(1.4)代入式(1.5)，并经过简单运算[包括对式(1.5b)的两边微分]，就可以得到式(1.1a)的形式，即

$$\dot{x}_1(t)=(-D_1/M)x_1(t)+(-1/M)x_2(t)+(1/M)f(t)$$
$$\dot{x}_2(t)=Kx_1(t)+(-K/D_2)x_2(t)$$

这样在式(1.1a)中

$$A=\begin{bmatrix}-D_1/M & -1/M\\ K & -K/D_2\end{bmatrix},\quad B=\begin{bmatrix}1/M\\ 0\end{bmatrix}$$

从上面两个例子可以看到，线性时不变的电路系统和机械系统的状态空间模型及其推导基本上完全类似，而且这一推导可以系统化和标准化。这一不同物理系统在数学模型上类似的性质，是一个物理系统(如机械系统)的运行可以由另一个类似的物理系统(如电路系统)或由其数学模型系统的数值解来模拟的原因。我们分别称以上这两类模拟为“物理模拟”和“数字模拟”。

这样的类似性质还可以推广到更多的线性时不变系统(如旋转运动的机械系统、热力系统和流体系统，等等)。所以控制理论，特别是线性控制理论虽然因为基于数学模型(而不是基于具体工程系统)而比其他的工程专业抽象，但却比它们具有更加普遍和广泛的应用价值。

线性时不变系统的第二类数学模型——传递函数模型，可以从系统的状态空间模型得到。

设 $X(s)$，$U(s)$和 $Y(s)$分别为系统状态 $\boldsymbol{x}(t)$、系统输入 $\boldsymbol{u}(t)$和系统输出 $\boldsymbol{y}(t)$的拉普拉斯变换，再分别对式(1.1a)和式(1.1b)的两边进行拉普拉斯变换，则有

$$X(s)=(sI-A)^{-1}\boldsymbol{x}(0)+(sI-A)^{-1}BU(s) \tag{1.6a}$$

$$Y(s)=CX(s)+DU(s) \tag{1.6b}$$

其中，I 代表一个 n 维的单位矩阵 $[sIX(s)=sX(s)]$。

将式(1.6a)代入式(1.6b)，则有

$$Y(s)=\underbrace{C(sI-A)^{-1}\boldsymbol{x}(0)}_{\text{零输入响应}Y_{ZI(s)}}+\underbrace{[C(sI-A)^{-1}B+D]U(s)}_{\text{零状态响应}Y_{ZS(s)}} \tag{1.6c}$$

从式(1.6c)可以看到，系统输出(又称“系统响应”)$Y(s)$由系统初始状态 $\boldsymbol{x}(0)$ 和系统输入 $U(s)$这两个因素所决定。如果系统输入 $U(s)$是零，则 $Y(s)$等于零输入响应 $Y_{ZI}(s)$，并由系统初始值 $\boldsymbol{x}(0)$所决定。如果系统初始值 $\boldsymbol{x}(0)$是零，则 $Y(s)$等于零状态响应 $Y_{ZS}(s)$，并由系统输入 $U(s)$所决定。这一性质称为线性系统的“叠加性质”(superposition)。显然式(1.6)中的线性性质是由线性微分方程(1.1)和拉普拉斯变换的线性性质所决定的。

系统的传递函数模型 $G(s)$是根据系统的零状态响应

$$Y_{ZS}(s)=G(s)U(s) \tag{1.7}$$

来定义的。比较式(1.6c)和式(1.7)，有

$$G(s)=C(sI-A)^{-1}B+D \tag{1.8}$$

从以上传递函数的定义可以看出，传递函数模型 $G(s)$只反映系统的输出 $Y(s)$和输入 $U(s)$之间的关系[见式(1.7)]，并且是经过合并简化了式(1.6a)和式(1.6b)的信息以后，以式(1.8)为形式的关系。传递函数模型不能直接反映系统初始值对系统输出的影响，即不能反映系统的零输入响应，尽管这一影响是极为重要的。

例 1.3　在图 1.3 的 RC 电路[见图 1.3(a)]以及带质体 M 和摩擦阻力 D 的机械系统[见图 1.3(b)]中，平衡系统(a)中的电流 $i(t)$和系统(b)中的力 $f(t)$分别为

$$i(t)=C\frac{\mathrm{d}v(t)}{\mathrm{d}t}+[v(t)-0]/R$$

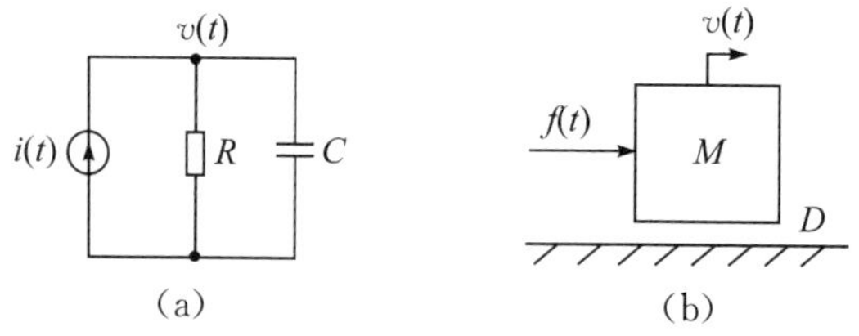

图 1.3 (a) *RC* 电路;(b) 带质体 *M* 和摩擦阻力 *D* 的机械系统

和

$$f(t)=M\frac{\mathrm{d}v(t)}{\mathrm{d}t}+D[v(t)-0]$$

也就是说这两个系统的状态空间模型(1.1a)中的参数 ($A \triangleq \lambda$, B) 分别为 ($-1/RC$, $1/C$)和($-D/M$, $1/M$)。

对这两个方程的两边做拉普拉斯变换和改动,则有

$$V(s)=\frac{1}{s-\lambda}v(0)+\frac{B}{s-\lambda}U(s)$$

这里 $V(s)$和 $U(s)$分别是状态 $v(t)$和输入信号 $i(t)$或 $f(t)$的拉普拉斯变换。

设 $U(s)$为阶跃函数(F/s),对上述方程做反拉普拉斯变换,则当 $t>0$ 时

$$\begin{aligned}v(t)&=\mathrm{e}^{\lambda t}v(0)+(-FB/\lambda)(1-\mathrm{e}^{\lambda t})\\&=v_{ZI}(t)+v_{ZS}(t)\end{aligned}$$

很明显, $V(s)$和 $v(t)$的两个项分别为系统在频域和时域的零输入响应和零状态响应。$v(t)$的两个项的波形如图 1.4 所示。

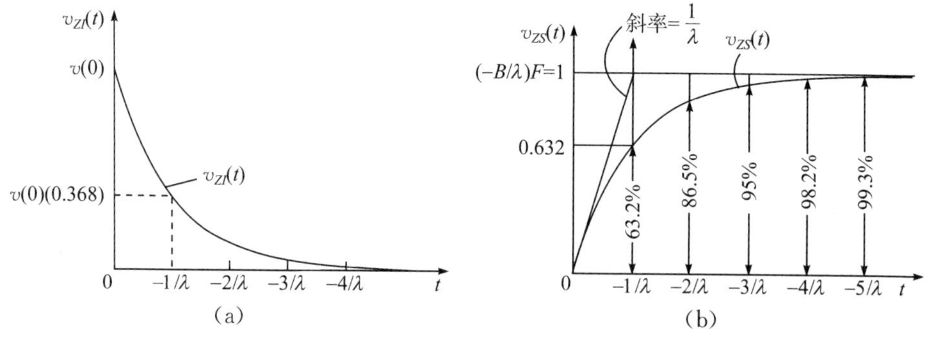

图 1.4 一阶系统的 (a)零输入响应和(b)零状态响应(阶跃函数输入)的波形图

图 1.4(a)显示系统的零输入响应 $v_{ZI}(t)$，从其初始值 $v(0)$开始，以时间常数为$(-1/\lambda)$的速度衰减为 0[当 $t=(-1/\lambda)$ 时衰减到初始值的 36.8%]。

这一波形有着明显的物理意义。在电路系统里，这一波形显示了储存于电容 C 内的电荷[$Cv(t)$，$v(t)$为电容电压]在零输入电流的情况下，通过电阻 R 以电流为 $v(t)/R$ 放电的情形。这一放电过程的时间常数为 RC，也就是说这一系统内的电容 C 或电阻 R 越大，则放电的速度就越慢。在机械系统里，这一波形显示了质体的速度 $v(t)$在零输入力的情况下因为摩擦阻力 $Dv(t)$的作用减慢的情形。这一减速滑行过程的时间常数为 M/D。也就是说，质体质量 M 越大，或阻力 D 越小，则速度衰减的过程也越慢。

图 1.4(b)显示系统的零状态响应 $v_{ZS}(t)$从 0 开始，以时间常数为$(-1/\lambda)$的速度达到其稳态[对于阶跃函数输入，当 $t=(-1/\lambda)$ 时达到稳态水平$(-FB/\lambda)$的 63.2%(=100%−36.8%)]。

这一波形也有明显的物理意义。在电路系统里，这一波形显示了电容内的电荷被输入电流源[$i(t)=F$]充电时的情形。当电容被充满电(稳态)时，其电压[$v(t)=Ri(t)=RF=-FB/\lambda$]等于左边输入端的电压。这一充电过程的时间常数仍然是 RC。也就是说系统的电阻 R 或电容 C 越大，则充电的速度越慢。在机械系统里，这一波形显示了质体的速度 $v(t)$在输入力[$f(t)=F$]的作用下从静止加速到一个稳定速度(F/D)的情形。这一加速过程的时间常数仍然为 M/D。也就是说，质体质量 M 越大，则其速度越不容易加快。同时，阻力 D 越小，则可达到的稳态速度(F/D)越高，达到这一稳态速度的 62.3%的时间也越长。

例 1.3 的电路和机械系统具有完全类似的数学模型，因此也具有完全类似的如图 1.4 所描述的性质。例 1.3 同时显示出系统的初始状态(初始电荷量和初始质体速度)对系统影响的重要性。这一影响即系统的零输入响应(放电过程和减速过程)。

式(1.7)和式(1.8)显示出系统的传递函数模型不能直接和详细地反映系统的零输入响应，特别对有多个状态、多个输入和多个输出的系统更是如此。这一性质不可避免地减弱对系统暂态响应的理解和控制。这是因为系统的暂态响应即系统的初始响应，与系统的零输入响应有着密切的关系。比如例 1.3 中的暂态响应主要由时间常数所决定，而这一时间常数又与系统的零输入响应(放电过程与减速过程)有着密切的关系。暂态响应的收敛速度与平稳度是系统性能的主要标志，因此基于传递函数的经典控制论在分析控制系统的性能方面不如状态空间理论。这一点将在第 2 章详细分析。

最后，因为矩阵 D 在式(1.1b)和式(1.8)中只反映一部分独立和静态的输入和输出之间的关系，所以这部分关系及其影响可以在设计时非常容易地改变或取消，因此在本书以后的讨论中，我们设 $D=0$。这样

$$G(s)=C(sI-A)^{-1}B \tag{1.9}$$

根据式(1.6a)、式(1.6b)和式(1.9)中的传递函数的关系，$G(s)$还可以分解为两个串联系统(见图 1.5)。

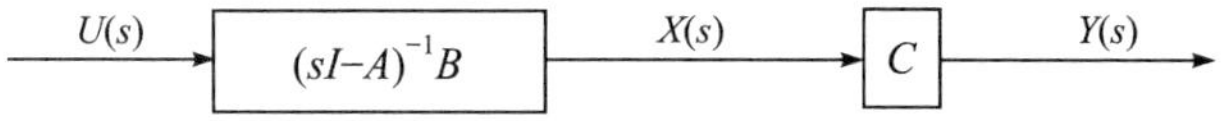

图 1.5　系统的传递函数模型的分解

可见，系统状态 $X(s)$只是一个内部信号，不是系统终端的可测量信号，如 $U(s)$和 $Y(s)$。

1.2　状态空间模型的特征分解

为了进一步深入地分析系统的结构和性质，我们设

$$A=V\Lambda V^{-1}=[V_1 \mid \cdots \mid V_q]\begin{bmatrix}\Lambda_1 & & \\ & \ddots & \\ & & \Lambda_q\end{bmatrix}\begin{bmatrix}T_1 \\ \hline \vdots \\ \hline T_q\end{bmatrix}=T^{-1}\Lambda T \tag{1.10a}$$

为矩阵 A 的特征分解。其中 $\Lambda=\mathrm{diag}\{\Lambda_1, \cdots, \Lambda_q\}$ 是约当型矩阵，其对角块 $\Lambda_i(i=1, \cdots, q)$(也称为“约当块”)由 Λ 的特征值 $\lambda_i(i=1, \cdots, n)$ 按如下规则组成：

$\Lambda_i=\lambda_i$，如果其对应的 λ_i 是一个不重复的实数。

$$\Lambda_i=\begin{bmatrix}\sigma & \omega \\ -\omega & \sigma\end{bmatrix}，如果其对应的 \lambda_i 和 \lambda_{i+1} 是一对共轭复数 \sigma \pm \mathrm{j}\omega。\tag{1.10b}$$

$\Lambda_i=\mathrm{diag}\{\Lambda_{i1}, \cdots, \Lambda_{iq_i}\}$，如果其对应的 λ_i 是一个重复 n_i 次的实特征值，其中 $\Lambda_{ij}(j=1, \cdots, q_i)$ 是一个维数 n_{ij} 的双对角矩阵 $(n_{i1}+\cdots+n_{iq_i}=n_i)$，其形状为

$$\Lambda_{ij} = \begin{bmatrix} \lambda_i & 1 & & \\ & \ddots & \ddots & \\ & & \ddots & 1 \\ & & & \lambda_i \end{bmatrix} \text{(所有空白处都为 0)} \tag{1.10c}$$

很明显,所有 q 个对角块 Λ_i 的维数 $n_i(i=1, \cdots, q)$ 加起来必须等于 n。

我们称式(1.10)为矩阵 A 的“特征分解”,任何一个实数方阵都可以有如式(1.10)的特征分解。

在式(1.10)中,因为 $AV-V\Lambda=0$,所以矩阵 V 称为“右特征向量矩阵”。矩阵 V 中的每一列 $\boldsymbol{v}_i(i=1, \cdots, n)$ 称为矩阵 A 相对于矩阵 Λ 中的特征值 λ_i 的“右特征向量”。同理,因为 $TA-\Lambda T=0$ $(T=V^{-1})$,所以矩阵 T 及其中的每一行 $\boldsymbol{t}_i(i=1, \cdots, n)$ 分别称为矩阵 A 的“左特征向量矩阵”和“左特征向量”。在所有相对于式(1.10c)的特征向量中,除了每一个双对角矩阵 Λ_{ij} 的第一个特征向量以外,其余的特征向量称为“广义特征向量”(generalized eigenvector)或“亏损特征向量”(defective eigenvector)。

因为式(1.10)意味着

$$(sI-A)^{-1}=[V(sI-\Lambda)V^{-1}]^{-1}=V(sI-\Lambda)^{-1}V^{-1}$$

所以,根据式(1.9)和逆矩阵定理

$$G(s)=CV(sI-\Lambda)^{-1}V^{-1}B \tag{1.11a}$$

$$=\frac{CV\mathrm{adj}(sI-\Lambda)V^{-1}B}{\det(sI-\Lambda)} \tag{1.11b}$$

$$=\frac{CV\mathrm{adj}(sI-\Lambda)V^{-1}B}{(s-\lambda_1)\cdots(s-\lambda_n)} \tag{1.11c}$$

其中,det(·)和 adj(·)分别代表括号内的矩阵的行列式和伴随矩阵。

从式(1.11)可以看到,动态系统 $(n \neq 0)$ 的传递函数 $G(s)$ 可以是一个有理多项式,其分母是一个 n 阶多项式(称为“特征多项式”)。特征多项式的 n 个根即为系统的状态矩阵的 n 个特征值。

比较式(1.9)和式(1.11)可以看到,由一组三个矩阵为代表的状态空间模型(A, B, C)和$(\Lambda, V^{-1}B, CV)$,在 $A=V\Lambda V^{-1}$ 的条件下具有同样的传递函数 $G(s)$。我们称这样的两个状态空间模型及其代表的两个系统为互相“相似”,并称两个相似的状态空间模型之间的相互变换为“相似变换”。这样的相似情况可以推广到任何一个满足 $A=Q\overline{A}Q^{-1}$ 的系统 $(\overline{A}, \overline{B}=Q^{-1}B; \overline{C}=CQ$。

其中 Q 为任何可逆矩阵)。

相似变换的物理意义可以这样来理解，设 $\boldsymbol{x}(t)$ 为由矩阵(A, B, C)所代表的系统在式(1.1a)中的状态向量，再设$\overline{\boldsymbol{x}}(t)$为由矩阵($\overline{A}$, $\overline{B}$, $\overline{C}$)所代表的相似系统的状态向量，于是相似于式(1.1a)的动态方程为

$$\dot{\overline{\boldsymbol{x}}}(t)=\overline{A}\overline{\boldsymbol{x}}(t)+\overline{B}\boldsymbol{u}(t) \tag{1.12a}$$

$$=Q^{-1}AQ\overline{\boldsymbol{x}}(t)+Q^{-1}B\boldsymbol{u}(t) \tag{1.12b}$$

相似于式(1.1b)的输出方程为

$$\boldsymbol{y}(t)=\overline{C}\overline{\boldsymbol{x}}(t)=C\boldsymbol{x}(t) \tag{1.12c}$$

在式(1.12b)两边的左边乘 Q 再比较式(1.1a)，则有

$$\boldsymbol{x}(t)=Q\overline{\boldsymbol{x}}(t), \text{或 } \overline{\boldsymbol{x}}(t)=Q^{-1}\boldsymbol{x}(t) \tag{1.13}$$

根据定义 A.3 和定义 A.4，式(1.13)意味着状态$\overline{\boldsymbol{x}}(t)$是原状态 $\boldsymbol{x}(t)$(设其基向量矩阵为 I)在新的基向量矩阵 Q 的表示，这是从(A, B, C)到($\overline{A}$, $\overline{B}$, $\overline{C}$)的相似变换的几何意义。

相似变换，特别是变成如式(1.10)的特征分解的相似变换，是状态空间理论中用来分析系统性质非常有效的手段，这一点将在本章的其余部分充分显示出来。

1.3 系统的阶数和能控能观性质

定义 1.1 系统的阶数等于系统的传递函数 $G(s)$的特征多项式的阶数 n。从式(1.11)可知，系统的阶数也等于系统状态的数目 n。

让我们来讨论在式(1.11c)中 $G(s)$的分母和分子有公因子可以相消的情况。因为这样的情况会使 $G(s)$的分母(即特征多项式)的阶数 n 减小，所以这样的系统也称为“非最小阶系统”，否则称为“最小阶系统”。

这一情况的物理意义可以从状态空间模型中更清晰地显示出来。从式(1.1)中对系统的状态空间模型和系统的状态 $\boldsymbol{x}(t)$的介绍可知，参数 n 是系统内部状态(或能量储存元件)的数目，因此 n 的减小说明有一些系统内部的状态不能在系统的输入和输出之间的关系 $G(s)$中反映出来。根据式(1.9)，$G(s)$可以分解成两个互相重叠的组成部分，即从输入 $U(s)$到状态 $X(s)$的“控制部分”$(sI-A)^{-1}B$ 和从状态 $X(s)$到输出 $Y(s)$的“观测部分”$C(sI-A)^{-1}$。因此在非最小阶系统中，有一些状态将不能在这两个部分或者两个关系中的至少

一个关系中反映出来。下面我们将对这两类情况分别做出定义。

定义 1.2　如果有至少一个系统状态不能受系统输入的影响，则该系统为“不能控系统”，反之则为“能控系统”。在众多能控/不能控的判别式中，最简单的是“存在一个或更多的常数 λ 使得矩阵 $[\lambda I - A \mid B]$ 的秩数(rank)小于 n”。这些常数 λ 的数目等于不能控状态的数目。

定义 1.3　如果有至少一个系统状态不能影响到系统输出，则该系统为“不能观系统”，反之则为“能观系统”。在众多能观/不能观的判别式中，最简单的是“存在一个或更多的常数 λ 使得矩阵 $[\lambda I^{\mathrm{T}} - A^{\mathrm{T}} \mid C^{\mathrm{T}}]^{\mathrm{T}}$ 的秩数小于 n”，这些常数 λ 的数目等于不能观状态的数目。

由于当 λ 不等于矩阵 A 的特征值时，矩阵 $(\lambda I - A)$ 的秩数一定是 n，所以以上两个判别可以只针对矩阵 A 的 n 个特征值来进行。

到这里，我们已经看到了线性系统的一个很普遍的现象——对偶现象，比如线性物理系统中的电流和电压、力和速度、电荷量和磁通量、动能和势能、电感和电容、弹簧器和质体，都是对偶的。同样在反映线性系统的线性代数和数学模型中，矩阵的列和行、右特征向量和左特征向量、输入和输出、能控性和能观性，也都是对偶的。

对偶现象不但可以用来增强对线性系统的理解，而且可以用来解决线性代数和状态空间理论中的一些具体问题。比如为了判别一组系统矩阵(A, B)是否能控，我们可以以判别另一组系统矩阵$(A^{\mathrm{T}}, B^{\mathrm{T}})$是否能观来达到同样的目的。

因为矩阵 $[\lambda I - \overline{A} \mid \overline{B}] = Q^{-1}[(\lambda I - A)Q \mid B]$ 和矩阵$[\lambda I - A \mid B]$ 的秩数相等，所以相似变换不改变系统的能控性质。从物理意义上说，相似变换只是改变了描述系统的状态的基向量，因此不可能改变系统的能控性质。根据对偶现象，相似变换也不可能改变系统的能观性质。因此对系统能控性和能观性的判别可以在对该系统进行了相似变换以后再进行。

以下三个例子将显示出系统矩阵(A, B, C)被相似变换成特殊形式(特别是特征分解)时，系统的能控性和能观性可以明确地显示出来，而这些特殊形式都可以通过相似变换得到。

例 1.4　判别系统

$$(A, B, C) = \left(\begin{bmatrix} -1 & 0 & 0 \\ 0 & -2 & 0 \\ 0 & 0 & -3 \end{bmatrix}, \begin{bmatrix} \boldsymbol{b}_1 \\ \boldsymbol{b}_2 \\ \boldsymbol{b}_3 \end{bmatrix}, [\boldsymbol{c}_1 \mid \boldsymbol{c}_2 \mid \boldsymbol{c}_3] \right)$$

的能控性和能观性。

很明显，如果矩阵 B 的任何一行 $\boldsymbol{b}_i$ $(i=1, 2, 3)$ 等于 $\mathbf{0}$，则存在 $\lambda=-i$ 使矩阵 $[-iI-A \vdots B]$ 的第 i 行等于 $\mathbf{0}$，或使该矩阵的秩数等于 $2<n=3$。只有当 B 的每一行都不等于 $\mathbf{0}$ 时，矩阵 $[\lambda I-A \vdots B]$ 的三行对任何矩阵 A 的特征值 $\lambda(=-1, -2, -3)$ 才能都线性独立。所以根据定义 1.2 的判别式，以上系统能控性的充分必要条件是 B 的每一行都不等于 $\mathbf{0}$。

同理，以上系统能观的充分必要条件是 C 的每一列 $\boldsymbol{c}_i$ $(i=1, 2, 3)$ 都不等于 $\mathbf{0}$。

根据式(1.9)，系统的传递函数

$$
\begin{aligned}
G(s) &= C(sI-A)^{-1}B \\
&= \frac{\boldsymbol{c}_1(s+2)(s+3)\boldsymbol{b}_1+\boldsymbol{c}_2(s+1)(s+3)\boldsymbol{b}_2+\boldsymbol{c}_3(s+1)(s+2)\boldsymbol{b}_3}{(s+1)(s+2)(s+3)}
\end{aligned}
$$

可见当任何一个 $\boldsymbol{b}_i$ 或 $\boldsymbol{c}_i$ $(i=1, 2, 3)$ 等于 $\mathbf{0}$ 时，$G(s)$ 都会出现分母和分子有公因子的情况。但是，这一情况不能反过来辨别出到底是 B 还是 C 的行或列出现 $\mathbf{0}$，因此也不能反过来辨别出系统到底是不能控还是不能观。可见根据状态空间模型可以分辨系统的能控性和能观性，而根据传递函数模型则不可能分辨出来。

系统的能控性和能观性还可以从其方框图显示出来。

图 1.6 明显地显示出任何一个状态 x_i 会受输入 $\boldsymbol{u}(t)$ 的影响当且仅当 $\boldsymbol{b}_i \neq 0$ $(i=1, 2, 3)$，而任何 x_i 会影响输出 $\boldsymbol{y}(t)$ 当且仅当 $\boldsymbol{c}_i \neq \mathbf{0}$。

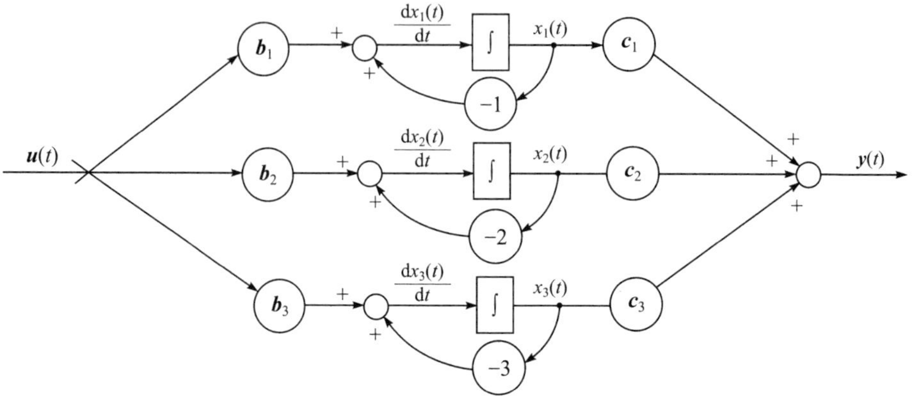

图 1.6　例 1.4 中系统的方框图

例 1.5　例 1.4 是针对系统没有重复特征值的情况。本例讨论有重复特征值的情况，设

$$(A,\ B,\ C)=\left(\begin{bmatrix}\lambda & 1 & 0\\ 0 & \lambda & 1\\ 0 & 0 & \lambda\end{bmatrix},\ \begin{bmatrix}0\\ 0\\ \boldsymbol{b}_3\end{bmatrix},\ [\boldsymbol{c}_1 \ \vdots\ 0 \ \vdots\ 0]\right)$$

很明显，矩阵 $[\lambda I - A \ \vdots\ B]$ 和 $[\lambda I^{\mathrm{T}} - A^{\mathrm{T}} \ \vdots\ C^{\mathrm{T}}]$ 的秩数等于 n 的充分必要条件分别是 B 的最后一行 $\boldsymbol{b}_3$ 不等于 $\mathbf{0}$ 和 C 的第一列 $\boldsymbol{c}_1$ 不等于 $\mathbf{0}$。

让我们检查系统的方框图（见图 1.7）。

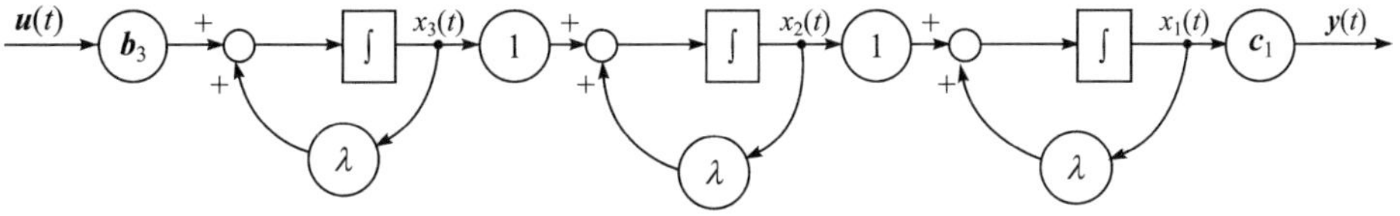

图 1.7　例 1.5 系统的方框图

图 1.7 显示出矩阵 B 的最后一行 $\boldsymbol{b}_3$ 和 C 的第一列 $\boldsymbol{c}_1$ 分别是所有三个状态与输入 $\boldsymbol{u}(t)$ 和输出 $\boldsymbol{y}(t)$ 的唯一联系，因此它们的非零也就分别成为系统能控和能观的充分必要条件。

因为所有的系统状态都在图 1.7 中的同一条路线上，所以任何一个状态能控的充分必要条件是其左边的和这条路线上的所有增益（$\boldsymbol{b}_3$ 和“1”）都是非零。同理，任何一个状态能观的充分必要条件是其右边的和这条路线上的所有增益（$\boldsymbol{c}_1$ 和“1”）都是非零。这一性质已经在本书 5.1 节内用来分离系统中的不能控或不能观的状态。比如在图 1.7 的路线从左往右数起，第一个“1”变成“0”将会使状态 $x_3(t)$ 不能观，而第二个“1”变成“0”将会使状态 $x_1(t)$ 不能控。

例 1.4 和例 1.5 显示出特征分解能明显地显示系统的能控性和能观性。但是特征分解很难计算，并且对原始数据矩阵往往很敏感，这一点我们将在 2.2 节再加讨论。相反，例 1.5 中的 B 和 C 的形状却是很容易计算的。例 1.5 中的矩阵 A 是一类被称为海森伯格型矩阵的特殊形式。而海森伯格型矩阵是可以通过相似变换可靠地计算出来的，关于这一计算我们将在 5.1 节详细介绍。

下面我们再讨论两个例子，这两个例子中的矩阵 A 也是海森伯格型矩阵的另一种特殊形式——规范型。

例 1.6 "规范型"的系统矩阵。设

$$(A, B, C)=\left(\begin{bmatrix}-a_1 & 1 & 0 & \cdots & 0\\ -a_2 & 0 & 1 & \cdots & \vdots\\ \vdots & \vdots & \vdots & & 0\\ -a_{n-1} & 0 & 0 & \cdots & 1\\ -a_n & 0 & 0 & \cdots & 0\end{bmatrix}, \begin{bmatrix}\boldsymbol{b}_1\\ \boldsymbol{b}_2\\ \vdots\\ \boldsymbol{b}_{n-1}\\ \boldsymbol{b}_n\end{bmatrix}, [c_1 \quad 0 \quad \cdots \quad 0]\right) \tag{1.14}$$

这是一个单输出系统(可以是多输入),其(A, B, C)的形状称为"能观规范型"(Luenberger, 1967; Chen, 1984),另外式(1.14)里矩阵 A 的形状也称为"友矩阵"或"规范型矩阵"。

让我们检查这个系统的方框图(见图 1.8)。

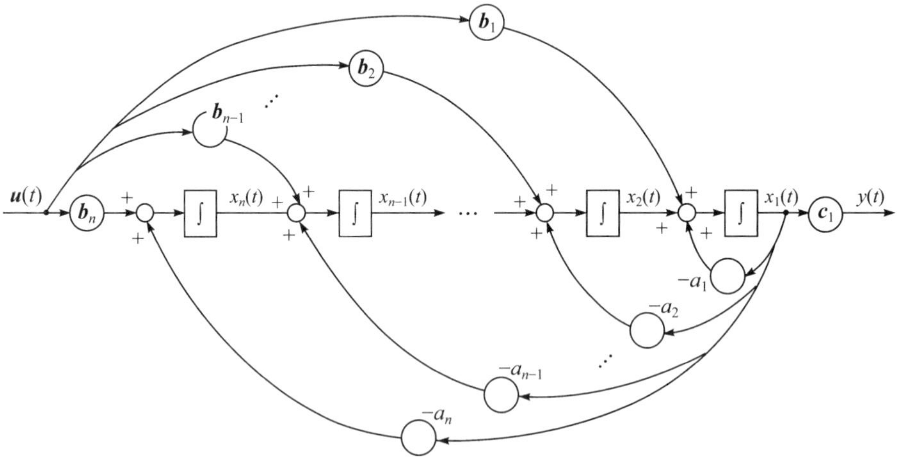

图 1.8 单输出能观规范型的系统方框图

与图 1.7 相似,图 1.8 显示 $c_1 \neq 0$ 是系统(1.14)能观的充分必要条件,同时矩阵 A 的任何一个"1"的元素变成 0(比如在 A 的第 i 列)都会使状态 x_i 到 x_n 都变成不能观。任何一个单输出的能观系统都与式(1.14)相似(Luenberger, 1967; Chen, 1984),也就是说可以通过相似变换计算出任何单输出能观系统的能观规范型。

根据对偶性质,将式(1.14)中的(A, B, C)变为$(\overline{A}, \overline{B}, \overline{C}) \triangleq (A^{\mathrm{T}}, C^{\mathrm{T}}, B^{\mathrm{T}})$,则系统$(\overline{A}, \overline{B}, \overline{C})$便是能控的,并称为"能控规范型"。任何单输入的能控系统都与其能控规范型相似。

能观/能控规范型有以下重要性质。

将式(1.14)代入式(1.9)，有

$$
\begin{aligned}
G(s) &= C(sI-A)^{-1}B \\
&= \frac{c_1(\boldsymbol{b}_1 s^{n-1}+\boldsymbol{b}_2 s^{n-2}+\cdots+\boldsymbol{b}_{n-1}s+\boldsymbol{b}_n)}{s^n+a_1 s^{n-1}+a_2 s^{n-2}+\cdots+a_{n-1}s+a_n} \triangleq \frac{N(s)}{D(s)}
\end{aligned}
\tag{1.15}
$$

可见，系统的规范型状态空间模型的所有未知参数就等于同一系统传递函数的所有未知参数。另外规范型矩阵 A 的所有 n 个未知参数 $a_i(i=1, \cdots, n)$ 等于矩阵 A 的特征多项式的所有参数，因此也可以完全决定矩阵 A 的所有 n 个特征值。故规范型的状态空间模型也称为系统的“最少参数”的状态空间模型，这一称谓也适用于约当型的状态空间模型(见例 1.4 和例 1.5)。

因为计算最少参数模型的相似变换意味着将描述同一系统的参数数目压缩到最少，所以这一相似变换的计算对于原始模型的误差往往具有很高的敏感性(Laub, 1985)。由于这一压缩对结果不论是约当型还是规范型都是相同的，因此有理由推论计算规范型的相似变换和计算特征分解(约当型)的相似变换具有相同的高敏感性(Wilkinson, 1965)。

对于本例的单输出系统，其传递函数式(1.15)的分母 $D(s)$ 是一个纯量(scalar)多项式，而 $N(s)$ 是一个多项式行。在下一个例子里，这一结果将被推广到多输出(m 个)和多输入(p 个)的情况。在这一新的情况下，$D(s)$ 和 $N(s)$ 将分别是一个 $m\times m$ 维和 $m\times p$ 维的多项式矩阵[称为多项式矩阵分解(MFD, Kaileth, 1980)]。

例 1.7　将例 1.6 中的单输出情况推广为多输出(输入的数目不限)情况，在这一新的情况下，能观规范型式(1.14)将变成“块状能观规范型”：

$$
A=\begin{bmatrix} A_1 & I_2 & 0 & \cdots & 0 \\ A_2 & 0 & I_3 & \ddots & \vdots \\ \vdots & \vdots & \ddots & \ddots & 0 \\ A_{v-1} & 0 & \cdots & 0 & I_v \\ A_v & 0 & \cdots & \cdots & 0 \end{bmatrix},\ B=\begin{bmatrix} B_1 \\ B_2 \\ \vdots \\ B_{v-1} \\ B_v \end{bmatrix}
\tag{1.16}
$$

$$
C=C_1[I_1 \quad 0 \quad \cdots \quad 0](C_1\ \text{是一个下三角形矩阵})
$$

这里的矩阵块 $I_i(i=1, \cdots, v)$ 的维数是 $m_{i-1}\times m_i(m_0=m)$，并可由 m_{i-1} 维的单位矩阵删去 $m_{i-1}-m_i$ 个列而得到。这里 $m_1+\cdots+m_v=n$，比如当 $m_{i-1}=3$ 时，矩阵块 I_i 可以是

$$\begin{bmatrix}1&0&0\\0&1&0\\0&0&1\end{bmatrix},\begin{bmatrix}1&0\\0&1\\0&0\end{bmatrix},\begin{bmatrix}1&0\\0&0\\0&1\end{bmatrix},\begin{bmatrix}0&0\\1&0\\0&1\end{bmatrix},\begin{bmatrix}1\\0\\0\end{bmatrix},\begin{bmatrix}0\\1\\0\end{bmatrix},\begin{bmatrix}0\\0\\1\end{bmatrix} \quad (1.17a)$$

在不失普遍性的前提下[设所有的系统输出线性独立(Chen, 1984)],可设 I_1 有 m 个列,这 m 个列将在 I_1 以后的矩阵块 $I_i(i=2, \cdots, v)$ 中逐渐消失。当第 j $(j=1, \cdots, m)$ 个列在矩阵块 I_i 中消失后,其对应的行和列就再也不会在 I_i 以后的矩阵块 $(I_{i+1}, I_{i+2}, \cdots)$ 中出现。因此我们可以根据式(1.16)判别,并设参数 $v_j=i-1, j=1, \cdots, m$。因为所有 m 个列都在矩阵 I_{v+1} 中消失,所以参数 $v_j(j=1, \cdots, m)$ 的最大可能值是 v。其他矩阵块 A_i 的维数为 $m_i\times m$, B_i 的维数为 $m_i\times p$ $(i=1, \cdots, v)$。任何一个能观系统都和式(1.16)相似(Luenberger, 1967; Chen, 1984)。

为了将式(1.16)中的参数直接代入系统的传递函数

$$G(s)=C_1D^{-1}(s)N(s) \quad (1.17b)$$

的所有参数,我们将进行如下两步简单工作。这里 $D(s)$ 和 $N(s)$ 是维数分别为 $m\times m$ 和 $m\times p$ 的多项式矩阵。

首先将每一矩阵块 A_i 和 B_i,在相对于矩阵块 I_i 中所有被删去的 $(m-m_i)$ 个列的位置上分别加上数值为零的行。比如当 I_i 是式(1.17a)中的后 6 个情况时,对 A_i, B_i 加上零行的位置就分别是第三,第二,第一,第二和第三,第一和第三,以及第一和第二行的位置。将由此产生的 A_i 和 B_i 的矩阵块分别称为 $\widetilde{A}_i$ 和 $\widetilde{B}_i(i=1, \cdots, v)$,这些 $\widetilde{A}_i$ 矩阵块的维数是 $m\times m$, $\widetilde{B}_i$ 矩阵块的维数是 $m\times p$。

然后设矩阵 $[I \mid -\widetilde{A}_1 \mid -\widetilde{A}_2 \mid \cdots \mid -\widetilde{A}_v]$ 和矩阵 $[\widetilde{B}_1 \mid \widetilde{B}_2 \mid \cdots \mid \widetilde{B}_v]$。分别将这两个矩阵的第 j 行 $(j=1, \cdots, m)$ 分别向右移动 $(v-v_j)\times m$ 和 $(v-v_j)p$ 个位置,并将移动后空出的位置上移入 0 值。设这一步的结果为 $[\overline{I} \mid \overline{A}_1 \mid \overline{A}_2 \mid \cdots \mid \overline{A}_v]$ 和 $[\overline{B}_1 \mid \overline{B}_2 \mid \cdots \mid \overline{B}_v]$,这样

多项式矩阵 $D(s)=\overline{I}s^v+\overline{A}_1s^{v-1}+\overline{A}_2s^{v-2}+\cdots+\overline{A}_v$ (1.17c)

多项式矩阵 $N(s)=\overline{B}_1s^{v-1}+\overline{B}_2s^{v-2}+\cdots+\overline{B}_v$ (1.17d)

可以证明,根据式(1.17c, 1.17d)得到的传递函数[式(1.17b)]等于根据式(1.16)和式(1.9)得到的传递函数(Tsui et al., 1983 a)。关于这两个步骤的实际数值例子可以间接参考本章题 1.3～题 1.7 和第 6 章的例 6.1 和例 6.3。

因为在以上两个简单步骤中没有对(A, B, C)的未知参数做任何改变和增减，所以根据式(1.16)可以直接简单地得到其相应的传递函数模型(1.17b)。以上结果的更重要的意义是可以反逆过来直接简单地得到相对于传递函数(1.17b)的状态空间模型(A, B, C)[式(1.16)]，这一问题称为“实现问题”。

比较式(1.14)和式(1.16)，前者只是后者在$m=1$时的特殊形式，或者说式(1.16)是式(1.14)在$m>1$或 MIMO 的情况下的真正推广。虽然在$m>1$的情况下式(1.14)还可以推广成如题 9.1～题 9.3 的转置的形式(Chen, 1984)，但是式(1.16)更简单，而且只有式(1.16)才能像式(1.14)一样用方框图 1.8 和图 1.9 表示出来。所以只有式(1.16)才是式(1.14)在$m>1$的情况下的真正推广。另外与式(1.16)完全一样的形式在过去的文献中似乎尚未出现过。

因为式(1.16)是式(1.14)在$m>1$时的真正推广，所以式(1.16)、式(1.17)也是“实现问题”的直接参数替代形式的(见例 1.6)和真正统一非 MIMO 系统和 MIMO 系统的答案。

式(1.16)的框图如图 1.9 所示。

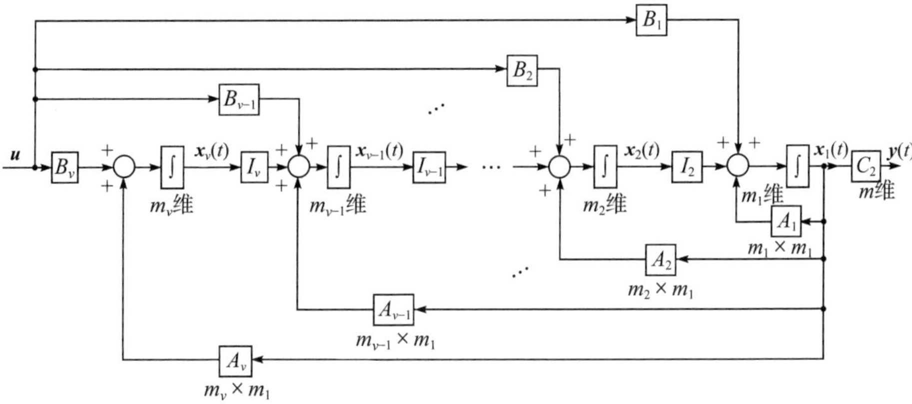

图 1.9　多输出块状能观规范型的系统方框图

因为从基于多项式矩阵分解的传递函数模型式(1.17b)到式(1.16)的状态空间模型的实现是直接参数替代，所以基于式(1.17b)的设计自然就有相对应的基于式(1.16)的设计。相反，从一个普通状态空间模型式(1.1)计算式(1.16)的规范型的特殊形状则很困难，并涉及大量参数的压缩减少(见例 1.6 的后面)，所以基于式(1.1)的现代控制理论的设计方法就没有相对应的经典控制理论的设计方法。这是显示现代控制论优于经典控制论的又一明显证据。

本书将只讨论能控和能观系统(最小阶系统)部分的分析问题和设计问题。

1.4 系统的零极点

定义 1.4 任何使 $G(s=\lambda)\to\infty$ 的常数 λ 是系统 $G(s)$ 的极点。根据式(1.11)和定义 1.1,最小阶系统的极点等于其 $G(s)$ 的特征多项式的根,也等于系统的状态矩阵的特征值。因此最小阶系统(1.1)或系统(1.9)的极点数目等于 n。

定义 1.5 在非 MIMO 系统中,任何使 $G(s=z)=0$ 的有限常数 z 是系统的零点。根据式(1.11),系统的零点也是使 $G(s)$ 的分子[多项式向量 $CV\mathrm{adj}(sI-\Lambda)V^{-1}B$] 等于零的有限常数。

在 MIMO 系统中,$CV\mathrm{adj}(sI-\Lambda)V^{-1}B$ 是一个多项式矩阵,所以其零点的定义要复杂些。根据经典文献(Rosenbrock, 1973),我们将任何使 $G(s=z)=0$ 的有限常数 z 定义为系统的"阻塞零点"(blocking zero)。有阻塞零点 z 的系统对于任何形式[如 $\boldsymbol{u}_0\mathrm{e}^{zt}$($\boldsymbol{u}_0$ 是任意的)]的输入的零状态响应都是零。我们还将任何使 $G(s=z)$ 减秩的有限常数 z 定义为系统的"传输零点"。在输出多于输入的情况下,$G(s=z)$ 减秩意味着存在至少一个向量 $\boldsymbol{u}_0$ 使得 $G(s=z)\boldsymbol{u}_0=\boldsymbol{0}$。因此这样的系统对于任何形式[如 $\boldsymbol{u}_0\mathrm{e}^{zt}$($\boldsymbol{u}_0$ 满足 $G(s=z)\boldsymbol{u}_0=\boldsymbol{0}$)] 的输入的零状态响应都是零。可见阻塞零点只是传输零点的一个特殊部分。

传输零点 z 和系统的状态空间模型(A, B, C, D)有如下密切关系(Chen, 1984;郑大钟,1990):

因为

$$\begin{bmatrix} I & 0 \\ C(zI-A)^{-1} & -I \end{bmatrix}\begin{bmatrix} zI-A & B \\ C & -D \end{bmatrix}=\begin{bmatrix} zI-A & B \\ 0 & G(s=z) \end{bmatrix}$$

所以

$$\begin{aligned} \mathrm{rank}[S] &\triangleq \mathrm{rank}\begin{bmatrix} zI-A & B \\ C & -D \end{bmatrix}=\mathrm{rank}\begin{bmatrix} zI-A & B \\ 0 & G(s=z) \end{bmatrix} \\ &=\mathrm{rank}[zI-A]+\mathrm{rank}[G(s=z)] \\ &=n+\min\{m,\ p\} \end{aligned} \tag{1.18}$$

也就是说,传输零点必须也只能是使矩阵 S 的秩数从 $n+\min\{m,\ p\}$ 减小的常数 z。在以上证明里,$\mathrm{rank}[zI-A]=n$ 的结论是从最小阶系统的假设中得到的。

例 1.8　设一个有三个输出和两个输入（$m=3$，$p=2$）的系统：

$$G(s)=\begin{bmatrix} 0 & \dfrac{s+1}{s^2+1} \\ \dfrac{s(s+1)}{s^2+1} & \dfrac{(s+1)(s+2)}{s^2+2s+3} \\ \dfrac{s(s+1)(s+2)}{s^4+2} & \dfrac{(s+1)(s+2)}{s^2+2s+2} \end{bmatrix}$$

根据定义 1.5，该系统只有一个阻塞零点 -1，两个传输零点 -1 和 0，而 -2 不是传输零点。

从例 1.8 可见，当系统有不同数目的输出和输入时（$m \neq p$），其传输零点的数目相对于系统的阶数 n 往往很小。但是已证明(Davison et al.，1974)，几乎所有有相同输出和输入数目（$m=p$）的系统(A，B，C)都有 $n-m$ 个传输零点。这一证明是从式(1.18)里的矩阵 S 的行列式中直接得来的。另外当这一(A，B，C)中的 CB 满秩时（$\text{rank}[CB]=m=p$），这一系统一定有 $n-m$ 个传输零点。

传输零点的一个性质是，对于任何一个满秩且趋向无穷大的矩阵 K，矩阵 $A-BKC$ 有相同个数的特征值与系统(A，B，C)的传输零点相对应(另一些特征值趋向于无穷大)(Davison，1978)。传输零点的另一性质是，当有一个动态输出反馈控制器 $H(s)$与 $G(s)$连接后，所产生的反馈系统的传输零点等于 $G(s)$的传输零点和 $H(s)$的极点的组合(Patel，1978)。在本书第 5 章中，我们还必须把和 $G(s)$的稳定传输零点同样多的动态输出反馈控制器 $H(s)$的极点，选择为这些传输零点。

因为传输零点有这些重要的性质，其准确的计算也就显得很重要。在现有的计算方法（Davison，1974，1976，1978；Kouvaritakis et al.，1976；MacFarlane et al.，1976；Sinswat et al.，1976）中，我们将介绍一个被称为“QZ”的方法(Laub et al.，1978)。这一方法是计算矩阵 S 的所有有限的“广义特征值”z，即计算所有有限的常数 z，使存在 $(n+p)\times 1$ 维的非零向量 $\boldsymbol{w}$ 满足

$$S\boldsymbol{w}=0 \tag{1.19}$$

其中，矩阵 S 已在式(1.18)中介绍。

式(1.19)只是针对 $m>p$ 的情况，其转置将是针对 $m<p$ 的情况。这一

方法的优点在于存在数值稳定的计算广义特征值的方法(Moler et al.，1973)。

至此我们已经讨论了系统零点的性质，关于系统极点的性质我们将在第 2 章专门讨论。这一章将显示系统极点是决定系统性能的最重要参数。

习　题

1.1 设有一个线性时不变电路系统(见题图 1.1)。

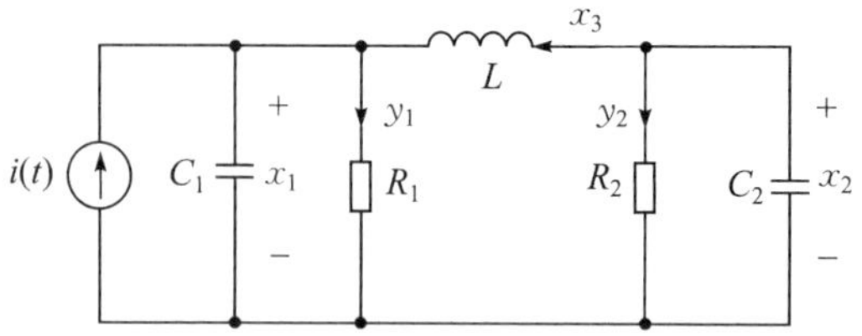

题图 1.1

(1) 设两个电阻的电流为这一系统的输出，写出这一系统的状态空间模型。

(2) 写出这一系统的传递函数模型。

(3) 画出与这一系统在物理性质和数学模型上类似的线性运动的模拟机械系统。

1.2 设有一个与例 1.6 的能观规范型系统(A，B，C)对偶的系统(能控规范形)：

$$\overline{A}=A^{\mathrm{T}},\ \overline{B}=C^{\mathrm{T}}=[c_1\quad 0\quad \cdots\quad 0]^{\mathrm{T}},\ \overline{C}=B^{\mathrm{T}}=[\boldsymbol{b}_1^{\mathrm{T}}\ \vdots\ \cdots\ \vdots\ \boldsymbol{b}_n^{\mathrm{T}}]$$

(1) 画出类似于图 1.8 的系统方框图。

(2) 根据这一方框图，证明 $c_1\neq 0$ 是这一系统能控的充分必要条件。

(3) 证明这一系统的传递函数与式(1.15)一样。

1.3 设有一个二输出的能观规范型系统：

$$A=\begin{bmatrix}2 & 3 & 1\\ 4 & 5 & 0\\ 6 & 7 & 0\end{bmatrix},\ B=\begin{bmatrix}8\\ 9\\ 10\end{bmatrix}$$

$$C=\begin{bmatrix}1 & 0 & 0\\ 0 & 1 & 0\end{bmatrix}$$

(1) 根据式(1.16)、式(1.17)及其叙述，求出这一系统的能观指数 v_1

和 v_2。

(2) 根据例 1.7 的程序，求出这一系统的传递函数的多项式矩阵分解 $G(s)=D^{-1}(s)N(s)$ 中的 $D(s)$ 和 $N(s)$。

答案：$D(s)=\begin{bmatrix} s^2-2s-6 & -3s-7 \\ -4 & s-5 \end{bmatrix}$，$N(s)=\begin{bmatrix} 8s+10 \\ 9 \end{bmatrix}$，$v_1=2$，$v_2=1$。

1.4 对下列系统重复题 1.3：$A=\begin{bmatrix} a & b & 0 \\ c & d & 1 \\ e & f & 0 \end{bmatrix}$，$B=\begin{bmatrix} g & h \\ i & j \\ k & l \end{bmatrix}$，$C=\begin{bmatrix} 1 & 0 & 0 \\ 0 & 1 & 0 \end{bmatrix}$

答案：$v_1=1$，$v_2=2$，$D(s)=\left[\begin{array}{c:c} s-a & -b \\ -cs-e & s^2-ds-f \end{array}\right]$，$N(s)=\begin{bmatrix} g & h \\ is+k & js+l \end{bmatrix}$。

1.5 对下列系统重复题 1.3：

$$A=\begin{bmatrix} a & b & 1 & 0 \\ c & d & 0 & 1 \\ e & f & 0 & 0 \\ g & h & 0 & 0 \end{bmatrix},\ B=\begin{bmatrix} i \\ j \\ k \\ l \end{bmatrix},\ C=\begin{bmatrix} 1 & 0 & 0 & 0 \\ 0 & 1 & 0 & 0 \end{bmatrix}$$

答案：$v_1=v_2=2$，$D(s)=\begin{bmatrix} s^2-as-e & -bs-f \\ -cs-g & s^2-ds-h \end{bmatrix}$，$N(s)=\begin{bmatrix} is+k \\ js+l \end{bmatrix}$。

1.6 对下列系统重复题 1.3：

$$A=\begin{bmatrix} a & b & 1 & 0 \\ c & d & 0 & 0 \\ e & f & 0 & 1 \\ g & h & 0 & 0 \end{bmatrix},\ B=\begin{bmatrix} i \\ j \\ k \\ l \end{bmatrix},\ C=\begin{bmatrix} 1 & 0 & 0 & 0 \\ 0 & 1 & 0 & 0 \end{bmatrix}$$

答案：$v_1=3$，$v_2=1$，$D(s)=\begin{bmatrix} s^3-as^2-es-g & -bs^2-fs-h \\ -c & s-d \end{bmatrix}$，

$N(s)=\begin{bmatrix} is^2+ks+l \\ j \end{bmatrix}$。

1.7 对下列系统重复题 1.3：

$$A=\begin{bmatrix} a & b & 0 & 0 \\ c & d & 1 & 0 \\ e & f & 0 & 1 \\ g & h & 0 & 0 \end{bmatrix},\ B=\begin{bmatrix} i \\ j \\ k \\ l \end{bmatrix},\ C=\begin{bmatrix} 1 & 0 & 0 & 0 \\ 0 & 1 & 0 & 0 \end{bmatrix}$$

答案：$v_1=1$，$v_2=3$，$D(s)=\left[\begin{array}{c:c} s-a & -b \\ -cs^2-es-g & s^3-ds^2-fs-h \end{array}\right]$，

$N(s)=\begin{bmatrix} i \\ js^2+ks+l \end{bmatrix}$。

1.8 设有两个矩阵：

$$A_1=\begin{bmatrix} -1 & 1 & 0 \\ 0 & -1 & -1 \\ 0 & 0 & -2 \end{bmatrix},\ A_2=\begin{bmatrix} -1 & 0 & 0 \\ 0 & -1 & 1 \\ 0 & 0 & -2 \end{bmatrix}$$

计算这两个矩阵的特征分解：$A_i=V_i\Lambda_i T_i\ (i=1,\ 2)$。

1.9 根据例 1.7，推导和证明例 6.1、例 6.3、例 8.3，以及例 8.4 中的多项式矩阵 $N(s)$的结果。

第2章

单一系统的性能与敏感性

实际控制系统的高性能和低敏感性是两个必须具备的关键性质。这里的敏感性是针对系统的模型误差和终端扰动，因此该低敏感性也称为高“鲁棒性”(robustness)，并且也可以认作是高可靠性。

必须注意的是，高性能和高鲁棒性是相互矛盾的，比如高性能的系统(如飞机)通常具有较高的敏感性，而且往往只有高性能的系统才有高敏感性。但此外，高性能和高鲁棒性对实际控制系统又是必需的。高性能的系统就是能高度达到控制要求的系统，因此只有高性能的系统才值得受到精密控制。而可靠的系统显然也是必需的。总之在设计时必须切实保证足够的性能和足够的鲁棒性，并且必须充分协调这两个性质。

本章将分两节来分别分析系统的性能和敏感性。

2.1 节分析系统的稳定性，以及系统暂态响应的速度和平稳度。这些性质是系统性能的最主要的标志，也是最不容易满足的性质。这一节的分析显示系统的极点能最直接地决定这些性质。

2.2 节分析系统的敏感性和鲁棒性。这一分析侧重于系统极点的敏感性这一新角度，并基于数值线性代数的一个基本结果，即矩阵特征值的敏感性取决于其对应的特征向量。2.2.1 节分析特征值的敏感性以及系统性能的鲁棒性(robust performance)。这一节的结果将在 2.2.2 节用来分析系统稳定性的鲁棒性(robust stability)。

2.1 系统的性能

控制理论的工作主要集中在线性时不变系统的原因在于，只有这类系统的数学模型才有普遍的和简明的解析解。而只有根据普遍的和简明的对于系统性质的理解,才能普遍地、系统性地和有效地指导复杂控制系统的设计。

对于状态空间模型(1.1a),其解析解在 $t>0$ 时为

$$\boldsymbol{x}(t)=\mathrm{e}^{At}\boldsymbol{x}(0)+\int_0^t \mathrm{e}^{A(t-\tau)}B\boldsymbol{u}(\tau)\mathrm{d}\tau \tag{2.1}$$

其中, $\boldsymbol{x}(0)$ 和 $\boldsymbol{u}(\tau)$ $(0<\tau<t)$ 是已知的系统状态的初始值和系统的输入,这个结果也可以从对式(1.6a)的反拉普拉斯变换得到。

将式(1.10)代入式(2.1),并根据凯莱-哈密顿(Cayley-Hamilton)定理,得

$$\boldsymbol{x}(t)=V\mathrm{e}^{\Lambda t}V^{-1}\boldsymbol{x}(0)+\int_0^t V\mathrm{e}^{\Lambda(t-\tau)}V^{-1}B\boldsymbol{u}(\tau)\mathrm{d}\tau \tag{2.2}$$

$$=\Big(\sum_{i=1}^{q}V_i\mathrm{e}^{\Lambda_i t}T_i\Big)\boldsymbol{x}(0)+\int_0^t\sum_{i=1}^{q}V_i\mathrm{e}^{\Lambda_i(t-\tau)}T_iB\boldsymbol{u}(\tau)\mathrm{d}\tau \tag{2.3}$$

可见在线性时不变系统的响应中, $\mathrm{e}^{\Lambda_i t}$ $(i=1,\cdots,q)$ 是唯一的与系统有关的时间函数项。因此,系统状态矩阵的特征值 $(\lambda_i,\ i=1,\cdots,n)$ 或系统的极点是最直接决定系统性能的参数。

下面我们根据约当块 Λ_i 的定义(1.10)具体分析 $\mathrm{e}^{\Lambda_i t}$ $(t>0)$ 的各种可能的波形。

$$\mathrm{e}^{\Lambda_i t}=\mathrm{e}^{\lambda_i t},\ \text{如果其对应的特征值}\ \lambda_i\ \text{是一个不重复的实数}\ (\Lambda_i=\lambda_i) \tag{2.4a}$$

$$\mathrm{e}^{\Lambda_i t}=\begin{bmatrix}\mathrm{e}^{\sigma t}\cos\omega t & \mathrm{e}^{\sigma t}\sin\omega t\\ -\mathrm{e}^{\sigma t}\sin\omega t & \mathrm{e}^{\sigma t}\cos\omega t\end{bmatrix}\quad\left(\text{如}\ \Lambda_i=\begin{bmatrix}\sigma & \omega\\ -\omega & \sigma\end{bmatrix}\right) \tag{2.4b}$$

这一矩阵里的元素的线性组合可简化为

$$a\mathrm{e}^{\sigma t}\cos\omega t+b\mathrm{e}^{\sigma t}\sin\omega t=\sqrt{(a^2+b^2)}\,\mathrm{e}^{\sigma t}\cos[\omega t-\arctan(b/a)]$$

$$\mathrm{e}^{\Lambda_i t}=\begin{bmatrix}1 & t & t^2/2 & \cdots & t^{n-1}/(n-1)!\\ 0 & 1 & t & \cdots & t^{n-2}/(n-2)!\\ 0 & 0 & 1 & \cdots & t^{n-3}/(n-3)!\\ \vdots & & & \ddots & \vdots\\ 0 & & & & 1\end{bmatrix}\mathrm{e}^{\lambda_i t} \tag{2.4c}$$

其中, Λ_i 是一个 n 维的双对角矩阵; a 和 b 是实常数。

上述各种情况可以总结成图 2.1。图 2.1 中我们把每一个特征值用符

号"×"及其所在的坐标位置来表示，并把所对应的 $e^{\Lambda_i t}$ 的波形图画在其附近。

我们可以从图 2.1 直接得出如下重要结论：

定义 2.1　一个系统渐近稳定的充分必要条件是该系统对任何初始状态 $\boldsymbol{x}(0)$的零输入响应 $e^{At}\boldsymbol{x}(0)$都最终趋向于零。在本书的其他部分这一渐近稳定性简称为稳定性。

结论 2.1　一个系统稳定的充分必要条件是该系统的每一个极点(状态矩阵的特征值)都有负实部。

定义 2.2　一个稳定系统的响应会最终达到一个称为"稳态响应或稳态"的稳定波形的状态，一般是人们通过设计和控制所希望系统最终达到的状态。系统在达到其稳态前的响应称为"暂态响应"(transient response)，所以暂态响应的速度和平缓度是决定系统"性能"的主要标志。若暂态响应越快和越平稳，则系统的性能越高。

结论 2.2　根据式(2.2)，系统的暂态响应主要由时间函数 $e^{\Lambda_i t}$($i=1, \cdots, q$) 决定，因此根据图 2.1 有如下结论。

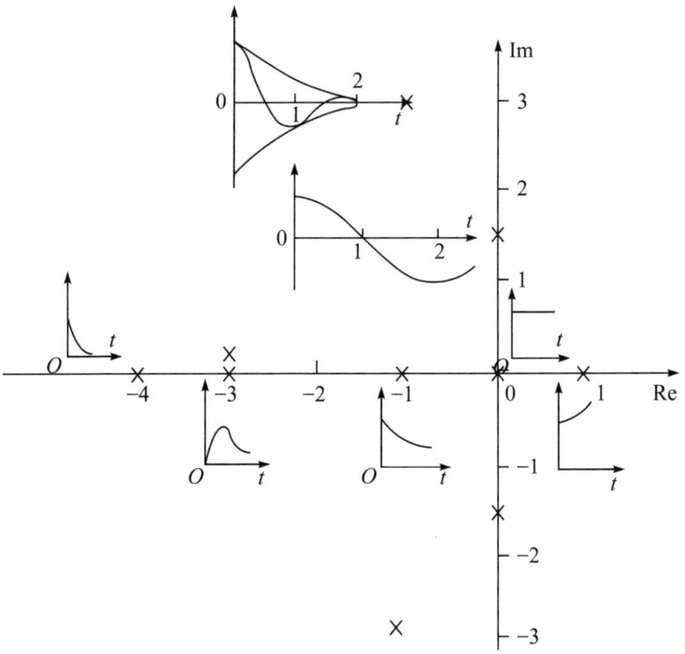

图 2.1　系统极点(特征值)的可能位置及其对应的系统响应波形

(1) 系统达到其稳态的速度主要由其极点(状态矩阵的特征值)的实部所决定。这些特征值的实部越趋于$-\infty$,或这些特征值所在的坐标位置越偏左,系统达到其稳态的速度就越快。

(2) 对于系统的共轭复数的特征值$\lambda_i \lambda_{i+1}$,其对应的$e^{\Lambda_i t}$[式(2.4b)]首先达到下一个零值的速度是由其虚部ω决定的。当然在达到了零值后,$e^{\Lambda_i t}$还会继续在零值的上下以ω的频率波动振荡,直至衰减为0(如是负实部的特征值)。这一波动的频率越高,达到下一个零值的速度就越快,但是高频率振荡的响应并不符合高性能的关于平稳响应的要求。

(3) 相对于式(2.4c)的重复特征值越多,系统的暂态响应越不平稳。

例如,例1.3中的一阶系统是稳定的,因为其极点"λ"始终是负实数。另外λ的值越趋于$-\infty$,则系统的时间常数$-1/\lambda$越小,所以系统达到其稳态($-FB/\lambda$)的速度也越快。一阶系统显然没有重复的或共轭复数的极点,因此也没有如式(2.4c)或式(2.4b)的振荡型的响应。

因为系统的稳定性及其暂态响应的速度和平稳度可以作为系统性能的主要方面,所以,结论2.1和结论2.2说明系统的极点(状态矩阵的特征值)能最直接地、最准确地和最全面地显示和决定系统的性能。

在经典控制论中,系统的频域响应[设$G(s)$中的$s=j\omega$, $\omega>0$]的频宽(BW)也可以间接地显示系统的性能。当系统只有一对共轭复数的极点$\sigma \pm j\omega_0$时,即

$$G(s)=\frac{\omega_n^2}{[s-(\sigma+j\omega_0)][s-(\sigma-j\omega_0)]} \tag{2.5a}$$

$$=\frac{\omega_n^2}{s^2+(-2\sigma)s+(\sigma^2+\omega_0^2)}$$

$$\triangleq \frac{\omega_n^2}{s^2+2\zeta\omega_n s+\omega_n^2}$$

这里

$$\omega_n=\sqrt{(\sigma^2+\omega_0^2)}, \quad \zeta=-\sigma/\omega_n (0<\zeta<1) \tag{2.5b}$$

这一系统的频域响应增益$|G(j\omega)|$如图2.2所示。

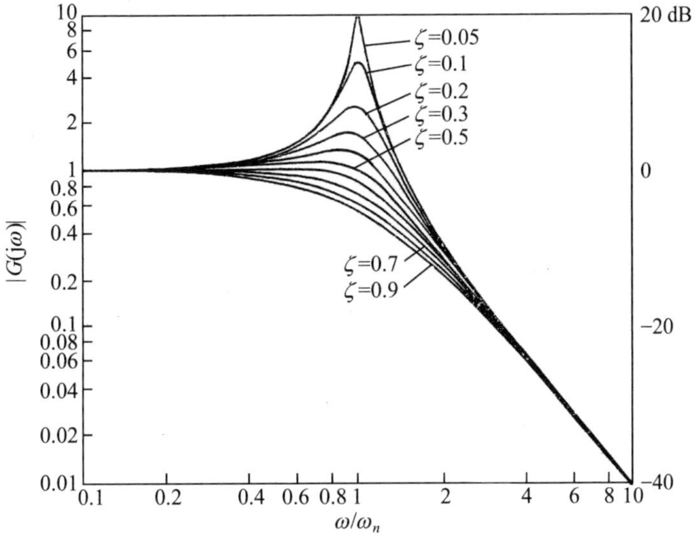

图 2.2 二阶系统(2.5)频域响应的增益

图 2.2 显示当频率 ω 从 0 开始增大时，$|G(j\omega)|$ 也从 1 开始变化，但最终衰减为 0。我们将 $|G(j\omega)|=1/\sqrt{2}=0.707$ 时的频率 ω 定义为系统的"频宽"(BW)，则图 2.2 显示出(Chen，1993)

$$\mathrm{BW}\approx 1.6\omega_n \rightarrow 0.6\omega_n,\quad \zeta=0.1\rightarrow 1 \tag{2.6}$$

可见 BW 和 ω_n 基本上成正比。因此根据式(2.5b)，BW 也基本上与系统极点的实部以及虚部的绝对值成正比。所以根据结论 2.2，人们也把频宽非常广泛地用来测量系统达到稳态的速度以及系统的性能的指标。

但是频宽本身是从结论 2.2 间接得来的，又是基于系统(2.5)(无零点，二阶，$0<\zeta<1$ 等)的严格限制，所以远不如系统的极点(或状态矩阵的特征值)能够准确、全面和直接地反映系统的性能。换句话说，频宽这一对系统性能简化了的测量是有相当代价的。如果说这一简化曾经因为缺乏有效的数学工具而不得以进行的话，那么随着如今计算机的发展，特别是计算机辅助软件(CAD)的发展，这一简化的代价就显得不必要了。

例 2.1 关于零输入响应。设两个系统的状态矩阵 A 分别是

$$A_1=\begin{bmatrix}1 & 2 & 0\\ -2 & -3 & 0\\ 0 & 1 & -2\end{bmatrix},\quad A_2=\begin{bmatrix}-1 & 0 & 0\\ 0 & -1 & 0\\ 2 & -1 & -2\end{bmatrix}$$

这两个矩阵有相同的三个特征值−1，−1，−2,但有不同的特征分解

$$A_1 = V_1\Lambda_1 T_1 = \begin{bmatrix} 1 & 0 & 0 \\ -1 & 1/2 & 0 \\ -1 & -1/2 & 1 \end{bmatrix} \begin{bmatrix} -1 & 1 & 0 \\ 0 & -1 & 0 \\ 0 & 0 & -2 \end{bmatrix} \begin{bmatrix} 1 & 0 & 0 \\ 2 & 2 & 0 \\ 2 & 1 & 1 \end{bmatrix}$$

$$= V_1 \mathrm{diag}\{\Lambda_{11}, \Lambda_{12}\} T_1$$

$$A_2 = V_2\Lambda_2 T_2 = \begin{bmatrix} 1 & 0 & 0 \\ -1 & 1/2 & 0 \\ -1 & -1/2 & 1 \end{bmatrix} \begin{bmatrix} -1 & 0 & 0 \\ 0 & -1 & 0 \\ 0 & 0 & -2 \end{bmatrix} \begin{bmatrix} 1 & 0 & 0 \\ 2 & 2 & 0 \\ 2 & 1 & 1 \end{bmatrix}$$

$$= V_2 \mathrm{diag}\{\Lambda_{21}, \Lambda_{22}, \Lambda_{23}\} T_2$$

根据式(2.4)

$$\mathrm{e}^{\Lambda_1 t} = \begin{bmatrix} \mathrm{e}^{-t} & t\mathrm{e}^{-t} & 0 \\ 0 & \mathrm{e}^{-t} & 0 \\ 0 & 0 & \mathrm{e}^{-2t} \end{bmatrix}, \quad \mathrm{e}^{\Lambda_2 t} = \begin{bmatrix} \mathrm{e}^{-t} & 0 & 0 \\ 0 & \mathrm{e}^{-t} & 0 \\ 0 & 0 & \mathrm{e}^{-2t} \end{bmatrix}$$

所以根据式(2.1)、式(2.2),这两个系统针对同一初始状态 $\boldsymbol{x}(0) = [1 \quad 2 \quad 3]^{\mathrm{T}}$ 的系统状态 $\boldsymbol{x}(t)$ 的零输入响应分别是

$$\mathrm{e}^{A_1 t}\boldsymbol{x}(0) = \begin{bmatrix} \mathrm{e}^{-t} + 6t\mathrm{e}^{-t} \\ 2\mathrm{e}^{-t} - 6t\mathrm{e}^{-t} \\ -4\mathrm{e}^{-t} - 6t\mathrm{e}^{-t} + 7\mathrm{e}^{-2t} \end{bmatrix} \text{和 } \mathrm{e}^{A_2 t}\boldsymbol{x}(0) = \begin{bmatrix} \mathrm{e}^{-t} \\ 2\mathrm{e}^{-t} \\ -4\mathrm{e}^{-t} + 7\mathrm{e}^{-2t} \end{bmatrix}$$

其波形图如图 2.3 所示。

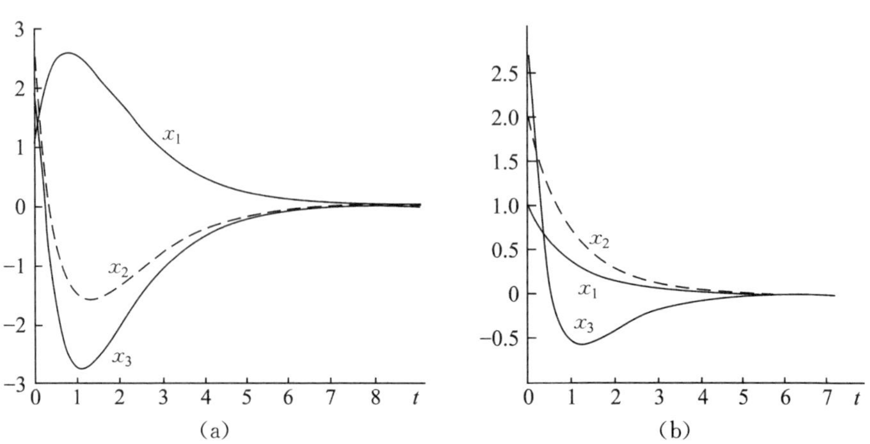

图 2.3　两个有相同极点和相同初始状态的系统的零输入响应波形图

图 2.3(b)中的波形比图 2.3(a)中的波形要快得多和平稳得多。这是因为相对于特征值−1,矩阵 Λ_1 比 Λ_2 多了一个广义特征向量[见式(1.10)和式(2.4)]。可见尽管系统的极点相同,其零输入响应也可能因为系统状态矩阵的特征分解[见式(2.4)]的不同而不相同。这一不同不可能从系统的传递函数反映出来,因为根据传递函数 $G(s)$ 我们不可能知道系统的状态矩阵和其特征结构。

因为式(2.3)中的 $e^{\Lambda_i t}$ $(i=1, \cdots, q)$ 同是零输入响应和零状态响应的与系统有关的唯一时间函数,所以这一 $e^{\Lambda_i t}$ 的不同也可以决定系统零状态响应的不同。这一不同也不可能从频域响应 $G(j\omega)$ 以至传递函数 $G(s)$ 本身明确反映出来,尽管 $G(s)$ 模型仅从系统的零状态响应定义得来[见式(1.7)]。

例 2.2　这是一个零状态响应的例子。设

$$A=\begin{bmatrix}-1 & 3 & 0\\ -3 & -1 & 0\\ 0 & 0 & -2\end{bmatrix},\quad B=\begin{bmatrix}0\\1\\1\end{bmatrix},\quad C=\begin{bmatrix}5/3 & 0 & 1\\ 0 & 5 & 1\end{bmatrix}$$

因为 A 已是约当型,所以根据式(2.4a, b),有

$$e^{At}=\begin{bmatrix}e^{-t}\cos 3t & e^{-t}\sin 3t & 0\\ -e^{-t}\sin 3t & e^{-t}\cos 3t & 0\\ 0 & 0 & e^{-2t}\end{bmatrix}$$

再根据式(2.1),对于单位阶跃函数的输入 $(u(t)=1,\ t>0)$, $\boldsymbol{x}(t)$ 的零状态响应是

$$\boldsymbol{x}(t)=\int_0^t e^{A(t-\tau)}B\boldsymbol{u}(\tau)d\tau=\begin{bmatrix}3/10+(1/\sqrt{10})e^{-t}\cos(3t-198^\circ)\\ 1/10+(1/\sqrt{10})e^{-t}\cos(3t-108^\circ)\\ 1/2-(1/2)e^{-2t}\end{bmatrix}$$

这一 $\boldsymbol{x}(t)$ 和 $\boldsymbol{y}(t)=[y_1(t),\ y_2(t)]^T=C\boldsymbol{x}(t)$ 的波形如图 2.4 所示。

图 2.4 中零状态响应的起始值都是 0,这符合零状态和有限功率输入的假设。另外状态 $x_1(t)$ 和 $x_2(t)$ 在达到其稳态(分别为 0.3 和 0.1)前以时间周期为 $2\pi/\omega=2\pi/3\approx 2$(s) 的频率上下振荡。这也符合结论 2.2 对共轭复数的特征值[$x_1(t)$ 和 $x_2(t)$ 所对应的特征值]的响应的描述。

以上结果的稳态部分也可以从系统的传递函数和频域响应得到。根据式(1.9),有

$$G(s)=C(sI-A)^{-1}B$$

$$\triangleq\begin{bmatrix}g_1(s)\\g_2(s)\end{bmatrix}=\frac{1}{(s^2+2s+10)(s+2)}\begin{bmatrix}s^2+7s+20\\6s^2+17s+20\end{bmatrix}$$

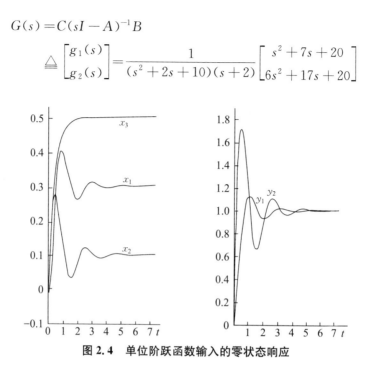

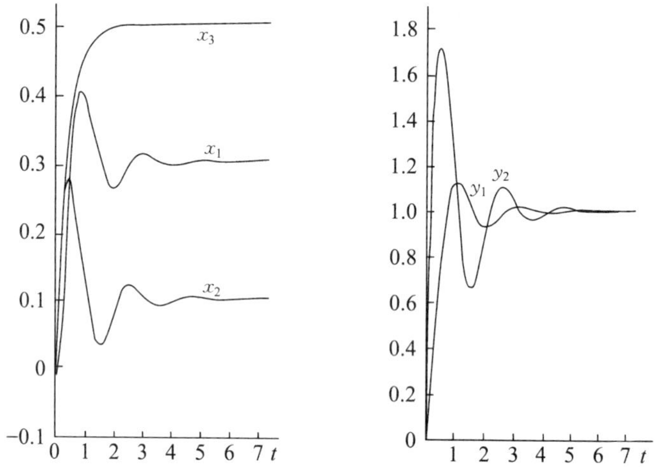

图 2.4 单位阶跃函数输入的零状态响应

根据式(1.7),系统输出 $\mathbf{y}(t)$的拉普拉斯变换 $Y(s)=G(s)U(s)=G(s)/s$。所以图 2.4 中的 $\mathbf{y}(t)$也可以从对 $Y(s)$的反拉普拉斯变换得到。又根据拉普拉斯变换的终值定理,$\mathbf{y}(t)$的常数稳态值(符合本例)可以从 $Y(s)$直接得到

$$\mathbf{y}(t\to\infty)=\lim_{s\to 0}sY(s)=[1\quad 1]^{\mathrm{T}}$$

这也符合图 2.4 中 $\mathbf{y}(t)$的情况。传递函数只集中描述系统的输出(不是状态),特别是在稳态时的情况。这一对系统输出的常数稳态的计算比相应的在状态空间理论中的计算简单。

但是经典控制理论中的频宽却不能正确地反映本例系统的暂态响应(或性能)。根据式(2.6)的定义,我们还能算出 $g_1(s)$和 $g_2(s)$的频宽分别为 3.815 和 9.21。这一在频宽上的巨大差别非常错误地反映了 $y_1(t)$和 $y_2(t)$趋向稳态的速度,因为图 2.4 显示出 $y_1(t)$和 $y_2(t)$几乎同时达到其稳态。这一频宽还完全错误地反映了 $y_1(t)$和 $y_2(t)$的暂态的相对平稳度,因为图 2.4 显示出 $y_1(t)$比 $y_2(t)$平稳得多,而 $y_1(t)$的频宽却窄于 $y_2(t)$的频宽。因此根据频宽,人们会不惜代价放弃好的系统 $g_1(s)$而争取坏的系统 $g_2(s)$。所以这个例子虽然很普通、简单,但已能明显地表明频宽不能可靠地显示系统的性能,因此也不能用来有效指导提高系统性能的设计。

2.2　系统的敏感性和鲁棒性

本节运用现有工程控制理论的文献中不常运用的数值线性代数的结果，来描述单一系统的敏感性。如果说2.1节揭示了系统状态矩阵的特征值对系统性能的最直接和决定性的作用，那么本节将强调这些特征值对其所在矩阵参数变化的敏感性，是由对应于这些特征值的特征向量决定的。这一针对 n 个极点所做的敏感性分析，比针对 $p \times p$ 个敏感性函数的无限多的频域响应所做的敏感性分析要精确和有效得多。

数值线性代数是从一般线性代数发展起来的，它特别注重研究线性代数里的运算对原始数据误差以及计算舍入误差的敏感性(Fox，1964；冯康，1979)。因为状态空间理论的分析和计算基本上完全是线性代数的运算，所以数值线性代数的许多结果可以直接用来研究用状态空间模型描述的系统的敏感性。

首先让我们来定义系统的状态矩阵

$$A = \begin{bmatrix} a_{11} & \cdots & a_{1n} \\ \vdots & & \vdots \\ a_{n1} & \cdots & a_{nn} \end{bmatrix}$$

的范数 $\| A \|$。建立这一范数的目的在于建立一个关于矩阵 A 的大小的纯量的测量。

在建立矩阵的范数之前，有必要建立一个 n 维的含有复数元素的向量 $\boldsymbol{x} = [x_1, \cdots, x_n]^{\mathrm{T}}$ 的范数 $\| \boldsymbol{x} \|$。就像一个纯量的绝对值一样，$\| \boldsymbol{x} \|$ 必须满足如下三个性质(Chen，1984)：

(1) $\| \boldsymbol{x} \| \geqslant 0$，而且 $\| \boldsymbol{x} \| = 0$ 当且仅当 $\boldsymbol{x} = \boldsymbol{0}$；

(2) $\| a\boldsymbol{x} \| \leqslant |a| \, \| \boldsymbol{x} \|$，$a$ 是一个纯量；

(3) $\| \boldsymbol{x} + \boldsymbol{y} \| \leqslant \| \boldsymbol{x} \| + \| \boldsymbol{y} \|$，$\boldsymbol{y}$ 是一个同维向量，这一不等式也称为“三角不等式”。

定义 2.3　向量 $\boldsymbol{x}$ 的范数可定义如下：

$$\| \boldsymbol{x} \|_1 = |x_1| + \cdots + |x_n|$$

$$\| \boldsymbol{x} \|_2 = (|x_1|^2 + \cdots + |x_n|^2)^{\frac{1}{2}} = (\boldsymbol{x}^* \boldsymbol{x})^{\frac{1}{2}}$$

$$\| \boldsymbol{x} \|_\infty = \max_i |x_i|$$

在大多数情况下，包括本书的所有其余部分，向量的范数 $\|\boldsymbol{x}\|$ 代表 $\|\boldsymbol{x}\|_2$。

向量的范数还有如下重要性质[柯西-施瓦茨(Cauchy-Schwartz)不等式]：

$$|\boldsymbol{x}^*\boldsymbol{y}|=|\boldsymbol{y}^*\boldsymbol{x}|\leqslant\|\boldsymbol{x}\|\,\|\boldsymbol{y}\| \tag{2.7}$$

其中，符号“ * ”代表共轭和转置。

式(2.7)是根据以下公式得出的：$|\boldsymbol{x}^*\boldsymbol{y}|=|\boldsymbol{y}^*\boldsymbol{x}|=\|\boldsymbol{x}\|\,\|\boldsymbol{y}\|\cos\theta$，其中 θ 是 $\boldsymbol{x}$ 和 $\boldsymbol{y}$ 之间的交角。

含有复数元素的矩阵 A 的范数 $\|A\|$ 也要满足如下四个性质(Stewart，1976)：

(1) $\|A\|\geqslant 0$，而且 $\|A\|=0$ 当且仅当 A 的所有元素都等于 0；

(2) $\|aA\|=|a|\,\|A\|$，a 是一个纯量；

(3) $\|A+B\|\leqslant\|A\|+\|B\|$，$B$ 是一个同维矩阵；

(4) $\|A\boldsymbol{x}\|\leqslant\|A\|\,\|\boldsymbol{x}\|$。 (2.8)

定义 2.4 根据以上性质特别是式(2.8)，$\|A\|$ 将根据定义 2.3 中 $\|\boldsymbol{x}\|$ 的三个不同定义而定义如下：

$$\begin{aligned}
&\|A\|_1=\max_j\{|a_{1j}|+\cdots+|a_{nj}|\}\\
&\|A\|_2=\max_i\{\lambda_i^{\frac{1}{2}}(A^*A)\}=\max_i\{A\text{ 的奇异值}\sigma_i\}(\text{见附录 A.3})\\
&\|A\|_\infty=\max_i\{|a_{i1}|+\cdots+|a_{in}|\}
\end{aligned} \tag{2.9}$$

在通常的情况下，我们把 $\|A\|_2$ 定义为 $\|A\|$。这一范数也称为谱范数(spectrum norm)。

矩阵 A 还有一个 Forbenius 范数 $\|A\|_{\mathrm{F}}$(Forbenius norm)：

$$\|A\|_{\mathrm{F}}=\Big(\sum_{i,j}|a_{ij}|^2\Big)^{\frac{1}{2}}=[\mathrm{Trace}(A^*A)]^{\frac{1}{2}} \tag{2.10}$$

其中，符号“Trace”代表矩阵所有对角元素的和。

另外，因为矩阵 A 的奇异值分解是(见附录 A.3)

$$U^*AV=\Sigma,\ \Sigma=\mathrm{diag}\{\sigma_1,\cdots,\sigma_n\}\quad(U^*U=V^*V=I,\ \sigma_1\geqslant\sigma_2\geqslant\cdots\geqslant\sigma_n\geqslant 0)$$

所以根据式(2.9)和式(2.10)，有

$$\begin{aligned}
\|A\|_{\mathrm{F}}&=[\mathrm{Trace}(\Sigma^*\Sigma)]^{\frac{1}{2}}=(\sigma_1^2+\cdots+\sigma_n^2)^{\frac{1}{2}}\\
&\leqslant\sqrt{n}\sigma_1=\sqrt{n}\,\|A\|_2
\end{aligned} \tag{2.11a}$$

$$\geqslant \sigma_1 = \| A \|_2 \tag{2.11b}$$

因此，$\| A \|_F / \sqrt{n} \leqslant \| A \| \leqslant \| A \|_F$。

定义 2.5 计算问题的条件数。

设在计算问题 $\boldsymbol{f}(A)$ 中，A 是数据，$\boldsymbol{f}(A)$ 是结果。设 ΔA 是数据 A 的变化，

$$\boldsymbol{f}(A + \Delta A) = \boldsymbol{f}(A) + \Delta \boldsymbol{f}$$

是根据数据 $A + \Delta A$ 的计算结果，这个计算问题 $\boldsymbol{f}$ 的条件数 $k(\boldsymbol{f})$ 被定义为

$$\| \Delta \boldsymbol{f} \| / \| \boldsymbol{f} \| \leqslant k(\boldsymbol{f}) \| \Delta A \| / \| A \| \tag{2.12}$$

因此，$k(\boldsymbol{f})$ 也就是计算问题 $\boldsymbol{f}$ 对其数据 A 的相对变化的相对敏感性。如果 $k(\boldsymbol{f})$ 值小，则 $\boldsymbol{f}$ 的敏感性就低，这样的计算问题被定义为"良态"(well conditioned)问题。反之，如果 $k(\boldsymbol{f})$ 值大，则 $\boldsymbol{f}$ 的敏感性就高，这样的计算问题被定义为"病态"(ill conditioned)(Wilkinson，1965；毛剑琴等，1988)。

例 2.3 设计算问题 $\boldsymbol{f}(A, \boldsymbol{b})$ 为求线性方程组 $A\boldsymbol{x} = \boldsymbol{b}$ 的解 $\boldsymbol{x}$ (Wilkinson，1965；Tsui，1983b)。

设 $\Delta \boldsymbol{b}$ 为数据 $\boldsymbol{b}$ 的变化(A 不变)。因为

$$A(\boldsymbol{x} + \Delta \boldsymbol{x}) = (\boldsymbol{b} + \Delta \boldsymbol{b})$$

意味着

$$\| \Delta \boldsymbol{x} \| = \| A^{-1} \Delta \boldsymbol{b} \| \leqslant \| A^{-1} \| \, \| \Delta \boldsymbol{b} \|$$

所以根据式(2.8)

$$\| \Delta \boldsymbol{x} \| / \| \boldsymbol{x} \| \leqslant \| A \| \, \| A^{-1} \| \, \frac{\| \Delta \boldsymbol{b} \|}{\| \boldsymbol{b} \|}$$

因此根据定义 2.5，这个计算问题的条件数为 $\| A \| \, \| A^{-1} \|$。

在上述计算问题中，如果 ΔA 是数据 A 的变化($\boldsymbol{b}$ 不变)，则有

$$(A + \Delta A)(\boldsymbol{x} + \Delta \boldsymbol{x}) = \boldsymbol{b}$$

在 $\| \Delta A \Delta \boldsymbol{x} \|$ 很小的情况下，这一方程意味着 $\Delta \boldsymbol{x} = A^{-1}(-\Delta A \boldsymbol{x})$，所以根据式(2.8)有

$\| \Delta \boldsymbol{x} \| / \| \boldsymbol{x} \| \leqslant \| A \| \, \| A^{-1} \| \, \| \Delta A \| / \| A \|$，即同样的条件数 $\| A \| \, \| A^{-1} \|$。

因为例 2.3 的结果，我们把任意矩阵 A 的条件数 $k(A)$ 定义为

$$k(A) = \| A \| \, \| A^{-1} \| \tag{2.13}$$

下面我们先分析特征值的敏感性,然后再用这一结果来分析系统稳定性的敏感性。

2.2.1 特征值的敏感性(鲁棒性)

因为极点最直接地决定所在系统的性能,所以特征值的敏感性最直接地决定所在系统性能的敏感性。

根据式(1.10),$V^{-1}AV=\Lambda$,其中矩阵 Λ 是含有矩阵 A 的所有特征值的约当型矩阵。所以当 A 变成 $A+\Delta A$ 时,

$$V^{-1}(A+\Delta A)V=\Lambda+V^{-1}\Delta AV\triangleq\Lambda+\Delta\Lambda \tag{2.14}$$

因此

$$\|\Delta\Lambda\|\leqslant\|V\|\|V^{-1}\|\|\Delta A\|=k(V)\|\Delta A\| \tag{2.15a}$$

式(2.15a)显示出特征向量矩阵 V 的条件数 $k(V)$ 可以决定 $\|\Delta\Lambda\|$ 的大小。但是 $\Delta\Lambda$ 矩阵本身不一定是约当型矩阵,因此不能准确反映矩阵 Λ 内每个特征值的变化。

根据式(2.14)的关系,$k(V)$ 也被用来测量单一特征值的敏感性(Wilkinson, 1965)

$$\min\{|\lambda_i-\lambda|\}\triangleq\min\{|\Delta\lambda_i|\}\leqslant k(V)\|\Delta A\| \tag{2.15b}$$

其中,$\lambda_i(i=1,\cdots,n)$ 和 λ 分别是矩阵 A 和 $(A+\Delta A)$ 中的一个特征值。因为式(2.15b)中的上限只针对 λ_i 和 λ 的最小差别,所以对于矩阵 A 和 $(A+\Delta A)$ 的各自的 n 个特征值所组成的别的 $\Delta\lambda_i$ 并没有效。

总之,根据式(2.15),我们有理由把含有所有特征值的矩阵 Λ 的对 A 的参数变化的敏感性 $s(\Lambda)$ 定义为

$$s(\Lambda)=k(V)=\|V\|\|V^{-1}\| \tag{2.16}$$

虽然式(2.16)并不是对单个特征值敏感性的准确显示,但是式(2.15)内的不等式对较大的 $\|\Delta A\|$ 也是有效的(Wilkinson, 1965)。

为了得到特征值敏感性的更准确的显示,人们用摄动理论在假定 $\|\Delta A\|$ 不大的情况下得出了如下结果(Wilkinson, 1965)。

定理 2.1 设 λ_i, $\boldsymbol{v}_i$,和 $\boldsymbol{t}_i(i=1,\cdots,n)$ 分别为矩阵 A 的第 i 个特征值和右、左特征向量,再设 $\lambda_i+\Delta\lambda_i$ 为 λ_i 在矩阵 A 变成 $A+\Delta A$ 以后所变成的特征值,则对于足够小的 $\|\Delta A\|$,有

$$|\Delta\lambda_i| \leqslant \|\boldsymbol{t}_i\| \, \|\boldsymbol{v}_i\| \, \|\Delta A\| \triangleq s(\lambda_i) \|\Delta A\| \quad (i=1, \cdots, n) \tag{2.17}$$

证明　设 $\Delta A = dB$，其中 d 是一个大于零但又足够小的纯量变数，再设矩阵 $A+dB$ 有特征值 $\lambda_i(d)$ 及其相应的特征向量 $\boldsymbol{v}_i(d)$，$i=1, \cdots, n$，则有

$$(A+dB)\boldsymbol{v}_i(d) = \lambda_i(d)\boldsymbol{v}_i(d) \tag{2.18}$$

在不失普遍性的情况下，我们只讨论 $i=1$ 的情况。根据摄动理论，有

$$\lambda_1(d) = \lambda_1 + k_1 d + k_2 d^2 + \cdots \tag{2.19a}$$

$$\boldsymbol{v}_1(d) = \boldsymbol{v}_1 + (l_{21}\boldsymbol{v}_2 + \cdots + l_{n1}\boldsymbol{v}_n)d + (l_{22}\boldsymbol{v}_2 + \cdots + l_{n2}\boldsymbol{v}_n)d^2 + \cdots \tag{2.19b}$$

其中，k_j，$l_{ij}(i=2, \cdots, n, j=1, \cdots)$ 是常数。对于足够小的变数 d，式(2.19)可以简化为

$$\lambda_1(d) \approx \lambda_1 + k_1 d \triangleq \lambda_1 + \Delta\lambda_1 \tag{2.20a}$$

$$\boldsymbol{v}_1(d) \approx \boldsymbol{v}_1 + (l_{21}\boldsymbol{v}_2 + \cdots + l_{n1}\boldsymbol{v}_n)d \tag{2.20b}$$

将式(2.20)代入式(2.18)，再根据 $A\boldsymbol{v}_i = \lambda_i \boldsymbol{v}_i$ 和 $d^2 \ll 1$，有

$$[(\lambda_2 - \lambda_1)l_{21}\boldsymbol{v}_2 + \cdots + (\lambda_n - \lambda_1)l_{n1}\boldsymbol{v}_n + B\boldsymbol{v}_1]d = k_1 \boldsymbol{v}_1 d \tag{2.21}$$

在式(2.21)的两边的左面乘 $\boldsymbol{t}_1$，再根据式(1.10) $(\boldsymbol{t}_i\boldsymbol{v}_j = \delta_{ij})$，就有

$$\boldsymbol{t}_1 B \boldsymbol{v}_1 = k_1$$

因此，根据式(2.20a)和式(2.8)，有

$$|\Delta\lambda_1| = |\boldsymbol{t}_1 B \boldsymbol{v}_1 d| \leqslant \|\boldsymbol{t}_1\| \, \|\boldsymbol{v}_1\| \, \|dB\| = \|\boldsymbol{t}_1\| \, \|\boldsymbol{v}_1\| \, \|\Delta A\|$$

从式(2.18)到上式的推导也适用于别的特征值和特征向量。

这个结果明显地显示了特征值 λ_i 的敏感性是由其对应的左、右特征向量 $\boldsymbol{t}_i$ 和 $\boldsymbol{v}_i$ 所决定的。因此我们在本书中将以式(2.17)中的 $s(\lambda_i)$ 代表特征值 λ_i 的敏感性，虽然这一 $s(\lambda_i)$ 并不完全符合式(2.12)中 λ_i 的条件数的严格定义。

例 2.4　设两个 n 维矩阵分别为

$$A_1 = \begin{bmatrix} n & 1 & 0 & & \cdots & 0 \\ 0 & n-1 & 1 & 0 & & \vdots \\ & 0 & n-2 & 1 & \ddots & \\ \vdots & & & & \ddots & 0 \\ & & & \ddots & 2 & 1 \\ 0 & 0 & \cdots & & 0 & 1 \end{bmatrix}, \quad A_2 = \begin{bmatrix} n & n & 0 & & \cdots & 0 \\ 0 & n-1 & n & 0 & & \vdots \\ & 0 & n-2 & n & \ddots & \\ \vdots & & & & \ddots & 0 \\ & & & \ddots & 2 & n \\ 0 & 0 & \cdots & & 0 & 1 \end{bmatrix}$$

很明显,相对于特征值(n, $n-1$, $\cdots$, 1),A_1 和 A_2 的右、左特征向量矩阵分别是

$$V=\begin{bmatrix} 1 & -x_2 & x_3 & -x_4 & \cdots & (-1)^{n-1}x_n \\ 0 & 1 & -x_2 & x_3 & \cdots & (-1)^{n-2}x_{n-1} \\ 0 & 0 & 1 & -x_2 & \cdots & \vdots \\ \vdots & & \ddots & \ddots & \ddots & \vdots \\ \vdots & & & \ddots & \ddots & -x_2 \\ 0 & 0 & \cdots & \cdots & 0 & 1 \end{bmatrix},\ T=\begin{bmatrix} 1 & x_2 & x_3 & \cdots & x_n \\ 0 & 1 & x_2 & \cdots & x_{n-1} \\ 0 & 0 & 1 & \ddots & \vdots \\ \vdots & & & \ddots & x_2 \\ 0 & & & & 1 \end{bmatrix}$$

其中,对于 A_1,有

$$x_i=x_{i-1}/(i-1)=1/(i-1)! \quad (i=2,\ \cdots,\ n;\ x_1=1)$$

比如 $x_2=1$, $x_3=1/2!$, $x_4=1/3!$, $\cdots$, $x_n=1/(n-1)!$。

对于 A_2,有

$$x_i=x_{i-1}n/(i-1)=n^{i-1}/(i-1)! \quad (i=2,\ \cdots,\ n;\ x_1=1)$$

比如 $x_2=n$, $x_3=n^2/2!$, $x_4=n^3/3!$, $\cdots$, $x_n=n^{n-1}/(n-1)!$。

可见 A_2 的左、右特征向量的参数 $x_i(i=2,\ \cdots,\ n)$ 都要比 A_1 的大得多,因此根据式(2.17),A_2 的特征值的敏感性也比 A_1 的高得多。

比如,根据式(2.17)和上述结果,$\lambda_1(=n)$ 的敏感性

$$\begin{aligned} s(\lambda_1) &= \|\boldsymbol{t}_1\|\ \|\boldsymbol{v}_1\| = \|\boldsymbol{v}_n\|\ \|\boldsymbol{t}_n\| = s(\lambda_n) \\ &= (1+x_2^2+\cdots+x_n^2)^{\frac{1}{2}}(1) \\ &= \begin{cases} (1+(1/4)+\cdots+1/(n-1)!^{\,2})^{\frac{1}{2}} \approx 1 & (\text{对于 } A_1) \\ (1+(n/2)^2+\cdots+(n^{n-1}/(n-1)!)^2)^{\frac{1}{2}} \approx n^{n-1}/(n-1)! & (\text{对于 } A_2) \end{cases} \end{aligned} \tag{2.22a}$$

$\lambda_{n/2}(=n/2)$ 的敏感性

$$\begin{aligned} s(\lambda_{n/2}) &= \|\boldsymbol{t}_{\frac{n}{2}}\|\ \|\boldsymbol{v}_{\frac{n}{2}}\| = \|\boldsymbol{v}_{\frac{n}{2}+1}\|\ \|\boldsymbol{t}_{\frac{n}{2}+1}\| = s(\lambda_{\frac{n}{2}+1}) \\ &= (1+\cdots+x_{\frac{n}{2}+1}^2)^{\frac{1}{2}}(1+\cdots+x_{\frac{n}{2}}^2)^{\frac{1}{2}} \\ &\approx \begin{cases} (1)(1)=1 & (\text{对于 } A_1) \\ (n^{n/2}/(n/2)!)^2 & (\text{对于 } A_2) \end{cases} \end{aligned} \tag{2.22b}$$

以上结果显示出 A_1 的 $s(\lambda)$ 总比 A_2 的小。矩阵 A_1 的 $s(\lambda_i)$ 一般都近似于 $1(i=1, \cdots, n)$，因此 A_1 的每一个特征值对 A_1 的变换是不敏感的，其计算问题都接近于最良态(见定义 2.5 和定理 2.1)。对于矩阵 A_2，根据 $i=1$ 和 $n=5$, 10, 20 的近似公式(2.22a)，$s(\lambda_i)$分别等于 5.2，275 和 2.155×10^6；根据 $i=n/2$ $(n=10, 20)$ 的近似公式(2.22b)，$s(\lambda_i)$分别等于 694 444 和 8×10^{12}。因此 A_2 的特征值对 A_2 的变换是非常敏感的，其计算问题是非常病态的。

对比这两个矩阵可知其差别在于矩阵 A_1 的上对角线的元素(=1)远小于矩阵 A_2 的相应元素($=n$)。而根据例 1.5 和式(2.4c)这些上对角线上的元素正是把矩阵 A_1 和 A_2 的特征值耦合起来的元素。这样的耦合越弱，则相应的特征向量(如矩阵 V 内的列向量)就越互相线性无关(或向量之间的夹角越接近于 90°)，则根据整个 V 得出的逆矩阵 T 的每一行的范数就越小。因此根据定理 2.1 矩阵特征值的敏感性也越低。

从直观的角度，矩阵内的特征值之间的耦合越弱，矩阵内其他位置上的参数变换对矩阵特征值的影响就越小[见戈氏定理(Gerschgorin theorm)(Wilkinson, 1965)]。从更直观的但是仅限于这个例子的角度，矩阵上对角线上的耦合元素越小，则矩阵越接近于约当型的最后结果，因此反过来这一最后结果对矩阵原始数据的误差就越不敏感。

总之，解耦是降低系统的敏感性的最重要、最有效和最基本的手段之一。在实际运用中，一个系统越是同时依赖很多部件才能运行，则这个系统的运行对其部件的敏感性也越高，尽管这样的系统往往有高性能。

以上关于矩阵 A_1 和 A_2 的结果可以用如下 ΔA 的具体例子显示出来(Chen, 1984; Wilkinson, 1965)，设

$$\Delta A = dB = \begin{bmatrix} 0 & 0 & \cdots & 0 \\ \vdots & \vdots & & \vdots \\ 0 & 0 & \cdots & 0 \\ d & 0 & \cdots & 0 \end{bmatrix}$$

则

$$\det[\lambda I-(A_1+\Delta A)]=(\lambda-n)\cdots(\lambda-2)(\lambda-1)+d(-1)^{n-1}$$

而

$$\det[\lambda I-(A_2+\Delta A)]=(\lambda-n)\cdots(\lambda-2)(\lambda-1)+d(-n)^{n-1}$$

可见矩阵 A_1 的特征多项式的常数项系数对 ΔA(或 d)的敏感性要比 A_2 低得

多。用针对 d 的根轨迹分析可以证明矩阵 A_2 的特征值对参数 d 非常敏感(Chen，1984)。

对于矩阵 A_2 和这一 ΔA 的例子的说明可以进一步参考文献(Wilkinson，1965)。但是本例中关于两个矩阵 A_1 和 A_2 的比较,对于全面透彻地理解这个例子更为重要。

2.2.2 系统稳定性的敏感性(鲁棒稳定性)

稳定性是一个控制系统首先需要满足的性质,因此其对系统参数变化的敏感性(鲁棒稳定性)就显得格外重要。大量实践证明,鲁棒稳定性指标是实际设计中最关键和最不可缺的指标(Doyle，1981),也一直是经典控制系统设计的最主要指标。

因此鲁棒稳定性指标不但必须普通准确,而且必须能够经设计计算被有效优化。因此在实际设计时必须对鲁棒稳定性有准确和简明的数值显示。

从结论 2.1 可知,每一个系统状态矩阵的特征值 $\lambda_i(i=1, \cdots, n)$ 都有负实部,是系统稳定的最直接、最基本和最准确的判别。因此这些特征值对其所在的系统状态矩阵的参数变化的敏感性,也就是决定系统鲁棒稳定性的最直接和最重要的因素。

比如用劳斯-赫尔维茨(Routh-Hurwitz)法判别系统的稳定性时,人们首先必须计算系统状态矩阵特征多项式[见式(1.11c)]的系数。这一步的计算已被证明与计算特征值有一样的敏感性(条件数)[见文献(Wilkinson，1965),例 1.6 和例 2.4]。Routh-Hurwitz 法将对这些特征多项式的系数根据结论 2.1 继续进行判别,因此显然比结论 2.1 的判别要间接。这一间接的判别必然影响其准确性,不论是对稳定性的判别,还是对鲁棒稳定性的显示。

又比如用奈奎斯特(Nyquist)法判别系统的稳定性时,人们必须首先画出环路传递函数的频域响应 $L(j\omega)$ $(\omega=0 \to \infty)$,再根据结论 2.1 以及柯西(Cauchy)积分定理来对 $L(j\omega)$的坐标图继续做系统稳定性的判别。很明显,这两层关系中的每一层都会相当程度地扩大各自的原始数据误差的影响。稳定性是系统内部的和在时域上的一个收敛性质,而 Nyquist 法却要根据系统在频域上的关于输入和输出的外部关系 $L(j\omega)$来判别这一性质。因此,基于 Nyquist 法的对系统鲁棒稳定性的显示(如增益裕度和相位裕度)不可能普遍准确(Vidyasagar，1984)。在 MIMO 系统中增益裕度和相位裕度本身的定义就很复杂,很难准确判断(Rosenbrock，1974；Safonov et al.，1977；Hung et al.，1982；Postlethwaite et al.，1979；Doyle et al.，1992)。

本书将直接从系统状态矩阵的特征值及其对所在矩阵参数变化的敏感性的角度，来分析测量系统的鲁棒稳定性。对比以上两个方法的角度，这一角度不但有上两段所述的准确性上的优越性，而且还有另一个决定性的优点，这就是用这一角度可以兼顾系统状态矩阵的特征值的配置。根据 2.1 节，这些特征值可以最直接地保证所在系统的性能。

因为高性能与低敏感性是任何实际工程系统的两个既互相矛盾又不可忽视的性质，所以只偏重这两个性质中的任何一个都会影响实际意义。撇开系统的性能（如特征值/极点）而只偏重于系统的鲁棒性的改进和优化是缺少实际意义的，因为只有高性能的系统才有严重的敏感性问题，也才有受精密控制的必要。

本书的主要目的也是在于介绍一个新的并能够充分兼顾系统性能与低敏感性的设计途径。

本书将介绍现有状态空间理论里的三个对系统鲁棒稳定性的普遍数值测量。本书将这三个测量分别称为 M_1、M_2 和 M_3。这三个测量中的 M_1 和 M_2 是 20 世纪 80 年代中期提出的（Kautsky et al.，1985；Qiu et al.，1986；Juang et al.，1986；Dickman，1987；Lewkowicz et al.，1988），而 M_3 是 20 世纪 90 年代才提出来的（Tsui，1990）。本书将从准确性和用来实际指导设计的难易程度这两个关键的角度，来分析和比较这三个测量方法。

对于所有这三个测量方法，我们首先假定系统是稳定的 ($\text{Re}\{\lambda_i\} < 0,\ i = 1,\ \cdots,\ n$)，我们还预设测量 M_i ($i = 1,\ 2,\ 3$) 越大，则其所在的系统的鲁棒稳定性越高，系统也就越稳定。

让我们首先来介绍这三个测量方法：

$$M_1 = \min_{0 \leqslant \omega < \infty} \{\underline{\sigma}(A - \mathrm{j}\omega I)\}, \ (\underline{\sigma}\text{ 等于矩阵的最小奇异值}) \tag{2.23}$$

$$M_2 = s(\Lambda)^{-1} |\text{Re}\{\lambda_n\}|, \ (|\text{Re}\{\lambda_n\}| \leqslant \cdots \leqslant |\text{Re}\{\lambda_1\}| \ [\text{见式}(2.16)] \tag{2.24}$$

$$M_3 = \min_{1 \leqslant i \leqslant n} \{s(\lambda_i)^{-1} |\text{Re}\{\lambda_i\}|\} \ [\text{见式}(2.17)] \tag{2.25}$$

因为 M_1 中的 $\underline{\sigma}$ 代表所在矩阵变成奇异所需要的最小变化的范数（见定理 A.8），所以 M_1 也代表矩阵 A 为拥有一个不稳定的虚数特征值 $\mathrm{j}\omega$ 所需要的最小变化的范数。因此，这个对鲁棒稳定性的度量应该是比较准确的。

这个度量的主要缺点是，很难给出一个能够普遍地增大 M_1 的设计方法。比如，很难设计一个反馈增益矩阵 K 使其对应的矩阵 $A - BK$[(A, B) 是给定的，见式(1.1)]既有尽可能大的测量 M_1，又有任意配置的特征值。现有的有关 M_1

的解析结果只是当 $s(\lambda_n)$ 能设计成最小(=1)时(往往不可能),其相应的 M_1 才会是最大(=$|\mathrm{Re}\{\lambda_n\}|$)(Lewkowicz et al., 1988)。可见 M_1 过于注重 λ_n 这一特征值,而且是针对矩阵 A 的所有 $n\times n$ 个元素(而不是关键的 n 个特征值)。

在 M_2 中,$|\mathrm{Re}\{\lambda_n\}|$ 是所有特征值中距离不稳定的虚轴的最短距离(见图 2.1)。这个距离再除以矩阵 Λ 的敏感性 $s(\Lambda)$ 就成了 M_2。$s(\Lambda)$ 越小,系统的特征值就越不敏感,系统也就越稳定。所以 M_2 可以说是对 λ_n 变成不稳定的可能性距离的一个测量。

这个测量的主要优点是,存在一些能有效计算矩阵 K,使其对应矩阵 $A-BK(=V\Lambda V^{-1})$ 既有最小化的 $s(\Lambda)$,又有任意配置的特征值的、普遍的和系统的数值迭代方法(Kautsky et al., 1985)。

这些数值方法将会在第 9 章中做详细介绍。从 M_2 的定义可知,当 λ_n 已经确定以后,$s(\Lambda)$ 的最小值也就意味着 M_2 的最大值。但是根据式(2.15)和式(2.16),$s(\Lambda)$ 并不是特征值 λ_n 的敏感性的准确显示。这是测量 M_2 的主要缺点。

在 M_3 中,每一个特征值 λ_i 变成不稳定的距离 $|\mathrm{Re}\{\lambda_i\}|$ $(i=1,\cdots,n)$ 都被除以这个特征值本身的敏感性 $s(\lambda_i)$,并被包含在 M_3 的定义里。所以 M_3 考虑到了所有特征值变成不稳定的可能性距离,并取其中的最短距离为 M_3。在实际设计时,关于 M_2 的能求得最小 $s(\Lambda)$ 的数值方法,也可以在对矩阵 V 加上一组加权因子 $(=\mathrm{diag}\{|\mathrm{Re}\{\lambda_i\}|^{-1},\ i=1,\cdots,n\})$ 后直接用来求得 M_3 的最大值。

因此我们根据一些基本原理就可以总结出 M_3 相对于 M_1 和 M_2 的两个在准确性上的明显优点。

首先,M_3 考虑了每一个特征值变成不稳定的可能性,而 M_1 和 M_2 一般只考虑 λ_n 变成不稳定的可能性。因为任何不稳定的特征值都会使系统不稳定(结论 2.1),所以 M_3 比 M_1 和 M_2 更全面和更严密地反映了系统的鲁棒稳定性。

其次,M_3 中的 $s(\lambda_i)$ 比 M_2 中的 $s(\Lambda)$ 更准确地代表每一个特征值的敏感性,包括 λ_n 本身的敏感性。因此 M_3 比 M_2 更准确地反映 λ_n 变成不稳定的可能性距离。

总之,因为 $s(\Lambda)$ 是所有特征值的敏感性,所以 M_2 相比 M_3 显得过于保守(尽管 M_3 比 M_2 更为全面和严密)。这一点可以从 M_2 是 M_3 的下限看出。因为

$$s(\Lambda)\triangleq\|V\|\,\|V^{-1}\|>\|\boldsymbol{t}_i\|\,\|\boldsymbol{v}_i\|\triangleq s(\lambda_i)\geqslant 1\quad(i=1,\cdots,n)\tag{2.26}$$

所以

$$M_2 = s(\Lambda)^{-1} |\mathrm{Re}\{\lambda_n\}| \leqslant M_3 \leqslant |\mathrm{Re}\{\lambda_n\}| \tag{2.27}$$

根据文献(Lewkowicz et al., 1988; Kautsky et al., 1985), M_1 也有与 M_3 相同的上下限。

根据式(2.26)和式(2.27),在 $s(\Lambda) = k(V)$ 是最小(=1)时,$s(\lambda_i)(i = 1, \cdots, n)$ 也都是最小(=1),从而 M_1、M_2 和 M_3 都会达到它们的共同上限 $|\mathrm{Re}\{\lambda_n\}|$。但是在绝大多数情况下,$k(V) = 1$ 是不可能达到的。在这样的情况下,根据文献(Lewkowicz et al., 1988)和上面的分析,即使减小 $k(V)$ 也不能保证 M_1 和 M_3 的增大,即不能保证系统鲁棒稳定性的最直接的改善。

另外在这样的绝大多数情况下,式(2.27)还意味着 M_1 和 M_3 比 M_2 有较高的分辨率,因此也就更为准确。

例 2.5 分析下述两个状态矩阵的鲁棒稳定性(Tsui, 1990; Lewkowicz et al., 1988)。

$$A_1 = \begin{bmatrix} -3 & 0 & 0 \\ 4.5 & -2 & 0 \\ 0 & 0 & -1 \end{bmatrix}, \quad A_2 = \begin{bmatrix} -3 & 0 & 0 \\ 1.5 & -2 & 0 \\ 3 & 0 & -1 \end{bmatrix}$$

这两个矩阵都有相同的特征值,却有不同的特征向量。因此这两个矩阵的特征值对其各自所在矩阵的参数变化的敏感性,以及以这两个矩阵为状态矩阵的系统的鲁棒稳定性,也各不同。

计算这两个矩阵的特征分解,我们有

$$\begin{aligned} A_1 &= V_1 \Lambda_1 T_1 \\ &= \begin{bmatrix} 0.217 & 0 & 0 \\ -0.976 & 1 & 0 \\ 0 & 0 & 1 \end{bmatrix} \begin{bmatrix} -3 & 0 & 0 \\ 0 & -2 & 0 \\ 0 & 0 & -1 \end{bmatrix} \begin{bmatrix} 4.61 & 0 & 0 \\ 4.5 & 1 & 0 \\ 0 & 0 & 1 \end{bmatrix} \begin{matrix} (\|\boldsymbol{t}_1\| = 4.61) \\ (\|\boldsymbol{t}_2\| = 4.61) \\ (\|\boldsymbol{t}_3\| = 1) \end{matrix} \end{aligned}$$

$$\begin{aligned} A_2 &= V_2 \Lambda_2 T_2 \\ &= \begin{bmatrix} 0.4264 & 0 & 0 \\ -0.6396 & 1 & 0 \\ -0.6396 & 0 & 1 \end{bmatrix} \begin{bmatrix} -3 & 0 & 0 \\ 0 & -2 & 0 \\ 0 & 0 & -1 \end{bmatrix} \begin{bmatrix} 2.345 & 0 & 0 \\ 1.5 & 1 & 0 \\ 1.5 & 0 & 1 \end{bmatrix} \begin{matrix} (\|\boldsymbol{t}_1\| = 2.345) \\ (\|\boldsymbol{t}_2\| = 1.803) \\ (\|\boldsymbol{t}_3\| = 1.803) \end{matrix} \end{aligned}$$

在以上的结果中,矩阵 V 中的三个向量的范数都是1,因此特征值的敏感性 $s(\lambda_i)$ 等于其对应的左特征向量 $\boldsymbol{t}_i$ 的范数(这些范数都已在各个 T 矩阵的右边用括号里的数字标出)。

根据这些数据,我们在表 2.1 中列出 A_1 和 A_2 的 M_1、M_2、M_3 的测量结果。

表 2.1 测量状态矩阵的稳定性的敏感性

鲁棒稳定性测量		A_1	A_2
$M_1=$		1	0.691
$M_2=s(\Lambda)^{-1}\|-1\|$		0.1097	0.2014
M_3	$s(-3)^{-1}$	0.2169	0.4264
	$s(-2)^{-1}$	0.2169	0.5546
	$s(-1)^{-1}$	1	0.5546
$M_3=$		$s(-2)^{-1}\|-2\|=0.4338$	$s(-1)^{-1}\|-1\|=0.5546$

检查两个矩阵的原始数据及其特征分解的数据可知,不同于 A_2, A_1 的 $\lambda_n(=-1)$ 和别的特征值完全解耦,因此其敏感性最小[$s(-1)=1$]。这一点在表 2.1 中只由 M_1 和 M_3 的 $s(-1)^{-1}$ 的最大数值表示出来。但是相对于 A_2, A_1 的大元素(4.5)却加大了和这一元素相邻的另外两个特征值(−3, −2)的敏感性[$s(-2)=s(-3)=4.61$],从而使这两个特征值更可能因为矩阵 A_1 的参数变化而变成不稳定(见戈氏定理(Gerschgorin theorm)(Wilkinson, 1965)]。这一点在表 2.1 中只由 M_2[$=s(\Lambda)^{-1}$] 以及 M_3 的 $s(-3)^{-1}$ 和 $s(-2)^{-1}$ 的小数值表示出来。总之,以上这两种对立的情况只有 M_3 可以全面地表示出来。

根据 M_3 的定义,对矩阵 A_1 来说,特征值−2 变成不稳定的可能性距离最短(=0.4338)。这既考虑到了 λ_n 变成不稳定的可能性距离(=1),就像 M_1 一样,也考虑到了其他特征值因为元素 4.5 的存在而变成不稳定的可能性,就像 M_2 一样。但是 M_2 中的对 λ_n 的敏感性的估计 (9.1=1/0.1097) 是很保守的和很不准确的,因为 λ_n 的敏感性实际上是最小的(=1)。总之,对于矩阵 A_1, M_3 既准确估计了 $\lambda_n(=-1)$ 的敏感性(而 M_2 则没有),还考虑到了其他特征值变成不稳定的可能性(而 M_1 则没有)。

总之,从直观来看矩阵 A_1 和 A_2 相差不多——A_1 的元素 4.5 在 A_2 里被分成 1.5 和 3,因此不应该像 M_1 或 M_2 那样一个矩阵的测量只是另一个矩阵的一半,而 M_3 则基本反映了这两个矩阵是相似的这一情况,见习题 2.6。

例 2.5 令人信服地显示了 M_3 在测量系统的鲁棒稳定性上比 M_1 和 M_2 更普遍准确得多。

虽然增大 M_2 对改进系统的鲁棒稳定性不如增大 M_3 直接,但是增大 M_2[或

减小 $k(V)$]对改进系统的其他性质，如减小反馈增益和平缓暂态响应，都有在一个纯量的、简明的和统一的意义上的作用(Kautsky et al.，1985)(见第 9 章)。现有 CAD 软件里特征向量的配置和设计也是以减小 $k(V)$ 为目的的。当然 CAD 软件也应该会随着理论的发展而改进完善，比如考虑进 M_3 的因素及其加权因子。

前面提到用来减小 $k(V)$ 的软件程序几乎可以直接用来增大 M_3。另外还有一种增大 M_3 的解析方法(Tsui，1986)，这一解析方法是根据使特征值解耦的可能性而建立的。从例 2.5 可以看出完全解耦的特征值(如 A_1 的 -1)的敏感性最低(因为其左特征向量完全不受别的右特征向量的影响)。例 2.4 也是对解耦和低敏感性的直接关系的证明。这一解析方法也将和数值方法一起在第 9 章中进行详细介绍。

总　　结

状态空间理论对线性时不变系统，特别是对其响应速度、稳定性、敏感性等最关键的性质具有特别普遍、准确和简明的分析。只有这样的分析理解才能够有效地和普遍地用来指导复杂控制系统的设计。比如本章已说明基于系统传递函数模型的性能测量(如频宽)和鲁棒稳定性的测量(如增益裕度、相位裕度)在普遍准确性上都差得多，因此也不能用来普遍有效地指导提高系统性能和鲁棒稳定性的设计。而本书提出了一个既特别普遍准确又非常容易设计计算优化的鲁棒稳定性指标(即性能和鲁棒性的综合指标)M_3。

这就是为什么线性时不变系统的结果始终是更复杂的系统(如非线性系统、时变系统，等等)的分析和设计的基础，尽管实际系统往往属于后者。这也是为什么线性控制理论的深化和改进始终有其深刻和普遍的意义。从第 3 章起，我们将看到对状态空间设计理论中的一些基本、重要和未解问题的简明解决。其中一些基本、实际和关键的设计问题只有用状态空间理论的方法才能有效和圆满地解决。

习　　题

2.1 (1) 根据习题 1.8 中对矩阵 A_1 和 A_2 的特征分解，再根据式(2.1)～式(2.4)求出函数 $e^{A_i t}$，$i=1, 2$。

(2) 根据 $e^{A_i t}=\mathscr{L}^{-1}\{(sI-A_i)^{-1}\}$ (Gantmacher，1959；Chen，1984；郑大钟，1990)，求出 $e^{A_i t}$，$i=1, 2$。

(3) 求出以这两个矩阵为动态矩阵的系统的零输入响应 $e^{A_i t}\boldsymbol{x}_i(0)$，$i=1$，2。设 $\boldsymbol{x}_i(0)=[1\quad 2\quad 3]^{\mathrm{T}}$，$i=1$，2。比较这两个响应的波形。

2.2 对例 2.5 中的 A_1 和 A_2 矩阵重复题 2.1 中的推导。

2.3 设系统

$$A_1,\ B=[0\quad 1\quad -1]^{\mathrm{T}},\ C=\begin{bmatrix}1 & 0 & -1\\ 0 & 1 & -1\end{bmatrix}$$

其中,矩阵 A_1 与习题 1.8 的相同。

(1) 设输入 $\boldsymbol{u}(t)$为单位阶函数,根据式(2.3)求出这一系统的两个零状态响应。

(2) 根据式(1.7) $\boldsymbol{y}(t)=\mathscr{L}^{-1}\{Y_{ZS}(s)=G(s)U(s)=G(s)/s\}$ 求出这一系统的两个输出的零状态响应及其稳态。

(3) 计算 $G(s)$的两个传递函数的频宽。

(4) 比较这两个零状态响应的波形。

2.4 用式(2.23)～式(2.25)度量例 2.1 的两个系统的鲁棒稳定性。这里相对于约当块维数大于 1 的特征值应有不同于式(2.17)的度量(Golub et al.,1976b)。一个简便的方法是把这一约当块的所有特征值的敏感性加起来作为 $s(\lambda)$。例如该例中矩阵 A_1 的特征值-1 的敏感性 $s(-1)=\|[1\quad 0\quad 0]\|\,\|[1\quad -1\quad -1]^{\mathrm{T}}\|+\|[2\quad 2\quad 0]\|\,\|[0\quad 1/2\quad -1/2]^{\mathrm{T}}\|=1\times\sqrt{3}+\sqrt{8}\times\sqrt{1/2}$。

2.5 用式(2.23)～式(2.25)度量题 1.8 的两个矩阵的鲁棒稳定性。

2.6 用式(2.23)～式(2.25)度量下列矩阵的鲁棒稳定性:

$$\begin{bmatrix}-3 & 0 & 0\\ 3 & -2 & 0\\ 1.5 & 0 & -1\end{bmatrix},\ \begin{bmatrix}-3 & 0 & 0\\ -3 & -2 & 0\\ 1.5 & 0 & -1\end{bmatrix},\ \begin{bmatrix}-3 & 0 & 0\\ 2 & -2 & 0\\ 2.5 & 0 & -1\end{bmatrix},$$

$$\begin{bmatrix}-3 & 0 & 0\\ 4 & -2 & 0\\ 0.5 & 0 & -1\end{bmatrix},\ \begin{bmatrix}-3 & 0 & 0\\ 0.5 & -2 & 0\\ 4 & 0 & -1\end{bmatrix},\ \begin{bmatrix}-3 & 0 & 0\\ 2.5 & -2 & 0\\ 2 & 0 & -1\end{bmatrix}$$

2.7 用式(2.25)即 M_3 测量以下 4 个状态矩阵的鲁棒稳定性:

(1) $\begin{bmatrix}-1 & 1 & 0\\ 0 & -2 & 0\\ 0 & 0 & -3\end{bmatrix}$

答案：$M_3 = \min\{|-1|\times 0.707,\ |-2|\times 0.707,\ |-3|\times 1\}$

$= 0.707$（极点 -1 最容易变成不稳定）

(2) $\begin{bmatrix} -1 & 0 & 0 \\ 0 & -2 & 1 \\ 0 & 0 & -3 \end{bmatrix}$

答案：$M_3 = \min\{|-1|\times 1,\ |-2|\times 0.707,\ |-3|\times 0.707\}$

$= 1$（极点 -1 仍然最容易变成不稳定）

(3) $\begin{bmatrix} -1 & 0 & 0 \\ 0 & -2 & 2 \\ 0 & 0 & -3 \end{bmatrix}$

答案：$M_3 = \min\{|-1|\times 1,\ |-2|\times 0.447,\ |-3|\times 0.447\}$

$= 0.89$（极点 -2 最容易变成不稳定）

(4) $\begin{bmatrix} -1 & 0.5 & 0 \\ 0 & -2 & 0 \\ 0 & 0 & -3 \end{bmatrix}$

答案：$M_3 = \min\{|-1|\times 0.89,\ |-2|\times 0.89,\ |-3|\times 1\}$

$= 0.89$（比较(1)：极点 -1 和 -2 的耦合从 1 减为 0.5，M_3 从 0.707 增为 0.891。

2.8 证实例 2.4 中参数 $x_i(i=1, \cdots, n)$ 和式(2.22)的推导结果。

2.9 证实从式(2.26)到式(2.27)的推导。

2.10 $M_3 = \min\{s(\lambda_i)^{-1}|Re(\lambda_i)|\}$ 改进为 $\min\{s(\lambda_i)^{-1}|Re(\lambda_i)|\cos^{-1}\theta_i\}$ 将更加准确(Tsui, 2015)，所以一个很有意义的问题是预测 θ_i，即 λ_i 改变移动的方向，或 $\theta_i = \mathrm{d}\lambda_i/\mathrm{d}$（矩阵 A 的变化元素）。根据题 2.5 计算这个新的 M_3，在复数 λ_i 的移动方向 θ_i 为 30°、45°和 60°时的数量。

2.11 设系统

$$A = \begin{bmatrix} -1 & 3 & 0 \\ -3 & -1 & 0 \\ 0 & 0 & -2 \end{bmatrix},\quad B = \begin{bmatrix} 0 \\ 0 \\ 1 \end{bmatrix},\quad C = \begin{bmatrix} 5/3 & 5 & 0 \\ 0 & 5 & 1 \end{bmatrix}$$

重复题 2.3。

答案：$G(s) = \begin{bmatrix} 5(s+2)^2 \\ 6s^2 + 17s + 20 \end{bmatrix} / (s^2 + 2s + 10)(s+2)$。

第3章

反馈控制系统的敏感性

本书论及的反馈控制系统由两个单一子系统组成——一个带有受控系统的“开环系统”和一个反馈控制器(也称为“补偿器”)。显然对这一反馈系统的分析不同于对单一系统的分析,比如状态空间理论对反馈系统的敏感性一直缺乏简明的结果。

本章将分两节来分析反馈系统,特别是状态空间理论中的反馈控制系统的敏感性。

3.1 节强调经典控制理论中的一个基本概念,即因反馈而形成的环路传递函数对反馈系统的敏感性起决定性的作用。这里的敏感性是针对开环系统的模型误差和输入扰动而言的,并分别由 3.1.1 节和 3.1.2 节来叙述。

3.2 节从环路传递函数的角度来分析状态空间控制理论中的三个基本反馈控制结构,即状态反馈、静态输出反馈和观测器反馈控制结构。重点讲述第三个结构,并着重介绍关于这类反馈结构的敏感性的关键问题——“环路传递恢复”(loop transfer recovery, LTR)。

3.1 反馈控制系统的敏感性和环路传递函数

反馈控制系统的工作可通过如下的基本反馈控制结构来说明。

图 3.1 所示的是在从系统 $G(s)$的输出 $Y(s)$到其控制输入 $U(s)$之间有一条带有控制器 $H(s)$的反馈路线的结构。这里 $R(s)$和 $D(s)$分别是一个外部参照信号 $\boldsymbol{r}(t)$和一个干扰信号 $\boldsymbol{d}(t)$的拉普拉斯变换。受控系统或是 $G(s)$,或是 $G(s)$内部的一个串联连接的和以 $Y(s)$为输出的组成部分。在本书中,我们把受控系统当作 $G(s)$来处理,因此在这一反馈系统中所要设计的是控制器 $H(s)$。

这是一个基本的但又普遍的反馈控制结构。即使是更复杂的结构，一般在设计时也只是将该结构分解成一些如图 3.1 所示的基本单元，然后再一个单元一个单元地设计。

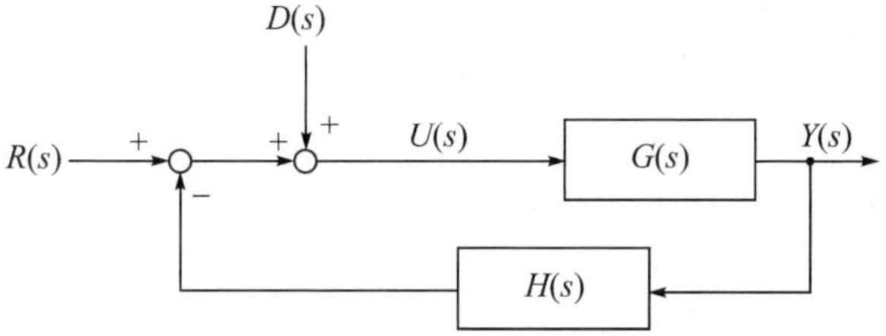

图 3.1　基本反馈控制系统(闭环系统)的结构

系统在产生和作用强功率的控制信号 $U(s)$ 的过程中往往也会产生干扰，在数学模型中我们用 $D(s)$ 来代表这一干扰。

控制系统的最终和普遍的要求一般是让系统 $G(s)$ 的输出 $Y(s)$ 尽快地达到和稳定在参照信号 $R(s)$ 所规定的状态(如发动机和车船的速度、飞行器和雷达的角度、机器人部件的位置、容器的压力和温度等)。因为系统的稳态本身往往能够比较容易地满足要求(如用拉普拉斯变换理论中的最终值定理)，所以系统在达到其稳态前的暂态响应的速度和平稳性，即为系统性能的关键和难点，这也是本书分析和设计的着重点。

从图 3.1 的结构可知，实行反馈控制的最基本目的在于让控制对象——系统的输出 $Y(s)$ 自动地参与系统的控制信号 $U(s)$ 的产生。这一反馈使图 3.1 中的系统有了一个从 $U(s)$ 到 $U(s)$ 的“环路传递函数”

$$L(s) = -H(s)G(s) \tag{3.1}$$

我们把这一反馈系统称为“闭环系统”。如没有这个反馈 $[H(s)=0]$，则图 3.1 变为图 3.2 所示的“开环”的控制结构。

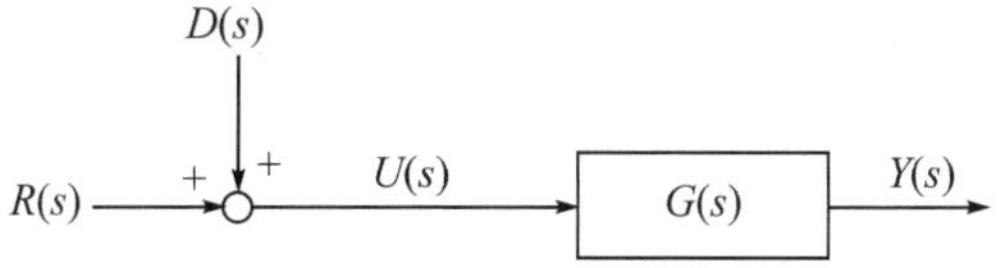

图 3.2　无反馈控制系统(开环系统)的结构

因此我们也把 $G(s)$ 称为“开环系统”。这种系统的控制信号 $U(s)$ 将不受其控制对象 $Y(s)$ 的影响，其环路传递函数

$$L(s)=0 \tag{3.2}$$

本节的主要目的是揭示实行反馈控制相对于不实行反馈控制的最明显的好处,在于降低了整个控制系统对受控系统 $G(s)$ 的数学模型误差 $\Delta G(s)$ 和干扰信号 $D(s)$ 的敏感性,而这一降低是由反馈所产生的环路传递函数 $L(s)$ 来决定的。因此也可以说反馈控制的主要目的就是为了降低这两个敏感性。

因为这里只牵涉基本概念,所以本节只讨论单输入单输出(SISO)系统的情况。这一基本概念应该可以直接推广到 MIMO 系统中去。

3.1.1 对于受控系统数学模型误差的敏感性

在实际情况下,受控系统的数学模型[不论是状态空间还是传递函数 $G(s)$]往往是不准确的。这是因为实际受控系统往往是非线性的,其参数也往往是分布的或难以准确测量的。即使有准确的初始数学模型,实际系统在运行中也难免会有损耗、故障和改变。总之实际系统和其数学模型[如 $G(s)$]的差别 $\Delta G(s)$ 是不可避免的。我们把 $\Delta G(s)$ 称为系统 $G(s)$ 的"模型误差"(model uncertainty)。也因此基于手头的数学模型 $G(s)$ 所设计的控制系统对这一误差必须有较低的敏感性。

在 SISO 的情况下,图 3.1 和图 3.2 中的控制系统,从 $R(s)$ 到 $Y(s)$ 的传递函数分别是

$$T_c(s)=\frac{G(s)}{1+H(s)G(s)} \tag{3.3a}$$

和

$$T_o(s)=G(s) \tag{3.3b}$$

设 $G(s)$ 的相对变化为 $\Delta G(s)/G(s)$,再设由 $\Delta G(s)$ 引起的控制系统的变化为 $\Delta T(s)$,则控制系统的相对变化为 $\Delta T(s)/T(s)$。

定义 3.1 控制系统 $T(s)$ 相对于系统 $G(s)$ 的模型误差的敏感性被定义为

$$s(T)\big|_G=\left|\frac{\Delta T(s)/T(s)}{\Delta G(s)/G(s)}\right| \tag{3.4a}$$

对于足够小的 $\Delta G(s)$ 和 $\Delta T(s)$,有

$$s(T)\big|_G\approx\left|\frac{\partial T(s)}{\partial G(s)}\,\frac{G(s)}{T(s)}\right| \tag{3.4b}$$

将式(3.3a)和式(3.3b)分别代入式(3.4b)，则闭环系统和开环系统的敏感性分别为

$$s(T_c)|_G=\left|\frac{1}{1+H(s)G(s)}\right|=\left|\frac{1}{1-L(s)}\right| \tag{3.5a}$$

和

$$s(T_o)|_G=1 \tag{3.5b}$$

对比式(3.5a)和式(3.5b)可以清楚地看到，闭环系统对 $\Delta G(s)$ 的敏感性会因为其环路传递函数[$L(s)$，$|L(s)|\gg 1$]的存在而比开环系统的敏感性大为降低(大为改善)。

例3.1 控制系统对受控系统的个别参数变化的敏感性(个别参数变化是模型误差的一个特殊情况)。设

$$G(s)=\frac{K}{s+\lambda},\quad H(s)=1,\quad L(s)=-G(s)$$

则根据式(3.3)，有

$$T_c(s)=\frac{K}{s+\lambda+K},\quad T_o(s)=\frac{K}{s+\lambda}$$

这样，根据式(3.4b)，有

$$s(T_c)|_K=\left|\frac{\partial T_c(s)K}{\partial K\ T_c(s)}\right|=\left|\frac{s+\lambda+K-K}{(s+\lambda+K)^2}\ \frac{K}{\dfrac{K}{s+\lambda+K}}\right|=\left|\frac{1}{1-L(s)}\right|$$

$$s(T_o)|_K=\left|\frac{\partial T_o(s)K}{\partial K\ T_o(s)}\right|=\left|\frac{1}{(s+\lambda)}\ \frac{K}{K/(s+\lambda)}\right|=1$$

$$s(T_c)|_\lambda=\left|\frac{\partial T_c(s)\lambda}{\partial\lambda\ T_c(s)}\right|=\left|\frac{-K}{(s+\lambda+K)^2}\ \frac{\lambda}{\dfrac{K}{s+\lambda+K}}\right|=\left|\frac{-\lambda/(s+\lambda)}{1-L(s)}\right|$$

$$s(T_o)|_\lambda=\left|\frac{\partial T_o(s)\lambda}{\partial\lambda\ T_o(s)}\right|=\left|\frac{-K}{(s+\lambda)^2}\ \frac{\lambda}{K/(s+\lambda)}\right|=|-\lambda/(s+\lambda)|$$

可见闭环系统对参数 K 和 λ 的敏感性，总是等于其相应的开环系统的敏感性除以 $|1-L(s)|$。在 $s=0$ 时，开环系统 $T_o(s)$对 K 和 λ 的敏感性都等于 100%。

3.1.2 对于控制输入扰动的敏感性

由于在控制输入信号功率增大时往往也会带来较大的干扰，因此控制系统

也必须降低这一扰动所产生的影响(Hu et al.，2001)。实际控制系统中最终产生和作用控制信号 $U(s)$ 的控制器称为“致动器”(actuator)。

根据线性系统的叠加定理和图 3.1、图 3.2，在输入干扰存在的情况下 $[D(s) \neq 0]$，闭环系统和开环系统的输出分别是

$$Y_c(s) = \frac{G(s)}{1-L(s)}R(s) + \frac{G(s)}{1-L(s)}D(s) \tag{3.6a}$$

和

$$Y_o(s) = G(s)R(s) + G(s)D(s) \tag{3.6b}$$

如果说在式(3.6a)和式(3.6b)的两项中的第一项是在没有输入干扰 $D(s)$ 的情况下的理想输出，那么式(3.6)的第二项则是输入干扰 $D(s)$ 对输出的影响以及对于理想输出的偏差。因此必须尽量减小式(3.6)中的第二项，即减小这一项中对 $D(s)$ 的增益。

定义 3.2 式(3.6)中的第二项中对 $D(s)$ 的增益被定义为系统对输入干扰的敏感性。根据式(3.6)，这一增益等于所在项中传递函数的范数(或绝对值)。

对比式(3.6)中的两个系统可以清楚地看到，闭环系统对控制输入干扰的敏感性会因为其环路传递函数($L(s)$，$|L(s)| \gg 1$)的存在而比开环系统的敏感性大为降低(大为改善)。这一情形与 3.1.1 节中对系统模型误差 $\Delta G(s)$ 的敏感性的情形相似。也因此，$[I-L(s)]^{-1}$ 被称为“敏感性函数”。

例 3.2 对于输出观测噪声的敏感性。

实际反馈控制系统除了有控制输入干扰的不利影响以外，还经常有输出 $Y(s)$ 观测噪声的不利影响。观测噪声就是对输出信号 $Y(s)$ 的观测和测量的误差。在数学模型里我们把这一误差用一个外加信号 $N(s)$ 来表示，并把这一信号称为“输出观测噪声”。这一数学模型可用图 3.3 来表示。

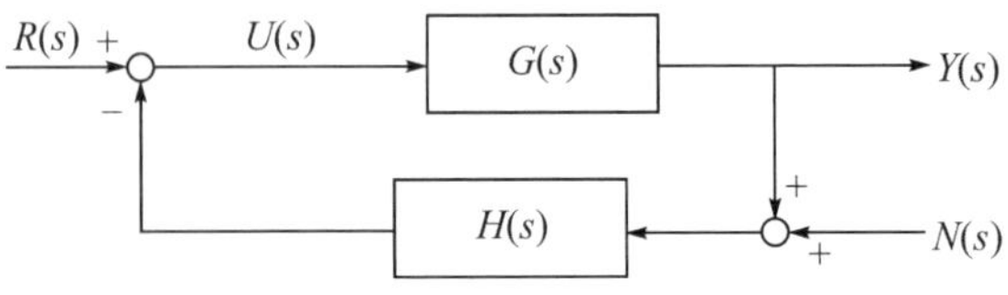

图 3.3 带有输出观测噪声的反馈控制系统

因为非电气的输出信号 $Y(s)$(如速度、角度、压力和温度等)往往很难准确测量，所以输出观测噪声往往是难免的。在从输出观测信号 $Y(s)$ 经过反馈控

制器 $H(s)$ 而产生控制输入信号 $U(s)$ 的过程中，信号的物理性质也往往需要改变（如从非电气信号转变为电气信号）。我们把实现这一转变的系统[如 $H(s)$]称为“传感器”(transducer)。这一转变本身也可能产生误差，总之必须减小系统对噪声 $N(s)$ 的敏感性。

将输出信号 $Y(s)$ 反馈的目的在于产生一个自动控制信号 $U(s)$。所以很明显，反馈系统观测噪声的不利影响主要表现在对 $U(s)$ 的影响上。

根据图 3.3 和框图原理[如梅森公式(Mason's formula)]，在 $R(s)=0$ 的情况下，

$$U(s)=\frac{-H(s)}{1+H(s)G(s)}N(s)=\frac{-H(s)}{1-L(s)}N(s) \tag{3.7}$$

这就是观测噪声 $N(s)$ 对反馈控制输入信号 $U(s)$ 的影响。与定义 3.2 相似，式(3.7)中对 $N(s)$ 的增益也就是系统对 $N(s)$ 的敏感性，显然这一敏感性与环路传递函数 $L(s)$ 有直接关系。比如在开环系统中 $N(s)$ 对 $U(s)$ 没有影响 [$H(s)=0$]，因此根据式(3.7)，该系统对 $N(s)$ 的敏感性也是零。

将式(3.7)代入 $Y(s)=G(s)U(s)$，则有

$$Y(s)=\frac{-G(s)H(s)}{1-L(s)}N(s)=\frac{L(s)}{1-L(s)}N(s) \tag{3.8}$$

这就是观测噪声 $N(s)$ 对反馈系统输出 $Y(s)$ 的影响。输出观测噪声 $N(s)$ 对反馈控制输入 $U(s)$ 和系统输出 $Y(s)$ 的影响，不会因为增大反馈控制器 $H(s)$ 的增益而减小。

根据对系统模型误差和对系统输入干扰的敏感性分析式(3.5a)和式(3.6a)，似乎 $|L(s)|$ 越大，则这两个敏感性就越小。但是例 3.2 却显示增大 $|L(s)|$ 或 $|H(s)|$ 对输出观测噪声的敏感性毫无减小的作用。事实上，简单片面地增大 $|L(s)|$ 的坏处并不少于好处，比如三个普遍性的坏处列举如下。

第一，简单片面地增大 $|L(s)|$ 会影响系统的稳定性。根据根轨迹的原理，大的 $|L(s)|$ 在有不稳定零点和在极点多于零点两个以上的情况下，会使 [$1-L(s)$] 的根(反馈系统的极点)趋向不稳定。

第二，简单片面地增大 $|L(s)|$ 会降低反馈系统的性能。根据式(3.3a)反馈系统的增益 $|T_c(s)|$ 会因为 $|L(s)|$ 的增大而减小，从而使反馈系统的频宽减小(见 2.1 节)。

第三，大的系统增益[如大的 $|H(s)|$]在实际运行中不但不易实行，还会增大能耗，而且很容易引发干扰和故障(Hu et al., 2001)。

由于这些严重的影响,人们在用经典控制理论设计反馈控制系统时只是在某一段频域增减调整环路增益 $|L(j\omega)|$。在 MIMO 系统中,$|L(j\omega)|$ 将被 $p\times p$ 维的矩阵 $L(j\omega)$ 的范数取代(Doyle et al., 1989; 1992)。

但是根据本书第 2 章的论述,用频域响应来分析一个系统的性能和鲁棒稳定性比状态空间理论中的结果在准确性上要差得多。另外只针对环路增益做频域上的大小调整显得很粗糙(尽管已很复杂),远远不如状态空间理论能够充分利用反馈系统所拥有的设计自由度。比如这一调整忽略了同样重要的环路传递函数的相位。

比如 3.2.1 节有一个重要的二次型最优控制的例子。该例显示二次型最优控制完全不要求大的环路增益,但要求在 $|L(j\omega)|$ 接近零时,$-L(j\omega)$ 有 0° 到 ±90° 间的相位(见图 3.6)。可见相位的重要性和不可忽视性。

这一反馈控制上的概念还可以推广到别的合理和有规律(而不是混乱和不合理)的机制和结构。

例 3.3 一个现代(有控制的)社会大致可以粗略地由如图 3.4 所示的反馈结构所代表。

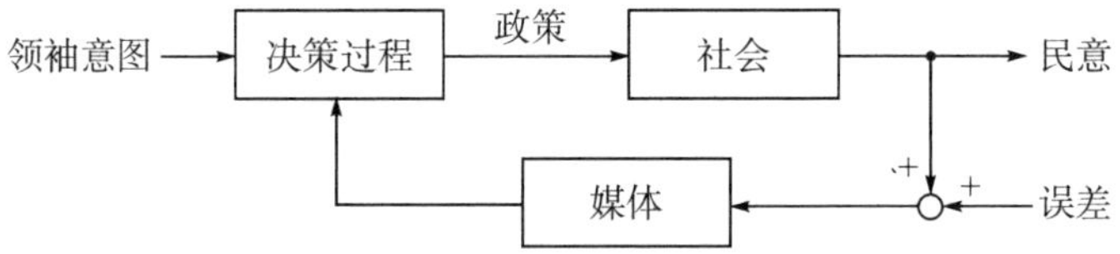

图 3.4 社会结构简图

领袖意图达到一个使民意满意的目标,但是在这个意图最终成为政策实行之前,还要通过一个参考这个政策的实际效果和民意反映的决策过程。因为民意很分散,所以需要通过多种渠道包括媒体这一主要渠道来准确反映民意,而反映到决策过程的民意往往也会有误差。另外执政人员的腐败和失职也会干扰政策的执行。这个反馈系统有两个相互制约但又不可忽视的机制:忽视经媒体反馈的信息往往会减弱对政策失误的发现和纠正,但是过分增大反馈的作用也会使领袖意图难以得到果断和有效的实施,甚至会因为反馈信息的误差而引起政策的迷乱和失误(尽管是短暂的)。比如在美国历史上就有过增强国会对总统宣战的监视(越南战争以后),也有过多次减弱国会相对于总统权力的法案(如设立总统否决权等)。又比如公司总裁一经任命就会实行指令式的公司运作。

总之本书这一节所要强调的只是环路传递函数本身对反馈系统敏感性的

决定作用这一概念，而不只是环路传递函数的增益大小，甚至不只是环路传递函数的增益。因此，通过设计环路函数增益（不论这个增益用什么范数来代表）来提高鲁棒性，应该很难有效，更何况这个设计基本不可能兼顾性能。鉴于反馈控制对减低系统敏感性的显著作用和对系统性能的上述副作用，反馈控制的主要作用和目的是提高系统的鲁棒性（而不是提高系统的性能）。

3.2 状态空间理论中反馈控制系统的敏感性

3.1节说明了环路传递函数对反馈系统敏感性的决定性作用。本节将从同一个角度来分析状态空间理论中的三个现有的反馈控制结构的敏感性。这三个结构分别是状态反馈、静态输出反馈和观测器反馈控制结构。其中观测器反馈控制结构是三个结构中最常用的控制结构。

因为环路传递函数是由反馈系统的内部结构所决定的，而且系统内部的动态性能和敏感性是本书主要注意的部分，因此我们设系统的外部参照信号 $\boldsymbol{r}(t)=0$。另外我们也已假定系统是能控和能观的（见1.3节）。

3.2.1 状态反馈控制结构

状态反馈控制系统的反馈控制信号是

$$\boldsymbol{u}(t)=-K\boldsymbol{x}(t) \tag{3.9}$$

其中，$\boldsymbol{x}(t)$是系统$G(s)$的状态；K称为"状态反馈增益"或"状态反馈控制"。这一反馈控制结构也称为直接状态反馈控制结构，其框图如图3.5所示。

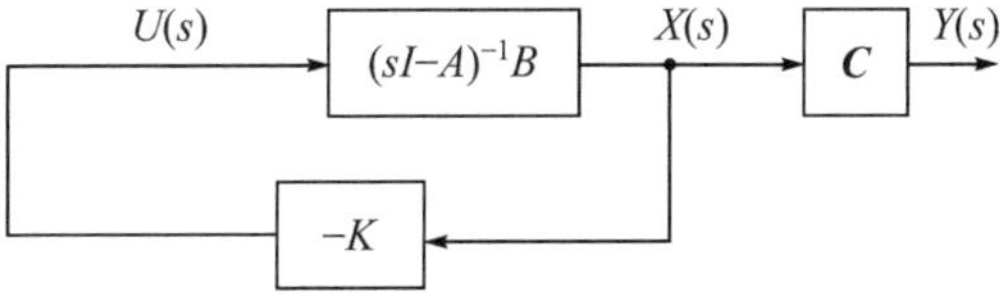

图3.5 直接状态反馈系统

不难看出，这一反馈系统的环路传递函数是

$$L_{Kx}(s)=-K(sI-A)^{-1}B \tag{3.10}$$

将式(3.9)代入系统动态方程(1.1a)，则有

$$\dot{\boldsymbol{x}}(t)=(A-BK)\boldsymbol{x}(t)+B\boldsymbol{r}(t) \tag{3.11}$$

这样矩阵 $(A-BK)$ 是状态反馈系统的状态矩阵。

根据 1.1 节，$\boldsymbol{x}(t)$是所有可能的信息中关于系统状态的最详尽的信息，所以只要设计得当，状态反馈控制应该可以最有效地兼顾满足控制系统的性能和敏感性。

定理 3.1 状态反馈控制可以任意配置能控系统的所有极点，并使反馈系统保留能控的性质。

证明 任何能控系统都能通过相似变换成为能控规范型。这一能控规范型和式(1.16)中的能观规范型对偶。也就是说，能控规范型里的(A, B)等于能观规范型里的(A, C)的转置$(A^{\mathrm{T}}, C^{\mathrm{T}})$。这一证明将通过对定理 3.1 的对偶情形(能观的情形)的证明来完成。

检查式(1.16)里的(A, C)可知，存在一个矩阵 K 可以任意配置矩阵 $A-K^{\mathrm{T}}C$ 里的所有未知参数，并使矩阵 $A-K^{\mathrm{T}}C$ 保留矩阵 A 的形状。因此也就存在一个矩阵 K 能够任意配置矩阵 $A-K^{\mathrm{T}}C$ 的所有特征值并使反馈系统 $(A-K^{\mathrm{T}}C, C)$ 保持能观。

根据对偶原理，上述结论意味着存在一个矩阵 K 能够配置矩阵 $A^{\mathrm{T}}-C^{\mathrm{T}}K$ 的所有特征值，并使反馈系统 $(A^{\mathrm{T}}-C^{\mathrm{T}}K, C^{\mathrm{T}})$ 保持能控。

虽然根据定理 3.1，状态反馈系统的能控性可以得到保留，但是状态反馈系统的状态矩阵 $(A-BK)$ 却可能改变原来矩阵 A 的能观规范型的形状，所以状态反馈系统可能改变原来系统的能观性质。这样的例子可见文献(郑大钟，1990)。

另外对多输入的系统 $(p>1)$，状态反馈控制还可以配置特征向量。这就充分兼顾了反馈系统的鲁棒性(见 2.2 节)。这一配置的具体设计方法将在第 8、第 9 章详细介绍。

除了能够任意配置系统的极点及其对应的特征向量(如 $p>1$)，状态反馈控制还能实现一种二次型的最优控制。这一控制系统的环路传递函数[见式(3.10)]经证明满足下列“卡尔曼不等式”(Kalman，1960)：

$$[I-L_{Kx}(\mathrm{j}\omega)]^{*}R[I-L_{Kx}(\mathrm{j}\omega)]\geqslant R \quad (\forall\,\omega) \tag{3.12a}$$

其中，R 是一个对称正定矩阵。

根据这一结果，文献(Lehtomati et al.，1981)证明，当 $R=rI$ 时($r=$正常数)，有

$$\sigma_i[I-L_{Kx}(\mathrm{j}\omega)]\geqslant 1 \quad (\forall\,\omega) \tag{3.12b}$$

这里$\sigma_i(i=1, \cdots, p)$是矩阵的第i个奇异值。因此这一控制系统的增益裕度和相位裕度分别为1/2到∞和≥60°(Lehtomati et al.,1981)。

这一结果在单输入单输出系统的情况下可以通过图3.6明确表达。

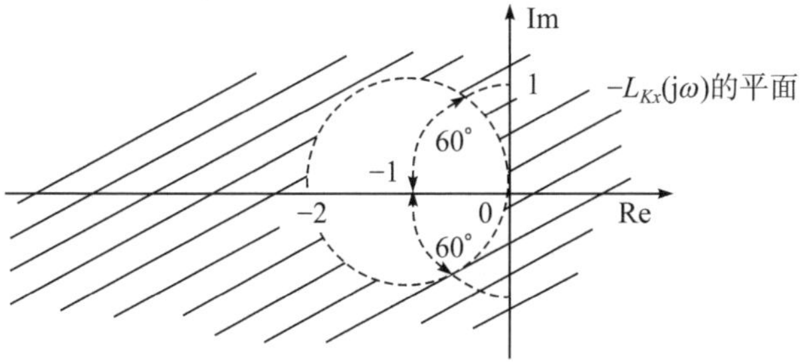

图3.6 单输入单输出二次型最优控制系统的环路传递频域响应

图3.6中的阴影处为满足式(3.12b)的$-L_{Kx}(j\omega)$ ($\omega=0\rightarrow\infty$)的可能值。很明显这些值距离图3.6中的(−1)点的增益裕度为1/2到∞,相位裕度为60°以上。因为奈奎斯特(Nyquist)稳定性判决是根据对−1点的绕周数目来判决的,所以这一控制系统的稳定性对$L_{Kx}(j\omega)$的改变有很低的敏感性。值得注意的是,这一最优结果并不普遍地要求$|L_{Kx}(j\omega)|$的大数值,但是这一结果却要求在$|L_{Kx}(j\omega)|$很小时,$-L_{Kx}(j\omega)$的相位必须在0°到±90°之间,可见相位相对于增益的重要性。

虽然二次型最优控制能保证很高的增益裕度和相位裕度,但根据第10章开头的分析,该控制在命题时(如被定为"最少响应时间"的控制时)就可被认为有弱的鲁棒性。这一对立的情形从另一个侧面证实了,2.2.2节中关于增益裕度和相位裕度并不是鲁棒稳定性的准确测量的结论。

状态反馈控制的主要缺点是不能普遍地实行。这是因为在绝大多数情况下,人们只能观测到系统的终端输入和输出,却不能直接观测到系统的所有内部状态。或者说对系统的了解信息不能像$\boldsymbol{x}(t)$这样全面和理想。因此状态反馈控制只能是一种理想的和理论上最优的反馈控制结构和反馈控制形式,并且不是绝大多数实际系统所能真正实行和实现的控制形式。

3.2.2 静态输出反馈控制结构

在静态输出反馈控制系统中的反馈控制信号是

$$\boldsymbol{u}(t)=-K_y\boldsymbol{y}(t)=-K_yC\boldsymbol{x}(t) \tag{3.13}$$

其中,$\boldsymbol{y}(t)$是可以普遍观测到的系统输出;K_y是一个常数增益。

这一控制结构的框图如图 3.7 所示。

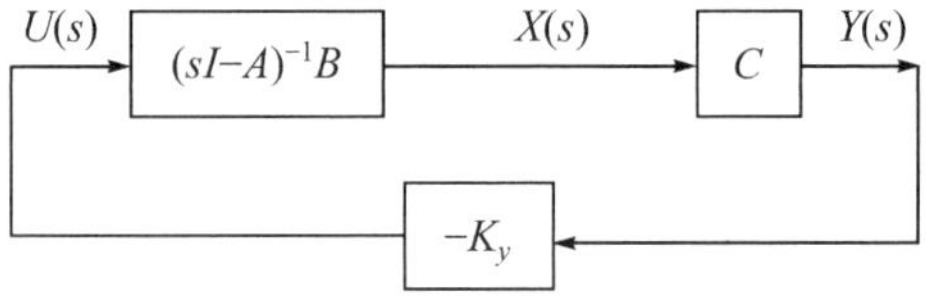

图 3.7 静态输出反馈控制系统

与状态反馈系统中的式(3.10)和式(3.11)相似 ($K=K_yC$)，这一控制系统的环路传递函数和状态矩阵分别是

$$L(s)=-K_yC(sI-A)^{-1}B \tag{3.14}$$

和

$$A-BK_yC \tag{3.15}$$

由此可见,静态输出反馈系统也在实行一种以状态反馈增益为 $-K=-K_yC$ 的状态反馈控制。但是这种状态反馈控制是带有很大限制的,即 $K=K_yC$。也就是说,K 的行必须是 C 的行的线性组合,或 $K^T \in C^T$ 的列空间(见附录 A.1)。这一列空间的维数是 m[在不失普遍性的情况下,可以假设 C 的行之间或 $\boldsymbol{y}(t)$ 的元素之间是线性独立的],一般远小于 n,这就使对参数 K 以及 $K\boldsymbol{x}(t)$ 控制的限制一般都很严格。

例 3.4 在二阶单输入单输出系统中 ($n=2$, $m=1$)，如果 $C=[1\quad 0]$ 或 $[0\quad 1]$,则可实现的状态反馈控制的增益 $K=K_yC=[k_1\quad k_2]$ 中的元素 k_2 或 k_1 分别只能是 0。这一限制(将反馈增益 K 从二维降为一维)显然将严重影响反馈控制的效果。

如果 $m=n$ [系统有 n 个输出,C 是可逆的,$\boldsymbol{x}(t)=C^{-1}\boldsymbol{y}(t)$],则静态输出反馈就变成了 3.2.1 节里的状态反馈。所以静态输出反馈也可以看作是一种广义的状态反馈,后者只是前者在 C 可逆时的一个特殊形式。

由于上述由 $m<n$ 所引起的限制,静态输出反馈控制弱于状态反馈控制,而且参数 m 相对 n 越小,其所在系统的静态输出反馈控制相对状态反馈控制就越弱。例 3.4 就是一个简明例子。又比如只有在 $m+p>n$ 的情况下才能保证任意配置矩阵 $A-BK_yC$ 的所有特征值(Kimura, 1975),而 $m \ll n$ 又是普遍的现象。这是静态输出反馈控制的主要缺点。

关于用静态输出反馈来配置反馈系统状态矩阵的特征结构以及实行近似的二次型最优控制,将在第 8 到第 10 章做详细介绍。关于这方面的文献在

1994 年前结果的更广泛的介绍可见文献(Syrmos et al.，1994)。

静态输出反馈相对于状态反馈的优点显然是其简单性和普遍性。另外对于其实行的带限制的(或广义的)状态反馈控制(增益为 $-K=-K_yC$)，其对应的环路传递函数(3.14)可以保证是 $-K_yC(sI-A)^{-1}B$。这一性质在现有的别的反馈结构(比如观测器反馈结构)中并不普遍存在，所以有必要指出来。最后，静态输出反馈也不会改变原来系统的能控/能观性，因为其状态矩阵 $A-BK_yC$ 不可能改变原来矩阵 A 的能控/能观规范型的形状(参考定理 3.1 的证明)。

鉴于静态输出反馈控制在 $m \ll n$ 时的明显弱点和在 $m+p>n$ 时的显著优点，很明显只有 $m+p \leqslant n$ 的系统才是需要比简单静态输出反馈控制更强控制的系统。

3.2.3　观测器反馈控制结构[环路传递恢复(LTR)]

观测器反馈控制结构既不需要直接观测系统内部的所有状态(只需要观测系统终端的输入和输出)，又可以实现比静态输出反馈强得多的(广义)状态反馈控制，因此这一结构可以弥补上述两种结构的主要缺点。因此这一结构也是状态空间理论中最普遍的控制结构。这是为什么最早的观测器——卡尔曼滤波器被普遍认为是现代控制理论的开始。

观测器本身也是一个线性时不变的动态系统，其状态空间模型普遍定义为

$$\dot{\boldsymbol{z}}(t)=F\boldsymbol{z}(t)+L\boldsymbol{y}(t)+TB\boldsymbol{u}(t) \tag{3.16a}$$

$$-K\boldsymbol{x}(t)=-K_z\boldsymbol{z}(t)-K_y\boldsymbol{y}(t) \tag{3.16b}$$

其中，$-K$ 是观测器所要实现的状态反馈控制增益；$\boldsymbol{z}(t)$是观测器的状态；B 是受控系统(A,B,C)中的 B；其他的观测器参数 F、L、T、K_z 和 K_y 都是可以任意设计的。

虽然这一观测器的定义几乎与所有文献上观测器的定义有所不同，但是其他的观测器(如状态观测器)只是这一定义的观测器的一个特殊形式。更重要的是，在设计这一更普遍的观测器时可以得到有重要意义的结果。这一点我们将在第 4 章到第 7 章进行详细叙述。

让我们首先来分析使观测器能产生所需要的 $K\boldsymbol{x}(t)$信号的要求和条件。

因为 $\boldsymbol{x}(t)$可以是一个任意的时变信号，又因为 K 是常数，并且 $\boldsymbol{y}(t)=C\boldsymbol{x}(t)$ 中的 C 也是常数，所以要产生 $K\boldsymbol{x}(t)$，式(3.16b)中的 $\boldsymbol{z}(t)$也必须收敛为一个 $T\boldsymbol{x}(t)$的信号(T 是常数)。

这是一个对观测器动态部分及其状态 $\boldsymbol{z}(t)$的最主要的要求，这一要求可

以由如下定理来满足。

定理 3.2 使观测器的状态 $\boldsymbol{z}(t)$收敛为 $T\boldsymbol{x}(t)$的充分必要条件是

$$TA - FT = LC \tag{3.17}$$

其中，F 的所有特征值必须是稳定的。

证明 (Luenberger，1971)

根据式(1.1a)，有

$$T\dot{\boldsymbol{x}}(t) = TA\boldsymbol{x}(t) + TB\boldsymbol{u}(t) \tag{3.18}$$

由式(3.16a)减去式(3.18)得到

$$\dot{\boldsymbol{z}}(t) - T\dot{\boldsymbol{x}}(t) = F\boldsymbol{z}(t) + LC\boldsymbol{x}(t) - TA\boldsymbol{x}(t) \tag{3.19}$$

$$= F\boldsymbol{z}(t) - FT\boldsymbol{x}(t) + FT\boldsymbol{x}(t) + LC\boldsymbol{x}(t) - TA\boldsymbol{x}(t)$$

$$= F[\boldsymbol{z}(t) - T\boldsymbol{x}(t)] \quad [\text{当且仅当式(3.17)成立时}] \tag{3.20}$$

因为微分方程(3.20)的解是式(2.1)，即

$$\boldsymbol{z}(t) - T\boldsymbol{x}(t) = \mathrm{e}^{Ft}[\boldsymbol{z}(0) - T\boldsymbol{x}(0)]$$

所以，当且仅当 F 稳定时，对于任何 $[\boldsymbol{z}(0) - T\boldsymbol{x}(0)]$，$\boldsymbol{z}(t)$ 都收敛于 $T\boldsymbol{x}(t)$。

从这个证明中的式(3.19)可知，在观测器的定义式(3.16a)中把 TB 作为对系统输入 $\boldsymbol{u}(t)$的观测器增益也是必要的。

在满足 $\boldsymbol{z}(t) \rightarrow T\boldsymbol{x}(t)$以后，将其代入观测器的输出部分[见式(3.16b)]，则有

$$K = K_zT + K_yC = [K_z \mid K_y]\begin{bmatrix} T \\ C \end{bmatrix} \triangleq \overline{K}\,\overline{C} \tag{3.21}$$

所以式(3.17)和式(3.21)组成了使观测器(3.16)产生所需要的状态反馈信号 $K\boldsymbol{x}(t)$的充分必要条件。

在现有的设计中，为对任意给定的 K 都保证满足式(3.21)，矩阵 $\overline{C}$ 的秩数必须为 n(见附录 A 或例 3.4)。

可以证明，从任何能观的系统中都可以求得式(3.17)和 $\overline{C}$ 的秩数为 n 的解，其中矩阵 F 的特征值还可以是任意的(当然必须是稳定的)。

从以上的论述还可以明确区别式(3.17)和式(3.21)的各自分离的和各自不同的物理意义。前者只决定和完全决定观测器的动态部分[见式(3.16a)]并保证其状态 $\boldsymbol{z}(t) \rightarrow T\boldsymbol{x}(t)$，而后者只是在满足式(3.17)以后决定观测器的输出部分

[见式(3.16b)]并保证其产生所需要的控制信号 $K\boldsymbol{x}(t)$ $[=\overline{K}\,\overline{C}\boldsymbol{x}(t)]$。

这一基本概念在本书里还会不断得到说明和强调(特别在4.1节),但是现在让我们首先来分析观测器反馈系统的环路传递函数及其敏感性。

观测器反馈控制结构一直是状态空间理论里的最主要的控制结构。因为观测器可以实现所需要的状态反馈控制信号 $K\boldsymbol{x}(t)=\overline{K}\,\overline{C}\boldsymbol{x}(t)$,又因为观测器的极点和其产生的状态反馈系统的状态矩阵 $A-BK=A-B\overline{K}\,\overline{C}$ 的特征值,将组合成观测器反馈系统的所有极点(见定理4.1),所以长期以来人们一直以为,这一观测器的反馈系统也有和与其对应的直接状态反馈系统相同的敏感性。

但是在实践中人们又普遍发现,即使是产生了带有最优低敏感性的状态反馈控制的信号(见3.2.1节),这一观测器的反馈系统依然没有低敏感性。

这是自20世纪60年代以来状态空间理论没有找到广泛应用的主要原因,因为鲁棒性不但是所有实际控制系统的必备性质,而且是实行反馈控制的主要目的(详见3.1节)。

与此同时,多项式矩阵和有理多项式矩阵的应用,使得以传递函数为数学模型的经典控制理论得以推广到MIMO系统(Rosenbrock, 1974; Kaileth, 1980; Doyle, 1980; Levis, 1980; Chen, 1984; Vidyasagar, 1984)。这一理论在公式上比较容易分析反馈系统的敏感性(从环路传递函数的角度)。同时,奇异值也能为传递函数矩阵的范数大小提供一种相对简明和准确的表示。因此至今,经典控制理论,特别是关于鲁棒性的部分,有了很大的发展,并成为线性控制理论研究的主流之一(Doyle et al., 1992)。比如其中的 H_∞ 问题($\min\{\max\limits_{\omega}\|[I-L(j\omega)]^{-1}\|_\infty\}$)(见定义2.4)自1981年提出以来就一直受到控制理论界的高度重视(Zames, 1981; Francis, 1987; Doyle et al., 1989; Kwakernaak, 1993; Zhou, 1995)。

到了20世纪70年代末,人们对观测器反馈系统没有和其对应的直接状态反馈系统同样敏感性的原因,有了明确的认识。这一认识也是从环路传递函数这一基本角度得出的(Doyle, 1978)。这一认识叙述如下。

由式(3.16)定义的观测器和由式(1.1)定义的受控系统 $G(s)$ 一起组成的反馈系统,可以用图3.8来描述。

图3.8显示出观测器本身也可以被看作是一个从 $\boldsymbol{y}(t)$ 到 $\boldsymbol{u}(t)$ 的反馈控制器,其传递函数为

$$\begin{aligned}U(s)&=-H(s)Y(s)\\&=-[I+K_z(sI-F)^{-1}TB]^{-1}[K_y+K_z(sI-F)^{-1}L]Y(s)\end{aligned}\tag{3.22}$$

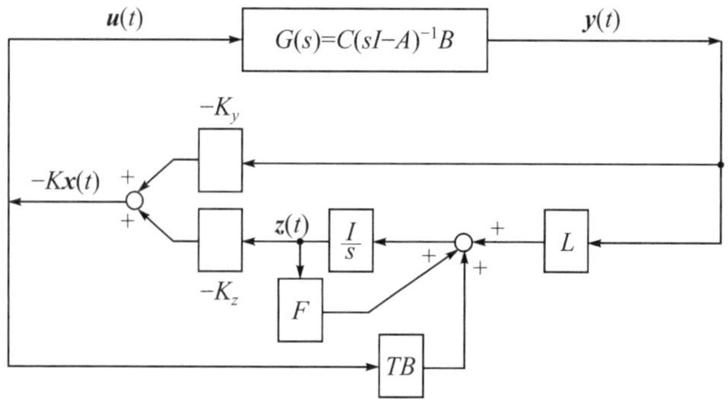

图 3.8　观测器反馈系统

值得注意的是,从 $\boldsymbol{y}(t)$ 到信号 $-K\boldsymbol{x}(t)$ 的传递函数 $H_y(s)$ 根据式(3.16)和式(1.8)为

$$H_y(s) = -[K_y + K_z(sI - F)^{-1}L] \tag{3.23}$$

即只等于 $H(s)$ 两项中的右边第二项。这一不同完全是因为观测器有一个从系统输入 $\boldsymbol{u}(t)$ 的反馈。如果这一反馈的增益 TB 或由这个反馈产生的环路传递函数 $K_z(sI-F)^{-1}TB$ 变成零,则 $-H(s)$ 等于 $H_y(s)$。

定理 3.3　在图 3.8 中相对于信号 $K\boldsymbol{x}(t)$ 的断点上的环路传递函数 $L_{Kx}(s)$,等于其对应的直接状态反馈系统的环路传递函数[见式(3.10)],即

$$L_{Kx}(s) = -K(sI - A)^{-1}B \tag{3.24}$$

证明　(Tsui, 1988a)根据图 3.8,有

$$L_{Kx}(s) = H_y(s)G(s) - K_z(sI - F)^{-1}TB \tag{3.25a}$$

$$= -K_yG(s) - K_z(sI - F)^{-1}[LG(s) + TB]\text{(根据式(3.23))} \tag{3.25b}$$

$$= -[K_yC + K_z(sI - F)^{-1}(LC + sT - TA)](sI - A)^{-1}B\text{(根据式(1.9))}$$
$$= -[K_yC + K_z(sI - F)^{-1}(sI - F)T](sI - A)^{-1}B\text{(根据式(3.17))}$$
$$= -K(sI - A)^{-1}B\text{[根据式(3.21)]}$$

在图 3.8 中 $K\boldsymbol{x}(t)$ 只是观测器的一个内部信号,而真正有实际意义的断点是在信号 $\boldsymbol{u}(t)$ 处,即观测器与受控系统 $G(s)$ 相接并引入输入扰动之处(见 3.1.2 节)。所以决定观测器反馈系统鲁棒性的环路传递函数必须在这里定义(Doyle, 1978)。

根据式(3.22)在这一断点上的环路传递函数

$$
\begin{aligned}
L(s) &= -H(s)G(s) \\
&= -[I + K_z(sI - F)^{-1}TB]^{-1}[K_y + K_z(sI - F)^{-1}L]G(s)
\end{aligned} \tag{3.26}
$$

因为 $L(s)$ 不同于在断点 $K\boldsymbol{x}(t)$ 上的环路传递函数 $L_{Kx}(s)$[见式(3.24)],所以根据定理 3.3 也不等于直接状态反馈系统的环路传递函数 $-K(sI-A)^{-1}B$。又因为环路传递函数决定所在反馈系统的敏感性(见 3.1 节),所以实现状态反馈控制的观测器反馈系统的敏感性不同于其对应的直接状态反馈系统的敏感性(Doyle, 1978)。

例 3.5　为了进一步说明上述两个环路传递函数的不同,我们把图 3.8 的框图改画成如图 3.9 所示的信号流程图(为了说明简便,这里略去了图中增益为 $-K_y$ 的分枝路线)。

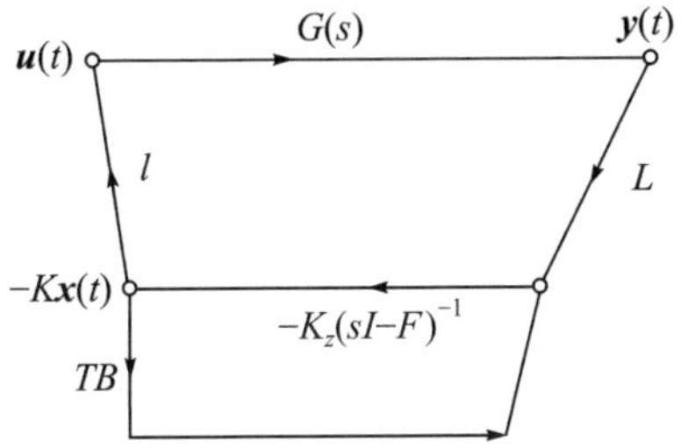

图 3.9　观测器反馈系统的信号流程图

从图 3.9 可以看到,从节点 $\boldsymbol{u}(t)$ 出发再回到原节点只有一条路线,以增益为 $-K_z(sI-F)^{-1}TB$ 的环路只是附在这条路线上的一个环路。而从节点 $-K\boldsymbol{x}(t)$ 出发再回到原节点则有两条路线,以增益为 $-K_z(sI-F)^{-1}TB$ 的环路是这两条路线中的一条独立的路线。

观测器反馈系统的框图在文献里还常如图 3.10 所示。

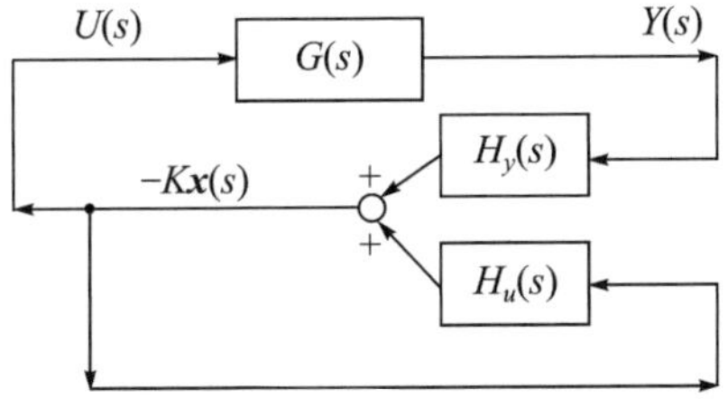

图 3.10　观测器反馈系统的另一框图

其中

$$H_y(s)=-[K_y+K_z(sI-F)^{-1}L],\quad H_u(s)=-K_z(sI-F)^{-1}TB \tag{3.27}$$

从图 3.10 可知，和式(3.26)以及式(3.25b)的结果一样，从 $U(s)$ 和 $-K\boldsymbol{x}(s)$ 出发的环路传递函数分别为

$$\begin{aligned}L(s)&=[I-H_u(s)]^{-1}H_y(s)G(s)\\&=-[I+K_z(sI-F)^{-1}TB]^{-1}[K_y+K_z(sI-F)^{-1}L]G(s)\end{aligned}$$

和

$$L_{Kx}(s)=H_y(s)G(s)+H_u(s)=-K_yG(s)-K_z(sI-F)^{-1}[LG(s)+TB]$$

定理 3.4 使图 3.5 和图 3.8 中的反馈系统具有同样的敏感性，或使 $L(s)=L_{Kx}(s)$ 的充分必要条件是

$$H_u(s)=-K_z(sI-F)^{-1}TB=0\quad(\forall s) \tag{3.28a}$$

在状态反馈增益 K(或 K_z)可以自由设计的情况下(这是最普遍的实际情况)，式(3.28a)就变成

$$H_u(s)=-K_z(sI-F)^{-1}TB=0\quad(\forall s,\ K_z) \tag{3.28b}$$

而满足式(3.28b)的充分必要条件是

$$TB=0 \tag{3.29}$$

证明 从图 3.8 和图 3.9 可知，断点 $\boldsymbol{u}(t)$ 和断点 $K\boldsymbol{x}(t)$ 上的环路传递函数 $L(s)$ 和 $L_{Kx}(s)$ 的唯一差别在于，带有增益 TB[或带有环路增益 $H_u(s)=K_z(sI-F)^{-1}TB$] 的观测器的对 $\boldsymbol{u}(t)$ 的反馈。对比 $L(s)$ 和 $L_{Kx}(s)$ 也可以看出这一差别，因此 $H_u(s)=-K_z(sI-F)^{-1}TB=0$ 是使断点 $\boldsymbol{u}(t)$ 上的 $L(s)$ 和断点 $K\boldsymbol{x}(t)$ 上的 $L_{Kx}(s)$ 一致的充分必要条件。

首先 $TB=0$ 显然是式(3.28b)的充分条件。因为式(3.28b)必然要求 $(sI-F)^{-1}TB=0$，又因为 $(sI-F)^{-1}$ 可逆，所以 $(sI-F)^{-1}TB=0$ 必然要求 $TB=0$。

定义 3.3 式(3.29)($TB=0$)意味着观测器(3.16)不再有输入 $\boldsymbol{u}(t)$ 的反馈。因此我们把这样的观测器(3.16)定义为“输出反馈控制器”。这一控制器的反馈系统如图 3.1 所示，即把图 3.10 中的 $H_u(s)$ 变成零以后的框图。

因为定理 3.4 显示只有输出反馈控制器(而不是图 3.10 中的观测器)才能满足 $L(s)=L_{Kx}(s)$，所以这一控制器极为重要。值得注意的是，近年来国内的一些文献把图 3.10 中的带有输入反馈的控制器也一样误称为"输出反馈控制器"。

在文献(Doyle，1978)以后的两篇文献中(Doyle et al.，1979；Doyle，1981)，作者把使 $L(s)=L_{Kx}(s)$ 的问题命名为"环路传递恢复"(loop transfer recovery，LTR)。很明显，这一问题只是对观测器设计的一个附加要求，即要求观测器不但能够产生所需的状态反馈信号，而且能够实现这一状态反馈的敏感性。根据定理 3.2～定理 3.4，这一问题不但要求满足式(3.17)和式(3.21)，而且要求满足式(3.29)。

这一问题可以从根本上解决观测器反馈系统的敏感性问题，因此是非常有实际意义的。这一问题从提出起一直受到人们的注意(Sogaard-Andersen，1986；Tsui，1987b；Stein et al.，1987；Dorato，1987；Moore et al.，1989；Saberi et al.，1990；Liu et al.，1990；Niemann et al.，1991；Saeki，1992；Tsui，1992，1993b；Saberi et al.，1993；Tsui，1996a，1996b，1998b，1999b，1999c，2006)。

在其他作者的关于环路传递恢复的文献中，满足式(3.28a)是设计的要求，其中 K_z 可以自由设计是预先保证了的[甚至式(3.21)里的 K 也是可以自由设计的，或要求 $\overline{C}$ 的秩数为 n]。因此在他们的文献中不存在式(3.28a)和式(3.28b)的差别，其结果中所有能够满足式(3.28a)的观测器也都能够满足 $TB=0$。但是需要指出的是，K_z 可以自由设计并不排除 K 可以有如式(3.21)($K=\overline{K}\,\overline{C}$)的限制，而这一对 K 的限制又和式(3.28a)中对 K_z 的复杂限制完全不同，因为满足式(3.28a)的同时还要求满足式(3.17)和式(3.21)(即整个设计问题的不加简化的重复)。

但是问题的提出并不等于问题的解决，而且后者比前者更困难，它决定了前者的理论命题是否有实际应用的价值和可能。甚至有了一个问题的解也还不够，真正普遍和简明的解往往更难得到，而只有这样的解才可以决定这个理论问题能够实际运用的程度和价值。

虽然任何能观的系统(A, B, C)都存在能满足式(3.17)和 $\overline{C}$ 的秩数为 n 的解，但是当第三个条件式(3.29)也要求得到满足时，只有极少数的能观系统才有解(见 4.3 节)。现有的在满足式(3.17)和 $\overline{C}$ 的秩数为 n 的前提下，用渐进增大观测器增益 L 来使式(3.27)中的 $H_u(s)$ 相对于 $H_y(s)$ 渐进减小的设计,也有严重缺陷(见4.3节)。

有必要再次指出,上述关于LTR观测器设计的全部其他现有结果都要求实现任意给定的状态反馈控制 $K\boldsymbol{x}(t)$(K 是任意给定的)。因此这些结果都要求观测 $\boldsymbol{x}(t)$。根据定理3.2这些结果都要求同时满足式(3.17)和式(3.21)中的矩阵 $\overline{C}$ 的秩数为 n。

与现有的要求对所有任意给定的矩阵 K 都能满足式(3.28)这一极端的设计命题和要求相反,还有一个在另一极端的设计命题和要求(Saberi et al., 1991),即要求只设计一个能满足式(3.28a)(包括满足式(3.17)和式(3.21))和只要使矩阵 $A-BK$ 稳定的矩阵 K。很明显,这一设计要求只是原设计要求的不加简化的重复,只不过条件式(3.29)变成了复杂得多的式(3.28a),对矩阵 $A-BK$ 的高性能和高鲁棒性的要求也减为只求稳定性。或者说这样的受式(3.28a)、式(3.17)和式(3.21)限制的矩阵 K 的设计,只是为能被实现这一目的而设计(为设计而设计),而不是为控制的目的(为有一个满意的矩阵 $A-BK$ 的目的)而设计。

编写本书的一个最主要的动机是介绍一个崭新的、能实现状态反馈控制在观测器反馈系统里的低敏感性的途径。这一途径要求首先应满足式(3.17)和式(3.29),以使观测器状态满足 $\boldsymbol{z}(t)\to T\boldsymbol{x}(t)$ 和满足 $L(s)=-\overline{K}\,\overline{C}(sI-A)^{-1}B$,然后才要求根据式(3.21)设计产生一个可以是带限制的状态反馈控制信号 $\overline{K}\,\overline{C}\boldsymbol{x}(t)$($\overline{C}$ 是确定的但其秩数不一定为 n)。这一途径显然和现有的,要求同时满足式(3.17)和 $\overline{C}$ 的秩数为 n 的或要求实现任意状态反馈控制的设计途径,从根本上有所不同。这一途径将在第4章正式提出。

这一途径通过充分利用方程(3.17)的解 T 的自由度和解耦性质,才得以使满足方程(3.17)、方程(3.29)和满足 $\overline{C}$ 的秩数为 n 分开。这是状态空间理论中第一次得到的方程(3.17)和方程(3.29)的对绝大多数系统都存在的解析解(Tsui, 2000a, 2003b, 2004a, A.4节)。过去的研究只是针对式(3.17),或式(3.17)和式(3.21),或式(3.17),式(3.29)和 $\overline{C}$ 的秩数为 n。关于这一解的计算程序我们将在第5章和第6章详细介绍。

对于不存在这一解的系统,第5章和第6章中关于这一解的计算程序也能不加改变地运用,只是式(3.29)不能完全满足(TB 不能是0,只能是一个最小方差)。这一关于式(3.17)和式(3.29)的普遍解是本书的设计新途径得以成立的基础和关键。

总　　结

反馈控制的主要目的是提高针对系统模型误差和输入干扰的鲁棒性。由反馈控制产生的环路传递函数决定反馈系统的鲁棒性。鲁棒性是实际控制系统的关键要求。

状态反馈控制是对系统状态 $\boldsymbol{x}(t)$加上常数增益 K 的控制，也是基于远为及时准确和详细的关于系统状态和系统内部结构的信息和理解的控制。因此只要这一控制不是只为能被实现而设计[式(3.21)中的参数 $\overline{K}$ 不能带限制]，则这一控制就应该比其他的控制形式(如针对环路增益的直接设计的控制)能有效得多地提高系统的性能和鲁棒性。而用观测器实现这一控制的环路传递函数的充分必要条件(假定已满足式(3.17))是式(3.29)（$TB=0$）。

第4章

一个新的反馈控制设计原则和途径

在第 3 章我们已经分析了观测器(3.16)(或反馈控制器)的以下三个设计要求。

保证观测器的状态 $\boldsymbol{z}(t)\Rightarrow T\boldsymbol{x}(t)$ 的充分必要条件是(定理 3.2)

$$TA-FT=LC \quad (F\text{ 是稳定的}) \tag{4.1}$$

保证产生 $K\boldsymbol{x}(t)$ 信号[K 是常数,并在 $\boldsymbol{z}(t)\Rightarrow T\boldsymbol{x}(t)$ 的前提下]的充分必要条件是

$$K=[K_z \mid K_y]\begin{bmatrix}T\\ \hdashline C\end{bmatrix}\triangleq\overline{K}\,\overline{C} \tag{4.2}$$

只要 $K\boldsymbol{x}(t)$ 控制的设计是为一个好的控制而设计的,则式(4.2)中的参数 $\overline{K}$ 的设计不应带有其他限制。在这一前提下,实现这一状态反馈控制的鲁棒性的充分必要条件是(定理 3.4)

$$TB=0 \tag{4.3}$$

因此设计工作的真正挑战是如何在尽可能多数受控系统的条件下尽可能满足这三个要求。为此本章将分以下四节提出一个根本崭新的设计途径。

4.1 节强调观测器设计的一个基本概念,即在满足式(4.1)的同时不要求式(4.2)中的参数 $\overline{C}$ 的秩数为 n,尽管这后一要求是在 K 预先单独设计的情况下保证满足式(4.2)的充分必要条件。这一基本概念意味着从信号 $\boldsymbol{z}(t)[\Rightarrow T\boldsymbol{x}(t)]$和 $\boldsymbol{y}(t)(=C\boldsymbol{x}(t))$ 中直接产生 $K\boldsymbol{x}(t)$信号,而不是在产生了整个 $\boldsymbol{x}(t)$信号 $(=\overline{C}^{-1}[\boldsymbol{z}(t)^{\mathrm{T}} \mid \boldsymbol{y}(t)^{\mathrm{T}}]^{\mathrm{T}})$ 以后才产生 $K\boldsymbol{x}(t)$信号。

4.2 节分析观测器反馈系统的性能,这一节证明只要满足式(4.1),则该系

统的极点将由矩阵 $A-B\overline{K}\,\overline{C}$ 和 F 的特征值组成(分离定理)。

4.3 节列出现有状态空间控制系统设计的最基本的分离原则(Willems, 1995)的八个不合理,关键就是在绝大多数受控系统条件下不能实现状态反馈控制的环路传递函数和鲁棒性(尽管可以实现产生其控制信号)。

4.4 节总结归纳前三节特别是 4.3 节的结论,并因此提出一个和分离原则完全不同的设计原则和途径,即以直接设计式(4.2)中的参数 $\overline{K}$ 来取代预先单独设计 K,或使 K 的设计不再分离独立于式(4.2),并优先满足式(4.1)和式(4.3)。这一新的设计原则和途径的决定性的优点之一是能在绝大多数受控系统条件下保证实现其状态反馈控制 $\overline{K}\,\overline{C}\boldsymbol{x}(t)$ 的环路传递函数和鲁棒性。

4.1　观测器设计的一个基本概念——从观测器状态和系统输出观测直接产生状态反馈控制信号

我们用三个比较基本的观测器设计的例子来说明,首先单独满足式(4.1)以后再考虑满足式(4.2)不但符合原来的物理意义,而且符合现有观测器设计的基本程序。这一设计新概念还意味着,从观测器状态 $\boldsymbol{z}(t)[\Rightarrow T\boldsymbol{x}(t)]$ 以及系统输出 $\boldsymbol{y}(t)[=C\boldsymbol{x}(t)]$ 中直接产生所需的状态反馈 $K\boldsymbol{x}(t)$ 信号,而不是在产生了所有系统状态 $\boldsymbol{x}(t)$[或 $\overline{C}^{-1}\overline{C}\boldsymbol{x}(t)$]以后,才产生所需的状态反馈信号。

定义 4.1　状态观测器是能观测产生 $\boldsymbol{x}(t)(=I\boldsymbol{x}(t))$ 信号的观测器(3.16),也就是观测器(3.16)在 $K=I$ 时的特殊形式。状态观测器的充分必要条件是满足式(4.1)和使式(4.2)中的矩阵 $\overline{C}$ 的秩数为 n(矩阵 $\overline{C}$ 是可逆方矩阵)。

例 4.1　满阶单位状态观测器。(1960 年代起)

如果在设计观测器的动态部分(3.16a)时,设 $F=A-LC$ 和 $T=I$,则满足式(4.1),并有

$$\dot{\boldsymbol{z}}(t)=(A-LC)\boldsymbol{z}(t)+L\boldsymbol{y}(t)+B\boldsymbol{u}(t) \tag{4.4}$$

$$=A\boldsymbol{z}(t)+B\boldsymbol{u}(t)+L[\boldsymbol{y}(t)-C\boldsymbol{z}(t)] \tag{4.5}$$

将式(4.4)一式(1.1a),我们有

$$\dot{\boldsymbol{z}}(t)-\dot{\boldsymbol{x}}(t)=(A-LC)[\boldsymbol{z}(t)-\boldsymbol{x}(t)]=F[\boldsymbol{z}(t)-\boldsymbol{x}(t)]$$

所以在 F 稳定时,$\boldsymbol{z}(t)\rightarrow\boldsymbol{x}(t)$。这样我们就重复了定理 3.2 的一个特殊情况

($T=I$) 的证明。因此在这一观测器的设计中,式(4.1)可以单独决定整个观测器。只是在 $\boldsymbol{z}(t)$已经趋向 $\boldsymbol{x}(t)$以后,为了产生 $K\boldsymbol{x}(t)$,我们才将 $\boldsymbol{z}(t)$乘以 K [或在式(4.2)中设 $K_z=K$]。

因为 T 有 n 个行,所以这一观测器有 n 个状态(和受控系统一样),因此被称为"满阶"。很明显,这样的矩阵 T 不可能满足 $TB=0$,因此也不可能实现准确的 LTR。

在满阶状态观测器中,即使 T 是一个不等于单位矩阵 I 的方矩阵,也必须可逆。这是因为从 $\boldsymbol{z}(t)=T\boldsymbol{x}(t)$ 中产生 $\boldsymbol{x}(t)$,必须设 $\boldsymbol{x}(t)=T^{-1}\boldsymbol{z}(t)$ [或必须在式(4.2)中设 $K_z=T^{-1}$, $K_y=0$]。这样的观测器就不被称为"单位"。这样的观测器显然也不可能满足 $TB=0$。

式(4.5)也是卡尔曼滤波器的形式(Anderson, 1979; Balakrishnan, 1984),其中 L 是滤波器的增益。从这个意义上说,卡尔曼滤波器也是一个满阶单位状态观测器。

根据式(4.4),满阶单位状态观测器的反馈系统的框架如图 4.1 所示。

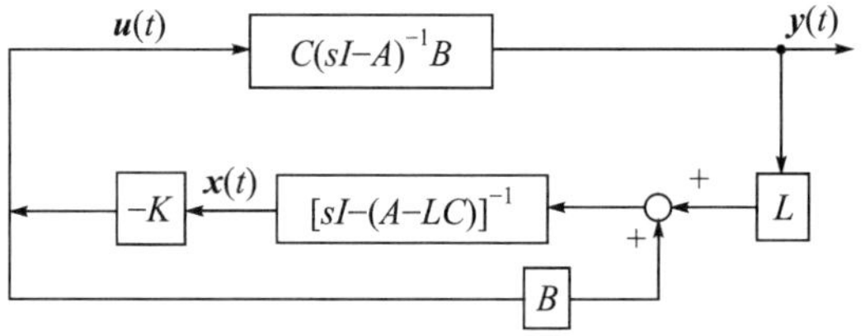

图 4.1　满阶单位状态观测器的反馈系统

例 4.2　降阶状态观测器。(1970 年代起)

降阶状态观测器式(3.16)的阶数已由 n 降为 $n-m$,即矩阵 T 只有 $n-m$ 个行,并且信号 $\boldsymbol{y}(t)$也出现在式(3.16b)。就像设计满阶状态观测器一样,首先要满足式(4.1)和 $\boldsymbol{z}(t)\to T\boldsymbol{x}(t)$,但是因为要在式(3.16b)中产生状态 $\boldsymbol{x}(t)$,即满足

$$I\boldsymbol{x}(t)=[K_z \vdots K_y][\boldsymbol{z}(t)^{\mathrm{T}} \vdots \boldsymbol{y}(t)^{\mathrm{T}}]^{\mathrm{T}}=[K_z \vdots K_y]\begin{bmatrix}T\\C\end{bmatrix}\boldsymbol{x}(t)\triangleq\overline{K}\,\overline{C}\boldsymbol{x}(t) \tag{4.6}$$

或 $\overline{K}=\overline{C}^{-1}$,因此这一观测器也一样要求矩阵 $\overline{C}$ 的秩数为 n。可见在设计这一观测器时也是在先满足了式(4.1)以后,再根据式(4.1)的解 T(或 $\overline{C}$)来满足式(4.2) ($I=\overline{K}\,\overline{C}$)。

这一观测器所以能够相对例 4.1 中的满阶状态观测器降阶，是因为在其输出部分式(3.16b)中除了利用 $\boldsymbol{z}(t)$的信息以外，还利用系统输出 $\boldsymbol{y}(t)=C\boldsymbol{x}(t)$的 m 个信号的信息。这样，为产生所有 n 个 $\boldsymbol{x}(t)$中的状态所需要的 $\boldsymbol{z}(t)$的个数就可以降为 $n-m$。从满足矩阵 $\overline{C}$ 的秩数为 n 的线性代数的角度，降阶状态观测器在 $\overline{C}$ 中除了有矩阵 T 以外，还加有矩阵 C 的 m 个行。因此使 $\overline{C}$ 成为可逆(方)矩阵(有 n 个行)所需要的矩阵 T 的行数，就可以降为 $n-m$。

这一观测器的反馈系统可表示如图 4.2 所示。

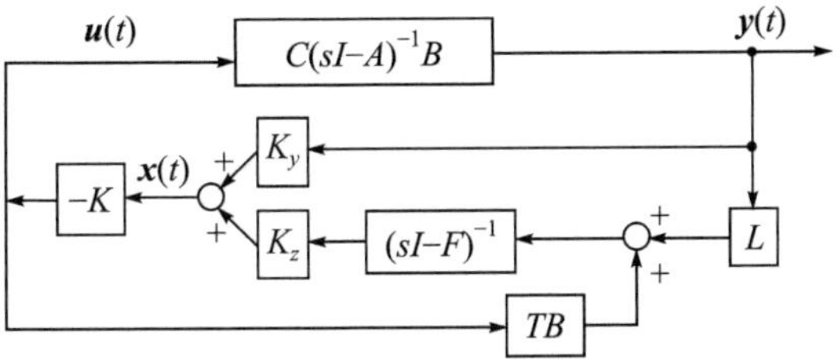

图 4.2 降阶状态观测器的反馈系统

几乎所有文献中的观测器都是状态观测器，特别是关于环路传递恢复的观测器全部都是状态观测器。

但是，在满足了式(4.1)或产生了 $\boldsymbol{z}(t)\to T\boldsymbol{x}(t)$以后，对于很多 $K\boldsymbol{x}(t)$的信号，要满足式(4.2) $(K=\overline{K}\,\overline{C})$，$\overline{C}$ 的秩数为 n 并不是必要条件。也就是说，$K\boldsymbol{x}(t)$可以不从 $\boldsymbol{x}(t)$而从 $\boldsymbol{z}(t)=T\boldsymbol{x}(t)$ 和 $\boldsymbol{y}(t)=C\boldsymbol{x}(t)$ 中直接产生。从线性代数角度考虑，不计算 $\overline{C}^{-1}$ 也可能直接得到 $K=\overline{K}\,\overline{C}$ 的解，只有在 $K=I$ (状态观测器)这一特殊形式里才会要求 $\overline{C}$ 是可逆方矩阵。

这里需要强调的是，对于绝大多数控制系统，观测器存在的唯一目的是为了产生状态反馈控制信号 $K\boldsymbol{x}(t)$，而不是状态 $\boldsymbol{x}(t)$本身。当状态观测器观测出全部状态 $\boldsymbol{x}(t)$以后，这个信号 $\boldsymbol{x}(t)$也一样要被立即乘上增益 K[见例 4.1 和 4.2 及其框架图(见图 4.1 和图 4.2)]。

直接观测产生 $K\boldsymbol{x}(t)$比观测产生了 $\boldsymbol{x}(t)$)以后再乘以 K 要容易得多。这是因为 $K\boldsymbol{x}(t)$的维数 p(系统输入控制的数目)在不是很容易的设计问题里(见 3.2.2 节)，远远小于 $\boldsymbol{x}(t)$的维数 n(系统的阶数)。固然对于任意一个 $K\boldsymbol{x}(t)$中的 K(包括 $K=I$) 仍然需要观测全部 $\boldsymbol{x}(t)$或需要 $\overline{C}$ 的秩数为 n，但是在 $p\ll n$ 时(这是普遍现象)，对于很多有效的 K，其对应的方程 $(K=\overline{K}\,\overline{C})$ 有解并不需要 $\overline{C}$ 的秩数为 n。另外根据 3.2.2 小节，只有 $p\ll n$ 的系统才需要比静态输出反馈控制复杂得多的动态反馈控制及其设计指导理论。这一基本性质为观测器设计提供了以下两个可能的重大改进。

首先,不要求矩阵 $\overline{C}$ 为可逆方矩阵,使得观测器动态部分的设计[式(4.1)]的自由度可以用来满足式(4.3)(环路传递恢复)的要求。这也是本书的设计新途径的最基本的概念。

其次,前面所述的关于矩阵 T 的行数的大为减小将意味着观测器的阶数的大为降低。我们把既可以产生预先给定的状态反馈 $K\boldsymbol{x}(t)$ 信号的,又有最小可能的阶数的观测器称为"最小阶观测器"。

定义 4.2 函数观测器是由式(3.16)定义的,可不经产生 $\boldsymbol{x}(t)$ 就直接产生 $K\boldsymbol{x}(t)$ 信号(K 是任意给定的)的观测器。很明显,最小阶观测器只能是一个函数观测器,因为只有函数观测器的阶数才可能低于 $n-m$。

因为矩阵 I 只是矩阵 K 的特殊形式,所以状态观测器是函数观测器的特殊形式,或者说函数观测器的设计程序也可以用来设计状态观测器(只需将 K 设成 I)。

在本书中我们把由式(3.16)定义的所有能产生 $K\boldsymbol{x}(t)$ 信号(K 是常数,但不一定是任意给定的)的系统定义为"观测器",显然这样定义的观测器是最普遍的观测器。

例 4.3 最小阶观测器设计的发展。

因为最近仍然有一些人在研究最小阶观测器的设计,所以我们将在本例中回顾最小阶观测器设计的发展。这一回顾不但因为降阶本身有意义,更重要的是,最小阶观测器是,不经观测所有系统状态就直接产生状态反馈信号这一基本设计概念的,唯一现有的成功运用。

降阶问题始终是系统模型建立和简化(Kung et al., 1981)的一个重要和有意义的问题。状态观测器的高阶(n 或 $n-m$)是影响现有状态空间理论的应用价值的一个重要原因之一。

从本节的分析可知,最小阶观测器的设计和其他观测器的设计的唯一区别在于如何解式(4.2),即

$$K=[K_z \;\vdots\; K_y]\begin{bmatrix} T \\ \cdots \\ C \end{bmatrix} \triangleq \overline{K}\,\overline{C}$$

并用尽可能少的矩阵 T 的行使式(4.2)得到满足,因为矩阵 T 的行数即为观测器的阶数。

很明显,为了能系统地解决这个问题,矩阵 T 的每一行都必须只和观测器

的一个极点(F 的一个特征值)有关。这就意味着 T 的每一行之间和 F 的每一特征值之间都解耦。另外在解式(4.2)时还必须能充分利用 T 的每一行的自由度。因为矩阵 T 还必须首先是方程(4.1)的解,所以 T 的自由度即为式(4.1)的解的所有剩余自由度。

虽然多年来在最小阶观测器的设计上有过很多尝试(Fortmann et al.,1972;Kaileth,1980;Gupta et al.,1981;Chen,1984;Van Dooren,1984;Fowell et al.,1986),并有详尽的介绍(O'Reilly,1983),但是满足上述要求的 T 却始终没有得到(Tsui,1993a)。因为这个原因,人们在解式(4.2)时不得不和式(4.1)一起来解。这样显然不能系统地和普遍地解式(4.2)并求其最可能少的 T 的行数。这就是为什么最小阶观测器的系统性的普遍的设计长期以来被认为是一个困难的和未解决的问题(Kaileth,1980;Chen,1984)。

直至1985年,这样的关于式(4.1)的解 T(T 和 F 的每一行都解耦,T 的剩余自由度可以充分利用)才被发展出来,并被用来设计最小阶观测器(Tsui,1985)。这样,在能够充分利用 T 或式(4.1)的剩余自由度的前提下,第一次使最小阶观测器的设计问题完全简化为解一组线性方程组(4.2)的问题。也因此第一次使最小阶观测器的设计有了一个系统的和普遍的计算程序(Tsui,1993a,1998a,2000b,2003a)。

关于式(4.1)的这一解本书将在第5章详细介绍。关于用这一解中的矩阵 T 的自由度来解式(4.2),并求最小阶观测器的解的设计程序,将在第7章详细介绍。可见最小阶观测器的真正系统普遍的设计也必须将解式(4.1)和解式(4.2)分开。这一观测器是现有结果中,不产生 $\boldsymbol{x}(t)(=\overline{C}^{-1}[\boldsymbol{z}(t)^{\mathrm{T}} \vdots \boldsymbol{y}(t)^{\mathrm{T}}]^{\mathrm{T}})$ 就直接从 $\boldsymbol{z}(t)$ 和 $\boldsymbol{y}(t)$ 中产生 $K\boldsymbol{x}(t)$ 信号,这一基本概念的唯一运用。

总之,以上三个例子中的三个不同类型的观测器的设计都显示出,在满足式(4.1)或 $\boldsymbol{z}(t)\to T\boldsymbol{x}(t)$ 以后,直接从 $\boldsymbol{z}(t)=T\boldsymbol{x}(t)$ 和 $\boldsymbol{y}(t)=C\boldsymbol{x}(t)$ 中产生所需的状态反馈信号 $K\boldsymbol{x}(t)$,是观测器设计的基本和普遍的概念。这一概念的成功运用取决于对矩阵方程(4.1)有没有满足例4.3中要求的解耦的解。这是这一概念长期以来没有被明确认识的原因。

前面我们曾提到这一概念对观测器设计的更重要的改进,还不仅在于观测器的降阶,而在于满足式(4.3)。这是因为根据定理3.4,式(4.3)是观测器反馈系统实现状态反馈控制的低敏感性(LTR)的充分必要条件,而低敏感性比控制器的降阶更为重要。

本书的设计新途径要求首先满足式(4.1)和式(4.3),而不坚持首先满足矩阵 $\overline{C}$ 的秩数为 n[只要求在首先满足式(4.1)和式(4.3)的前提下尽量增大矩阵

$\overline{C}$ 的行秩]。因为取消了 $\overline{C}$ 的秩数为 n 这一非常困难的要求，所以本书对式(4.1)和式(4.3)的解才能对绝大多数能观系统都成立(见4.4节和6.2节的结论6.5)。

4.2 观测器反馈系统的性能(分离定理)

4.1节首先说明了单独满足式(4.1)的合理性、必要性和重要性。在这一节里我们还将证明单独满足了式(4.1)也就满足了“分离定理”。这一定理显示出单独满足了式(4.1)(决定了矩阵 F)以后，再设计状态反馈 $\overline{K}\,\overline{C}\boldsymbol{x}(t)$(决定矩阵 $A-B\overline{K}\,\overline{C}$)的观测器反馈系统的极点，将等于矩阵 F 和 $A-B\overline{K}\,\overline{C}$ 的特征值的组合。因此单独满足式(4.1)可以在相当程度上保证，观测器反馈系统除了低敏感性以外的另一关键性质——性能(见2.1节)。

定理4.1 (分离定理) 如果满足式(4.1)，则由观测器(3.16)和受控系统(1.1)组成的反馈系统的极点将由矩阵 F 和 $A-B\overline{K}\,\overline{C}$ 的特征值所组成。

证明 (Tsui, 1993b) 将观测器的输出[式(3.16b)]代入系统的输入 $\boldsymbol{u}(t)$，再将这一 $\boldsymbol{u}(t)$ 和 $\boldsymbol{y}(t)=C\boldsymbol{x}(t)$ 代入观测器的动态方程(3.16a)，有如下观测器反馈系统的动态方程：

$$\begin{bmatrix}\dot{\boldsymbol{x}}(t)\\ \dot{\boldsymbol{z}}(t)\end{bmatrix}=\begin{bmatrix}A-BK_yC & -BK_z\\ LC-TBK_yC & F-TBK_z\end{bmatrix}\begin{bmatrix}\boldsymbol{x}(t)\\ \boldsymbol{z}(t)\end{bmatrix}\triangleq A_c\begin{bmatrix}\boldsymbol{x}(t)\\ \boldsymbol{z}(t)\end{bmatrix} \tag{4.7}$$

将矩阵 A_c 的左右两边分别乘以 Q^{-1} 和 Q，其中

$$Q^{-1}=\begin{bmatrix}I & 0\\ -T & I\end{bmatrix},\quad Q=\begin{bmatrix}I & 0\\ T & I\end{bmatrix}$$

则有和状态矩阵 A_c 相似的状态矩阵(见1.2节)：

$$\begin{aligned}\overline{A}_c=Q^{-1}A_cQ&=\begin{bmatrix}A-BK_yC-BK_zT & -BK_z\\ -TA+FT+LC & F\end{bmatrix}\\ &=\begin{bmatrix}A-B\overline{K}\,\overline{C} & -BK_z\\ 0 & F\end{bmatrix}\quad(\text{当且仅当式(4.1)})\end{aligned} \tag{4.8}$$

从式(4.8)可见，矩阵 $\overline{A}_c$ 和矩阵 A_c 的特征值都为矩阵 $A-B\overline{K}\,\overline{C}$ 和 F 的特征值的组合。

分离定理保证了，由分别设计的和分别配置了特征值的状态反馈系统和观

测器系统组合起来的反馈系统的极点,因此也就保证了这个反馈系统的性能。因此,这一定理非常重要,并且几乎在所有状态空间理论的文献里出现(如O'Reilly, 1983)。

尽管如此,分离定理似乎尚未推广到式(3.16)这样普遍的观测器中。另外,在观测器的定义更普遍化的形式下,还需要强调证明式(4.1)是单独满足这一定理的充分条件。因此本书引用了(Tsui, 1993b)关于这一定理的比较普遍化了的形式和证明。

根据这一定理,我们可以完全单独地分别配置,状态反馈系统的极点和实现这一状态反馈的观测器的极点,也因此人们才把这一定理称为"分离定理",这也是分离原则的理论基础。但是分离定理只能保证观测器反馈系统的性能,而根据分离原则完全单独设计出来的任意状态反馈 K,绝大多数系统在用观测器实现时都不可能实现这一控制的低敏感性(见4.3节)。本书提出的设计新途径将第一次系统地、全面地改变这一传统设计。在这一新途径里,首先应单独满足式(4.1)和尽可能满足式(4.3),而 K 将等到第二步才根据 $K=\overline{K}\,\overline{C}$(而不是单独)设计。因此本节的由式(4.1)单独满足的分离定理,将在性能方面保证本书新设计途径的合理性。下一节我们将列出现有分离原则的八个不合理。

最后需要说明,虽然式(4.1)是分离定理的充分条件,但是对于所有可能的系统参数($\overline{C}$, $\overline{K}$, F, T, L),式(4.1)并不是分离定理的必要条件,这一点可以由例4.4证明。

例 4.4 设矩阵行列式如下:

$$|sI-\overline{A}_c|=\begin{vmatrix} sI-(A-B\overline{K}\,\overline{C}) & BK_z \\ -TA+FT+LC & sI-F \end{vmatrix}=\left|\begin{array}{cc:c} s-a & -b & 1 \\ -b & s-a & -1 \\ \hdashline c & c & s-f \end{array}\right| \tag{4.9}$$

其中,参数(a, b, c, f)都是纯量实常数,则矩阵的行列式

$$\begin{aligned} |sI-\overline{A}_c| &= (s-f)\,|sI-(A-B\overline{K}\,\overline{C})|+\begin{vmatrix} s-a & -b \\ c & c \end{vmatrix}+\begin{vmatrix} -b & s-a \\ c & c \end{vmatrix} \\ &= (s-f)\,|sI-(A-B\overline{K}\,\overline{C})| \end{aligned}$$

可见即使式(4.9)中的 c 不等于0[或即使式(4.1)不成立],分离定理也成立。

在实际设计时,系统参数($\overline{C}$, $\overline{K}$)是为控制或是为一个满意的矩阵 $A-$

$B\overline{K}\,\overline{C}$ 而设计，参数(F, T, L)还要满足式(4.1)和式(4.3)以使 $\overline{KC}\boldsymbol{x}(t)$控制能被完全实现，因此不可能被有意凑合成例 4.4 中的特殊情况。因此用例 4.4 来证明式(4.1)不是分离定理的必要条件完全没有实际意义。

这一情形，与用特殊情况的系统参数$(\overline{K}, F, T)$来证明式(4.3)$(TB=0)$不是使 $K_z(sI-F)^{-1}TB=0$, $\forall s$（式(3.28a)）的必要条件(Saberi et al., 1991)，非常相似。因为参数 $\overline{K}(=[K_z \mid K_y])$ 在实际设计时必须完全用来为控制或为一个满意的矩阵 $A-B\overline{K}\,\overline{C}$ 而设计，所以不可能被用来凑合成只满足 $K_z(sI-F)^{-1}TB=0$, $\forall s$ 以及式(4.1)而不满足 $TB=0$。因此式(4.3)$(TB=0)$ 即为式(3.28a)在实际设计时的必要条件(见定理 3.4)。

4.3 现有状态空间设计与分离原则的八个不合理(Tsui, 2006, 2012)

现有状态空间系统的设计一直遵循分离原则(Willems, 1995)，即在设计状态反馈控制 $K\boldsymbol{x}(t)$时假设 $\boldsymbol{x}(t)$的信息已经存在，而完全不考虑至少有一部分 $\boldsymbol{x}(t)$里的系统状态不能被直接测量这一实际情况。根据分离原则，单独设计了 $K\boldsymbol{x}(t)$控制后的第二步才是设计观测器(3.16)来产生 $K\boldsymbol{x}(t)$信号。这时的 K 就是任意给定的，因为它是预先单独设计的。这一设计原则一直被遵循至今已有六十多年，但却有如下八个明显的和严重的不合理。

4.3.1 不成立的基本假设

这一设计原则在设计 $K\boldsymbol{x}(t)$控制时基于 $\boldsymbol{x}(t)$已经存在这一不成立的假设，所以不合理。也就是说，对于所有不同的受控系统，尽管它们中的绝大多数都不能直接测量其全部状态，但却全被假设为拥有整个 $\boldsymbol{x}(t)$这样最完整和最理想的信息，并且全被要求实现，根据这一最理想的信息而设计的状态反馈控制，这显然是不合理的。

这一不合理还明显意味着在设计状态反馈控制时，完全忽视这一控制的实现(比如完全不考虑这一控制信号的产生)。因为这一实现是非常困难的[在 $\boldsymbol{x}(t)$不能被全部直接测量时需要整个观测器或整个反馈控制器来实现这一控制]，所以忽视这一实现显然是不合理的。

4.3.2 不考虑关键参数

这一设计原则意味着在设计 $K\boldsymbol{x}(t)$控制(或 K)时只考虑系统参数$(A,$

B)，而完全不考虑参数 T 和 C。这里的参数 T 是观测器最重要的参数(见定理 3.2)，而参数 C 又是系统输出测量信息[$=C\boldsymbol{x}(t)$]的最重要参数。因为我们完全依靠观测器和系统输出测量的信息来产生 $K\boldsymbol{x}(t)$ 信号和实现 $K\boldsymbol{x}(t)$ 控制，忽视这两个参数就明显意味着完全忽视 $K\boldsymbol{x}(t)$ 控制的实现。

4.3.3　颠倒的设计顺序

这一设计原则还明显意味着观测器(或整个反馈控制器)不合理的设计顺序，即首先设计观测器的静态部分式(3.16b)的参数 $\overline{K}$[因为首先设计式(3.16b)中的参数 K]，然后才设计观测器中重要得多的和主要的动态部分[式(3.16a)]。因为我们完全依靠观测器来实现状态反馈控制，这一观测器设计的不合理顺序也明显意味着对状态反馈控制实现的忽视。

如果说以上三个不合理都在于忽视状态反馈控制的实现，那么下面三个不合理则显示了这前面三个不合理的后果——在绝大多数受控系统的情况下不能实现，甚至不能有效地渐进实现，状态反馈控制的环路传递函数和鲁棒性。

4.3.4　不必要的设计要求

4.1 节已提到，要在 K 是任意给定的情况下保证满足式(4.2)，矩阵 $\overline{C}$ 的秩数必须为 n。这一要求同时明显意味着能够产生 $\boldsymbol{x}(t)$ 的所有 n 个状态[$\boldsymbol{x}(t)=\overline{C}^{-1}[\boldsymbol{z}(t)^{\mathrm{T}} \mid \boldsymbol{y}(t)^{\mathrm{T}}]^{\mathrm{T}}$]，或者说观测器必须是状态观测器(见定义 4.1)。这也是因为分离原则要求观测器产生这样理想的信息(见 4.3.1 节)。在现有的状态空间理论里，几乎所有的观测器都是状态观测器，而所有的为实现 LTR 而设计的观测器都是状态观测器。

因为我们实际上只要求观测器产生 p 个系统输入控制的信号[p 个 $K\boldsymbol{x}(t)$ 的信号]，而对于不太容易(non-trivial)的控制问题 p 又远小于 n(见 3.2.2 节)，所以产生所有 n 个系统状态的信号实际上是一个不必要的、过分的、不合理的设计要求。

4.3.5　放弃合理的控制结构

因为有了产生所有 n 个系统状态而不仅仅是实际需要的 p 个系统输入，这样一个不必要的和非常困难的要求，即因为要求观测器(3.16)必须是状态观测器，所以这样的观测器不能在绝大多数能观系统的条件下满足式(4.3)

($TB=0$)。

满足式(4.3)的反馈控制器(3.16)也被定义为“输出反馈控制器”(见定义3.3)。这是经典控制理论中最基本和最常用的反馈控制器(见图3.1)。虽然它没有现有观测器(3.16)中的对系统输入 $\boldsymbol{u}(t)$ 的反馈,但是因此它却是对系统输出实行鲁棒控制的合理的控制结构。这是因为我们不能为反馈而反馈,每一个反馈都会带来严重的测量噪声和副作用(见3.1.2节)。实行反馈控制的主要目的是对系统输出 $\boldsymbol{y}(t)$ 作鲁棒控制,也就是减少 $\boldsymbol{y}(t)$ 对系统模型误差和系统输入干扰的敏感性(见3.1节)。所以对系统输入的反馈虽然有利于估测系统状态这一目的,但是却显然很不利于上述的鲁棒控制的主要目的。这也是为什么在经典控制理论中一直都是运用输出反馈控制器这一结构的原因。比如根据定理3.4,只有输出反馈控制器才能实现状态反馈控制的环路传递函数和鲁棒性。

虽然输出反馈控制器如此重要,但是本小节一开始已经提到,根据分离原则设计出来的状态反馈控制的观测器,在绝大多数的受控系统情况下不可能是输出反馈控制器。这是通过对“未知输入观测器”(unknown input observer)的分析证明出来的。

只要把矩阵 B 当作系统对其未知输入的增益,则满足式(4.3)($TB=0$)的状态观测器,即为未知输入观测器(Wang et al., 1975)。根据文献(Kudva et al., 1980),未知输入观测器只对拥有 $n-m$ 个稳定的传输零点或者满足以下三个条件的系统才存在:①是最小相位(所有的传输零点都稳定);② $m \geqslant p$(即输出的数目不少于输入的数目);③矩阵 CB 满列秩(秩数为 p)。习题4.2和4.6可证明条件①是非常困难的,并不能被几乎所有的 $m=p$ 的系统所满足。而条件③也不能被很多实际系统如飞行系统所满足。

比如,如果假定有一半系统的传递函数 $G(s)$ 是方矩阵($m=p$),再假定在另一半(50%)的长方形 $G(s)$ 中,只有2/5是 $m<p$(因增加系统的输出测量远比增加系统的动态输入容易,见例1.1和例1.2)。那么所有 $m<p$ 的系统(20%),几乎所有 $m=p$ 的系统(50%)和至少一半的 $m>p$ 的系统(15%)都不能满足条件①至条件③。这样就有至少85%的系统不能满足条件①至条件③。

总之,绝大多数系统不能满足这三个条件,对这三个条件的详细证明可见6.2节(结论6.3和结论6.4)。

在绝大多数受控系统条件下被迫放弃经典控制理论中合理的又是最基本常用的输出反馈控制器结构,显然是分离原则的另一严重不合理。

4.3.6　不能实现鲁棒性

在绝大多数系统条件下不能满足式(4.3) ($TB=0$) 还意味着不能实现状态反馈控制的环路传递函数和鲁棒性(见定理 3.4)。这是现有状态空间设计理论和分离原则的致命缺点,也是其八个不合理中最严重的一个。

本小节还将证明在分离原则下即使是渐进地实现环路传递函数恢复(asymptotic LTR)的结果也是非常不能令人满意的。渐进环路传递函数恢复也是"环路传递恢复"这一设计命题的原因——"恢复"一般是渐进的和部分的,而不是完全的。

现有的渐进环路传递恢复的设计大致可分成以下两个途径。

第一个途径只对最小相位的系统才能实行。这一途径是在设计卡尔曼滤波器[是状态观测器(定义 4.1)的特殊形式,见例 4.1]时单纯地渐进增大系统输入扰动的数量大小(Doyle et al. , 1979),或是在设计状态观测器时单纯地渐进增大观测器极点分布的时间标(Saberi et al. , 1990, 1993)。但是这些方法都不可避免地使观测器的增益 L 渐进增大。根据例 3.2 和文献(Shaked et al. , 1985; Tahk et al. , 1987; Fu, 1990),这种单纯地增大观测器(反馈控制器)增益的方法不但在理论上不是解析解,也不能充分利用设计自由度,而且在实际运用时(特别是在求低敏感性时)也是行不通的,尽管这一途径已在多处和多次发表(Doyle et al. , 1979; Doyle, 1981; Stein et al. , 1987; Dorato, 1987; Saberi et al. , 1990; Niemann et al. , 1991; Saberi et al. , 1993),并被认为是现有的关于 LTR 的主要结果。

第二个途径是在设计观测器时使其相应的环路传递函数 $L(s)$[式(3.26)]对 $\| L(j\omega)-L_{Kx}(j\omega) \|_{\infty}$ 有一个频域上的上限(Moore et al. , 1989)。这一途径也有两个严重缺陷:首先,这一上限可能很高,比如在实际设计时,这一上限将不断调高直至对一个有边值条件的里卡蒂(Riccati)方程有解(Weng, 1998);其次,这一设计完全没有考虑函数 $L(j\omega)-L_{Kx}(j\omega)$ 的相位。很明显,这一途径完全不能保证满意结果的原因在于,$L_{Kx}(j\omega)$是预先、单独和任意给定的,即因为分离原则。

我们将用下面的具体例子来说明现有的渐近 LTR 结果不能令人满意的状况。

例 4.5　设系统

$$(A,\ B,\ C)=\left(\begin{bmatrix}0 & -3\\ 1 & -4\end{bmatrix},\ \begin{bmatrix}2\\ 1\end{bmatrix},\ \begin{bmatrix}0 & 1\end{bmatrix}\right)$$

其传递函数

$$G(s)=\frac{s+2}{(s+1)(s+3)}$$

并有 $n-m=2-1=1$ 个稳定零点(−2)。

设一个二次型最优的状态反馈控制增益为

$$K=[30 \quad -50]$$

其相应的环路传递函数根据式(3.10)为

$$L_{Kx}(s)=-K(sI-A)^{-1}B=\frac{-(10s+50)}{(s+1)(s+3)}$$

这个例子是在文献(Doyle et al., 1979)里提出来的。该文提出了两个观测器设计的主要结果。

(1) 极点为 $-7\pm j2$ 的卡尔曼滤波器(见例 4.1)

$$(F=A-LC,\ L,\ T,\ K_z,\ K_y)=\left(\begin{bmatrix}0 & -53\\ 1 & -14\end{bmatrix},\ \begin{bmatrix}50\\ 10\end{bmatrix},\ I,\ K,\ 0\right)$$

其环路传递函数根据式(3.26)为

$$\begin{aligned}L(s)&=-[1+K_z(sI-F)^{-1}B]^{-1}[0+K_z(sI-F)^{-1}L]G(s)\\&=\frac{-100(10s+26)}{s^2+24s-797}G(s)\end{aligned}$$

可见 $L(s)$ 和 $L_{Kx}(s)$ 完全不同。

(2) 用渐进环路传递恢复的方法 ($q=100$) 设计卡尔曼滤波器

$$(F=A-LC,\ L,\ T,\ K_z,\ K_y)=\left(\begin{bmatrix}0 & -206.7\\ 1 & -102.4\end{bmatrix},\ \begin{bmatrix}203.7\\ 98.4\end{bmatrix},\ I,\ K,\ 0\right)$$

其环路传递函数为

$$L(s)=\frac{-(1\,191s+5\,403)}{s^2+112.4s+49.7}G(s)$$

这是文献(Doyle et al., 1979)中的渐进环路传递函数恢复的最好结果。其代价是大的输入噪声 ($q=100$) 引起了大的观测器增益 L($\|L\|=226.2$)。尽管如此,这一观测器的环路传递函数 $L(s)$ 仍然很不同于所要恢复的 $L_{Kx}(s)$。其频域响应 $L(j\omega)$ 在 $\omega<10$ 时也很不同于 $L_{Kx}(j\omega)$(Doyle et al., 1979;见此

文献中的图 3)。因此，这一例子说明现有的渐进 LTR 的结果相当不能令人满意。本例(2)中观测器的极点(F 的特征值)接近 -2 和 -100，说明了用渐进 LTR 方法设计的卡尔曼滤波器的极点的特征。

用其他方法可得到这个例子的最简明完美的结果(Tsui, 1988b)

$$(F, L, T, K_z, K_y) = (-2, 1, [1 \quad -2], 30, 10)$$

因为这个结果满足 $TB = 0$，所以完全实现了环路传递函数恢复 $[L(s) = L_{Kx}(s)]$。我们还注意到在这一观测器的输出增益 $[K_z \mid K_y]$ 小于 K 的情况下，观测器增益 L 只等于 1(≪226.2)。

在文献(Doyle et al., 1979)里的系统(A, B, C)是例 4.5 的对偶[能控规范型(A^{T}, C^{T}, B^{T})]。因此，文献(Doyle et al., 1979)里的 $K = [50 \quad 10]$(和例 4.5 中 $A - BK$ 的特征值一样是 $-7 \pm \mathrm{j}2$)，文献(Doyle et al., 1979)里的两个观测器的增益 L 也分别是 $[30 \quad -50]^{\mathrm{T}}$ 和 $[6.9 \quad 84.6]^{\mathrm{T}}$(和例 4.5 中两个观测器的极点一样)。所以文献(Doyle et al., 1979)和例 4.5 里所有相应的传递函数或环路传递函数都相同。

例 4.5 显示，渐进环路传递函数恢复和用卡尔曼滤波器来达到这一目的的设计结果完全不能令人满意。其原因是卡尔曼滤波器的增益 L 完全是为了取得系统状态的最小方差估计而设计的(Anderson, 1979; Balakrishnan, 1984)。所以，卡尔曼滤波器式(4.5)中的参数(F, L, T)只是方程(4.1)和 $\overline{C}$ 的秩数为 n 的一个特殊解，没有剩余自由度可以用来满足 LTR 这个新增加的要求。唯一还可以人工调整的只是系统控制输入噪声的纯量大小。当将这一噪声量 q(为实现 LTR)调大时，卡尔曼滤波器的极点必然自动地移向系统式(1.1)的每一个传输零点或负无穷(Anderson, 1979)，同时滤波器对系统输出的增益 L 会增大并盖过滤波器对系统输入的增益 $TB(=B)$。这是能实现渐进 LTR 的原因，也是现有渐进 LTR 的设计要求受控系统(1.1)必须只有稳定传输零点(最小相位)(Doyle et al., 1979; Doyle, 1981)的原因。

例 4.5 的第三个结果还充分显示出，(Tsui, 1988b)用第 4.1 节中直接产生 $K\boldsymbol{x}(t)$ 信号的基本概念来指导设计的优越性。例 4.5 中的系统实际上满足 4.3.5 小节里的三个条件，这是(Tsui, 1988b)得到了式(4.1)～式(4.3)的准确解的原因。本书 6.2 节还将证明对于大多数不能满足这三个条件的系统，本章 4.4 节提出的设计新途径仍然能得到式(4.1)和式(4.3)的准确解(结论 6.5)。

总之，观测器的目的是实现状态反馈控制，如果实现不了这一控制的最关键的鲁棒性，这样的设计能是合理的吗？如果这一控制的最关键的鲁棒性不能被实现,那么这一控制本身的最优又有什么意义呢?这是现有的用分离原则来指导设计状态空间控制系统的不合理的关键所在。

4.3.7 极端强弱的控制

现有状态空间设计理论和分离原则的最后两个明显的不合理,是在于现有的反馈控制形式和其相应的控制器都被锁定在两个极端。相对于现有的状态反馈控制 $K\boldsymbol{x}(t)$ 的控制形式[K 不受式(4.2)的限制,因此最强],它的另一个极端即为静态输出反馈控制 $K_yC\boldsymbol{x}(t)$。根据 3.2.2 小节,因为 $n \gg m$(只要设计问题不是太容易),所以静态输出反馈是最受式(4.2)($K = K_yC$)限制的,因此也是最弱的状态反馈控制的形式。

4.3.8 极端的控制结构

实现静态输出反馈控制的控制器是最低阶(=0)和最简单的。而实现分离原则下的状态反馈控制的控制器(状态观测器)则是最高阶($\geqslant n-m$)和最复杂的,但仍然在绝大多数系统条件下不能实现状态反馈控制的鲁棒性。

人们不禁要问,为什么基于分离原则的现有状态空间控制设计的结果,必须锁定在这两个不能令人满意的极端呢?一个能统一这两个极端、又能自由调节这两个极端结果的设计(4.4 节和 6.3 节)不是合理得多吗?

以上这八个不合理中的每一个都非常明显、严重和不能被接受,而且每一个都显然由分离原则引起,尽管几十年来至今人们一直遵循分离原则。这是现有状态空间理论一直没有得到成功实际应用的原因。

作者认为,如果说当状态空间理论刚开始发展时,人们只能分别解决状态反馈控制的设计问题(1950 年代)和实现这一控制的设计问题(1960 年起),那么现在早已应该是克服这一设计原则的致命缺点和不合理的时候了。

作者还认为,人们一直遵循分离原则的原因是一直未能得到式(4.1)的解耦的解并对其进行应用。这一情况在最小阶观测器设计的研究时就已出现(例 4.3)。当式(4.1)的解(矩阵 T)的行不能解耦时,其相应的矩阵 $\overline{C}$ 就只能被锁定为方矩阵,因此就不能放弃分离原则(Tsui, 2004a)。

4.4 一个新的和能实现广义状态反馈控制的鲁棒性的设计原则和输出反馈控制器

根据本章前 3 节,特别是 4.3 节的结论,我们郑重提出完全放弃分离原则,实行对观测器和其所要实现的广义状态反馈控制进行综合设计的新原则和新途径。

这一设计新原则和新途径的优越性、合理性和必要性体现在，可以完全克服 4.3 节列出的现有设计的八个严重的不合理。

具体地说，在设计状态反馈控制 $K\boldsymbol{x}(t)$ 的时候（K 是常数），我们不再假定整个 $\boldsymbol{x}(t)$ 已经存在，而只假定 $T\boldsymbol{x}(t)$ 存在[$=\boldsymbol{z}(t)$]和 $C\boldsymbol{x}(t)$ 存在[$=\boldsymbol{y}(t)$]。我们的这一假定是成立的，因此是合理的，并且可以完全克服现有设计的第一个不合理（见 4.3.1 节），只要我们能满足式（4.1）（定理 3.2）。我们能够用这一新假设的原因是，我们对式（4.1）的解（矩阵 T）的行数可以自由调节，并且不需要将这一行数限制在 $n-m$ 和不需要满足矩阵 $\bar{C}(=[T^{\mathrm{T}} \vdots C^{\mathrm{T}}]^{\mathrm{T}})$ 的秩数为 n。

在下一步的参数 K 的设计中[$K=\bar{K}\bar{C}$，式（4.2）]，我们将根据已知参数 T 和 C 来设计参数 $\bar{K}$。当 $\bar{K}$ 设计出来以后，K 也就自然由式（4.2）完全决定，这就完全克服了现有设计的第二个不合理（见 4.3.2 节）。因为我们是先设计了观测器的动态部分（T 是主要参数）以后才设计观测器的静态部分[参数 $\bar{K}$，式（3.16b）]，所以完全克服了现有设计的第三个不合理（见 4.3.3 节）。最后因为我们不再要求矩阵 $\bar{C}$ 的秩数必须为 n，这就完全克服了现有设计的第四个不合理（见 4.3.4 节）。

整个新的设计途径将分成以下两大步进行。

第一步是在设计观测器的动态部分[式（3.16a）]时满足式（4.1）和尽量满足式（4.3）。这样就保证了观测器状态 $\boldsymbol{z}(t)\Rightarrow T\boldsymbol{x}(t)$ 和观测器输出是一个 K 为常数的 $K\boldsymbol{x}(t)$ 信号（见定理 3.2），保证了观测器反馈系统的极点等于矩阵 F 和矩阵 $A-BK$ 的特征值的组合（见定理 4.1），并优先和尽量保证了这一 $K\boldsymbol{x}(t)$ 控制的鲁棒性可以被实现（见定理 3.4）。

这一步的具体设计计算程序将会在第 5 和第 6 章介绍。首先式（4.1）中的对所有能观系统都成立的解将在第 5 章得到，然后第 6 章根据这一解（矩阵 T）的解耦性质及其剩余自由度尽量满足式（4.3）（$TB=0$）。这一设计计算还能在满足式（4.3）的前提下，保证矩阵 $\bar{C}$ 的秩数的最大化（甚至能扩大矩阵 $\bar{C}$ 的行之间的交角）。

6.2 节将证明对所有输出多于输入（$m>p$）或有至少一个以上稳定的传输零点的系统，这一设计都能满足式（4.3）（结论 6.1）。这就比现有的未知输入观测器（见 4.3.5 节）甚至渐进 LTR（见 4.3.6 节）对系统的限制要宽得多，而且能被绝大多数系统所满足（见习题 4.3、习题 4.7 和结论 6.5）。

比如假定在所有系统中，10%是 $m<p$，50%是 $m=p$。这样就有 40%的

系统满足 $m>p$，而几乎所有 $m=p$ 的系统(约 50%)，甚至一些 $m<p$ 的系统(≪10%)也有一个以上稳定的传输零点，共 90%以上。请见图 4.3。

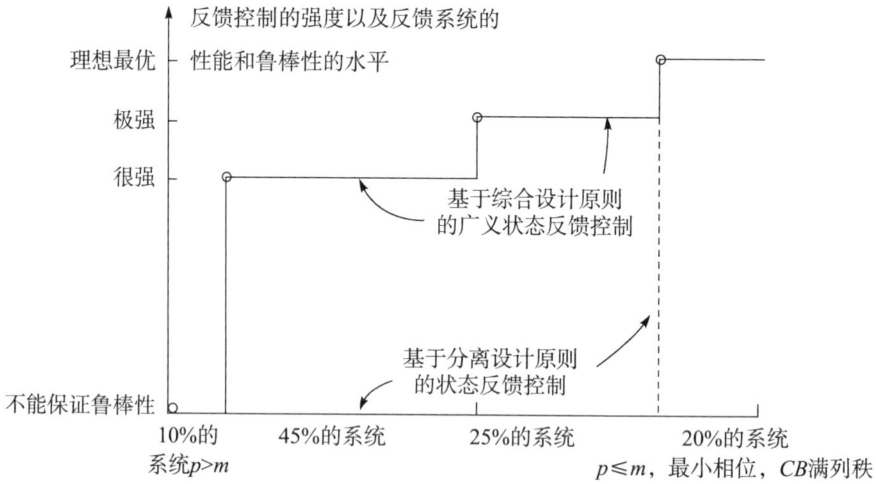

图 4.3 状态反馈控制和本书的广义状态反馈控制能够最终实现的性能和鲁棒性的水平

对于其他不能满足这两个条件的系统，第 6 章的计算能直接得到式(4.3)的最小方差解。6.4 节还强调可以通过自由调节观测器的阶数(矩阵 T 的行数)，来有效调节观测器反馈系统的性能和鲁棒性。所以第一步的设计就真正克服了现有设计关键的第五和第六个不合理(见 4.3.5 节和 4.3.6 节)。

第二步是设计观测器的静态输出部分[式(3.16b)]，即参数 $\overline{K}$。目的是优化反馈控制系统的状态矩阵 $A-B\overline{K}\,\overline{C}$($\overline{C}=[T^{\mathrm{T}} \mid C^{\mathrm{T}}]^{\mathrm{T}}$)。这样也就间接地但却有效得多地优化了这一反馈系统的环路传递函数 $L_{Kx}(s)$(3.24)。这一步具体的设计计算方法将在第 8 到第 10 章介绍。

这一步设计的一个重要特点是，与 3.2.2 节中的静态输出反馈控制的设计[设计参数 K_y 以优化矩阵 $A-BK_yC$] 在形式上完全一致，唯一的不同是矩阵 C 的秩数为 m，而矩阵 $\overline{C}$(=$[T^{\mathrm{T}} \mid C^{\mathrm{T}}]^{\mathrm{T}}$) 的秩数为 $r+m$，其中 r 是矩阵 T 的行数，也是观测器或反馈控制器的阶数。

这一特点的一个重要性质是，我们的 $\overline{K}\,\overline{C}\boldsymbol{x}(t)$)控制(矩阵 $\overline{C}$ 的秩数为 $r+m$)将以参数 r 为 $n-m$ (最大)和 0(最小)这一最简单的角度，完全统一现有的状态反馈控制 $K\boldsymbol{x}(t)$ 及其状态观测器 ($r=n-m$) 和静态输出反馈控制 $K_yC\boldsymbol{x}(t)$($r=0$) 这两个极端的控制形式。这一点将在 6.3 节明确列出，因此也就完全克服了现有结果的第七和第八个不合理(见 4.3.7 节和 4.3.8 节)。

定义 4.3　我们把本书的反馈控制信号为 $\overline{K}\,\overline{C}\boldsymbol{x}(t)=[K_z \vdots K_y][T^{\mathrm{T}} \vdots C^{\mathrm{T}}]^{\mathrm{T}}\boldsymbol{x}(t)$ 的控制定义为“广义状态反馈控制”。这里矩阵 $\overline{C}$ 的秩数为 $r+m$，其中参数 r 可以根据实际系统条件和设计要求在 $n-m$ 和 0 之间调节变动。

总之，本书的设计新途径的目的是在设计观测器(3.16)时优先满足式(4.3)($TB=0$)，以优先保证该观测器的广义状态反馈控制 $\overline{K}\,\overline{C}\boldsymbol{x}(t)$ 的鲁棒性能真正被实现。这一设计充分利用本书的关于式(4.1)的解(矩阵 T)的解耦性质(能自由调节 T 的行数和矩阵 $\overline{C}$ 的秩数，并不再要求 $\overline{C}$ 的秩数必须为 n 的性质)，在绝大多数受控系统条件下和在比现有结果宽松得多的条件下完全满足式(4.1)和式(4.3)。这样就第一次得到了既能产生 $\overline{K}\,\overline{C}\boldsymbol{x}(t)$ 的控制信号，又能对绝大多数受控系统普遍成立的输出反馈控制器(见定义 3.3)(Tsui, 1998b)。这一控制器反馈系统的详细结构如图 4.4 所示。

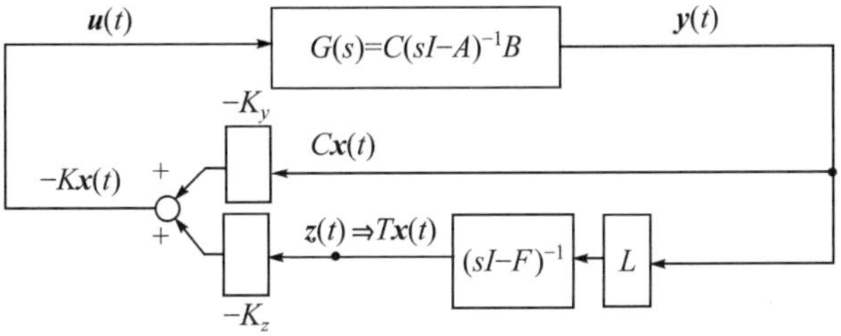

图 4.4　能实现状态/广义状态反馈控制的动态输出反馈系统

在图 4.4 中，如果取消了控制器的动态部分(F, T, L)，则该反馈系统就自然变成了静态输出反馈控制系统。又如果参数 T 满足矩阵 $\overline{C}(=[T^{\mathrm{T}} \vdots C^{\mathrm{T}}]^{\mathrm{T}})$ 的秩数为 n，则该控制器所产生的控制信号即为 $[K_z \vdots K_z]\overline{C}\boldsymbol{x}(t)=K\overline{C}^{-1}\overline{C}\boldsymbol{x}(t)$，即状态观测器(或未知输入观测器)所能产生的对参数 K 不带限制的状态反馈控制 $K\boldsymbol{x}(t)$ 信号。

图 4.4 凝缩了本书的综合设计新原则的结果的主要特征。相比现代控制理论一直以来的现有控制系统结构的框图 3.8，图 4.4 有以下三个凸显特征和决定性优点。

(1) 图 4.4 中没有了图 3.8 中下面的，从受控系统的控制输入 $\boldsymbol{u}(t)$ 到观测器/反馈控制器的反馈。而没有这个反馈又正是保证实现 $K\boldsymbol{x}(t)$ 控制的鲁棒性的充分必要条件(定理 3.4)。没有这个反馈也是有一定成功应用的经典控制论中的反馈控制器的特征(请见图 3.1 和 4.3.5 节)。

(2) 图 4.4 中的 $K\boldsymbol{x}(t)$ 控制是针对 $T\boldsymbol{x}(t)$ 信号和 $C\boldsymbol{x}(t)$ 信号的反馈。本书的设计新原则不要求这两个信号加起来有 n 个信号。这与一直以来的

$\boldsymbol{Kx}(t)$控制是针对所有 n 个 $\boldsymbol{x}(t)$里的状态信号做反馈不同。允许对少于 n 个状态信号做反馈，使得在不用系统输入反馈[见上面(1)]的前提下成功产生 $\boldsymbol{Kx}(t)$信号的可能性得到极大提高。比如图 4.3 显示这个提高是从约 20%到约 90%(是原来的 4.5 倍!);图 4.5 显示这个提高是从约 16%到约 82%(是原来的 5.1 倍!)。

(3) 图 4.4 中的 $\boldsymbol{Kx}(t)$控制的设计是充分基于 T 和 C 这两个参数的(所以是"综合设计"),而现有的 $\boldsymbol{Kx}(t)$控制的设计完全不考虑这两个极为关键的参数,请见 4.3.2 小节。

另外图 4.4 中增益$[K_z : K_y]$的设计虽然和现有的静态输出反馈增益 K_y 的设计相似,但是本书(第二版起)在如何设计这个增益来配置特征结构这个问题上,在 8.3 节和 8.4 节对现有设计做了重大的改进。比如与现有设计不同,本书的设计能够配置(部分)特征向量。根据第 2 章的分析,系统极点是系统性能的最关键参数,而特征向量又能够决定其对应极点的鲁棒性,所以特征结构配置相比所有其他控制目的,更能直接有效得多地兼顾提高控制系统的性能和鲁棒性,比如有效提高一个精准得多的鲁棒稳定性指标 M_3。

本书在第 8.3 节中新加了两个设计整个图 4.4 的控制器的数值例子(例 8.3 和例 8.4)。这些例子不但在很不好的系统条件下设计出了具有上述重大的和有决定性优点的控制器,而且整个设计计算都非常简单——完全是作者手算算出来的。另外还有十个非常相似于这两个例子的问题,列在第 8 章的最后作为习题[习题 8.6 到习题 8.12]。

最后我们将反驳澄清关于这一设计新途径的以下四个批评。

(1) 本书的广义状态反馈控制比现有的状态反馈控制多了在矩阵 $\overline{C}$ 的秩数小于n 时的限制,所以可能弱于现有的状态反馈控制,这是至今为止最严厉的批评。

但是现有的状态反馈控制没有限制,只是因为该控制的设计完全忽略了这一控制的实现。因此才有了 4.3 节中的八个极端的不合理,其中的关键就是在绝大多数系统条件下不能实现甚至渐进地实现这一控制的鲁棒性。因此这样的控制,尽管其本身是最优的,应该坚决放弃并且已经在几十年的实际应用中不得不被放弃。

虽然本书的广义状态反馈控制在现有状态反馈控制不能被实现时会带有式(4.2)的限制,但是这一限制保证了广义状态反馈控制的鲁棒性的实现以及对八个严重不合理的完全克服。从最终的设计结果来看,这个限制显著少于静态输出反馈控制所带的限制,所以广义状态反馈控制在绝大多数系统条件下仍然非常有效。比如它能在近半数系统条件下[满足 $(r+m)+p>n$，见习题 4.4、4.8、8.13～8.15]配置全部极点和部分特征向量，并能在绝大多数系统条件下[满足 $(r+m)\times p>n$，见习题 4.5、习题 4.9、习题 8.13～习题 8.15]基本配置全部极点(Wan，1996)和保证反馈系统的稳定。

例 4.6 假定在所有受控系统中，有 10%是输入多于输出 $(p>m)$，40%是输入少于输出 $(p<m)$，输入和输出一样多 $(m=p)$ 的情况是 50%[一半的 $G(s)$ 是方矩阵]。

对于输入和输出一样多的受控系统，习题 4.4 和习题 4.8 的结果显示本书的广义状态反馈控制能够在约 1/2 以上的这类系统条件下实现任意极点配置和部分特征向量配置，即是仅次于理想的状态反馈控制的一种极强的控制。而习题 4.5 和习题 4.9 的结果显示本书的广义状态反馈控制能够在几乎所有这类系统条件下配置所有极点，即是仅次于能配置所有极点和部分特征向量的上述极强控制的一种很强的控制。习题 4.2(b)的结果显示，几乎所有这类系统都不是最小相位，所以现有的状态反馈控制的鲁棒性在这类系统[以及所有 $m<p$ 的系统)的条件下，都不能被实现[请见文献(Kudval et al.，1980)以及结论 6.4]。

因为输入少于输出的系统条件比输入和输出一样多的系统条件更好(较少要产生的输入控制信号和较多可以依靠利用的输出测量信号)，所以有至少同样比例的这类系统能够实现同样强的控制。比如有约一半以上的这类系统(占全部系统的 20%以上)能实现上一段定义的极强控制，而几乎所有的这类系统能实现上一段定义的很强控制。

以上两段的结果可以用图 4.3 来总结对比。该图显示，理想的状态反馈控制(虚线)虽然能达到最高的性能和鲁棒性，但是其鲁棒性只在 20%的受控系统条件下能被最终实现；而本书的广义状态反馈控制(实线)则能在 45%的系统条件下至少实现仅次于理想控制的极强控制，更能在 90%的系统条件下至少实现仅次于极强控制的很强控制。

例 4.7 假定在所有受控系统中，有 18%是输入多于输出 $(p>m)$，32%是输入少于输出 $(p<m)$，输入和输出一样多 $(m=p)$ 的情况是 50%。这样根据例 4.6 的分析，理想状态反馈控制的鲁棒性只在 16%的受控系统条件下能被最终实现；而本书的广义状态反馈控制则能在 41%的系统条件下实现至少是仅次于理想控制的极强控制，更能在 82%的系统条件下实现至少是仅次于极强控制的很强控制。这一情况如图 4.5 所示。

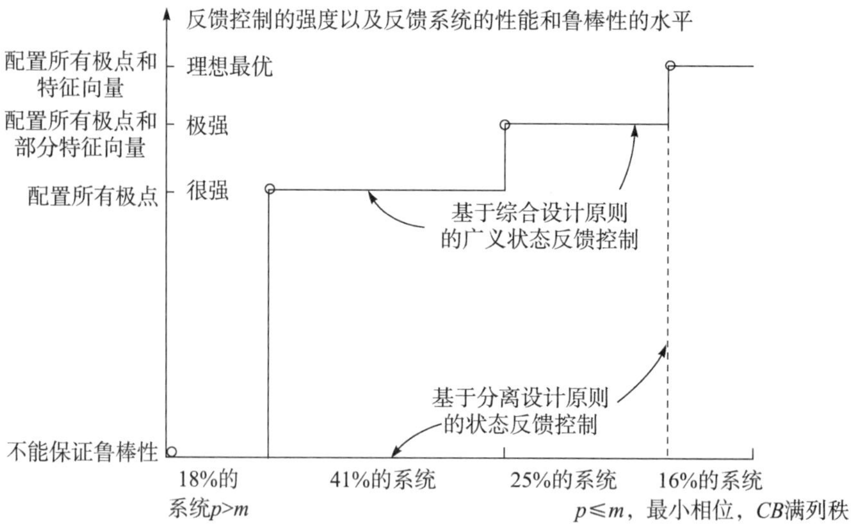

图 4.5 状态反馈控制和本书的广义状态反馈控制能够最终实现的性能和鲁棒性的水平,即在受控系统的输入增多和输出减少的新的假定下,新的图 4.3

比较图 4.3 和图 4.5 及其对应的受控系统的假定情况,前者(较少要产生的输入控制信号和较多可以依靠利用的输出测量信号)的受控系统条件比后者好。所以图 4.3 相比图 4.5,对于更多的受控系统能够实现同样水平的控制。比如实现同样理想的状态反馈控制(虚线),在图 4.3 里涵盖 20%的受控系统而在图 4.5 里仅涵盖 16%的受控系统。又比如用本书的至少能配置所有极点和部分特征向量的极强控制(实线),在图 4.3 里涵盖 45%的受控系统而在图 4.5 里就减少到 41%的受控系统。

因为配置所有极点和部分特征向量的广义状态反馈控制是极强的控制,所以应该和理想的状态反馈控制一样,都能够满足高性能和高鲁棒性的设计要求。在这一水平上,图 4.3 显示本书的广义状态反馈控制的普遍性(45%)比现有的状态反馈控制的普遍性(20%)有很大提高;而图 4.5 也显示本书的广义状态反馈控制的普遍性(41%)也比现有的状态反馈控制的普遍性(16%)有更大提高。

在这两个图中,更符合实际情况的实线和虚线的形状应该是连接图中所有节点的平滑曲线。比如在从升折平处的波状应该类似于图 1.4(b),而在从平转升处的波状应该类似半导体二极管的电流-电压特征曲线。

再来比较一下,能实现基本配置所有极点的很强的控制。图 4.4 中的实线显示本书的广义状态反馈控制能够对 90%的系统实现这样的或更强的控制。

而现有的状态反馈控制仅能够对 20%的系统实现这样的或更强的控制(请见图中的虚线),即有效率仅为 1/4.5! 图 4.5 中的实线显示本书的广义状态反馈控制能够对 82%的系统实现这样的或更强的控制。而现有的状态反馈控制仅能够对 16%的系统实现这样的或更强的控制(请见图中的虚线),即有效率更是不到 1/5!

总之,图 4.3 和图 4.5 中的实线在大多数受控系统条件下都远高于虚线,即基于综合设计原则设计的反馈系统的性能和鲁棒性水平,远高于基于分离设计原则设计的反馈系统的性能和鲁棒性水平。这就是本书的综合设计原则相对于现有分离设计原则的显著压倒性的优越性!

例 4.8　本书综合设计新原则的显著优越性的第 3 个例子。这个例子不如例 4.6 和例 4.7(关于所有受控系统)那样普遍,而是关于所有 5 阶,2 输入和 2 输出的受控系统,虽然这个例子恐怕比别的所有文献中的例子还是要普遍得多。

根据本书的习题 8.13 以及文献(Tsui, 2015),基于习题 4.2 中的假设(每个传输零点为稳定的和不稳定的概率都是对半的),本书的广义状态反馈控制能实现配置所有极点或更强的控制目的的概率是 87.5%,能实现配置所有极点和部分特征向量或更强的控制目的的概率是 50%。而现有的状态反馈控制的鲁棒性能被实现的概率仅为 12.5%。另外现有的静态输出反馈控制不能配置所有极点(因为 $m\times p$ 不大于 n)。因此这个例子也能充分显示本书的综合设计原则相对于现有分离设计原则的显著优越性。

(2) 在命题公式上,本书设计要满足的式(4.3)($TB=0$)不如式(3.28a)($K_z(sI-F)^{-1}TB=0,\ \forall s$)必要,即在理论上可能有个别 K_z 的数值解既能在 $TB\neq 0$ 的情况下满足式(3.28a),又能使反馈系统的状态矩阵 $A-B[K_z \mid K_y][T^{\mathrm{T}} \mid C^{\mathrm{T}}]^{\mathrm{T}}(=A-B\overline{K}\,\overline{C})$ 稳定(Saberi et al., 1991)。

但是正如 3.2.3 小节后面和例 4.4 的后面所述,在实际设计时整个参数 $\overline{K}$(包括 K_z)的自由度必须全部用来设计一个令人满意的矩阵 $A-B\overline{K}\,\overline{C}$(现有的状态反馈控制设计甚至连 $K=\overline{K}\,\overline{C}$ 这样的限制都不允许),因此不可能用来凑成在 $TB\neq 0$ 的情况下满足 $K_z(sI-F)^{-1}TB=0,\ \forall s$ 以及式(4.1)的特殊情况。或者说如果限制于式(3.28a)和式(4.1),那么参数 K_z 的设计就是只为能被实现这一目的而设计,而不是为反馈控制(为一个令人满意的矩阵 $A-B\overline{K}\,\overline{C}$)的目的而设计。很明显,这一设计命题公式(3.28a)仅仅是理论公式上的没有任何简化的重复,因此对实际设计没有指导意义。

根据定理 3.4,对于本书的和所有现有的以控制为目的(为有一个满意的矩阵 $A-B\overline{K}\overline{C}$ 的目的)而设计的控制,式(4.3)($TB=0$)即为实现该控制的环路传递函数(或式(3.28a))的充分必要条件。

(3) 本书提出的输出反馈控制器(见定义 3.3)的结构过去也出现过,比如这样的控制器曾被提出用来配置特征结构(Misra et al., 1989; Duan, 1993b; Verschelde et al., 1994),也曾被提出用来实现 LTR(Chen et al., 1991)。

但是所有这些现有结果都不能满足分离定理(定理 4.1)。因为式(4.1)是分离定理的充分条件,所以现有的这些结果不能满足式(4.1)。又因为式(4.1)是产生 $K\boldsymbol{x}(t)$信号(K 是常数)的充分必要条件(定理 3.2),所以现有的这些输出反馈控制器也不能产生任何 K 是常数的 $K\boldsymbol{x}(t)$信号(Tsui, 1998b)和不能满足分离定理(定理 4.1)。不能满足分离定理还意味着,即使设计了满意的(当然也是稳定的)矩阵 $A-BK$ 和观测器,也完全不能保证反馈系统的稳定。

总之,本书的输出反馈控制器是**第一个**既对绝大多数受控系统都普遍成立,又能产生 $K\boldsymbol{x}(t)$信号(K 是常数)的输出反馈控制器(Tsui, 1998b)。只有这样的输出反馈控制器才具有包括分离定理在内的广义状态反馈控制的一切优越性。

(4) 对于个别系统,本书的设计新途径不成立,这样的系统的数值例子曾被发表并被多次引用(Tsui, 1996b)。

但是用个别系统的例子来否定本书的理论设计新途径,是完全掩盖混淆了对大多数系统都成立和对所有系统都成立的差别(见习题 4.7),并完全忽视掩盖了对所有系统都成立的最优设计是不可能存在的这一基本事实。

至此我们已提出了本书的设计新途径,并阐述了这一新途径在提高反馈系统的性能和鲁棒性上的合理性、必要性和优越性。这一设计新途径的两大步骤将在第 6 章和第 8~10 章分别进行介绍。而所有第 6~10 章的设计又都基于第 5 章介绍的数学结果,即对式(4.1)的普遍的特别是解耦的解。

习　题

4.1 证实例 4.5 中的所有推导和计算。

4.2 用系统能满足某个条件限制的概率来衡量该条件限制的严格是最严谨的方式。为了得到这一概率的简单到可以进行比较的公式,我们对系统做了以下两个假设。因为这两个假设对不同的设计途径/方法的条件限制都有相同的影响,所以对基于这两个假设所得出的概率做比较是公正的和有意义的。

(1) 假定系统满足 $m=p$ 并有 $n-m$ 个传输零点[见1.4节或文献(Davison et al., 1974)]。对于 $m=p$ 的系统,矩阵 $\overline{C}$ 的秩数有简单公式 $m+r$,其中 r 是 $n-m$ 个传输零点中稳定零点的数目(结论6.1)。

(2) 假定每一个传输零点是稳定(或不稳定)的概率都是1/2,即 $P_z=1/2$。这一假定的理由是传输零点是任意给定的,而稳定(或不稳定)零点的所在区域又是左右对半的。

(a) 根据这两个假定,计算在 $n-m$ 个传输零点中有 r 个稳定的传输零点的概率为 P_r。这里 P_r 的公式是 $P_r=[r:n-m]P_z^r(1-P_z)^{n-m-r}$,其中 $[r:n-m]$ 是 $n-m$ 个元素中 r 个元素的组合数。

答案:

$r=$	$n-m=$									
	1	2	3	4	5	6	7	8	9	…
0	$1/2$	$1/2^2$	$1/2^3$	$1/2^4$	$1/2^5$	$1/2^6$	$1/2^7$	$1/2^8$	$1/2^9$	
1	$1/2$	$2/2^2$	$3/2^3$	$4/2^4$	$5/2^5$	$6/2^6$	$7/2^7$	$8/2^8$	$9/2^9$	
2		$1/2^2$	$3/2^3$	$6/2^4$	$10/2^5$	$15/2^6$	$21/2^7$	$28/2^8$	$36/2^9$	
3			$1/2^3$	$4/2^4$	$10/2^5$	$20/2^6$	$35/2^7$	$56/2^8$	$84/2^9$	
4				$1/2^4$	$5/2^5$	$15/2^6$	$35/2^7$	$70/2^8$	$126/2^9$	
5					$1/2^5$	$6/2^6$	$21/2^7$	$56/2^8$	$126/2^9$	
6						$1/2^6$	$7/2^7$	$28/2^8$	$84/2^9$	
7							$1/2^7$	$8/2^8$	$36/2^9$	
8								$1/2^8$	$9/2^9$	
9									$1/2^9$	

(b) 基于(a)部分的结果,计算系统是最小相位 $(r=n-m)$ 的概率(其简化公式为 $p_{n-m}=(1/2)^{n-m}$)。

答案:

$n-m=$	1	2	3	4	5	6	7	8	…
$p_{n-m}=$	0.5	0.25	0.125	0.0625	0.03125	0.0156	0.0078	0.0039	…

显然这一概率太低,并且随着数目 $n-m$ 的不断增大而迅速减低。或者

说绝大多数 $m=p$ 的系统不是最小相位。

4.3 本书的设计新途径成立(或本书的输出反馈控制器存在)的一个充分条件是 $r>0$(系统有一个以上稳定的传输零点,见结论 6.1)。基于习题 4.2 的假定和结果,计算系统满足 $r>0$ 的概率[其简化公式为 $p_{(r>0)}=1-p_0=1-(1/2)^{n-m}$]。

答案:

$n-m=$	1	2	3	4	5	6	7	8	…
$p_{(r>0)}=$	0.5	0.75	0.875	0.9375	0.96875	0.9844	0.9922	0.9961	…

显然这一概率在 $n-m>3$ 时已接近 100%,或者说绝大多数 $m=p$ 的系统都有一个以上稳定的传输零点。值得注意的是,这一概率远高于习题 4.2(b)部分里系统是最小相位的概率,而系统是最小相位又是现有 LTR 设计的必要条件之一(见 4.3.5 节和 4.3.6 节)。

4.4 本书提出的广义状态反馈控制能配置所有极点和部分特征向量的充分条件是 $r+m+p>n$,或 $r>n-m-p$(见式(6.19)和程序 8.1 第二步)。根据习题 4.2 的假定和结果,计算系统满足 $r>n-m-p$ 的概率。

答案:

$m=p=$	$n=$								
	3	4	5	6	7	8	9	10	…
2	100%	75%	50%	31.25%	18.75%	10.94%	6.25%	3.52%	
3	100%	100%	100%	87.5%	68.75%	50%	34.38%	22.66%	
4	100%	100%	100%	100%	100%	93.75%	81.25%	65.63%	

可以说,多数系统满足 $r>n-m-p$,而对于现有的静态输出反馈控制($r=0$),以上表内的概率在所有不是100%的地方($n-m-p\leqslant 0$ 的地方)都将是 0。所以本书的广义状态反馈控制比现有的静态输出反馈控制对多得多的系统能够配置所有极点和部分特征向量,因此也比静态输出反馈控制有效得多,尽管这一控制比现有状态反馈控制多了一个式(4.2)的限制。

4.5 本书提出的广义状态反馈控制能基本配置所有的极点,并保证反馈系统稳定性的充分条件是 $(r+m)p>n$,或 $r>(n/p-m)$ [见(Wang,1996)和 8.4 节]。根据习题 4.2 的假定和结果,计算系统满足 $r>(n/p-m)$ 的概率。

答案：

$m=p=$	$n=$									
	3	4	5	6	7	8	9	10	11	12
2	100%	75%	88%	69%	81%	66%	77%	63%	75%	
3	100%	100%	100%	100%	100%	100%	98%	99%	99%	98%

表内的概率在 $m>2$ 时都极高，而且不会随着参数 n 的升高而迅速降低。比如当 $m=3$ 时，这一概率即使在 $n=16$ 时仍是 98%，而当 $m=4$ 时，这一概率即使在 $n=26$ 时仍是 99.7%。可见本书提出的广义状态反馈控制可以对绝大多数 $m=p$ 的系统实行任意极点配置和保证稳定性。

因为和习题 4.4 一样，对于现有静态输出反馈控制（$r=0$），表内所有不是 100%的概率（当 $r \leqslant (n/p-m)$ 时）都将是 0，所以远不如本书的广义状态反馈控制有效。

4.6 将习题 4.2 中的第二个假设，即将 $p_z=1/2$ 改为 $p_z=3/4$。这也意味着每一个传输零点为不稳定的概率是 1/4，也就是说每一个传输零点是稳定的可能性是不稳定的可能性的 3 倍。这就比习题 4.2 中的假设大为有利，尽管习题 4.2 的假设有其合理性。所以有理由认为几乎所有实际系统的情况都在 $p_z=1/2$ 和 $p_z=3/4$ 之间。根据这一新的假设（$p_z=3/4$）重复习题 4.2 的(a)、(b)两部分推算。

(a) 系统有 r 个稳定的传输零点的概率。

答案：

r	$n-m$							
	1	2	3	4	5	6	7	8
0	$1/4$	$1/4^2$	$1/4^3$	$1/4^4$	$1/4^5$	$1/4^6$	$1/4^7$	$1/4^8$
1	$3/4$	$6/4^2$	$9/4^3$	$12/4^4$	$15/4^5$	$18/4^6$	$21/4^7$	$24/4^8$
2		$9/4^2$	$27/4^3$	$54/4^4$	$90/4^5$	$135/4^6$	$189/4^7$	$252/4^8$
3			$27/4^3$	$108/4^4$	$270/4^5$	$540/4^6$	$945/4^7$	$1\,512/4^8$
4				$81/4^4$	$405/4^5$	$1\,215/4^6$	$2\,835/4^7$	$5\,670/4^8$
5					$243/4^5$	$1\,458/4^6$	$5\,103/4^7$	$13\,608/4^8$
6						$729/4^6$	$5\,103/4^7$	$20\,412/4^8$
7							$2\,187/4^7$	$17\,496/4^8$
8								$6\,561/4^8$

(b) 系统是最小相位的概率[其公式是 $p_{n-m}=(3/4)^{n-m}$]。

答案：

$n-m=$	1	2	3	4	5	6	7	8	…
$P_{n-m}=$	0.75	0.56	0.42	0.32	0.24	0.18	0.13	0.1	…

虽然表内的概率高于习题 4.2 的概率，但在 $n-m>2$ 的情况下低于 50%，并随着数目 $n-m$ 的增大而减低。

4.7 本书的设计新途径成立(或本书的输出反馈控制器存在)的一个充分条件是 $r>0$(系统有一个以上稳定的传输零点，见结论 6.1)。基于习题 4.6 的假定和结果，计算系统满足 $r>0$ 的概率[其公式为 $p_{(r>0)}=1-p_0=1-(1/4)^{n-m}$]。

答案：

$n-m=$	1	2	3	4	…
$p_{(r>0)}=$	0.75	0.9375	0.9844	0.9964	…

显然这一概率在 $n-m>1$ 时已接近 100%，或者说几乎所有 $m=p$ 的系统都有一个以上稳定的传输零点。值得注意的是，这一概率远高于习题 4.6(b)部分里系统是最小相位的概率，而系统是最小相位又是现有 LTR 设计的必要条件之一(见 4.3.5 和 4.3.6 节)。还要提出的是，有人仅用一个 $r=0$ 的例子来否定本书的设计新途径(见 4.4 节最后)，并得到发表和引用。本题的概率说明 $r=0$ 的例子的概率极小，所以没有代表性。

4.8 本书提出的广义状态反馈控制能配置所有极点和部分特征向量的充分条件是 $r+m+p>n$，或 $r>n-m-p$[见式(6.19)和程序 8.1 第二步]。根据习题 4.6 的假定和结果，计算系统满足 $r>n-m-p$ 的概率。

答案：

$m=p=$	$n=$								
	3	4	5	6	7	8	9	10	…
2	100%	94%	84%	74%	63%	53%	44%	37%	
3	100%	100%	100%	98%	97%	90%	83%	76%	
4	100%	100%	100%	100%	100%	99.6%	98%	96%	

可以说，大多数系统满足 $r>n-m-p$，而对于现有的静态输出反馈控

制 ($r=0$)，以上表内的概率在所有不是100%的地方 ($n-m-p\leqslant 0$ 的地方)都将是0。所以本书的广义状态反馈控制比现有的静态输出反馈控制对多得多的系统能够配置所有极点和部分特征向量，因此也比静态输出反馈控制有效得多，尽管这一控制比现有状态反馈控制多了一个式(4.2)的限制。

4.9 本书提出的广义状态反馈控制能基本配置所有的极点并保证反馈系统稳定性的充分条件是 $(r+m)p>n$，或 $r>(n/p-m)$ [见文献(Wang, 1996)和8.4节]。根据习题4.6的假定和结果，计算系统满足 $r>(n/p-m)$ 的概率。

答案：

$m=p=$	$n=$									
	3	4	5	6	7	8	9	10	11	12
2	100%	94%	98%	95%	98%	96%	99%	97%		
3	100%	100%	100%	100%	100%	100%	99%	99%	99%	99%

表内的概率几乎都是或接近100%，而且不会随着参数 n 的升高而迅速降低。可见本书提出的广义状态反馈控制可以对几乎所有 $m=p$ 的系统实行任意极点配置和保证稳定性。

因为和习题4.8一样，对于现有静态输出反馈控制 ($r=0$)，表内所有不是100%的概率[当 $r\leqslant(n/p-m)$ 时]都将是0，所以远不如本书的广义状态反馈控制有效。

第 5 章

计算矩阵方程 $TA-FT=LC$ 的解

第 4 章提出了首先同时满足式(4.1)和式(4.3)的设计新途径及其合理性、优越性和必要性。这一要求在文献(Tsui, 1987b)首先明确提出。这一问题普遍的和准确的解析解首次在文献(Tsui, 1992)中发表,比其在 1990 年全美控制年会上的首次宣读晚了整整两年。只有这一解才使本书的设计新途径成为可能(Tsui, 2000a, 2003b, 2004a)。

这一解的计算程序将在本章和第 6 章介绍。本章分两节来介绍式(4.1)的解的计算程序。

5.1 节介绍系统状态空间模型的块状能观海森伯格型的计算程序。这一计算虽然在式(4.1)的解析解的意义上并不是必要的,但是却有利于这一解的可靠的数值计算,并且能自然地把系统中的不能观部分和能观部分分解开来。

5.2 节介绍式(4.1)的解的计算程序,并通过分析指出这一解及其计算相对于现有其他的式(4.1)的解及其计算,在解析性质和数值计算性质上的重大优越性。

5.1 系统的能观海森伯格型的计算

5.1.1 单输出系统

在矩阵代数中,海森伯格型(Hessenberg form)矩阵被定义为如下形状:

$$A=\begin{bmatrix} x & * & 0 & \cdots & & 0 \\ x & x & * & 0 & \cdots & 0 \\ \vdots & \vdots & & \ddots & \ddots & \vdots \\ & & & & * & 0 \\ x & x & \cdots & & x & * \\ x & x & \cdots & & x & x \end{bmatrix} \tag{5.1}$$

其中,元素“x”是任意的;“$*$”是任意非零元素。这样的矩阵也被称为“下海森伯格型矩阵”,其转置 A^{T} 也被称为“上海森伯格型矩阵”。

海森伯格型是能从普遍矩阵经正交相似变换直接得到的最简单的矩阵形状之一。更简单的形状如舒尔三角形(Schur triangular form),即式(5.1)中所有“$*$”非零元素都是零的形状(Stewart, 1976),就需要经过迭代收敛的运算(如 QR 方法)才能得到。

在数值线性代数的主要计算问题及其计算方法中,不论是用 QR 方法计算矩阵的特征值(Wilkinson, 1965)还是奇异值(Golub et al., 1970),不论是计算西尔维斯特(Sylvester)矩阵方程 ($AV-V\Lambda=B$) 的解(Golub et al., 1979)还是里卡蒂(Riccati)方程的解(Laub, 1979),都把计算海森伯格型作为计算的第一步(Laub et al., 1986)。作为本章关于式(4.1)的解的计算的第一步,本节也将介绍计算以矩阵 A 为下海森伯格型的一种系统矩阵的特殊形式——“能观海森伯格型”(Van Dooren et al., 1978; Van Dooren, 1981)。其在单输出情况下的形状为

$$\begin{bmatrix} CH \\ \hdashline H^{\mathrm{T}}AH \end{bmatrix}=\begin{bmatrix} * & 0 & & \cdots & 0 \\ \hdashline x & * & 0 & \cdots & 0 \\ x & x & * & \ddots & \vdots \\ \vdots & \vdots & \ddots & \ddots & 0 \\ x & x & \cdots & x & * \\ x & x & \cdots & & x \end{bmatrix} \tag{5.2}$$

其中,$H^{\mathrm{T}}AH$ 为下海森伯格型,H 是将(A, C)变成式(5.2)形的正交相似变换矩阵。

让我们先来计算单输出系统的能观海森伯格形式(5.2)。

程序 5.1　计算单输出系统的能观海森伯格型系统矩阵。

第一步:设 $j=1$, $H=1$, $\bar{\boldsymbol{c}}_1=C$, $A_1=A$, $n_o=0$。

第二步:用豪斯霍尔德(Householder)法求 H_j 使 $\bar{\boldsymbol{c}}_jH_j=[c_j, 0, \cdots, 0]$(见附录 A.2)。

第三步:计算

$$H_j^{\mathrm{T}}A_jH_j=\begin{bmatrix} a_{jj} & \bar{\boldsymbol{c}}_{j+1} \\ \hdashline \boldsymbol{x} & \underbrace{A_{j+1}}_{n-j} \end{bmatrix}\}n-j \tag{5.3}$$

第四步:将矩阵 H 更新为

$$H = H\begin{bmatrix} I_{j-1} & 0 \\ 0 & H_j \end{bmatrix}$$

其中,I_{j-1} 是一个 n_o 维的单位矩阵。

第五步:$n_o = n_o + 1$,如果式(5.3)中的 $\bar{\boldsymbol{c}}_{j+1} = 0$,跳到第七步。

第六步:$j = j + 1$[这样式(5.3)中的$\bar{\boldsymbol{c}}_{j+1}$ 和 A_{j+1} 就变成了$\bar{\boldsymbol{c}}_j$ 和 A_j]。如果 $j = n$ 跳到第七步,否则跳回到第二步。

第七步:总结计算结果。

$$\begin{bmatrix} CH \\ \hline H^{\mathrm{T}}AH \end{bmatrix} = \left[\begin{array}{cccc|ccc} c_1 & 0 & \cdots & 0 & 0 & \cdots & 0 \\ \hline a_{11} & c_2 & 0\cdots & 0 & 0 & \cdots & 0 \\ x & a_{22}\ddots & \ddots & \vdots & \vdots & & \vdots \\ \vdots & \ddots & \ddots & 0 & \vdots & & \vdots \\ \vdots & & \ddots & c_j & 0 & \cdots & 0 \\ x & \cdots & x & a_{jj} & c_{j+1} & = & 0 \\ \hline & X & & & & A_{\bar{o}} & \end{array}\right] \triangleq \left[\begin{array}{c|c} C_o & 0 \\ \hline A_o & 0 \\ \hline X & A_{\bar{o}} \end{array}\right] \begin{array}{l} \\ \}j \\ \}n-j \end{array} \tag{5.4}$$

式(5.4)中的(A_o, C_o)已经符合能观海森伯格型的定义(5.2),并已经和原系统(A, C)中的不能观部分 $A_{\bar{o}}$ 完全解耦(见习题 5.3)。这一能观部分的维数等于 j(在以后的讨论中将这一维数当作 n)。

5.1.2 多输出系统

在多输出系统中,C 不再是一个行向量,而是一个有 m 个行的矩阵,所以其对应的能观海森伯格型将变为“块状能观海森伯格型”:

$$\begin{bmatrix} CH \\ \hline H^{\mathrm{T}}AH \end{bmatrix} = \begin{bmatrix} C_1 & 0 & \cdots & & 0 \\ \hline A_{11} & C_2 & 0 & & \vdots \\ A_{21} & A_{22} & C_3 & \ddots & \\ & & & \ddots & 0 \\ \vdots & & & \ddots & C_v \\ A_{v1} & A_{v2} & \cdots & \cdots & A_{vv} \end{bmatrix} \begin{array}{l} \}m_0 \\ \}m_1 \\ \}m_2 \\ \vdots \\ \}m_{v-1} \\ \}m_v \end{array} \tag{5.5}$$

$$\quad m_1 \quad m_2 \quad \cdots \quad \cdots \quad m_v$$

其中，A_{ij} 是 $m_i \times m_j$ 维的任意矩阵块；$C_j\,(j=1, \cdots, v)$ 是 $m_{j-1} \times m_j$ 维的非零的“下梯形矩阵”$(m_0 \geqslant m_1 \cdots \geqslant m_v)$。

我们将用例 5.1 来说明下梯形矩阵块的形状。

例 5.1　有三个行 $(m_{j-1}=3)$ 的下梯形矩阵 C_j 为

$$\begin{bmatrix} * & 0 & 0 \\ x & * & 0 \\ x & x & * \end{bmatrix} \begin{bmatrix} * & 0 \\ x & * \\ x & x \end{bmatrix} \begin{bmatrix} * & 0 \\ x & 0 \\ x & * \end{bmatrix} \begin{bmatrix} 0 & 0 \\ * & 0 \\ x & * \end{bmatrix} \begin{bmatrix} * \\ x \\ x \end{bmatrix} \begin{bmatrix} 0 \\ * \\ x \end{bmatrix} \begin{bmatrix} 0 \\ 0 \\ * \end{bmatrix}$$

这里所有“x”的元素都是任意的，所有“ $*$ ”的元素都是任意非零元素。

任何一个非零的有 m_{j-1} 行的矩阵 $\overline{C}_j$ 都有一个正交矩阵 H_j，使 $\overline{C}_j H_j = [C_j, 0, \cdots, 0]$，其中 C_j 是一个 $m_{j-1} \times m_j$ 维的下梯形矩阵。这一 C_j 矩阵内的所有 m_j 个列都线性独立(见附录 A.2)。

从例 5.1 可知，下梯形矩阵是下三角形矩阵在允许 $m_{j-1} > m_j$ 时的推广(右上角都是 0)。在 $m_{j-1} > m_j$ 时下梯形矩阵有 $m_{j-1} - m_j$ 个线性相关的行。这些线性相关的行在下梯形矩阵里被明显显示出是那些不含有“ $*$ ”元素的行(如例 5.1 中第 2 到第 7 个矩阵块中的各自的第 3 行，第 2 行，第 1 行，第 2 和第 3 行，第 1 和第 3 行，第 1 和第 2 行)。其他所有含有“ $*$ ”元素的行都线性无关。

根据线性代数的原理，这些线性相关行都是其各自所在矩阵块里的在其上面的各线性无关行的线性组合。换句话说，当 $m_{j-1} > m_j$ 时存在一个以上的非零向量($\boldsymbol{d}$)使 $\boldsymbol{d}$ 和矩阵块的乘积等于 0，而 $\boldsymbol{d}$ 的非零元素可以由这些线性组合的系数所决定和组成。

例 5.2　在例 5.1 中第 2 到第 7 个矩阵块的 $\boldsymbol{d}$ 向量可以分别是$[x\ x\ 1]$，$[x\ 1\ 0]$，$[1\ 0\ 0]$，$[x\ 1\ 0]$和$[x\ 0\ 1]$，$[1\ 0\ 0]$和$[0\ x\ 1]$，$[1\ 0\ 0]$和$[0\ 1\ 0]$。这里元素“1”的位置总是相对于相应矩阵内的一个线性相关的行的位置，而元素“x”则是线性组合的系数(见例 A.1)。

矩阵 C 的每一个行都相对一个系统输出。和单输出系统的情况相似，在计算块状能观海森伯格型时，如果 C_j 块的某一行变成了 0 或变成了线性相关的行，则与这一行对应的输出就不再与更多的能观的系统状态有联系。因此这一行(和列)就会在以后的 C_i 块 $(i > j)$ 中消失(在系统的能观部分中消失)。这样我们就把程序 5.1 推广成了如下的多输出系统的块状能观海森伯格型的计算程序。

程序 5.2　计算多输出系统的块状能观海森伯格型的系统矩阵。

第一步：设 $j=1$, $H=I$, $\overline{C}_1=C$, $A_1=A$, $m_0=m$, $n_0=0$。

第二步:用豪斯霍尔德(Householder)法求使 $\overline{C}_j H_j = [C_j \mid 0 \cdots 0]$ 的 H_j,其中 C_j 是 $m_{j-1} \times m_j$ 维的下梯形矩阵。

第三步:计算

$$H_j^{\mathrm{T}} A_j H_j = \begin{bmatrix} A_{jj} & \overline{C}_{j+1} \\ \hline X & A_{j+1} \end{bmatrix} \begin{matrix} \}m_j \\ \\ \end{matrix} \tag{5.6}$$

其中 X 的列数为 m_j。

第四步:将矩阵 H 更新为

$$H = H \begin{bmatrix} I^j & 0 \\ 0 & H_j \end{bmatrix}$$

其中,I^j 是一个维数为 n_o 的单位矩阵。

第五步:$n_o = n_o + m_j$。如果 $n_o = n$ 或式(5.6)中的 $\overline{C}_{j+1} = 0$,则设 $v = j$ 并跳到第七步。

第六步:$j = j + 1$(这样式(5.6)中的 $\overline{C}_{j+1}$ 和 A_{j+1} 就变成了 $\overline{C}_j$ 和 A_j),再回到第二步。

第七步:总结计算结果

$$\begin{bmatrix} CH \\ \hline H^{\mathrm{T}}AH \end{bmatrix} = \left[\begin{array}{cccccc|ccc} C_1 & 0 & \cdots & & 0 & & 0 & \cdots & 0 \\ \hline A_{11} & C_2 & & & & & & & \\ & A_{22} & C_3 & & \vdots & & & & \vdots \\ \vdots & & & \ddots & & & & & \\ & & \ddots & & C_v & & 0 & \cdots & 0 \\ A_{v1} & A_{v2} & & \cdots & A_{vv} & & \overline{C}_{v+1}=0 & \cdots & 0 \\ \hline & & X & & & & & A_{\bar{o}} & \end{array}\right] \begin{matrix} \}m \\ \\ \\ \}n_o \\ \\ \\ \\ \end{matrix} \triangleq \begin{bmatrix} C_o & 0 \\ \hline A_o & 0 \\ \hline X & A_{\bar{o}} \end{bmatrix} \tag{5.7}$$

这里式(5.7)中的(A_0, C_0)已经符合块状能观海森伯格型的定义(5.5),并且已经和原系统(A, C)中的不能观部分 $A_{\bar{o}}$ 完全解耦(见习题 5.3)。这一能观部分的维数 $n_o = m_1 + \cdots + m_j$(在以后的讨论中将这一维数当作 n)。

很明显,程序 5.2 是程序 5.1 在 $m > 1$ 时的推广。程序 5.2 的主要计算在第三步。根据附录 A.2,这一程序的计算量是 $4n^3/3$。

定义 5.1 能观指数:从块状能观海森伯格型的计算,特别是从其下梯形矩阵块 C_j($j = 1$, $\cdots$, v)的定义可知,每一个系统输出和与其对应的每一个矩

阵 C 的行,都有一组与其对应的能观的系统状态。我们把相对于第 i 个输出的能观状态的数目定义为系统的第 i 个“能观指数” $v_i(i=1, \cdots, m)$。很明显,$v_1+\cdots+v_m=n$。我们又把最大的能观指数定义为 v,即程序 5.2 结束时得到的 j 的值(见第五步)。能观指数是多输出能观系统中和系统阶数 n 同样重要的反映系统内部结构的参数。

我们还可用另一组参数 $m_j(j=1, \cdots, v)$ [见式(5.5)~式(5.7)]来反映系统的能观指数。根据程序 5.2 和能观指数的定义,m_j 等于能观指数不小于 j 的系统输出的数目。

例 5.3　设一个有四个输出的九阶系统的块状能观海森伯格型为

$$
\begin{bmatrix} C \\ \hdashline A \end{bmatrix}=\begin{bmatrix} C_1 & 0 & 0 & 0 \\ \hdashline A_{11} & C_2 & 0 & 0 \\ A_{21} & A_{22} & C_3 & 0 \\ A_{31} & A_{32} & A_{33} & C_4 \\ A_{41} & A_{42} & A_{43} & A_{44} \end{bmatrix}
$$

$$
=\left[\begin{array}{cccc:ccc:c:c}
* & 0 & 0 & 0 & 0 & 0 & 0 & 0 & 0 \\
x & + & 0 & 0 & 0 & 0 & 0 & 0 & 0 \\
x & x & \& & 0 & 0 & 0 & 0 & 0 & 0 \\
x & x & x & \# & 0 & 0 & 0 & 0 & 0 \\
\hdashline
x & x & x & x & * & 0 & 0 & 0 & 0 \\
x & x & x & x & x & + & 0 & 0 & 0 \\
x & x & x & x & x & x & 0 & 0 & 0 \\
x & x & x & x & x & x & \# & 0 & 0 \\
\hdashline
x & x & x & x & x & x & x & 0 & 0 \\
x & x & x & x & x & x & x & + & 0 \\
x & x & x & x & x & x & x & x & 0 \\
\hdashline
x & x & x & x & x & x & x & x & + \\
\hdashline
x & x & x & x & x & x & x & x & x
\end{array}\right]
\begin{array}{l}
\left.\begin{array}{l} \\ \\ \\ \\ \end{array}\right\} m_0=m=4 \\
\left.\begin{array}{l} \\ \\ \\ \\ \end{array}\right\} m_1=4 \\
\left.\begin{array}{l} \\ \\ \\ \end{array}\right\} m_2=3 \\
\} m_3=1 \\
\} m_4=1
\end{array}
\tag{5.8a}
$$

根据定义 5.1 可以看出,在四个输出中(分别用任意非零元素符号“ * ”“+”“&”和“#”表示,“x”为任意元素),其各自的能观指数是 $v_1=2$, $v_2=4$, $v_3=1$, $v_4=2$[分别等于其符号或其线性无关的列在式(5.8a)中所出现的数目]。可见 $v_1+v_2+v_3+v_4=m_1+m_2+m_3+m_4=n=9$。另外 $v=v_2=4$。

关于计算块状能观海森伯格型的数值例子可见文献(Van Dooren et al., 1978; Van Dooren, 1981)以及例 6.2 和例 9.2。

在文献(Chen, 1984; Wang et al., 1982)中,还可以用基本相似变换把式(5.8a)中的块状能观海森伯格型进一步转换为如下块状能观规范型式(1.16):

$$
\left[\begin{array}{c} CE \\ \hline E^{-1}AE \end{array}\right]=\left[\begin{array}{cccc|ccc|c|c}
1 & 0 & 0 & 0 & 0 & 0 & 0 & 0 & 0 \\
x & 1 & 0 & 0 & 0 & 0 & 0 & 0 & 0 \\
x & x & 1 & 0 & 0 & 0 & 0 & 0 & 0 \\
x & x & x & 1 & 0 & 0 & 0 & 0 & 0 \\
\hline
x & x & x & x & 1 & 0 & 0 & 0 & 0 \\
x & x & x & x & 0 & 1 & 0 & 0 & 0 \\
x & x & x & x & 0 & 0 & 0 & 0 & 0 \\
x & x & x & x & 0 & 0 & 1 & 0 & 0 \\
\hline
x & x & x & x & 0 & 0 & 0 & 0 & 0 \\
x & x & x & x & 0 & 0 & 0 & 1 & 0 \\
x & x & x & x & 0 & 0 & 0 & 0 & 0 \\
\hline
x & x & x & x & 0 & 0 & 0 & 0 & 1 \\
\hline
x & x & x & x & 0 & 0 & 0 & 0 & 0
\end{array}\right] \tag{5.8b}
$$

可见块状能观规范型是块状能观海森伯格型的一个特殊形式,即把块状能观海森伯格型中的所有 C_i 块中的非零元素都变成"1",再把矩阵 A 中头 m_1 个列的右边的所有其他元素变成"0"的特殊形式。

块状能观规范型(5.8b)虽然因其简单而有很多设计方面的和实现方面(见例 1.7 中的直接参数替代)的优点,但是其计算却往往是不可靠的(矩阵 E 往往是病态的)(Wilkinson, 1965)。因此本章后面介绍的用于实际设计的计算程序将只基于块状能观海森伯格型(5.8a)。因此我们也可以推断,从基于状态空间模型的设计方法出发寻找到的其对应的基于传递函数模型的设计方法,往往是病态的和困难的,而反过来从后者出发寻找的(规范型的)前者则是直接的和简单的。这是状态空间理论相对于经典控制理论的另一个优越性。

5.2 矩阵方程 $TA-FT=LC$ 的解的计算

本节将介绍矩阵方程(4.1) ($TA-FT=LC$) 的解的计算程序。这里我们假设方程里的 $n\times n$ 和 $m\times n$ 维的矩阵(A, C)是能观的,并已转换成块状能观海森伯格型[式(5.5)]。这里,解(F, T, L)的各自行数可以预选为 $n-m$,但是这一行数是可以在以后自由调节减少的。

因为块状能观海森伯格型是由原来的状态空间模型(A, B, C)经相似变换($H^{\mathrm{T}}AH$, CH)得到的,因此本节所解的方程实际上是

$$T(H^{\mathrm{T}}AH)-FT=L(CH)$$

因此本节的解即(F, T, L)中的 T,应该事后调整为 TH^{T} 才能相对于原来的(A, B, C)。

方程(4.1)的矩阵解 F 的特征值 (λ_i, $i=1$, …, $n-m$) 从数学意义上来说是可以任意选择配置的,但是在实际控制的意义上对其还有如下要求。

首先这些特征值必须是稳定的,并有足够负的实部,以保证观测器的稳定(定理 3.2),从而使其状态 $\boldsymbol{z}(t)$收敛于 $T\boldsymbol{x}(t)$(T 是常数),并且是足够快的收敛(定理 3.2)。当然这些特征值又不能有过负的实部,因为这样会在满足式(4.1)时有过大反馈增益 L(见 3.1 节)。

其次如果系统(A, B, C)有 q 个稳定的传输零点,就必须有 q 个特征值去对应这些零点。这一要求是同时满足 $TB=0$[式(4.3)]和使矩阵 $\overline{C}(=[T^{\mathrm{T}} \vdots C^{\mathrm{T}}]^{\mathrm{T}})$ 的行秩尽量增大的必要条件(结论 6.3)。

最后因为这些特征值也将是整个反馈系统的传输零点(Patel, 1978),所以也有必要考虑这些零点对某些特定输入响应的影响(见 1.4 节)。

另外还有一些为满足式(4.3)而提出的对 F 的特征值的要求,但是,经尝试这些要求的结果并不令人满意。比如将除了 q 个稳定的传输零点以外的 $n-m-q$ 个 F 的特征值配置成有无穷大绝对值的巴特沃思(Butterworth)型的方案,被证明是错误的(Sogaard-Andersen, 1987)。又比如将所有 $n-m$ 个 F 的特征值都配置于 q 个现有稳定的传输零点的周围的方案(Tsui, 1988b),会因为增大所对应的增益矩阵 $\overline{K}$ 而无效。

所以对 F 的特征值的要求将由前面的三个要求为主导。在这些特征值被决定以后,F 将被设为约当型[见式(1.10)],其中所有重复的特征值将组成一个双对角约当块。

因为 F 是约当型,所以相对于 F 的每一约当块的解[(F, L, T)的每一行或每一块的行]都可以是单独计算的。下面我们将先后讨论约当块的大小是 1×1 或大于 1×1 这两种情况。

5.2.1 不重复的实数特征值(1×1 的约当块)

对于 F 的不重复的实数特征值λ_i($i=1$, …, $n-m$),方程(4.1)可以分解

如下：

$$\boldsymbol{t}_i A - \lambda_i \boldsymbol{t}_i = \boldsymbol{l}_i C \quad (i = 1, \cdots, n-m) \tag{5.9}$$

其中，$\boldsymbol{t}_i$ 和 $\boldsymbol{l}_i$ 分别是矩阵 T 和 L 的第 i 个(相对于 λ_i 的)行。根据块状能观海森伯格型[式(5.5)]中 C 的形状，有

$$C = [\underbrace{C_1}_{m_1} \ 0 \cdots 0]\}m \quad (\text{在不失普遍性的情况下可设 } m_1 = m)$$

我们可以把式(5.9)分解成前 m 个列：

$$\boldsymbol{t}_i(A - \lambda_i I)\begin{bmatrix} I_m \\ 0 \end{bmatrix} = \boldsymbol{l}_i C \begin{bmatrix} I_m \\ 0 \end{bmatrix} = \boldsymbol{l}_i C_1 \tag{5.10a}$$

和后 $n-m$ 个列：

$$\boldsymbol{t}_i(A - \lambda_i I)\begin{bmatrix} 0 \\ I_{n-m} \end{bmatrix} = \mathbf{0} \tag{5.10b}$$

根据式(5.5)矩阵 C_1 满列秩，并根据向量 $\boldsymbol{l}_i$ 在式(5.10a)里是可以任意配置的情况，不论式(5.10a)的左边是什么，都存在 $\boldsymbol{l}_i$ 满足式(5.10a)。因此我们只需要注意满足(5.10b)的 $n-m$ 个列(而不是 n 个列)即可。

在式(5.10b)中只有 $\boldsymbol{t}_i$ 是未知数。又根据式(5.5)，矩阵

$$(A - \lambda_i I)\begin{bmatrix} 0 \\ I_{n-m} \end{bmatrix} = \begin{bmatrix} C_2 & 0 & \cdots & & 0 \\ A_{22} - \lambda_i I & C_3 & & & \vdots \\ \vdots & & & \ddots & 0 \\ & & \ddots & & C_v \\ A_{v2} & \cdots & & & A_{vv} - \lambda_i I \end{bmatrix} \tag{5.11}$$

一定有 m 个线性相关的行，而且这些行和下梯形矩阵块 $C_j\ (j=2, \cdots, v)$ 中的线性相关的行在同一位置并被明显标出(见例 5.3)。这 m 个线性相关的行分别是在其各自上面的线性无关的行的线性组合(见例 5.1 和 5.2)。这样就有了下面的结论。

结论 5.1 式(5.10b)的解 $\boldsymbol{t}_i$ 有 m 个基向量 $\boldsymbol{d}_{ij}\ (j=1, \cdots, m)$，而且这 m 个基向量中的每一个都对应于一个式(5.11)中的线性相关的行，并且由这一行的上述线性组合的系数所组成。这些线性组合的系数可经简单反迭代计算得到。向量 $\boldsymbol{t}_i$ 将是其 m 个基向量的任意线性组合。这一任意非零线性组合就构成了 $\boldsymbol{t}_i$ 乃至整个式(5.10)和式(4.1)的解的所有剩余自由度(Tsui,

1987a)。在单输出的情况下 ($m=1$)，这一自由度就不存在了，或者说决定了 F 的特征值也就完全决定了整个式(5.10)和式(4.1)的解(或观测器的整个动态部分)。

例 5.4 根据式(5.2)在单输出 ($m=1$) 的情况下，矩阵

$$(A-\lambda_i I)\begin{bmatrix}0\\ I_{n-1}\end{bmatrix}=\begin{bmatrix} * & 0 & & \cdots & 0\\ x & * & 0 & \cdots & 0\\ \vdots & \ddots & \ddots & \ddots & \vdots\\ x & & \ddots & * & 0\\ x & & \cdots & x & *\\ x & & \cdots & x & x\end{bmatrix}$$

只有一个 ($m=1$) 线性相关的行(不带有元素“ * ”的行)。

因此其在式(5.10b)里的解 $\boldsymbol{t}_i$ 是唯一的，这一解可以通过对矩阵做反迭代计算得到。

例 5.5 在例 5.3 里 ($m=4$)，对于每一个 λ_i，其在式(5.10b)里的解 $\boldsymbol{t}_i$ 的 $m(=4)$个基向量是

$$\begin{aligned}\boldsymbol{d}_{i1}&=[x\quad x\quad 0\quad x \;\vdots\; 1\quad 0\quad 0 \;\vdots\; 0 \;\vdots\; 0]\\ \boldsymbol{d}_{i2}&=[x\quad x\quad 0\quad x \;\vdots\; 0\quad x\quad 0 \;\vdots\; x \;\vdots\; 1]\\ \boldsymbol{d}_{i3}&=[x\quad x\quad 1\quad 0 \;\vdots\; 0\quad 0\quad 0 \;\vdots\; 0 \;\vdots\; 0]\\ \boldsymbol{d}_{i4}&=[x\quad x\quad 0\quad x \;\vdots\; 0\quad x\quad 1 \;\vdots\; 0 \;\vdots\; 0]\end{aligned}$$

这四个基向量按次序分别对应四个系统输出中的一个，其元素“x”是线性组合的系数。基向量 $\boldsymbol{d}_{ij}$ 的元素“1”所在的位置就是第 j 个输出在矩阵[式(5.8a)]里的线性相关的行的位置(对于四个输出来说，分别是第 5、9、3、7 行的位置)。这些基向量可以通过将式(5.8a)代入式(5.11)后的矩阵做反迭代计算得到。

因为在每一个元素“1”的位置上的其他基向量的元素都是 0，所以每一组 m 个基向量之间可以保证都是线性无关的。比如本例中向量 $\boldsymbol{t}_i$ 将是其四个基向量的任意线性组合。

又比如即使有 m 个(或少于 m 个)相同的实数特征值 $\lambda_i(i=1,\ \cdots,\ m)$，一个可能的线性组合是设 $\boldsymbol{t}_j=\boldsymbol{d}_{ij}(j=1,\ \cdots,\ m)$，这就使相应的矩阵 F 里的约当块被设为一个 m 维的对角矩阵 $\mathrm{diag}\{\lambda_1,\ \cdots,\ \lambda_m\}$，并避免了广义特征向量[见式(1.10c)]。这一特殊线性组合被用在 9.2 节的特征向量配置，但不被用在第 6 章里的为满足式(4.3)的设计。

再比如将例5.3的特殊形式——块状能观规范型(5.8b)代入式(5.10b)后的解 $\boldsymbol{t}_i$ 的基向量是

$$\begin{aligned}
\boldsymbol{d}_{i1} &= [\lambda_i \quad 0 \quad 0 \quad 0 \,\vdots\, 1 \quad 0 \quad 0 \,\vdots\, 0 \,\vdots\, 0] \\
\boldsymbol{d}_{i2} &= [0 \quad \lambda_i^3 \quad 0 \quad 0 \,\vdots\, 0 \quad \lambda_i^2 \quad 0 \,\vdots\, \lambda_i \,\vdots\, 1] \\
\boldsymbol{d}_{i3} &= [0 \quad 0 \quad 1 \quad 0 \,\vdots\, 0 \quad 0 \quad 0 \,\vdots\, 0 \,\vdots\, 0] \\
\boldsymbol{d}_{i4} &= [0 \quad 0 \quad 0 \quad \lambda_i \,\vdots\, 0 \quad 0 \quad 1 \,\vdots\, 0 \,\vdots\, 0]
\end{aligned}$$

显然这四个基向量都能满足式(5.10b),并且都是线性无关的。

结论5.2 从例5.5还可以看出,对于一个确定的参数 j $(j=1, \cdots, m)$,任意一组 v_j(v_j 是第 j 个能观指数)个 $\boldsymbol{d}_{ij}$ 的基向量都是线性无关的,因为它们构成一个类似范德蒙德(Vandermonde)矩阵的矩阵。

这一结论也适用于基于块状能观海森伯格型的(A, B, C)的基向量,因为这两个矩阵形状之间只相差一个基本相似变换。这一结论还可以推广到更普遍的特征值的情况。关于这一结论的更详细的证明可见定理9.1。另外,以上每一组里的 v_j 个基向量中的任意 v_j-1 个基向量又和矩阵 C 里的行向量线性无关。

5.2.2 共轭复数和重复的特征值(大于1×1的约当块)

5.2.1小节的结果也可以推广到 F 的共轭复数特征值和 n_i 个重复特征值的情况。

设当 F 的特征值λ_i, λ_{i+1} 为 $a \pm jb$,其对应的约当块 $F_i=\begin{bmatrix} a & b \\ -b & a \end{bmatrix}$.

这样其对应的式(5.9)、式(5.10a)和式(5.10b)将分别为

$$\begin{bmatrix} - & \boldsymbol{t}_i & - \\ - & \boldsymbol{t}_{i+1} & - \end{bmatrix} A - F_i \begin{bmatrix} - & \boldsymbol{t}_i & - \\ - & \boldsymbol{t}_{i+1} & - \end{bmatrix} = \begin{bmatrix} \boldsymbol{l}_i \\ \boldsymbol{l}_{i+1} \end{bmatrix} C \tag{5.12}$$

$$\begin{bmatrix} - & \boldsymbol{t}_i & - \\ - & \boldsymbol{t}_{i+1} & - \end{bmatrix} A \begin{bmatrix} I_m \\ 0 \end{bmatrix} - F_i \begin{bmatrix} - & \boldsymbol{t}_i & - \\ - & \boldsymbol{t}_{i+1} & - \end{bmatrix} \begin{bmatrix} I_m \\ 0 \end{bmatrix} = \begin{bmatrix} \boldsymbol{l}_i \\ \boldsymbol{l}_{i+1} \end{bmatrix} C_1 \tag{5.13a}$$

$$\begin{bmatrix} - & \boldsymbol{t}_i & - \\ - & \boldsymbol{t}_{i+1} & - \end{bmatrix} A \begin{bmatrix} 0 \\ I_{n-m} \end{bmatrix} - F_i \begin{bmatrix} - & \boldsymbol{t}_i & - \\ - & \boldsymbol{t}_{i+1} & - \end{bmatrix} \begin{bmatrix} 0 \\ I_{n-m} \end{bmatrix} = 0 \tag{5.13b}$$

因为 C_1 满列秩而且 $\boldsymbol{l}_i$ 和 $\boldsymbol{l}_{i+1}$ 在式(5.13a)中可以任意配置,所以只要满足了式(5.13b),式(5.13a)和式(5.12)就都可以简单得到满足。

公式(5.13b)可以写成

$$\underset{n}{[\boldsymbol{t}_i} \vdots \underset{n}{\boldsymbol{t}_{i+1}]}\left(\left[\begin{array}{c:c} A\begin{bmatrix}0\\I_{n-m}\end{bmatrix} & 0 \\ \hdashline 0 & A\begin{bmatrix}0\\I_{n-m}\end{bmatrix}\end{array}\right]-\left[\begin{array}{c:c} a\begin{bmatrix}0\\I_{n-m}\end{bmatrix} & -b\begin{bmatrix}0\\I_{n-m}\end{bmatrix} \\ \hdashline b\begin{bmatrix}0\\I_{n-m}\end{bmatrix} & a\begin{bmatrix}0\\I_{n-m}\end{bmatrix}\end{array}\right]\right)=0 \quad (5.13c)$$
$$\qquad\quad \underbrace{\qquad}_{n-m}\ \underbrace{\qquad}_{n-m}\qquad\ \underbrace{\qquad}_{n-m}\ \underbrace{\qquad}_{n-m}$$

括号里的两个矩阵可以分别表示为 $\begin{bmatrix}1 & 0\\0 & 1\end{bmatrix}\otimes A\begin{bmatrix}0\\I_{n-m}\end{bmatrix}$ 和 $F^{\mathrm{T}}\otimes\begin{bmatrix}0\\I_{n-m}\end{bmatrix}$，这里运算符号“$\otimes$”定义为克罗内克(Kronecker)乘积(黄琳，1986)。

不难看出，式(5.13c)中的 $2n\times 2(n-m)$ 维矩阵有 $2m$ 个线性相关的行。因此存在，并且对于块状能观海森伯格型的矩阵 A 可以用反迭代法算出$[\boldsymbol{t}_i \vdots \boldsymbol{t}_{i+1}]$的 $2m$ 个基向量 $[\boldsymbol{d}_{ij} \vdots \boldsymbol{d}_{i+1,j}]$($j=1, \cdots, 2m$)。式(5.13c)的解$[\boldsymbol{t}_i \vdots \boldsymbol{t}_{i+1}]$将是这 $2m$ 个基向量的任意线性组合。

例 5.6 (Tsui, 1986a) 设 $n=3$, $m=1$，根据式(5.2)

$$A=\begin{bmatrix}x & * & 0\\x & x & *\\x & x & x\end{bmatrix}$$

这样式(5.13c)里的矩阵为

$$\left[\begin{array}{cc:cc} * & 0 & 0 & 0\\ x & * & b & 0\\ x & x & 0 & b\\ \hdashline 0 & 0 & * & 0\\ -b & 0 & x & *\\ 0 & -b & x & x\end{array}\right]$$

很明显，这一矩阵有 $2m(=2)$个线性相关行(不含元素“$*$”的行)。因此式(5.13c)的解$[\boldsymbol{t}_i \vdots \boldsymbol{t}_{i+1}]$的 $2m(=2)$个基向量分别为

$$[\boldsymbol{d}_{i,1} \vdots \boldsymbol{d}_{i+1,1}]=[x \quad x \quad 1 \vdots x \quad x \quad 0]$$
$$[\boldsymbol{d}_{i,2} \vdots \boldsymbol{d}_{i+1,2}]=[x \quad x \quad 0 \vdots x \quad x \quad 1]$$

其中，两个元素“1”的位置相对于矩阵中的两个线性相关的行的位置；“x”元素既可以用反迭代法计算，也可以用正交的吉文斯(Givens)旋转法计算(Tsui,

1986a)。

当 F 的特征值$\lambda_i=\cdots=\lambda_i$($n_i$ 个)，且其对应的 n_i 维约当块为双对角矩阵

$$F_i=\begin{bmatrix}\lambda_i & 0 & \cdots & & 0\\ 1 & \lambda_i & & & \vdots\\ & 1 & \ddots & & \\ & & \ddots & \lambda_i & 0\\ & & & 1 & \lambda_i\end{bmatrix}$$

时,其对应的式(5.12)～式(5.13a, b, c)将分别是

$$\begin{bmatrix}- & \boldsymbol{t}_{i+1} & -\\ & \vdots & \\ - & \boldsymbol{t}_{i+n_i} & -\end{bmatrix}A-F_i\begin{bmatrix}- & \boldsymbol{t}_{i+1} & -\\ & \vdots & \\ - & \boldsymbol{t}_{i+n_i} & -\end{bmatrix}=\begin{bmatrix}\boldsymbol{l}_{i+1}\\ \vdots\\ \boldsymbol{l}_{i+n_i}\end{bmatrix}C \tag{5.14}$$

$$\begin{bmatrix}- & \boldsymbol{t}_{i+1} & -\\ & \vdots & \\ - & \boldsymbol{t}_{i+n_i} & -\end{bmatrix}A\begin{bmatrix}I_m\\ 0\end{bmatrix}-F_i\begin{bmatrix}- & \boldsymbol{t}_{i+1} & -\\ & \vdots & \\ - & \boldsymbol{t}_{i+n_i} & -\end{bmatrix}\begin{bmatrix}I_m\\ 0\end{bmatrix}=\begin{bmatrix}\boldsymbol{l}_{i+1}\\ \vdots\\ \boldsymbol{l}_{i+n_i}\end{bmatrix}C_1 \tag{5.15a}$$

$$\begin{bmatrix}- & \boldsymbol{t}_{i+1} & -\\ & \vdots & \\ - & \boldsymbol{t}_{i+n_i} & -\end{bmatrix}A\begin{bmatrix}0\\ I_{n-m}\end{bmatrix}-F_i\begin{bmatrix}- & \boldsymbol{t}_{i+1} & -\\ & \vdots & \\ - & \boldsymbol{t}_{i+n_i} & -\end{bmatrix}\begin{bmatrix}0\\ I_{n-m}\end{bmatrix}=0 \tag{5.15b}$$

$$[\boldsymbol{t}_{i+1}\ \vdots\ \cdots\ \vdots\ \boldsymbol{t}_{i+n_i}]\left(I_{n_i}\otimes A\begin{bmatrix}0\\ I_{n-m}\end{bmatrix}-F_i'\otimes\begin{bmatrix}0\\ I_{n-m}\end{bmatrix}\right)=0 \tag{5.15c}$$

因为 C_1 满列秩而且 $\boldsymbol{l}_j(j=i+1,\cdots,i+n_i)$ 在式(5.15a)中可以任意配置,所以只要满足了式(5.15b, c),式(5.15a)和式(5.14)就可以简单地得到满足。

不难看出,式(5.15c)中的 $n_in\times n_i(n-m)$ 维矩阵有 n_im 个线性相关的行,因此存在,并且对于块状能观海森伯格型的矩阵 A 可以用反迭代法算出$[\boldsymbol{t}_{i+1}\ \vdots\ \cdots\ \vdots\ \boldsymbol{t}_{i+n_i}]$的 n_im 个基向量 $[\boldsymbol{d}_{i+1,j}\ \vdots\ \cdots\ \vdots\ \boldsymbol{d}_{i+n_i,j}]$($j=1,\cdots,n_im$)。式(5.15c)的解$[\boldsymbol{t}_{i+1}\ \vdots\ \cdots\ \vdots\ \boldsymbol{t}_{i+n_i}]$将是其 n_im 个基向量的任意线性组合。

由于约当块 F_i 的简单双对角的形状,我们可以把式(5.15b)和式(5.15c)展开为

$$\boldsymbol{t}_j(A-\lambda_iI)\begin{bmatrix}0\\ I_{n-m}\end{bmatrix}=\boldsymbol{t}_{j-1}\begin{bmatrix}0\\ I_{n-m}\end{bmatrix},\ (j=i+1,\cdots,i+n_i,\ \boldsymbol{t}_i=0) \tag{5.15d}$$

式(5.15d)显示出除了第一个向量 $\boldsymbol{t}_{i+1}$ 以外,其他的向量 $\boldsymbol{t}_j\,(j=i+2,\cdots,i+n_i)$ 的计算都要根据其以前的向量来计算。这样计算出来的向量被称为“广义”的或“亏损”的(defective)向量。因为式(5.15d)的向量 $\boldsymbol{t}_j$ 实际上是相对于 λ_i 的左特征向量(见 1.1.2 节),所以我们称这样计算出来的向量 $\boldsymbol{t}_j\,(j=i+2,\cdots,i+n_i)$ 为“广义/亏损左特征向量”(generalized/defective left eigenvector)(Golub et al.,1976b)。

总结以上 5.2.1 和 5.2.2 两小节的特征结构的结果,可以有如下普遍的计算式(4.1)的解的设计程序(Tsui,1987a,1993a)。

程序 5.3 矩阵方程 $TA-FT=LC$ 的解的计算。

第一步:根据 F 的每一个(如第 i 个)特征值为不重复实数、共轭复数和重复 n_i 次的情况,及其相应的约当块,分别根据式(5.10b)、式(5.13c)和式(5.15c)计算出其对应的 $\boldsymbol{t}_i$,$[\boldsymbol{t}_i \,\vdots\, \boldsymbol{t}_{i+1}]$ 和 $[\boldsymbol{t}_{i+1} \,\vdots\, \cdots \,\vdots\, \boldsymbol{t}_{i+n_i}]$ 的 m 个,$2m$ 个和 n_im 个基向量。对于块状能观海森伯格型的系统矩阵 (A,C),这一计算可以用简单的反迭代法来完成。

第二步:将每一组 m 个、$2m$ 个和 n_im 个基向量上下累积成一个 $m\times n$,$2m\times 2n$ 和 $n_im\times n_in$ 维的基向量矩阵 D_i。矩阵 T 的行 $\boldsymbol{t}_i$,$[\boldsymbol{t}_i \,\vdots\, \boldsymbol{t}_{i+1}]$,和 $[\boldsymbol{t}_{i+1} \,\vdots\, \cdots \,\vdots\, \boldsymbol{t}_{i+n_i}]$ 将是其各自对应的基向量矩阵内的行向量的任意线性组合 $\boldsymbol{c}_iD_i\,(i=1,\cdots,n-m)$。这一线性组合系数的向量 $\boldsymbol{c}_i$ 的维数将分别为 m,$2m$ 和 n_im。这就是式(4.1)的所有剩余自由度。

第三步:在决定矩阵 T 和 F 并保证满足式(5.10b)、式(5.13b)和式(5.15b)以后,由方程

$$(TA-FT)\begin{bmatrix} I_m \\ 0 \end{bmatrix}=LC_1 \tag{5.16}$$

可计算出唯一解 L。

结论 5.3 以上设计程序的结果(F,T,L)满足式(4.1)。很明显程序中的第一、二步满足了式(4.1)中的右边 $n-m$ 个列,第三步又补充满足了式(4.1)中的左边 m 个列。以上设计程序对能观系统 (A,C) 没有任何附加条件,因此是完全普遍的。这一解的行数是可以自由调节的,同时式(4.1)的所有剩余自由度都可以由程序 5.3 第二步中的不同线性组合的系数 $\boldsymbol{c}_i\,(i=1,\cdots,n-m)$ 完全详细地代表。

下面我们将分析这一计算程序的计算可靠性和速度。

因为任何计算程序的初始步骤对该程序的可靠性影响最大,又因为程序

5.3 中的第一步在整个程序中的计算量最大，所以这一步可以决定程序 5.3 的计算可靠性。

这一步可以用反迭代法完成。虽然反迭代法计算本身是数值稳定的(Wilkinson, 1965)，但是在其运算过程中要求重复除以矩阵(5.5)中的下梯形 C_i 块矩阵的非零突出元素(如例 5.3 中的“*”“+”“&”和“#”元素，见附录 A.2 节)，因此整个第一步的计算就可能因为这些元素的小绝对值而成为病态的计算问题。

从程序 5.2 第二步和附录 A.2 中对豪斯霍尔德(Householder)法的介绍可知，矩阵(5.5)中的这些突出非零元素，等于其在程序 5.2 第二步中矩阵 $\overline{C}_j$ 的行向量的范数。在程序 5.2 第五步中还有对这些非零元素中的每一个是否为零的判别。因此为了改良程序 5.3 第一步计算问题的条件，有理由只把有充分大的矩阵 $\overline{C}_j$ 的行向量的范数判别为非零。另外从例 1.5～例 1.7 可知这些非零元素中的每一个都是将一些系统状态联系到系统输出的唯一增益。因此只允许有充分大的绝对值的非零元素，实际上是要求系统有充分强的能观性。

但是上述做法的代价是降低系统能观部分的维数，和减少可用于设计的关于系统的信息。因为原始系统状态从理论上说都是能观的(理论上没有零数值)，所以减少关于系统的信息就意味着，系统参数(A, C)最终满足式(5.4)的相似变换和进一步满足式(4.1)的准确度减弱。也就是说，上述只把有充分大的范数判为非零的做法虽然可以改善程序 5.3 第一步计算的条件数并减小式(4.1)的解(矩阵 T)的行(及其基向量)的范数，但是却有减弱实际系统满足式(4.1)的准确度这一技术上的代价。对这两个实际的、重要的又是矛盾的问题的深入研究可见文献(lawson et al., 1974; Golub et al., 1976a)。这两个问题在基于 Hankow 矩阵的模型降价(Kung, et al., 1981)和最小阶模型实现(Tsui, 1983b)里也出现过(见附录 A 最后)。总之，程序 5.3 的计算可以考虑这两个重要的因素及其矛盾。

在计算方法上，为了更准确地显示系统能观性的强弱，以更合理地处理上述矛盾，有的文献在程序 5.2 第二步中用奇异值分解(SVD)法(见附录 A.3)来代替豪斯霍尔德(Householder)法(Van Dooren, 1981; Patel, 1981)。但是 SVD 法在这一步中将矩阵 $\overline{C}_j$ ($j=1, \cdots, v$) 的所有的行合起来计算，因此不能提供矩阵 $\overline{C}_j$ 中到底哪些行是线性相关/线性无关的信息，或能观指数的信息。而且，用 SVD 法算出的矩阵 C_j 不是下梯形的，因此程序 5.3 第一步就不能用简单的反迭代法来完成，只能用复杂得多的方法[如再用一次 SVD 法

(Kautsky et al., 1985)]来计算。因此本书仍然用正交的 Householder 法来计算程序 5.2 的第二步。只是在上述零和非零元素的判别中不但需要注意只接纳有充分大的绝对值的非零元素，而且需要将零和非零的分界判别在有充分大的绝对值*差别*的两个元素之间(DeJong, 1975; Tsui, 1983b)。总之，程序 5.3 的计算也充分考虑到了计算方法的数值稳定性，由不同的计算方法引起的整个计算问题里的不同的子问题及其条件数，以及不同的计算方法所提供的不同的解析的性质和信息，这些是既复杂又非常重要的因素。

程序 5.3 及其第一步的计算在速度上有一个独特的优点——可以完全平行地计算。具有这一优点的根本原因在于这一步的结果的每一行都完全解耦。比如对于一个确定的参数 j，$\boldsymbol{d}_{i,j}$ 的计算与 $\boldsymbol{d}_{i+1,j}$ 的计算无关；而对于另一个确定的参数 i，$\boldsymbol{d}_{i,j}$ 的计算与 $\boldsymbol{d}_{i,j+1}$ 的计算也无关。只有在矩阵 F 有维数大于 1 的约当块的情况下，与这一约当块对应的 $\boldsymbol{d}_{ij}$ 在相对于同一参数 j 的情况下才需要一起计算。另外反迭代法的计算也是非常简单有效的(见附录 A.2)。

结论 5.4 程序 5.3 的计算与同一问题的其他的计算程序相比是非常可靠和迅速的。

拥有这一性质的关键原因是在这一计算中，F 的特征值和其对应的 T 的行(左特征向量，见下述)都完全解耦(F 为约当型)。这本来就是人们要计算一个矩阵的特征分解(或计算一个矩阵的约当型)的根本原因。而在式(4.1)这一特定的问题中，F 的特征值已经选定而不需要计算，因此当然应该把 F 直接设成最解耦、最简明，以及人们最希望并不惜花大力得到的形状——约当型。

当然程序 5.3 关于式(4.1)的解的更重要得多的优点是在解析方面。

第 3 和第 4 章已经说明了这一矩阵方程是观测器(3.16)或动态输出反馈控制器(定义 3.3)的最基本和最重要的性质。这一矩阵方程的对偶形式

$$AV-V\Lambda=B\widetilde{K} \tag{5.17}$$

又是描述用状态反馈控制来配置特征结构的最基本的方程。这里 $A-B\widetilde{K}V^{-1}=V\Lambda V^{-1}$ 里的 $\widetilde{K}V^{-1}$ 是状态反馈增益，V 和 Λ 分别是这一反馈系统的状态矩阵的右特征向量矩阵和约当型矩阵。

因此如果说李雅普诺夫/西尔维斯特(Lyapunov/Sylvester)矩阵方程

$$AV-VA^{\mathrm{T}}=B/AV-V\Lambda=B \tag{5.18}$$

是系统分析的重要方程，里卡蒂(Riccati)矩阵方程是系统二次型最优控制设计

的最重要的方程,那么式(4.1)和式(5.17)应该是状态空间理论设计问题的最普遍、最基本也是最重要的方程。

但是直到 20 世纪 80 年代中期人们始终没有得到式(4.1)上述普遍的、行之间完全解耦的、能真正充分利用其剩余自由度的解。人们在求式(4.1)的普遍解时一直套用了式(5.18)中西尔维斯特(Sylvester)方程的解的结果(Tsui, 1986c)。由于式(5.18)的右边没有如式(5.17)右边的 $\tilde{K}$ 的自由度,这就是为什么式(5.18)的解要求矩阵 A 和 Λ 有不同特征值的原因(Gantmacher, 1959; Chen, 1984; Friedland, 1986)(习题 5.6 和习题 5.7)。所以用西尔维斯特(Sylvester)方程的解来取代式(5.17)的解是不合适的(Tsui, 1986c, 1987a)。

程序 5.3 已经得出了式(4.1)的普遍解及其全部剩余自由度(结论 5.3)。对于如此基本的和重要的方程,其真正普遍的和解耦的解必然有广泛深刻的作用和影响,甚至能在相当程度上改变状态空间理论的应用价值。本书接下来的四章将叙述这一解在动态输出反馈设计(Tsui, 1992, 1993b)(第 6 章)、最小阶观测器设计(Tsui, 1985)(第 7 章)和特征值/特征向量配置设计(Kautsky et al., 1985; Tsui, 1986a, 2005)(第 8~9 章)中所起的决定性作用。

下面我们将用框图的形式来显示本书这四章的设计与式(4.1)的解的因果联系,及其在整个设计程序里和在本书的章节里的位置(见图 5.1)。

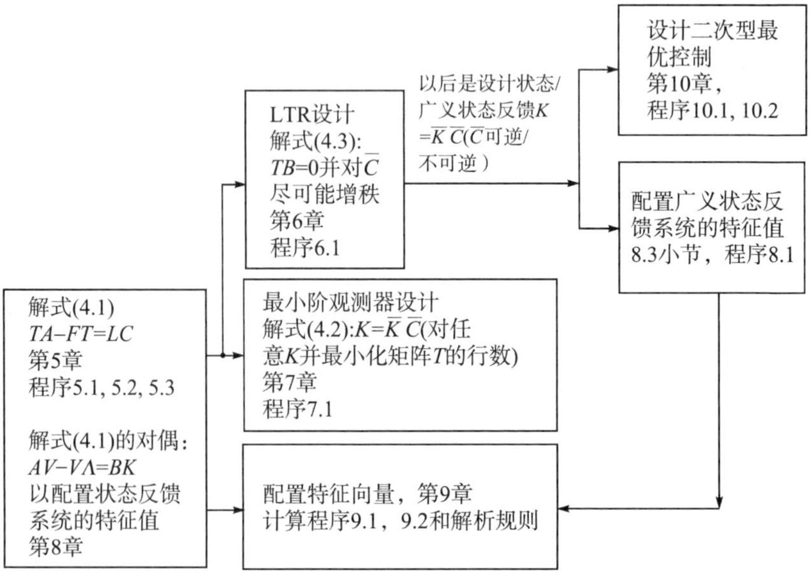

图 5.1 本书的主要设计、计算程序及其章节和顺序

习　题

5.1 根据程序 5.2 和程序 A.1 重复例 6.2 中的将系统矩阵转换成块状能观海森伯格型的运算。

5.2 根据程序 5.2 的对偶和程序 A.1 重复例 9.2 中的将系统矩阵转换成块状能观海森伯格型的运算。

5.3 将系统(5.7)的状态分成$[\boldsymbol{x}_o(t)^{\mathrm{T}} \vdots \boldsymbol{x}_{\bar{o}}(t)^{\mathrm{T}}]^{\mathrm{T}}$，则系统的框图如题图 5.3 所示。

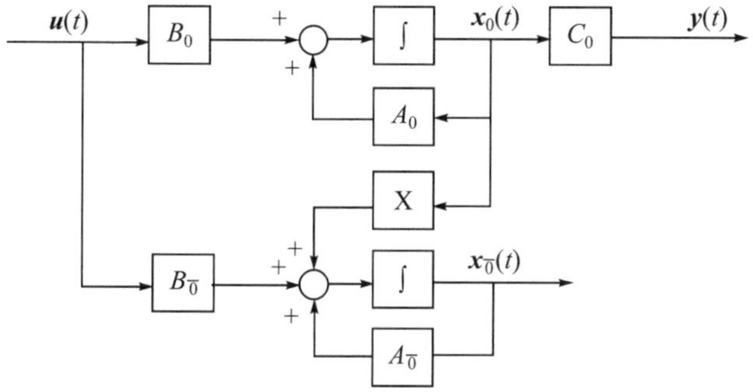

题图 5.3

证明(A_o, C_o)部分是能观的而其他部分$(A_{\bar{o}})$则不是能观的，重复这一证明的对偶(块状能控海森伯格型)。

5.4 根据程序 5.3(主要是头两步)重复例 6.1，例 6.2，例 6.3 和例 7.1 中为满足式(4.1)的计算。

5.5 根据程序 5.3(主要是头两步)的对偶形式，重复例 8.1，例 8.2，例 8.5 和例 8.6(第一步)中为满足式(5.17)的运算。

5.6 根据程序 5.3 计算矩阵解($T \triangleq [t_1 \quad t_2]$和 L)使之满足方程 $TA-FT=LC$，这里(Chen, 1993)

$$A=\begin{bmatrix}0 & 1\\ 0 & -1\end{bmatrix},\quad C=[1 \quad 0],\quad F=-4 \text{ 或 } -1$$

答案：$F=-4$，根据式(5.10b)：$T[1 \quad 3]^{\mathrm{T}}=0$

$\Rightarrow T=[-3t_2 \quad t_2]$(任意 $t_2 \neq 0$)，$L=T[4 \quad 0]^{\mathrm{T}}=-12t_2$

$F=-1=A$ 的稳定特征值，根据式(5.10b)：$T[1 \quad 0]=0$

$\Rightarrow T=[0 \quad t_1]$(任意 $t_1 \neq 0$)，$L=T[1 \quad 0]^T=0$。这一解在(Chen，1993)中不存在，这是因为(Chen，1993)没有考虑 $L=0$ 这样的答案。

5.7 对以下系统重复习题 5.6 的计算：

$$A=\begin{bmatrix} -1 & 1 \\ 0 & 0 \end{bmatrix}, \quad C=[1 \quad 0], F=-4 \text{ 或 } -1$$

答案：$F=-4$：$T=[-4t_2 \quad t_2]$($\forall t_2 \neq 0$)，$L=-12t_2$；
$F=-1$：$T=[t_1 \quad -t_1]$($\forall t_1 \neq 0$)，$L=0$。

第 6 章

观测器设计一：实现反馈控制的鲁棒性

程序 5.3 中的第二步显示了矩阵方程(4.1)的全部剩余自由度(结论 5.3)。第 5 章最后和图 5.1 显示这一自由度将被用来完成本书的几个主要设计问题。

本章将充分利用这一自由度来满足式(4.3)($TB=0$)，并在此前提下尽量增大所得矩阵 $\overline{C}=[T^{\mathrm{T}} \vdots C^{\mathrm{T}}]^{\mathrm{T}}$ 的行之间的夹角。因此本章的设计实际上是程序 5.3 第二步。

这一设计的目的是实现本书的(广义)状态反馈控制的环路传递函数和鲁棒性(见定理 3.4)。不能实现这一鲁棒性是现有状态空间理论的致命缺陷和不能被广泛实际应用的主要原因(见 4.3 节)。本章的设计显示，当式(4.1)的剩余自由度全部用来满足式(4.3)时，这一缺陷在绝大多数系统情况下就能被完全克服。

本章共分四节：

6.1 节叙述用式(4.1)的剩余自由度来尽量满足式(4.3)的计算程序(程序 6.1)。

6.2 节分析程序 6.1 的普遍性，并列出六个不同的数值例子。

6.3 节显示本书设计新途径的一个重要的理论性质，即完全统一现有的状态反馈控制及其能实现鲁棒性的观测器反馈系统，以及静态输出反馈控制及其反馈系统。

6.4 节叙述如何调节和确定观测器的阶数。高阶数意味着广义状态反馈控制的低限制以及因此这一控制所能达到的高性能，而低阶数意味着式(4.3)更容易被满足以及这一控制的鲁棒性更容易被实现。只有根据本书第 5 章的关于式(4.1)的完全解耦的解(矩阵 T)，才能自由调节这一阶数(矩阵 T 的行数)。

6.1 矩阵方程 $TB=0$ 的解的计算

让我们先来详细总结程序 5.3 第二步的结果。

对于单独实数特征值 λ_i，$\boldsymbol{t}_i=\boldsymbol{c}_iD_i$ (6.1a)

对于共轭复数特征值 λ_i，λ_{i+1}

$$[\boldsymbol{t}_i \;\vdots\; \boldsymbol{t}_{i+1}]=[\boldsymbol{c}_i \;\vdots\; \boldsymbol{c}_{i+1}][D_i \;\vdots\; D_{i+1}] \tag{6.1b}$$

对于重复 n_i 次的特征值λ_j，$j=i+1$，…，$i+n_i$

$$[\boldsymbol{t}_{i+1} \;\vdots\; \cdots \;\vdots\; \boldsymbol{t}_{i+n_i}]=[\boldsymbol{c}_{i+1} \;\vdots\; \cdots \;\vdots\; \boldsymbol{c}_{i+n_i}][D_{i+1} \;\vdots\; \cdots \;\vdots\; D_{i+n_i}] \tag{6.1c}$$

这里所有向量 $\boldsymbol{t}_i$ 和 $\boldsymbol{c}_i(i=1,\cdots,n-m)$ 的维数都分别是 n 和 m，矩阵 $D_i(i=1,\cdots,n-m)$ 也有相应的维数。

程序 6.1 解 $TB=0$(Tsui，1992，1993b)

第一步：将式(6.1)代入式(4.3)($TB=0$)，则有

$$[\underbrace{\boldsymbol{c}_i}_{m}][\underbrace{D_iB}_{p}]=\boldsymbol{0} \tag{6.2a}$$

$$[\underbrace{\boldsymbol{c}_i}_{m} \;\vdots\; \underbrace{\boldsymbol{c}_{i+1}}_{m}][\underbrace{D_iB}_{p} \;\vdots\; \underbrace{D_{i+1}B}_{p}]=\boldsymbol{0} \tag{6.2b}$$

$$[\underbrace{\boldsymbol{c}_{i+1}}_{m} \;\vdots\; \underset{\cdots}{\cdots} \;\vdots\; \underbrace{\boldsymbol{c}_{i+n_i}}_{m}][\underbrace{D_{i+1}B}_{p} \;\vdots\; \underset{\cdots}{\cdots} \;\vdots\; \underbrace{D_{i+n_i}B}_{p}]=\boldsymbol{0} \tag{6.2c}$$

第二步：计算式(6.2)的自由参数 $\boldsymbol{c}_i(i=1,\cdots,n-m)$ 以尽可能满足式(6.2)。

虽然式(6.2)只是一组线性方程组，但是这里我们还将讨论以下两种特殊情况：①不存在非零解的情况；②没有唯一解的情况。为了简便起见，我们将只讨论式(6.2a)的情况。

(1) 不存在非零解(如 $m<p+1$) 的情况。

计算式(6.2a)的最小方差解

$$\boldsymbol{c}_i=\boldsymbol{u}_m^{\mathrm{T}} \tag{6.3}$$

其中，$\boldsymbol{u}_m$ 是矩阵 D_iB 的奇异值分解 ($D_iB=U\mathrm{diag}\{s_1,\cdots,s_m\}V^{\mathrm{T}}$) 里矩阵 U 里的第 m 个列向量[见式(A.21)]。这一解所对应的式(6.2a)的右边将是 $s_m\boldsymbol{v}_m^{\mathrm{T}}$，其中 $\boldsymbol{v}_m^{\mathrm{T}}$ 是相对于奇异值 s_m 的矩阵 V^{T} 里的行向量 ($s_1\geqslant\cdots\geqslant s_m$)(见例 A.6)。

因为 $TB \neq 0$，这一结果(F, L, T)所形成的反馈控制器不属于“动态输出反馈控制器”(见定义 3.3)(尽管已在 TB 是最小方差的意义上接近这一控制器)，只能属于更广义的“观测器”(3.16a)的范围。

(2) 没有唯一解(如 $m > p+1$) 的情况。

这一情况意味着在完全满足了式(4.1)和式(4.3)以后还有剩余自由度。我们将充分利用这一剩余自由度来增大矩阵 $\overline{C} = [T^{\mathrm{T}} \vdots C^{\mathrm{T}}]^{\mathrm{T}}$ 的行向量之间的夹角，为观测器最后产生尽可能强的状态/广义状态反馈控制 $K\boldsymbol{x}(t) = \overline{K}\,\overline{C}\boldsymbol{x}(t)$ 创造条件。我们将用以下三小步来完成这一步计算。

第二步 A:计算所有线性无关的满足式(6.2a)的 m 维自由参数 $\boldsymbol{c}_{ij}$ ($j = 1, \cdots, m-p$, $i = 1, \cdots, n-m$) 使

$$\boldsymbol{c}_{ij}[D_i B] = \boldsymbol{0} \tag{6.4}$$

第二步 B:计算矩阵

$$\overline{D}_i = \begin{bmatrix} \boldsymbol{c}_{i1} D_i \\ \vdots \\ \boldsymbol{c}_{i,\,m-p} D_i \end{bmatrix} \quad (i = 1, \cdots, n-m) \tag{6.5}$$

第二步 C:计算 $m-p$ 维的向量 $\boldsymbol{c}_i$ ($i = 1, \cdots, n-m$)，使行向量

$$\boldsymbol{t}_i \begin{bmatrix} 0 \\ I_{n-m} \end{bmatrix} = \boldsymbol{c}_i \overline{D}_i \begin{bmatrix} 0 \\ I_{n-m} \end{bmatrix} \tag{6.6}$$

之间的夹角尽量接近$\pm 90^{\circ}$。

关于这一小步的具体数值计算将在程序 9.1 和 9.2 介绍。式(5.5)中矩阵 C 的形状可以保证向量 $\boldsymbol{t}_i$ 和矩阵 C 里的行向量线性无关。所以这一步的计算可以保证最大化矩阵 $\overline{C}$ 的行秩，即使式(6.6)的行夹角不是最大。

总之程序 6.1 充分利用了式(4.1)的剩余自由度[式(6.2)的自由参数 $\boldsymbol{c}_i$]来尽量满足式(4.3)，并能在满足式(4.3)的前提下尽量增大矩阵 $\overline{C}$ 的列空间张量(包括 $\overline{C}$ 的行秩)。

6.2　例子和分析

程序 5.3 和程序 6.1 分别算出式(4.1)和式(4.3)的解，并完全设计决定观测器的动态部分。这一设计也是本书设计新途径的两大步中关键的第一大步。

本节将对这一设计做理论分析并提供六个数值例子。

结论 6.1 完全满足式(4.1)和式(4.3)的一个充分条件是 $m > p$。这是因为满足式(4.1)的程序 5.3 没有任何附加条件(结论 5.3),而式(4.3)或式(6.2)在 $m > p$ 的条件下一定有 $\boldsymbol{c}_i(i=1, \cdots, n-m)$ 的非零解。

在 $m \leqslant p$ 的情况下,完全满足式(4.1)和式(4.3)的另一充分条件是,系统 (A, B, C) 至少有一个稳定的传输零点。这是因为根据式(1.18)在 $m \leqslant p$ 的情况下,对于一个传输零点 z,存在非零向量 $[\boldsymbol{t}_i \mid \boldsymbol{l}_i]$ 使

$$[\boldsymbol{t}_i \mid \boldsymbol{l}_i]\begin{bmatrix} zI - A & B \\ C & 0 \end{bmatrix} = \mathbf{0} \tag{6.7}$$

因为我们设每一个稳定的传输零点 z 等于矩阵 F 的一个特征值 λ_i(见 5.2 节开头),所以对照式(4.1)和式(6.7)左边的 n 个列以及对照式(4.3)和式(6.7)右边 p 个列,可知 $\boldsymbol{t}_i$, $\boldsymbol{l}_i$ 分别是满足式(4.1)和式(4.3)的矩阵 T 和 L 的相对于 λ_i 的行。

这里还需要说明的是,因为式(4.1)和式(4.3)的解的解耦性质(见 5.2 节),这一解的行数及其对应的观测器的阶数可以调节为系统 (A, B, C) 的稳定的传输零点的数目,这一数目最少可以是 1。

结论 6.2 程序 5.3 和程序 6.1 在矩阵 F 的特征值已确定的情况下,充分利用了方程(4.1)和方程(4 .3)(或输出反馈控制器的动态部分)的解 (F, L, T) 的全部自由度来增大矩阵 $\overline{C} = [T^{\mathrm{T}} \mid \mathrm{C}^{\mathrm{T}}]^{\mathrm{T}}$ 的行秩(参考结论 5.3 和程序 6.1 的第二步 C)。

结论 6.3 当受控系统 $G(s)$ 有 $n-m$ 个稳定的传输零点,或当受控系统 $G(s)$ 满足:①是最小相位;② CB 满列秩;③ $m \geqslant p$ 时,程序 5.3 和 6.1 的解 T 在满足式(4.1)和式(4.3)的前提下还能使矩阵 $\overline{C} = [T^{\mathrm{T}} \mid \mathrm{C}^{\mathrm{T}}]^{\mathrm{T}}$ 的秩数为 n。

证明 证明分成两部分进行。

(1) $G(s)$ 有 $n-m$ 个稳定的传输零点。

根据结论 6.1,如果 $m \leqslant p$ 的系统 (A, B, C) 有 $n-m$ 个稳定的传输零点,那么也会有 $n-m$ 个线性无关的行 $\boldsymbol{t}_i(i=1, \cdots, n-m)$ 可以满足式(4.1)和式(4.3),同时根据结论 5.2,这 $n-m$ 个行与矩阵 C 的行也线性无关。

从结论 6.1 还可知,在 $m \leqslant p$ 的情况下,没有 $n-m$ 个稳定的传输零点意味着不存在 $n-m$ 个不同的满足式(4.1)和式(4.3)的行 $\boldsymbol{t}_i$。因此 $G(s)$ 有 $n-m$ 个稳定的传输零点也是在 $m \leqslant p$ 的情况下存在式(4.1)、式(4.3)和矩阵

$[T^{\mathrm{T}} \mid C^{\mathrm{T}}]^{\mathrm{T}}$ 的秩数为 n 的解的必要条件。

(2) $G(s)$满足:①最小相位;②CB 满列秩;③ $m \geqslant p$。

首先在 $m=p$ 的情况下,CB 满列秩意味着系统一定有 $n-m$ 个传输零点(Davison et al., 1974)。因此再加上最小相位的条件,系统就有了 $n-m$ 个稳定的传输零点[符合(1)部分证明的条件]。

下面让我们来证明 $m>p$ 的情况。

这一证明是通过证明以上三个条件是存在"未知输入观测器"(Wang et al., 1975)的充分条件而间接建立的。未知输入观测器在未知输入的系统增益被看作是 B 时,与满足式(4.1)、式(4.3)和矩阵 $\bar{C}$ 的秩数为 n 的观测器[式(3.16)]完全一致。因为根据结论 6.2,程序 5.3 和程序 6.1 已充分利用了观测器设计的自由度在满足式(4.1)和式(4.3)的前提下尽量增大矩阵 $[T^{\mathrm{T}} \mid C^{\mathrm{T}}]^{\mathrm{T}}$ 的行秩,又因为程序 5.3 配置了与未知输入观测器相同的观测器极点,所以未知输入观测器的存在即意味着程序 5.3 和程序 6.1 所得出的矩阵 $\bar{C}(=[T^{\mathrm{T}} \mid C^{\mathrm{T}}]^{\mathrm{T}})$ 的秩数为 n。

关于这一证明从 20 世纪 80 年代起就已出现(Kudva et al., 1980; Hou et al., 1992; Syrmos, 1993)。但是文献(Hou et al., 1992)的证明比较简明完整。本书在叙述这一证明时略有修改。

设 n 维可逆矩阵

$$Q=[B \mid \bar{B}] \tag{6.8}$$

其中, $\bar{B}$ 是使矩阵 Q 可逆的任意矩阵。

对系统(A, B, C)做相似变换:

$$\bar{\boldsymbol{x}}(t)=Q^{-1}\boldsymbol{x}(t) \triangleq [\bar{\boldsymbol{x}}_1(t)^{\mathrm{T}} \mid \bar{\boldsymbol{x}}_2(t)^{\mathrm{T}}]^{\mathrm{T}} \tag{6.9}$$

$$Q^{-1}AQ \triangleq \begin{bmatrix} A_{11} & A_{12} \\ A_{21} & A_{22} \end{bmatrix}, \quad Q^{-1}B=\begin{bmatrix} I_p \\ 0 \end{bmatrix}, \quad CQ=[CB \mid C\bar{B}] \tag{6.10}$$

根据式(6.9)和式(6.10),有

$$\dot{\bar{\boldsymbol{x}}}_2(t)=A_{21}\bar{\boldsymbol{x}}_1(t)+A_{22}\bar{\boldsymbol{x}}_2(t) \tag{6.11a}$$

$$\boldsymbol{y}(t)=CB\bar{\boldsymbol{x}}_1(t)+C\bar{B}\bar{\boldsymbol{x}}_2(t) \tag{6.11b}$$

因为 $m>p$ 和矩阵 CB 满列秩,可设 m 维可逆矩阵

$$U=[\underbrace{CB}_{p} \mid \underbrace{\overline{CB}}_{m-p}]$$

其中,矩阵$\overline{CB}$($\neq C\overline{B}$)是使矩阵U可逆的任意矩阵,并在式(6.11b)的左边乘以U^{-1},

$$U^{-1}\boldsymbol{y}(t)\triangleq\begin{bmatrix}U_1\\U_2\end{bmatrix}\boldsymbol{y}(t)=\left[\begin{array}{c:c}I_p & U_1C\overline{B}\\0 & U_2C\overline{B}\end{array}\right]\overline{\boldsymbol{x}}(t) \tag{6.12}$$

就有(根据式(6.12)的头p个行)

$$\overline{\boldsymbol{x}}_1(t)=U_1[\boldsymbol{y}(t)-C\overline{B}\overline{\boldsymbol{x}}_2(t)] \tag{6.13}$$

将式(6.13)和式(6.12)代入式(6.11),则有

$$\dot{\overline{\boldsymbol{x}}}_2(t)=(A_{22}-A_{21}U_1C\overline{B})\overline{\boldsymbol{x}}_2(t)+A_{21}U_1\boldsymbol{y}(t) \tag{6.14a}$$

$$\triangleq\widetilde{A}\overline{\boldsymbol{x}}_2(t)+\widetilde{B}\boldsymbol{y}(t)$$

$$\overline{\boldsymbol{y}}(t)\triangleq U_2\boldsymbol{y}(t)=U_2C\overline{B}\overline{\boldsymbol{x}}_2(t)\triangleq\widetilde{C}\overline{\boldsymbol{x}}_2(t) \tag{6.14b}$$

因为系统[式(6.14)]没有原系统的输入$\boldsymbol{u}(t)$的影响,所以只要能把系统(6.14)里$\overline{\boldsymbol{x}}_2(t)$的$n-p$个状态都观测出来,则根据式(6.13),$\overline{\boldsymbol{x}}_1(t)$乃至$\boldsymbol{x}(t)[=Q\overline{\boldsymbol{x}}(t)]$也就可以全部观测出来。因此系统(6.14)的能检性(要求系统的不能观部分稳定),以及使系统(6.14)存在的条件$m>p$和矩阵CB满列秩,是存在未知输入观测器的充分条件。

最后让我们检查系统(6.14)的能检性及其与系统(6.10)的传输零点的关系。

因为系统(6.10)中

$$\left[\begin{array}{cc:c}sI_p-A_{11} & -A_{12} & I_p\\-A_{21} & sI_{n-p}-A_{22} & 0\\\hdashline CB & C\overline{B} & 0\end{array}\right]\text{的秩数} \tag{6.15a}$$

$$=p+\begin{bmatrix}-A_{21} & sI_{n-p}-A_{22}\\CB & C\overline{B}\end{bmatrix}\text{的秩数}$$

$$=p+\begin{bmatrix}I_{n-p} & 0\\0 & U^{-1}\end{bmatrix}\begin{bmatrix}-A_{21} & sI_{n-p}-A_{22}\\CB & C\overline{B}\end{bmatrix}\begin{bmatrix}-U_1C\overline{B} & I_p\\I_{n-p} & 0\end{bmatrix}\text{的秩数}$$

$$=p+\begin{bmatrix}sI_{n-p}-\widetilde{A} & -A_{21}\\0 & I_p\\\widetilde{C} & 0\end{bmatrix}\begin{matrix}\}n-p\\\}p\\\}m-p\end{matrix}\quad\text{的秩数}$$

$$=2p+\begin{bmatrix} sI_{n-p}-\tilde{A} \\ \tilde{C} \end{bmatrix}\text{的秩数} \tag{6.15b}$$

所以对比式(6.15a)和式(6.15b)可知，系统(6.14)不能观的部分的极点(使式(6.15b)$<n+p$ 的数值 s，见定义 1.3)也是系统(6.10)乃至系统(1.1)的传输零点[见式(1.18)]。因此使系统(6.14)能检的充分必要条件是系统(6.10)是最小相位[所有系统(1.1)的传输零点稳定]。有必要再次指出的是，系统(6.14)是根据矩阵 CB 满列秩和 $m>p$ 的假设得来的。

结论 6.4　系统的最小相位和矩阵 CB 满列秩，分别是使程序 5.3 和程序 6.1[满足式(4.1)和式(4.3)]的结果满足矩阵 $\bar{C}$ 的秩数为 n 的必要条件。

证明　从结论 6.3 的证明可知，最小相位(每一个系统的传输零点都是稳定的)也是存在(稳定的)未知输入观测器(或程序 5.3 和程序 6.1 的结果满足矩阵 $\bar{C}$ 的秩数为 n)的必要条件。

因为矩阵$[T^{\mathrm{T}} \mid C^{\mathrm{T}}]^{\mathrm{T}}$ 的秩数为 n 意味着矩阵 C 的行必须在由矩阵 T 的行所组成的空间的“补空间”(黄琳，1986)中，又因为 $TB=0$，所以 CB 必须满列秩(见例 A.7)。

我们把结论 6.3 和结论 6.4 中的关于存在满足式(4.1)、式(4.3)和矩阵$[T^{\mathrm{T}} \mid C^{\mathrm{T}}]^{\mathrm{T}}$ 的秩数为 n 的解的充分必要条件，列入表 6.1。

表 6.1　能实现任意状态反馈控制的动态输出反馈控制器的充分必要条件

充分(充)必要(必)条件	$m<p$	$m=p$	$m>p$
$G(s)$有 $n-m$ 个稳定的传递零点	充，必	充，必	充
$G(s)$是最小相位和 CB 满列秩	必(不可能)	充，必	充，必

从表 6.1 可知，有 $n-m$ 个稳定的传输零点的条件比最小相位和 CB 满列秩的条件要强(前者是所有三个 m 和 p 的情况下的充分条件，而后者只在后两个情况下是充分条件)，但也更不容易被系统满足，即前者是后者的充分条件但是后者仅是前者的必要条件(而不是充分条件)。在表 6.1 中，这两个条件在 $m=p$ 的情况下是等同的(都是充分必要条件)，但是在 $m<p$ 的情况下后者就不是充分条件了，而在 $m>p$ 的情况下前者却不是必要条件。这一结果和文献(Davison et al.，1974)的(关于传输零点)的结果是一致的。

从结论 6.4 和表 6.1 还可知，最小相位和矩阵 CB 满列秩是动态输出反馈控制器能够实现任意状态反馈控制的必要条件。要求多项式的每一个根都稳定或要求每一个系统的传输零点都稳定(最小相位)是非常困难的。比如绝大多数 $m=p$(和有 $n-m$ 个传输零点(Davison et al.，1974)的系统都不是最小相位(见习题 4.2)。而条件 CB 满列秩也不被很多实际系统特别是飞行系统所满足。所以绝大多数实际系统不能实现现有的任意状态反馈控制的鲁棒性。

结论 6.5 根据结论 6.1，本书的设计新途径只要求，受控系统 $G(s)$ 或者有至少一个稳定的传输零点(允许有非最小相位的或不稳定的零点)，或者满足 $m>p$。可见本书的设计新途径完全略去了结论 6.4 中的这两个严格的必要条件，因此具有更广泛的普遍性(见例 4.6～例 4.8 和习题 4.2、习题 4.3、习题 4.6 和习题 4.7)。比如绝大多数 $m=p$ 的系统都有一个以上的稳定的传输零点(见习题 4.3 和习题 4.7)。再加上 $m>p$ 的系统，这样本书的设计新途径就对绝大多数系统都成立。这是因为本书的设计新途径不要求所设计的动态输出反馈控制器实现任意的状态反馈控制，而只实现一种广义的和允许带有限制的状态反馈控制。

例 6.1 设四个不同系统有共同的系统矩阵 (A, C)：

$$A=\left[\begin{array}{ccc|ccc|c} x & x & x & 1 & 0 & 0 & 0 \\ x & x & x & 0 & 1 & 0 & 0 \\ x & x & x & 0 & 0 & 1 & 0 \\ \hline x & x & x & 0 & 0 & 0 & 1 \\ x & x & x & 0 & 0 & 0 & 0 \\ x & x & x & 0 & 0 & 0 & 0 \\ \hline x & x & x & 0 & 0 & 0 & 0 \end{array}\right], \quad C=\left[\begin{array}{ccc|ccc|c} 1 & 0 & 0 & 0 & 0 & 0 & 0 \\ x & 1 & 0 & 0 & 0 & 0 & 0 \\ x & x & 1 & 0 & 0 & 0 & 0 \end{array}\right] \quad (6.16)$$

其中，“x”为任意元素。所以这一例子是很普遍的。矩阵 (A, C) 是块状能观规范型[见式(1.16)或式(5.8b)]。这四个系统由四个不同的 B 矩阵来区分：

$$B_1=\left[\begin{array}{cc} 1 & 0 \\ 1 & 1 \\ 1 & 0 \\ \hline -1 & 1 \\ 1 & -1 \\ 1 & 2 \\ \hline -2 & -2 \end{array}\right], \quad B_2=\left[\begin{array}{cc} 0 & 0 \\ 0 & 1 \\ 1 & 0 \\ \hline 1 & 0 \\ 2 & 2 \\ 3 & 1 \\ \hline 1 & 1 \end{array}\right], \quad B_3=\left[\begin{array}{cc} 1 & 0 \\ 1 & 0 \\ 1 & 0 \\ \hline -1 & 1 \\ 1 & 2 \\ 1 & 1 \\ \hline -2 & -2 \end{array}\right], \quad B_4=\left[\begin{array}{cc} 1 & 0 \\ 1 & 1 \\ 1 & 0 \\ \hline -1 & 1 \\ -2 & -1 \\ -2 & 2 \\ \hline -2 & -1 \end{array}\right]$$

用例 1.7 的方法，我们可以直接得到传递函数 $G(s)$ 的多项式矩阵分解（或 MFD(Kaileth, 1980)）$D^{-1}(s)N(s)$ 中的、相对于这四个系统的多项式矩阵 $N(s)$（$D(s)$ 矩阵相对于四个系统都相同）

$$N_1(s)=\begin{bmatrix}(s+1)(s-2) & (s-2)\\ (s+1) & (s-1)\\ (s+1) & 2\end{bmatrix},\quad N_2(s)=\begin{bmatrix}(s+1) & 1\\ 2 & (s+2)\\ (3+3) & 1\end{bmatrix},$$

$$N_3(s)=\begin{bmatrix}(s+1)(s-2) & (s-2)\\ (s+1) & 2\\ (s+1) & 1\end{bmatrix},\quad N_4(s)=\begin{bmatrix}(s-2)(s+1) & (s-1)\\ (s-2) & (s-1)\\ (s-2) & 2\end{bmatrix}$$

这四个系统都是七阶、三输出和二输入（$m=3>2=p$）。根据检查每一个系统的 $N(s)$ 矩阵可知，只有第一个和第三个系统有一个稳定的传输零点（-1），而第四个系统有一个不稳定的传输零点(2)。因此我们预设这四个系统的动态输出反馈控制器的共同状态矩阵为

$$F=\mathrm{diag}\{-1,-2,-3,-4\}\quad (F\text{ 包含了稳定零点 }-1)$$

因为程序 5.3 第一步所根据的数据(A, C, F)对四个系统都一样，所以这一步的结果对四个系统也都一样。我们把对于矩阵 F 的这四个特征值的向量 $\boldsymbol{t}_i$ 的、根据(5.10b)计算出来的基向量，组成下面四个矩阵：

$$D_1=\left[\begin{array}{ccc|ccc|c}1 & 0 & 0 & -1 & 0 & 0 & 1\\ 0 & -1 & 0 & 0 & 1 & 0 & 0\\ 0 & 0 & -1 & 0 & 0 & 1 & 0\end{array}\right],\quad D_2=\left[\begin{array}{ccc|ccc|c}4 & 0 & 0 & -2 & 0 & 0 & 1\\ 0 & -2 & 0 & 0 & 1 & 0 & 0\\ 0 & 0 & -2 & 0 & 0 & 1 & 0\end{array}\right],$$

$$D_3=\left[\begin{array}{ccc|ccc|c}9 & 0 & 0 & -3 & 0 & 0 & 1\\ 0 & -3 & 0 & 0 & 1 & 0 & 0\\ 0 & 0 & -3 & 0 & 0 & 1 & 0\end{array}\right],\quad D_4=\left[\begin{array}{ccc|ccc|c}16 & 0 & 0 & -4 & 0 & 0 & 1\\ 0 & -4 & 0 & 0 & 1 & 0 & 0\\ 0 & 0 & -4 & 0 & 0 & 1 & 0\end{array}\right]$$

根据程序 5.3 第二步[或程序 6.1 中的式(6.2a)]，对于这四个系统的结果是

$$T_1=\begin{bmatrix}[0 \quad 1 \quad 1]D_1\\ [1 \quad 4/5 \quad 16/5]D_2\\ [1 \quad 5/6 \quad 25/6]D_3\\ [1 \quad 6/7 \quad 36/7]D_4\end{bmatrix}=\begin{bmatrix}0 & -1 & -1 & 0 & 1 & 1 & 0\\ 4 & -8/5 & -32/5 & -2 & 4/5 & 16/5 & 1\\ 9 & -15/6 & -75/6 & -3 & 5/6 & 25/6 & 1\\ 16 & -24/7 & -144/7 & -4 & 6/7 & 36/7 & 1\end{bmatrix}$$

$$T_2=\begin{bmatrix}[0\quad 1\quad -1]D_1\\ [1\quad 1\quad -1]D_2\\ [1\quad 1\quad 0]D_3\\ [0\quad 1\quad 2]D_4\end{bmatrix}=\begin{bmatrix}0 & -1 & 1 & 0 & 1 & -1 & 0\\ 4 & -2 & 2 & -2 & 1 & -1 & 1\\ 9 & -3 & 0 & -3 & 1 & 0 & 1\\ 0 & -4 & -8 & 0 & 1 & 2 & 0\end{bmatrix}$$

$$T_3=\begin{bmatrix}[0\quad 1\quad -2]D_1\\ [1\quad 0\quad 4]D_2\\ [1\quad 0\quad 5]D_3\\ [1\quad 0\quad 6]D_4\end{bmatrix}=\begin{bmatrix}0 & -1 & 2 & 0 & 1 & -2 & 0\\ 4 & 0 & -8 & -2 & 0 & 4 & 1\\ 9 & 0 & -15 & -3 & 0 & 5 & 1\\ 16 & 0 & -24 & -4 & 0 & 6 & 1\end{bmatrix}$$

$$T_4=\begin{bmatrix}[2\quad -1\quad 1]D_1\\ [1\quad -1/5\quad 6/5]D_2\\ [1\quad 0\quad 2]D_3\\ [1\quad 1/7\quad 20/7]D_4\end{bmatrix}=\begin{bmatrix}2 & 1 & -1 & -2 & -1 & 1 & 2\\ 4 & 2/5 & -12/5 & -2 & -1/5 & 6/5 & 1\\ 9 & 0 & -6 & -3 & 0 & 2 & 1\\ 16 & -4/7 & -80/7 & -4 & 1/7 & 20/7 & 1\end{bmatrix}$$

复查后表明这些矩阵满足式(4.3)($T_iB_i=0$, $i=1, \cdots, 4$)并和矩阵 F 一起满足式(4.1)的右边四列。式(4.1)的左边三列可以在把(F, T_i)代入式(5.16)以后由自由参数 L_i 来满足($i=1, \cdots, 4$)。因此这一结果证明程序 5.3 和程序 6.1 以及结论 6.1 是正确的。这样就决定了这四个系统各自的动态输出反馈控制器的动态部分(3.16a)。

我们再来进一步分析这些控制器在产生状态/广义状态反馈时的情况。因为第一和第二个系统满足表 6.1 和结论 6.3 中的充分条件(最小相位和 CB 满列秩),所以其各自的相应矩阵$[T_1^{\mathrm{T}} \mid C^{\mathrm{T}}]^{\mathrm{T}}$ 和$[T_2^{\mathrm{T}} \mid C^{\mathrm{T}}]^{\mathrm{T}}$ 可逆。因此这两个系统的动态输出反馈控制器可以实现任意的和理想的状态反馈控制。因为第三个系统的矩阵 CB 不满列秩,第四个系统是非最小相位(有不稳定的传输零点(2)),所以这两个系统不满足表 6.1 和结论 6.4 中的必要条件。因此其各自相应的矩阵$[T_3^{\mathrm{T}} \mid C^{\mathrm{T}}]^{\mathrm{T}}$ 和$[T_4^{\mathrm{T}} \mid C^{\mathrm{T}}]^{\mathrm{T}}$ 不可逆。或者说这两个系统的动态输出反馈控制器不可能保证实现现有的任意单独设计的状态反馈控制。

在现有的结果中,对于这第三和第四个系统就没有解析的、普遍的、能充分利用设计自由度和分析结果的和能保证低敏感性的设计方法(见 4.3.6 节)。但是因为本书的设计程序 5.3 和程序 6.1 不要求矩阵$[T^{\mathrm{T}} \mid C^{\mathrm{T}}]^{\mathrm{T}}$ 可逆,所以不要求满足表 6.1 中的必要条件,进而仍然有下面的结果。

因为矩阵 T_3 和 T_4 都各有三个行与矩阵 C 的行线性无关。我们可以把这两个系统的动态输出控制器的动态部分[式(3.16a)]分别设为 $(\overline{F}, \overline{T}_3, \overline{L}_3)=(F, T_3, L_3)$ 的头三行，$(\overline{F}, \overline{T}_4, \overline{L}_4)=(F, T_4, L_4)$ 的头三行。这样这两个控制器可实现的广义状态反馈控制的增益分别为

$$K_3=\overline{K}_3[\overline{T}_3^{\mathrm{T}} \mid C^{\mathrm{T}}]^{\mathrm{T}}=\overline{K}_3\begin{bmatrix}0 & -1 & 2 & 0 & 1 & -2 & 0\\ 4 & 0 & -8 & -2 & 0 & 4 & 1\\ 9 & 0 & -15 & -3 & 0 & 5 & 1\\ \hdashline 1 & 0 & 0 & 0 & 0 & 0 & 0\\ x & 1 & 0 & 0 & 0 & 0 & 0\\ x & x & 1 & 0 & 0 & 0 & 0\end{bmatrix}$$

$$K_4=\overline{K}_4[\overline{T}_4^{\mathrm{T}} \mid C^{\mathrm{T}}]^{\mathrm{T}}=\overline{K}_4\begin{bmatrix}2 & 1 & -1 & -2 & -1 & 1 & 2\\ 4 & 2/5 & -12/5 & -2 & -1/5 & 6/5 & 1\\ 9 & 0 & -6 & -3 & 0 & 2 & 1\\ \hdashline 1 & 0 & 0 & 0 & 0 & 0 & 0\\ x & 1 & 0 & 0 & 0 & 0 & 0\\ x & x & 1 & 0 & 0 & 0 & 0\end{bmatrix}$$

这里对于矩阵 $(F, T_i, L_i;\ i=3, 4)$ 的头三行的选择不是唯一的。在这一例子里的矩阵 $(F, T_i, L_i,\ i=3, 4)$ 的任意三行的组合中的 T 的行，都和矩阵 C 的行线性无关，因此都可以用来组成动态输出反馈控制器的动态部分。这里矩阵 T 的行的选择的关键是尽量增大矩阵 $[\overline{T}_i^{\mathrm{T}} \mid C^{\mathrm{T}}]^{\mathrm{T}}(i=3, 4)$ 的行夹角以及行秩(=6)，以加强其所能实现的状态反馈控制。

以上两个状态反馈增益虽然都带有限制(因此被称为广义状态反馈)，但是它们都分别等同于有六个输出 $([\overline{T}_i^{\mathrm{T}} \mid C^{\mathrm{T}}]^{\mathrm{T}}\boldsymbol{x}(t) \triangleq \overline{C}_i\boldsymbol{x}(t),\ i=3, 4)$ 的静态输出反馈(见 3.2.2 节)，因此仍然是非常强的并远强于原来的静态输出反馈控制。比如根据文献(Kimura，1975)和 8.3 节的分析，因为 $6+p(=6+2)=8>7=n$，所以这一控制仍然能够配置反馈系统的状态矩阵 $A-B\overline{K}_i\overline{C}_i(i=3, 4)$ 的所有特征值和部分特征向量。相比之下，没有动态部分的静态输出反馈控制 $(K=K_yC)$ 只有三个输出 $C\boldsymbol{x}(t)$，因为 $3\times p$ 不大于 n，所以不能够任意配置反馈系统的所有极点，甚至不能保证其稳定性。

当然更重要的是，这两个控制器各自的反馈系统 $(i=3, 4)$ 都有如下的两个关键性质：①环路传递函数可以保证是 $-\overline{K}_i\overline{C}_i(sI-A)^{-1}B$ (定理 3.4)，因此低敏感性就有了保证；②极点等于$\{-1, -2, -3\}$加上矩阵 $A-B\overline{K}_i\overline{C}_i$ 的特征

值(定理 4.1),因此性能也就有了保证。显然现有所有的其他设计方法都不可能普遍地和系统地对这样的受控系统设计出如此优越的结果。

例 6.2 程序 5.3 和程序 6.1 中的 F 的特征值是共轭复数的情况,设

$$\begin{bmatrix} A & B \\ C & 0 \end{bmatrix} = \left[\begin{array}{cccc|c} 1.0048 & -0.0068 & -0.1704 & -18.178 & 39.6111 \\ -7.7779 & 0.8914 & 10.784 & 0 & 0 \\ 1 & 0 & 0 & 0 & 0 \\ 0 & 0 & 0 & 0 & 1 \\ \hline 1 & 0 & 0 & 0 & 0 \\ 0 & 1 & 0 & 0 & 0 \end{array}\right]$$

这是一个内燃机的实际例子(Liubakka, 1987)。其中四个系统状态分别为集流腔压力、引擎转速、上一转的集流腔压力和风/油门位置。系统的输入是下一转的风/油门位置,两个输出分别是集流腔压力和引擎转速。

对这一系统按照程序 5.2 第二、第三步进行运算($j=2$),其中矩阵

$$H = H_2 = \begin{bmatrix} 1 & 0 & 0 & 0 \\ 0 & 1 & 0 & 0 \\ 0 & 0 & -0.0093735 & 0.999956 \\ 0 & 0 & -0.999956 & -0.0093735 \end{bmatrix}$$

是由矩阵 A 里的元素$[-0.1704 \quad -18.178]$所决定的。

这样,系统矩阵就成了块状能观海森伯格型:

$$\begin{bmatrix} H^{\mathrm{T}}AH & H^{\mathrm{T}}B \\ CH & 0 \end{bmatrix} = \left[\begin{array}{cccc|c} 1.0048 & -0.0068 & 18.1788 & 0 & 39.6111 \\ -7.7779 & 0.8914 & -0.1011 & 10.7835 & 0 \\ -0.00937 & 0 & 0 & 0 & -1 \\ 1 & 0 & 0 & 0 & -0.0093735 \\ \hline 1 & 0 & 0 & 0 & 0 \\ 0 & 1 & 0 & 0 & 0 \end{array}\right]$$

因为这一系统没有稳定的传输零点,我们任意设置矩阵 $F = \begin{bmatrix} -1 & 1 \\ -1 & -1 \end{bmatrix}$,其特征值为$-1 \pm \mathrm{j}$。

把矩阵 $H^{\mathrm{T}}AH$ 和 F 代入程序 5.3 第一步里的式(5.13c),则有

$$[D_1 \vdots D_2]\left(I_2 \otimes H^{\mathrm{T}}AH\begin{bmatrix} 0 \\ I_2 \end{bmatrix} - F^{\mathrm{T}} \otimes \begin{bmatrix} 0 \\ I_2 \end{bmatrix}\right)$$

$$= \begin{bmatrix} -0.055\,01 & 0 & 1 & 0 & -0.055\,01 & 0 & 0 & 0 \\ -0.000\,515\,7 & -0.092\,734 & 0 & 1 & -0.000\,515\,7 & -0.092\,734 & 0 & 0 \\ \hline 0.055\,01 & 0 & 0 & 0 & -0.055\,01 & 0 & 1 & 0 \\ 0.000\,515\,7 & 0.092\,734 & 0 & 0 & -0.000\,515\,7 & -0.092\,734 & 0 & 1 \end{bmatrix}$$

$$\begin{matrix} \underbrace{} & \underbrace{} \\ D_1 & D_2 \end{matrix}$$

$$\times \begin{bmatrix} 18.178\,8 & 0 & 0 & 0 \\ -0.101\,1 & 10.783\,5 & 0 & 0 \\ 1 & 0 & 1 & 0 \\ 0 & 1 & 0 & 1 \\ \hline 0 & 0 & 18.178\,8 & 0 \\ 0 & 0 & -0.101\,1 & 10.783\,5 \\ -1 & 0 & 1 & 0 \\ 0 & -1 & 0 & 1 \end{bmatrix} = 0$$

再将结果 $[D_1 \vdots D_2]$ 代入程序 6.1 中的式(6.2b)，则有

$$\begin{bmatrix} -0.009\,373\,5 & 1 & 0 & 0 \end{bmatrix} \begin{bmatrix} -3.179 & -2.179 \\ -0.029\,801 & -0.020\,43 \\ \hline 2.179 & -3.179 \\ 0.020\,43 & -0.029\,801 \end{bmatrix} = 0$$

$$\begin{matrix} \boldsymbol{c} & \underbrace{}_{} & \underbrace{}_{} \\ & D_1 B & D_2 B \end{matrix}$$

程序 5.3 第二步算出：

$$T = \begin{bmatrix} \boldsymbol{c} & D_1 \\ \boldsymbol{c} & D_2 \end{bmatrix} = \begin{bmatrix} 0 & -0.092\,734 & -0.009\,373\,5 & 1 \\ 0 & -0.092\,734 & 0 & 0 \end{bmatrix}$$

这个矩阵 T 是针对系统矩阵$(H^{\mathrm{T}}AH，H^{\mathrm{T}}B，CH)$的。所以必须调整为

$$T = TH^{\mathrm{T}} = \begin{bmatrix} 0 & -0.092\,734 & 1 & 0 \\ 0 & -0.092\,734 & 0 & 0 \end{bmatrix}$$

代入式(5.16)最后算出：

$$L = (TA - FT)\begin{bmatrix} I_2 \\ 0 \end{bmatrix} = \begin{bmatrix} 1.721\,276 & -0.082\,663 \\ 0.721\,276 & -0.268\,13 \end{bmatrix}$$

经验算可知(F, T, L)满足式(4.1)和式(4.3)。但是矩阵$\overline{C}=[T^{\mathrm{T}} \vdots C^{\mathrm{T}}]^{\mathrm{T}}$不可逆。这是因为系统本身有一个不稳定的传输零点(0.4589)。尽管如此,矩阵$\overline{C}$还是比矩阵C多了一个线性无关的行。所以在都能实现相应反馈控制的鲁棒性的前提下,本书的这一广义状态反馈控制$\overline{K}\,\overline{C}\boldsymbol{x}(t)$要强于直接静态输出反馈所对应的状态反馈控制$K_y C\boldsymbol{x}(t)$。

在第7章里还有一个在程序5.3第一步中有重复特征值的情况(见例7.1)。这样所有不同的特征值的情况都在本书有实例叙述。

例 6.3 不能完全满足式(4.1)和式(4.3)的情况,即式(4.3)只有最小方差解的情况。

设系统矩阵

$$(A, B, C)=\left(\begin{bmatrix} x & x & 1 & 0 \\ x & x & 0 & 1 \\ x & x & 0 & 0 \\ x & x & 0 & 0 \end{bmatrix}, \begin{bmatrix} 1 & 3 \\ 1 & 2 \\ 2 & 6 \\ -1 & -2 \end{bmatrix}, \begin{bmatrix} 1 & 0 & 0 & 0 \\ 0 & 1 & 0 & 0 \end{bmatrix}\right)$$

这里所有的“x”元素都是任意的。因为这一系统的输入和输出一样多$(m=p=2)$,而且CB满秩,所以有$n-m(=4-2=2)$个传输零点。

根据例1.7可知这一系统的多项式矩阵分解中的矩阵

$$N(s)=\begin{bmatrix} s+2 & 3(s+2) \\ s-1 & 2(s-1) \end{bmatrix}$$

所以这一系统的两个传输零点是-2和1。我们设$F=\mathrm{diag}\{-2, -1\}$,其中$-2$和系统的稳定传输零点相同,$-1$是任意选择的。计算式(5.10b)得

$$D_1=\begin{bmatrix} -2 & 0 & 1 & 0 \\ 0 & -2 & 0 & 1 \end{bmatrix}, \quad D_2=\begin{bmatrix} -1 & 0 & 1 & 0 \\ 0 & -1 & 0 & 1 \end{bmatrix}$$

将这一结果代入式(6.2a),则有

$$\boldsymbol{c}_1 D_1 B=\boldsymbol{c}_1\begin{bmatrix} 0 & 0 \\ -3 & -6 \end{bmatrix}=\boldsymbol{0}, \quad \boldsymbol{c}_2 D_2 B=\boldsymbol{c}_2\begin{bmatrix} 1 & 3 \\ -2 & -4 \end{bmatrix}=\boldsymbol{0} \qquad (6.17)$$

显然存在非零向量$\boldsymbol{c}_1(=[x \quad 0], x \neq 0)$使$\boldsymbol{c}_1 D_1 B=0$(因为$-2$是系统的传输零点)。因为$D_2$相对的$\lambda_2(=-1)$不等于相对的$G(s)$的零点$(=1)$,所以不存在非零向量$\boldsymbol{c}_2$使$\boldsymbol{c}_2 D_2 B=0$。这里我们可以看出有$n-m$个稳定的传输零点,是$m=p$的系统能满足式(4.1)、式(4.3)和矩阵$[T^{\mathrm{T}} \vdots C^{\mathrm{T}}]^{\mathrm{T}}$的秩数为$n$的充

分必要条件。

为使 $\boldsymbol{c}_2D_2B$ 尽量接近于0,我们用程序6.1中的式(6.3)。设

$$\boldsymbol{c}_2=\boldsymbol{u}_2^{\mathrm{T}}=[0.8174 \quad 0.576]$$

这里 $\boldsymbol{u}_2$ 是相对于矩阵

$$[D_2B][D_2B]^{\mathrm{T}}=\begin{bmatrix}10 & -14\\ -14 & 20\end{bmatrix}$$

的最小特征值 $s_2^2=0.13393$ 的范数为1的右特征向量,即

$$([D_2B][D_2B]^{\mathrm{T}}-s_2^2I)\boldsymbol{u}_2=\boldsymbol{0}$$

经验算可知 $\|\boldsymbol{c}_2D_2B\|=0.366=s_2$,其中 s_2 是矩阵 D_2B 的最小奇异值。因此 $\boldsymbol{c}_2=\boldsymbol{u}_2^{\mathrm{T}}$ 是 $\boldsymbol{c}_2D_2B=\boldsymbol{0}$ 的最小方差解(见例A.6)。

这一结果为我们提供了两个可能的反馈控制器,其动态部分各为

$$(F_1,\ T_1)=(-2,\ [-2\boldsymbol{c}_1 \ \vdots\ \boldsymbol{c}_1])$$

和

$$(F_2,\ T_2)=\left(\begin{bmatrix}-2 & 0\\ 0 & -1\end{bmatrix},\ \begin{bmatrix}\multicolumn{2}{c}{-2\boldsymbol{c}_1} & \vdots & \multicolumn{2}{c}{\boldsymbol{c}_1}\\ -0.8174 & -0.576 & \vdots & 0.8174 & 0.576\end{bmatrix}\right)$$

在以上的两个可能的反馈控制器里,第一个是动态输出反馈控制器($TB=0$)。因此其环路传递函数 $L(s)=-\overline{K}_1\overline{C}_1(sI-A)^{-1}B$。但是矩阵 $\overline{C}_1=[T_1^{\mathrm{T}} \ \vdots\ C^{\mathrm{T}}]^{\mathrm{T}}$ 不可逆(秩数$=3<4=n$)。因此其相应的状态反馈增益 $K=\overline{K}_1\overline{C}_1$ 是有限制的,虽然因为 $3+p=3+2=5>4(=n)$,所以仍然可以任意配置矩阵 $A-B\overline{K}_1\overline{C}_1$ 的特征值和部分特征向量。第二个控制器不符合动态输出反馈控制器的要求($TB\neq 0$)。因此其反馈系统的环路传递函数不等于 $-\overline{K}_2\overline{C}_2(sI-A)^{-1}B$,尽管其差别已是最小方差(从 $TB=0$ 的角度)。但是这一反馈控制器所实现的状态反馈增益 $\overline{K}_2\overline{C}_2$ 是不带限制的(因为矩阵 $\overline{C}_2$ 可逆)。

显然现有的其他设计方法不可能对这一非最小相位的受控系统进行这样普遍的、系统的、能充分利用设计自由度和充分运用现有的解析分析结果的设计。

6.3 对现有的两个基本反馈控制结构的完全统一

除了能保证实现反馈控制的鲁棒性,本书的设计新途径在理论上还有另一

重要意义。这就是对状态空间理论现有的两个基本控制结构的完全统一。这两个基本控制结构就是能实现任意状态反馈控制及其敏感性的观测器反馈控制系统和直接静态输出反馈控制系统(见 3.2 节)。从文献可见,几十年来状态空间理论的研究主要围绕着这两个结构,但是对这两个结构之间的巨大差别的统一工作没有进行过尝试。

本书的新结果——能实现状态/广义状态反馈控制的动态输出反馈控制器的反馈控制结构,可以把以上两个结构当成它的两个极端的特殊形式,完全统一起来,这可从图 6.1 和表 6.2 看出来。

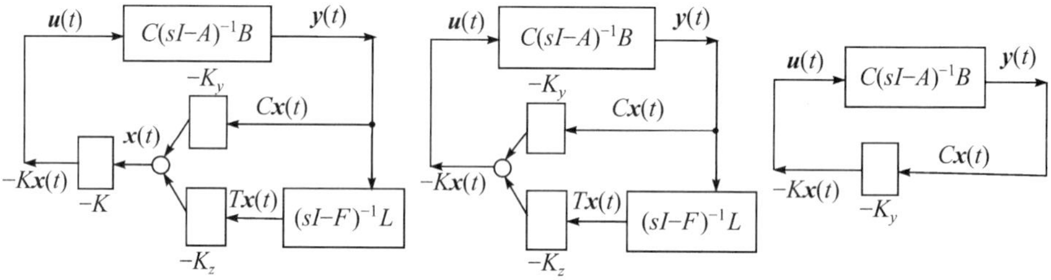

(a) 任意状态反馈　　(b) 动态输出反馈　　(c) 静态输出反馈

图 6.1　能实现状态/广义状态反馈控制及其敏感性的三个控制结构

这三个结构的性质总结如表 6.2 所示。

表 6.2　能实现状态/广义状态反馈控制及其敏感性的系统比较

控制结构	任意状态反馈	动态输出反馈	静态输出反馈
控制器阶数 r	$n-m$	$n-m\geqslant r\geqslant 0$	0
参数矩阵 $\overline{C}=[T^{\mathrm{T}}\ \vdots\ C^{\mathrm{T}}]^{\mathrm{T}}$	$[T^{\mathrm{T}}\ \vdots\ C^{\mathrm{T}}]^{\mathrm{T}}$	$[T^{\mathrm{T}}\ \vdots\ C^{\mathrm{T}}]^{\mathrm{T}}$	C
$\overline{C}$ 的秩数 q	n	$n\geqslant r+m\geqslant m$	m
状态反馈增益 $K=\overline{K}\,\overline{C}$	任意 K	任意-略有限制-严重限制 $K=\overline{K}\,\overline{C}$	严重限制 $K=K_yC$
反馈系统的状态矩阵	$A-BK$	$A-B\overline{K}\,\overline{C}$	$A-BK_yC$
环路传递函数 $L(s)$	$-K(sI-A)^{-1}B$	$-\overline{K}\,\overline{C}(sI-A)^{-1}B$	$-K_yC(sI-A)^{-1}B$
普遍性(对受控系统的限制)	有 $n-m$ 个稳定的传输零点或最小相位,CB 满秩,$m\geqslant p$	有至少一个稳定的传输零点或 $m>p$	无

结论 6.6 表 6.2 清楚地表明本书的新结果[见图 6.1(b)]在各个方面都全面地统一了现有的两个基本控制结构[见图 6.1(a)和(c)]。总之,图 6.1(a)的控制最强,但最不普遍。图 6.1(c)的控制最弱,但却最普遍。使这一比较和统一有意义的共同基础是,这三个反馈控制结构都能实现各自控制的鲁棒性。

这种统一的一个直接后果是,动态输出反馈控制器的输出部分 $K=\overline{K}\,\overline{C}$ 的设计可以直接引用现有的关于状态反馈控制设计(如 $q=n$) 和关于静态输出反馈设计(如 $q<n$) 的结果。这一部分的设计将在第 8 章到第 10 章叙述。

6.4 用自由调节观测器的阶数来调节反馈系统的性能和鲁棒性(Tsui, 1999c)

本书的设计新途径及其基于第 5 章关于式(4.1)的解的设计的一个主要的和独特的性质,是其观测器的阶数 r 可以自由调节。而现有的其他观测器的阶数是不可调节的,比如状态观测器的阶数必须是 n 或 $n-m$,而静态输出反馈控制器的阶数则是 0。

也正是因为这一主要的和独特的性质,才使本书的优先满足式(4.3) ($TB=0$,矩阵 T 的行数是 r)的设计新途径能对绝大多数系统成立(见结论 6.5),并且能完全统一现有的能满足式(4.3)的状态观测器和静态输出反馈控制(见结论 6.6)。

这一主要的和独特的性质得以成立的原因是本书程序 5.3 设计的观测器的动态部分(F, T, L)[式(4.1)的解]完全解耦[或矩阵 F 是约当型,见(Tsui, 2000a, 2003b, 2004a, 2015)]。当然这一性质的建立也必须伴随着在设计观测器时不再要求式(4.2)中的矩阵 $\overline{C}$ 是可逆方矩阵(秩数为 n)这一观念上的突破(见 4.1 和 4.4 节)。

例 6.4 例 6.1 中的第三和第四个系统的观测器和例 6.3 中的第一个观测器(F_1, T_1)都说明,当矩阵 F 是约当型和当矩阵 $\overline{C}$ 不再被要求是秩数为 n 时,观测器的阶数是可以自由调节的。具体地说,例 6.1 中的第三和第四个观测器的阶数是 3,而 $n-m$ 却等于 4;例 6.3 中(F_1, T_1)的行数 r 是 1,而 $n-m$ 却等于 2。

本节将讨论如何最终确定这一阶数 r。这一决定是根据以下两个互相对立的基本性质。

性质 6.1 基于式(4.2) ($K=\overline{K}\,\overline{C}$) 设计的 $K\boldsymbol{x}(t)$控制是一个对反馈增

益 K 带限制的控制。根据3.2.2小节和附录A.1节,矩阵 $\overline{C}$ 的秩数 $(=r+m)$ 越大(或参数 r 越大),则式(4.2)对增益 K 的限制就越小,这样相应的 $K\boldsymbol{x}(t)$ 控制就越强和越能有效地提高反馈系统的性能和鲁棒性。

性质6.2 式(4.3) $(TB=0)$ 是实现 $K\boldsymbol{x}(t)$ 控制的鲁棒性的充分必要条件(见定理3.4)。因为矩阵 B 是给定的,所以矩阵 T 的行数(r)越小,则式(4.3)越容易被满足。

除了以上两个基本性质,确定观测器阶数 r 还要尽量满足以下两个对立的基本设计要求。

要求6.1 反馈系统必须是稳定的,或者说相应于 $K\boldsymbol{x}(t)$ 控制的反馈系统矩阵 $A-BK$ 必须稳定。因此根据性质6.1,观测器阶数 r 必须大到能使相应的矩阵 $A-BK=A-B\overline{K}\,\overline{C}$($\overline{C}$ 的行秩数是 $r+m$)稳定。

因为矩阵的稳定性只要求该矩阵的所有特征值都有负实部,所以远比将该矩阵的所有特征值的数值都准确配置这一要求要容易。根据文献(Wang, 1996),能基本(generically)满足任意极点配置这一要求的充分必要条件是 $(r+m)\times p>n$。因此我们要求

$$r>\frac{n}{p}-m \tag{6.18}$$

这一阶数 r 的下限应该能保证反馈系统的稳定性。

要求6.2 反馈系统的关键性质是鲁棒性,这也是实行反馈控制的主要目的(见3.1节)。而实现 $K\boldsymbol{x}(t)$ 反馈控制的环路传递函数和鲁棒性的充分必要条件是式(4.3) $(TB=0)$。其他渐进恢复 $K\boldsymbol{x}(t)$ 控制的环路传递函数的结果、公式和途径都远不能令人满意(见4.3.6节)。所以根据性质6.2,观测器阶数 r 必须小到能使 $\|TB\|$ 足够小。另外低阶数的观测器本身也较容易实现。

根据结论6.1,能完全满足要求6.2$(TB=0)$和能产生 $K\boldsymbol{x}(t)$ 信号(满足式(4.1)的观测器,对所有满足 $m>p$ 或所有有一个以上稳定的传输零点的系统都存在。这样再根据性质6.1,在满足式(4.1)和式(4.3)的前提下将阶数 r 设为其最大可能的数目,显然是非常自然和合理的。

定义6.1 设参数 $\bar{r}$ 为矩阵 $\overline{C}(\triangleq[T^{\mathrm{T}} \vdots C^{\mathrm{T}}]^{\mathrm{T}})$ 的最大可能行秩 $-m$,其中矩阵 T 还必须满足式(4.1)和式(4.3)。

根据结论6.3,当 $m\leqslant p$ 时,$\bar{r}$ 等于系统的稳定的传输零点的数目。

但是当 $m > p$ 时，$\bar{r}$ 并没有一个直接取决于系统参数的普遍而又简单实用的公式。这是因为 $\bar{r}$ 取决于太多的系统参数，比如 n、m、p，系统的稳定的和不稳定的传输零点的数目，不等于这些传输零点的观测器极点的数目，以及矩阵 CB 的秩数，等等。

比如例 6.1 中第三和第四个观测器的 $\bar{r}$ 是 $3(=n-m-1)$，因为其相应的两个系统中，一个的矩阵 CB 的秩数是 1(满秩是 2)，而另一个则有一个不稳定的传输零点(不等于观测器的极点)。又比如例 6.3 中的 $\bar{r}$ 是 $1(=n-m-1)$，因为该例的系统也有一个不稳定的传输零点。

但是当矩阵 CB 不满列秩和观测器极点不等于系统传输零点的情况同时发生时，$\bar{r}$ 的数目的预测并不简单。比如例 6.1 的第三个系统还有一个稳定的传输零点，但是即使这一零点(−1)不等于观测器极点时，$\bar{r}$ 也仍然为 3。相同的结果还发生在把这一稳定的传输零点换成不稳定的传输零点以后(见习题 6.5 和习题 6.6)。而当把这一系统的传输零点的数目换成 2 时，$\bar{r}$ 又会出现不同的情况。比如当这两个传输零点中只有一个不等于观测器极点时，$\bar{r}=2(=n-m-2$，见习题 6.7，并比较习题 6.5 和 6.6 的结果)，而当这两个传输零点都不等于观测器极点时，$\bar{r}=1(=n-m-3$，见习题 6.8)。

虽然当 $m > p$ 时 $\bar{r}$ 的数目很难预测，但是本书程序 5.3 和程序 6.1 在计算式(4.1)和式(4.3)的解(F, T, L)的同时，可以充分利用所有剩余自由度来保证使 $r=\bar{r}$ (见程序 6.1 第二步 C 和结论 6.2)。

在现有文献中还有一个直接计算 $\bar{r}$ 的数值方法，虽然这一方法并不同时算出式(4.1)和式(4.3)的解(Saberi et al., 1993)。这一方法是计算将系统模型(A, B, C)解耦成五块的相似变换(special coordinated basis, SCB)。这五块的维数可以分别是系统的稳定的传输零点的数目和不稳定的传输零点的数目等。因为解耦，所以这五块中的一些块的状态观测器可以满足 $TB=0$。因此 $\bar{r}$ 也就等于这些块的维数之和。但是一个明显的结论是，这一计算问题是病态的(对原始数据误差很敏感，见定义 2.5)，尽管其计算方法在数值稳定性上有了改善(Chu, 2000)。根据数值计算理论的原理，一个病态条件的计算问题的计算结果是不可靠的，而这一不可靠是不能因为这一计算问题的数值稳定的计算方法而避免的(毛剑琴等，1988)。

这一方法在解析上的更严重的缺点是观测器阶数不能自由调节(必须等于 $\bar{r}$)。这是因为这一方法设计的是状态观测器，这一方法计算的也不是式(4.1)和式(4.3)的直接解，更不是解耦的解。

虽然定义 6.1 的 $\bar{r}$ 是观测器阶数的合理选择，但是在一些实际情况下这一选择必须得到调整。比如当这一 $\bar{r}$ 不能满足式(6.18)或不能稳定反馈系统[或不能满足比稳定性更高的设计要求如式(6.19)]时,观测器阶数就应该大于 $\bar{r}$(见习题 6.14~习题 6.16)。又比如当这一 $\bar{r}$ 太高时(见第 7 章和例 4.3)和当相应的 $K\boldsymbol{x}(t)$ 控制是足够有效时,观测器的阶数 r 又应该小于 $\bar{r}$(见习题 6.11~习题 6.13)。

如果 $\bar{r}$ 满足式(6.18),则本书的程序 5.3、程序 6.1 和程序 8.1(及其调整)应该可以设计出一个(稳定的)输出反馈控制器并能保证稳定其反馈系统(Wang, 1996)。这样根据文献(Youla et al., 1974; Vidyasagar, 1985)的定义,程序 5.3、程序 6.1 和程序 8.1 也同时设计出了"强镇定"(strong stabilization)问题的一个答案。

在实际控制应用中,特别是在需要控制理论指导设计的复杂和精密的控制系统中,除了稳定性的要求以外,往往有更高的性能和鲁棒性的要求。根据第 2 章,系统极点(系统状态矩阵的特征值)是决定系统响应和性能的最直接和最重要的参数,而特征值的敏感性(鲁棒性)则由其相应的特征向量决定。因此特征值和特征向量配置可以最直接、最有效地提高系统的性能和鲁棒性。本书 8.3 节详细介绍了,如何用本书的 $K\boldsymbol{x}(t)$控制 ($K=\overline{K}\,\overline{C}$, $\overline{C}$ 的秩数为$r+m$) 来配置所有特征值和部分特征向量的设计程序。这一程序得以实行的充分条件是 $(r+m)+p>n$。因此对于观测器阶数的要求是

$$r>n-p-m \tag{6.19}$$

如果说稳定性和特征值特征向量配置分别是对 $K\boldsymbol{x}(t)$控制的低、高两端的要求,那么根据式(6.18)和式(6.19),观测器阶数 r 的下限应该在 $n/p-m+1$ 和 $n-p-m+1$ 之间(见习题 6.11~习题 6.16 和习题 8.13~习题 8.15)。

结论 6.7 根据习题 4.5 和习题 4.8 以及习题 4.4 和习题 4.7,对于 $m=p$ 的系统,它们中的绝大多数满足 $\bar{r}>n/p-m$,而它们中的多数可以满足 $\bar{r}>n-p-m$。因为$m>p$ 的系统更容易满足式(4.1)和式(4.3)(见表 6.1),所以其参数 $\bar{r}$ 一般应该大于$m=p$ 的系统的参数 $\bar{r}$。所以本书的广义状态反馈控制虽然在 $r<n-m$ 时带有式(4.2)的限制,但仍然在大多数的系统情况下足够有效。请见例 4.6~例 4.8。

与此相反,静态输出反馈控制($r\equiv 0$)在 $m\times p\leqslant n$ 时就不能满足式(6.18),在 $m+p\leqslant n$ 更不能满足式(6.19)。因此这一控制比本书的广义状态反馈控制要弱得多(见表 6.2 和习题 6.11~习题 6.16,习题 8.13~习题 8.15)。

最后我们将讨论根据性质 6.1 和要求 6.1 所确定的观测器阶数 r 大于 $\bar{r}$ 的情况。根据定义 6.1，这一情况意味着有 $r-\bar{r}$ 个 TB 的行不可能设计成 0（这些行必须使矩阵 $\bar{C}$ 满行秩 $=r+m$）。在这一情况下，为了仍然尽可能近似满足 $TB=0$，我们将在这 $\bar{r}$ 个矩阵 T 的行以外的其余 $n-m-\bar{r}$ 个 T 的行中，选择能使 $\|TB\|_F$ 最小的[即式(6.3)中的 s_m 最小的] $r-\bar{r}$ 个行，并把这 $r-\bar{r}$ 个行加入矩阵 $\bar{C}$(Tsui，1999c)。

习　　题

6.1　验算证实程序 6.1 对例 6.1 的四个系统所作的满足式(4.3)的计算。

6.2　验算证实程序 6.1 对例 6.2 所作的满足式(4.3)的计算。

6.3　验算证实程序 6.1 对例 6.3 所作的满足式(4.3)的计算。

6.4　例 6.1 的四个系统和下面习题 6.5～习题 6.8 的四个系统都满足 $m=3$ 和 $p=2$。这样式(6.2a)（$\boldsymbol{c}_iD_iB=0$）中的矩阵 D_i 就有 $m(=3)$个行 $\boldsymbol{d}_j(j=1,2,3)$。因此解 $\boldsymbol{c}_i(\equiv[c_1\quad c_2\quad c_3])$ 就有下面三个可能的简单形式：

$$\boldsymbol{c}_i=[1\quad c_2\quad c_3]\Rightarrow[c_2\quad c_3]=-(\boldsymbol{d}_1B)\left(\begin{bmatrix}\boldsymbol{d}_2\\\boldsymbol{d}_3\end{bmatrix}B\right)^{-1}$$

$$\boldsymbol{c}_i=[c_1\quad 1\quad c_3]\Rightarrow[c_1\quad c_3]=-(\boldsymbol{d}_2B)\left(\begin{bmatrix}\boldsymbol{d}_1\\\boldsymbol{d}_3\end{bmatrix}B\right)^{-1}$$

$$\boldsymbol{c}_i=[c_1\quad c_2\quad 1]\Rightarrow[c_1\quad c_2]=-(\boldsymbol{d}_3B)\left(\begin{bmatrix}\boldsymbol{d}_1\\\boldsymbol{d}_2\end{bmatrix}B\right)^{-1}$$

证明这三个可能的形式(如相应的逆矩阵存在)都可以满足式(6.2a)。因为 2×2 维的逆矩阵不难计算，所以本题的简单计算形式可被用在例 6.1 和习题 6.5～习题 6.8 的计算。

6.5　例 6.1 的第三个系统中的矩阵 CB 不满列秩(有一个列是线性相关的)，另外还有一个稳定的传输零点(−1)。但是即使这一稳定的传输零点不等于观测器的极点(如−2、−3 和−4)，所相应的矩阵 $\bar{C}$ 的行秩仍然是 $n-1(=6)$。本题将这一稳定的传输零点改为 1(不稳定)。这样新的系统矩阵为

$$B_5=\left[\begin{array}{ccc|ccc|c}1&1&1&-3&-1&-1&2\\0&0&0&1&2&1&-2\end{array}\right]^{\mathrm{T}},$$

$$N_5(s)=\left[\begin{array}{cc|c}(s-1)&(s-2)&(s-2)\\(s-1)&&2\\(s-1)&&1\end{array}\right]$$

重复例 6.1 里的计算并分析矩阵 $\overline{C}$ 的行秩。

答案：$\boldsymbol{c}_1=[1\quad 0\quad 3]$，$\boldsymbol{c}_2=[1\quad 0\quad 4]$，$\boldsymbol{c}_3=[1\quad 0\quad 5]$，$\boldsymbol{c}_4=[1\quad 0\quad 6]$

$$T_5=\begin{bmatrix}\boldsymbol{c}_1D_1\\\boldsymbol{c}_2D_2\\\boldsymbol{c}_3D_3\\\boldsymbol{c}_4D_4\end{bmatrix}=\left[\begin{array}{ccc|ccc|c}1&0&-3&-1&0&3&1\\4&0&-8&-2&0&4&1\\9&0&-15&-3&0&5&1\\16&0&-24&-4&0&6&1\end{array}\right]$$

这一矩阵 T_5 里的任意三个行都和矩阵 C 的行线性无关(矩阵 $\overline{C}$ 的秩数是 $6=n-1$)。

6.6 将习题 6.5 中多项式矩阵 $N_5(s)$中的一个常数元素(2)改为 0,再重复习题 6.5。

答案：

$$B_6=\left[\begin{array}{ccc|ccc|c}1&1&1&-3&-1&-1&2\\0&0&0&1&0&1&-2\end{array}\right]^{\mathrm{T}}$$

$$N_6(s)=\left[\begin{array}{cc|c}(s-1)&(s-2)&(s-2)\\(s-1)&&0\\(s-1)&&1\end{array}\right]$$

$T_6=T_5$(和习题 6.5 的答案完全相同)。

6.7 将例 6.1 的第三个系统再加上一个不稳定的传输零点,即将多项式矩阵 $N_3(s)$的两个常数元素都改为 0,重复习题 6.5 的计算和分析。

答案：

$$B_7=\left[\begin{array}{ccc|ccc|c}1&1&1&-1&1&1&-2\\0&0&0&1&0&0&-2\end{array}\right]^{\mathrm{T}}$$

$$N_7(s)=\left[\begin{array}{c|c}(s+1)(s-2)&(s-2)\\(s+1)&0\\(s+1)&0\end{array}\right]$$

$\boldsymbol{c}_1=[0\quad 1\quad 1]$，$\boldsymbol{c}_2=[0\quad 1\quad -1]$，$\boldsymbol{c}_3=[0\quad 1\quad -1]$，$\boldsymbol{c}_4=[0\quad 1\quad -1]$

$$T_7=\left[\begin{array}{ccc|ccc|c}0&-1&-1&0&1&1&0\\0&-2&2&0&1&-1&0\\0&-3&3&0&1&-1&0\\0&-4&4&0&1&-1&0\end{array}\right]$$

这样矩阵 T_7 里只有第一行和其余三行中的任何一行才和矩阵 C 的行线性无关(矩阵 $\overline{C}$ 的秩数是 $5=n-2$)。虽然矩阵 $\overline{C}$ 的秩数比习题 6.5 和 6.6 减少了，但本习题系统只有一个传输零点不等于观测器极点的情况却是和习题 6.5 和 6.6 一致的。

6.8 将习题 6.7 的系统中的稳定传输零点(−1)改为不稳定传输零点(+1)。这样就会有两个传输零点不等于观测器的极点，重复习题 6.5 的计算与分析。

答案：

$$B_8=\left[\begin{array}{ccc:ccc:c}1 & 1 & 1 & -3 & -1 & -1 & 2\\ 0 & 0 & 0 & 1 & 0 & 0 & -2\end{array}\right]^{\mathrm{T}}$$

$$N_8(s)=\left[\begin{array}{cc:c}(s-1) & (s-2) & (s-2)\\ (s-1) & & 0\\ (s-1) & & 0\end{array}\right]$$

$$\boldsymbol{c}_1=\boldsymbol{c}_2=\boldsymbol{c}_3=\boldsymbol{c}_4=[0 \quad 1 \quad -1]$$

$$T_8=\left[\begin{array}{ccc:cccc}0 & -1 & 1 & 0 & 1 & -1 & 0\\ 0 & -2 & 2 & 0 & 1 & -1 & 0\\ 0 & -3 & 3 & 0 & 1 & -1 & 0\\ 0 & -4 & 4 & 0 & 1 & -1 & 0\end{array}\right]$$

这样矩阵 T_8 只有一个行与矩阵 C 的行线性无关(矩阵 $\overline{C}$ 的秩数是 $4=n-3$)。因为这个秩数与 $p(=2)$的乘积大于 $n(=7)$，所以尽管本习题系统的条件如此差，但是根据本书新途径设计出来的能被完全实现鲁棒性的广义状态反馈控制 $\overline{K}\,\overline{C}\boldsymbol{x}(t)$仍然能基本保证配置所有极点和保证稳定性。这样简单设计出来的观测器同样也是“强稳定”控制器设计问题的答案。

6.9 将例 6.3 中系统的稳定的传输零点(−2)改为−3，再重复例 6.3 的设计计算，并设 $F=\mathrm{diag}\{-3,\ -1\}$

答案(部分)：

$$B=\begin{bmatrix}1 & 1 & 3 & -1\\ 2 & 3 & 6 & -3\end{bmatrix}^{\mathrm{T}}。$$

6.10 对于 $m=p$ 的系统，矩阵 CB 满列秩是有 $n-m$ 个传输零点的充分条件，根据习题 6.5～习题 6.8 探讨这一条件在 $m>p$ 的系统中对传输零点的数目以及对参数 $\bar{r}$ 的影响。

6.11 设系统的参数 $n=10$，$m=p=3$，并有六个稳定的传输零点，推算：

(1) 系统一般会有几个传输零点；

(2) 定义 6.1 中 $\bar{r}$ 的数目；

(3) 根据式(6.18)能保证反馈系统稳定的观测器的最小阶数 r；

(4) 根据式(6.19)能配置所有极点和部分特征向量，并能以此保证高性能和高鲁棒性的观测器的最小阶数 r；

(5) 比较本题最后三个关于 r 的结果。

答案：(1) $n-m=7$；

(2) $\bar{r}=6$；

(3) $r=\dfrac{n}{p}-m+1=3-3+1=1$；

(4) $r=n-m-p+1=5$；

(5) $\bar{r}$ 大于(3)和(4)部分的观测器阶数 r，也就是说，如果设计要求仅如(3)和(4)这两部分所述，而且观测器阶数越小越好，则观测器阶数 r 的最终选择小于 $\bar{r}$，只有本书的设计才能做到这一点。

6.12 将习题 6.11 中的参数 n 由 10 改为 12，$m=p=3$ 和八个稳定的传输零点，重复习题 6.11 中(1)到(5)部分的推算。

答案：(1) 9；(2) 8；(3) 2；(4) 7；(5) $\bar{r}>$最终的 r。

6.13 设 $n=9$，$m=p=3$，并有五个稳定的传输零点。重复习题 6.11 中(1)到(5)部分的推算。

答案：(1) 6；(2) 5；(3) 1；(4) 4；(5) $\bar{r}>$最终的 r。

6.14 设 $n=9$，$m=p=3$，并有三个稳定的传输零点。重要习题 6.11 中(1)到(5)部分的推算。

答案：(1) 6；(2) 3；(3) 1($<\bar{r}$)；(4) 4($>\bar{r}$)；

6.15 设 $n=12$，$m=p=2$，并有四个稳定的传输零点。重复习题 6.11 中(1)到(5)部分的推算。

答案：(1) 10；(2) 4；(3) 5($>\bar{r}$)；(4) 9($>\bar{r}$)；

6.16 设 $n=10$，$m=p=3$，并有四个稳定的传输零点。重复习题 6.11 中(1)到(5)部分的推算。

答案：(1) 7；(2) 4；(3) 1($<\bar{r}$)；(4) 5($>\bar{r}$)；

附录 B 中更多的关于程序 6.1 的题目。

第 7 章

观测器设计二：其他特殊目的的观测器

第 6 章的观测器设计除了保证产生 $T\boldsymbol{x}(t)$ 信号（T 是常数）以外，即保证满足式(4.1)以外，还要利用式(4.1)的剩余自由度来满足式(4.3)，以实现其所要实现的 $K\boldsymbol{x}(t)$ 控制的环路传递函数和鲁棒性。实现和保证控制系统的鲁棒性，是观测器/控制器的必须满足的最关键的要求。

本章设计的观测器则是在保证产生 $T\boldsymbol{x}(t)$ 信号（T 是常数）以后，即在保证满足式(4.1)以后，利用式(4.1)的剩余自由度来满足其他两个特殊目的。这两个特殊目的及其观测器将分别在第 7.1 节和第 7.2 节叙述。

7.1 节是关于设计计算最小阶线性函数观测器（见定义 4.2）。因为矩阵 T 的行数就是所在观测器的阶数，所以这一设计计算就是要利用矩阵 T 的剩余自由度，以最少的矩阵 T 的行来满足式(4.2)，即满足 $K=[K_z : K_y][T^{\mathrm{T}} : C^{\mathrm{T}}]^{\mathrm{T}}$。和本书所有其他章节的综合设计原则不同，这里的矩阵 K 根据定义 4.2 是预先分离设计的，所以是任意给定的。所以最小阶线性函数观测器的设计问题仍然遵循着“分离原则”。

这个设计问题自 1966 年提出后就一直有人在研究（Luenberger, 1971）。虽然到 1986 年已经得出了这个问题的最可能好的理论结果和基本解决了这个问题，但是这两个结论直到 2012 年左右才得以正式发表见诸于世（Tsui, 2015）。可见即使在今天，即使是如此明显的研究结果和结论，要得到控制理论界的承认仍然需要很多年的时间。实际应用上，在例 7.4 这样简单而又颇为普遍的情况下，观测器的阶数能从 100 降到 15，而即使以非常强的计算能力要模拟 15 阶的系统，仍然比模拟 100 阶的系统要容易得多。所以观测器的减阶虽然不如鲁棒性重要，但并不是没有其重大的实际意义。

7.2 节是关于故障检测、定位和控制的观测器设计。这里的故障即重大的和偶然发生的系统输入控制部分的故障，以系统输入的一个突发外加信号来代表。这类故障与本书其他章节里的、微小的和经常的输入扰动完全不同,所以处理的方式也完全不同。就像针对微小的经常的病毒的免疫处理和针对突发重病的处理完全不同。因此这一问题也非常重要。自 20 世纪 80 年代起,有不少专著文献都在专注于这个问题。

在故障检测、定位和控制这三个任务中,定位特别关键。就像发觉生病比准确诊断出是什么病容易得多一样,故障检测比定位要容易得多。而精准的故障定位又是有效的故障容错控制的关键保障,就像准确的诊断是有效治疗的关键前提一样。

输入故障的定位全靠输出反馈观测器来执行。因为本书第 5 和第 6 章第一次提出了普遍和简明的输出反馈观测器的设计程序,所以本书的故障定位设计特别普遍和简明。正是在这个基础上,本书不但提出了非常有效的故障容错控制的方案,而且还能处理系统模型误差和观测噪音的影响。这样本节的故障检测控制器就不但普遍而且特别全面完整,还有一个贯通全节的例子,这样的例子在别的著述里是很少见的。

7.1 最小阶线性函数观测器设计

7.1.1 对这一问题的最重大的理论进展——简化成最简单的设计公式

最小阶函数观测器是既能产生 $K\boldsymbol{x}(t)$ 信号(K 是任意给定的常数),又有最小的阶数的观测器(3.16)。比如状态观测器的目的是产生系统的状态 $\boldsymbol{x}(t)$ 的信号,所以是函数观测器在 K 等于 I 这一特殊值时的特殊形式。

函数观测器能比状态观测器的阶数降低,是因为它只需要产生 p 个 $K\boldsymbol{x}(t)$ 的信号,而状态观测器则需要产生所有 n 个 $\boldsymbol{x}(t)$ 的信号。而 $p<n$,在实际情况下往往 $p\ll n$。

根据定理 3.2,这一设计就是先满足式(4.1),再利用式(4.1)的解(矩阵 T)的剩余自由度,以最少的矩阵 T 的行来满足式(4.2),即 $K=[K_z \mid K_y][T^{\mathrm{T}} \mid C^{\mathrm{T}}]^{\mathrm{T}}$。

从这个数学的角度,函数观测器能比状态观测器的阶数降低。这是因为它的设计要求式(4.2)只有 p 个行。而状态观测器的设计要求式(4.2)有 n 个行(矩阵 I 是 n 维的),所以其式(4.2)里的矩阵 $[T^{\mathrm{T}} \mid C^{\mathrm{T}}]^{\mathrm{T}}$ 必须是可逆方矩阵(有 n 个行,即矩阵 T 必须有 $n-m$ 个行,或状态观测器的阶数必须是 $n-m$)。

观测器系统(3.16b)还可以分成参数 $K_y=0$(strictly proper)和 $K_y\neq 0$

(proper)这两类。本节对这两类观测器都会讨论。因为 $K_y \neq 0$ 意味着自由参数 K_y 也被用来满足式(4.2)[或者说 $\boldsymbol{y}(t)$ 的信息也被用来与 $\boldsymbol{z}(t)$ 的信息一起产生 $K\boldsymbol{x}(t)$ 信号],所以 $K_y \neq 0$ 的观测器的阶数可以降低更多。比如这类状态观测器的阶数为 $n-m$,小于另一类状态观测器的阶数。所以本节将着重讨论这类观测器。

因为实际的观测器需要有收敛速度和平稳度的保证,所以在绝大多数的现有最小阶函数观测器的命题中,都要求观测器有任意配置的极点。本书的设计也不例外。

根据能观海森伯格型的系统矩阵 C(见式(5.5)),式(4.2)($K=[K_z \mid K_y][T^{\mathrm{T}} \mid C^{\mathrm{T}}]^{\mathrm{T}}$ 可以分解成左边 m 个列

$$K\begin{bmatrix} I_m \\ 0 \end{bmatrix} = [K_z \mid K_y]\begin{bmatrix} T \\ C \end{bmatrix}\begin{bmatrix} I_m \\ 0 \end{bmatrix} = K_z T\begin{bmatrix} I_m \\ 0 \end{bmatrix} + K_y C_1 \tag{7.1a}$$

和右边 $n-m$ 个列

$$K\begin{bmatrix} 0 \\ I_{n-m} \end{bmatrix} = K_z T\begin{bmatrix} 0 \\ I_{n-m} \end{bmatrix} \tag{7.1b}$$

因为 C_1 满列秩而且 K_y 在式(7.1a)中可以任意配置,所以式(7.1a)一定能够得到满足。因此我们只需要满足式(7.1b)并寻求 T 的最小行数 r 即可。这一数目 r 即为最小阶观测器的阶数。

为了简化问题,我们将只设 F 的特征值(观测器极点)为不重复的实数。这样将相应的式(4.1)的解[式(6.1a)]代入式(7.1b)等同于

$$\tilde{K} = K_z \bar{T} = K_z \underbrace{\begin{bmatrix} \boldsymbol{c}_1 & & 0 \\ & \ddots & \\ 0 & & \boldsymbol{c}_r \end{bmatrix}}_{m \ \cdots \ m} \underbrace{\begin{bmatrix} \bar{D}_1 \\ \vdots \\ \bar{D}_r \end{bmatrix}}_{n-m} \tag{7.1c}$$

这里的矩阵 $\tilde{K}$、$\bar{T}$ 和 $\bar{D}_i$ 分别是矩阵 K、T 和 D_i 的右边 $n-m$ 个列,参数 r $(0 \leqslant r \leqslant n-m)$ 是最小阶观测器的阶数,$D_i(i=1, \cdots, r)$ 是程序 5.3 中式(5.10b) 的解。

式(7.1c)基本上是一组线性方程组。其未知解 K_z 和 $\boldsymbol{c}_i(i=1, \cdots, r)$ 分别代表观测器输出部分[式(4.2)]的自由度和动态部分[式(4.1)]的所有剩余自由度,并且都在方程的同一边。因此,式(7.1c)就是整个设计问题的最简化的公式,也是最重要的理论分析结果。

因此我们可以通过从右边使式(7.1c)的已知矩阵三角化的方法来计算式(7.1c)的解。这一方法将由下述程序 7.1 表述。

7.1.2 这一设计公式的计算程序和结果——可以保证的观测器阶数的上限

程序 7.1 最小阶观测器的系统化设计(Tsui, 1985)

第一步：在下列矩阵 S 的右边作从上而下的三角化运算 SH（见附录 A.2)，直到出现如式(7.2)的形状：

$$SH \triangleq \begin{bmatrix} \overline{D}_1 \\ \vdots \\ \overline{D}_{n-m} \\ \hdashline \widetilde{K} \end{bmatrix} \begin{matrix} \}m \\ \\ \}m \\ \\ \end{matrix} \cdot H$$

$$= \left[\begin{array}{ccc:cccc} * & & 0 & 0 & \cdots & \cdots & 0 \\ & \ddots & & \vdots & & & \vdots \\ x & \cdots & * & 0 & \cdots & \cdots & 0 \\ \hdashline & X & & & X & & \\ \hdashline \multicolumn{7}{c}{\overline{D}_{r_1+1}H} \\ \multicolumn{7}{c}{\vdots} \\ \multicolumn{7}{c}{\overline{D}_{n-m}H} \\ \hdashline & X & & & X & & \\ x & \cdots & x & 0 & \cdots\ \cdots & \cdots & 0 \\ & X & & & X & & \end{array}\right] \begin{array}{l} \left.\begin{array}{l} \left.\begin{array}{l} \\ (r_1-1)m+1 \\ \text{到 } r_1 m \text{ 个行} \end{array}\right\} \\ \\ \end{array}\right\} r_1 m \text{ 个行} \\ \}m \\ \vdots \\ \}m \\ \\ \leftarrow \widetilde{K}H \text{ 的第 } q_1 \text{ 个行 } \boldsymbol{l}_1 \\ \\ \end{array} \triangleq \overline{S} \tag{7.2}$$

第二步：矩阵 $\overline{S}$ 的形状说明 $\widetilde{K}$ 的第 q_1 个行 $\boldsymbol{l}_1$ 是 $\overline{D}_1$ 到 $\overline{D}_{r_1}$ 里的行的线性组合，即 $\boldsymbol{l}_1=\sum \boldsymbol{c}_i\overline{D}_iH$ $(i=1, \cdots, r_1)$。用反迭代法计算这一线性组合的系数 $\boldsymbol{c}_i$，这些系数将决定行向量 $\overline{\boldsymbol{t}}_i=\boldsymbol{c}_i\overline{D}_i$，$i=1, \cdots, r_1$。这里 $\overline{\boldsymbol{t}}_i$ 是矩阵 $\overline{T}$ 的第 i 个行。同时设 K_z 的第 q_1 个行为 $[\underbrace{1\cdots1}_{r_1} \mid 0 \quad \cdots 0]$。

第三步：在下列矩阵 S_1 的右边作从上而下的三角化运算 S_1H_1，直到出现如式(7.3)的形状。

$$
S_1H_1 \triangleq \begin{bmatrix} \bar{\boldsymbol{t}}_1 H \\ \vdots \\ \bar{\boldsymbol{t}}_{r_1} H \\ \overline{D}_{r_1+1}H \\ \vdots \\ \overline{D}_{n-m}H \\ \widetilde{K}H \end{bmatrix}
\begin{array}{l} \left.\begin{array}{l} \\ \\ \\ \end{array}\right\} r_1 \\ \}m \times H_1 \\ \\ \}m \\ \}p \end{array}
$$

$$
= \left[\begin{array}{ccc:cccccc}
* & & 0 & 0 & \cdots & \cdots & \cdots & & 0 \\
& \ddots & & \vdots & & & & & \vdots \\
x & \cdots & * & 0 & \cdots & \cdots & \cdots & & 0 \\
\hdashline
\multicolumn{3}{c:}{X} & \multicolumn{6}{c}{X} \\
\hdashline
\multicolumn{9}{c}{\overline{D}_{r_1+r_2+1}HH_1} \\
\multicolumn{9}{c}{\vdots} \\
\multicolumn{9}{c}{\overline{D}_{n-m}HH_1} \\
\hdashline
\multicolumn{3}{c:}{X} & \multicolumn{6}{c}{X} \\
x & \cdots & x & 0 & \cdots & \cdots & \cdots & \cdots & 0 \\
\multicolumn{3}{c:}{X} & \multicolumn{6}{c}{X}
\end{array}\right]
\begin{array}{l}
\left.\begin{array}{l} \left.\begin{array}{l} r_1+(r_2-1)m \\ +1\text{ 到 }r_1+r_2m \\ \text{个行} \end{array}\right\} \\ \\ \end{array}\right\} r_1+r_2m\text{ 个行} \\
\}m \\
\vdots \\
\}m \\
\\
\leftarrow \widetilde{K}HH_1\text{ 的第 }q_2\text{ 个行 }\boldsymbol{l}_2 \\
(q_1 \neq q_2)
\end{array}
\triangleq \overline{S}_1 \tag{7.3}
$$

第四步：矩阵 $\overline{S}_1$ 的形状说明 $\widetilde{K}$ 的第 q_2 个行 $\boldsymbol{l}_2$ 是$\bar{\boldsymbol{t}}_1$ 到$\bar{\boldsymbol{t}}_{r_1}$ 以及 $\overline{D}_{r_1+1}$ 到 $\overline{D}_{r_1+r_2}$ 里的行的线性组合，即 $\boldsymbol{l}_2=\sum\limits_{i=1}^{r_1} k_{2i}(\bar{\boldsymbol{t}}_i HH_1)+\sum\limits_{i=r_1+1}^{r_1+r_2} \boldsymbol{c}_i(\overline{D}_i HH_1)$。

计算这一线性组合的系数。这些系数中关于 $\overline{D}_i$ 的部分 $\boldsymbol{c}_i$ 决定行向量 $\bar{\boldsymbol{t}}_i=\boldsymbol{c}_i\overline{D}_i(i=r_1+1,\cdots,r_1+r_2)$。这些系数中关于$\bar{\boldsymbol{t}}_i$ 的部分$k_{2i}(i=1,\cdots,r_1)$将组成一个 r_1 维向量 $\boldsymbol{k}_2$，设 K_z 的第 q_2 个行为

$$
[\underbrace{\boldsymbol{k}_2}_{r_1} \mid \underbrace{1\cdots1}_{r_2} \mid 0\cdots0] \tag{7.4a}
$$

这样反复第三、第四步的运算直至 $\tilde{K}$ 的所有 p 个行都能表达为 $\overline{D}_i$ ($i=1, \cdots, r_1+\cdots+r_p \triangleq r$) 里的行的线性组合。这里的参数 r 即为最小阶观测器的阶数。

不失普遍性,可设 $q_i = i$ ($i=1, \cdots, p$),于是根据式(7.4a)

$$K_z = \left[\begin{array}{ccc:ccc:ccc:c:ccc} 1 & \cdots & 1 & & 0 & & & \cdots & & & & 0 & \\ - & \boldsymbol{k}_2 & - & 1 & \cdots & 1 & & 0 & & & & 0 & \\ & & & \boldsymbol{k}_3 & & & 1 & \cdots & 1 & & & 0 & \\ & & & & & & & & & \ddots & & & \\ & & & & & & & & & & & 0 & \\ & & & & & & & \boldsymbol{k}_p & & & 1 & \cdots & 1 \end{array}\right]$$
$$\underbrace{\quad}_{r_1} \qquad \underbrace{\quad}_{r_2} \qquad \cdots \qquad \underbrace{\quad}_{r_p} \tag{7.4b}$$

在计算出矩阵 T 和 K_z 后,将分别基于式(5.16)和式(7.1a)算出矩阵 L 和 K_y。

很明显,在这一设计程序里的观测器的阶数 r(矩阵 T 的行数)是从 0 开始逐一增大进行尝试的。在这一过程中,如 $\boldsymbol{c}_i=0$,则可在第三步中将其对应的 $\overline{D}_i$ 矩阵移到矩阵 S 的下面以后再继续程序 7.1。这样所有式(4.1)的解 D_i 及其剩余自由度 $\boldsymbol{c}_i$ ($i=1, \cdots, r$) 都得到了充分利用来满足式(7.1c)[见习题 7.1(4)和习题 7.3]。

不失普遍性,设

$$v_1 \geqslant \cdots \geqslant v_m \quad \text{和} \quad r_1 \geqslant \cdots \geqslant r_p \tag{7.5}$$

则根据结论 5.2(Tsui, 1986b),程序 7.1 能保证对所有不重复实数的观测器极点,

$$r_i \leqslant v_i - 1, \quad i=1, \cdots, p \tag{7.6}$$

而且当 $p \geqslant m$ 时,

$$r \leqslant (v_1-1)+\cdots(v_m-1)=n-m \tag{7.7}$$

在 K_y 被预先设为 0 的情况下,式(7.1c)将被

$$K = K_z T = K_z \underbrace{\begin{bmatrix} \boldsymbol{c}_1 & & \\ & \ddots & \\ & & \boldsymbol{c}_r \end{bmatrix}}_{m \ \cdots \ m} \underbrace{\begin{bmatrix} D_1 \\ \vdots \\ D_r \end{bmatrix}}_{n} \tag{7.8}$$

取代。因为式(7.8)和式(7.1c)的唯一差别是多了 m 个列，所以程序 7.1 可以直接用来解式(7.8)，而式(7.6)和式(7.7)也可以分别被

$$r_i \leqslant v_i, \quad i=1, \cdots, p(\text{如 } v_i \geqslant v_j, \ \forall i>j) \tag{7.9}$$

和

$$r \leqslant v_1+\cdots+v_m=n \tag{7.10}$$

所取代。这样就有了以下能实现任意状态反馈的最小阶观测器的阶数的上下限(见表 7.1)。

表 7.1 能实现任意状态反馈的最小阶观测器的阶数 r 的上下限

K_y 的值	状态观测器的阶数 r ($p=n$, $K=I$)	用程序 7.1 设计的最小阶观测器的阶数 r ($p \leqslant n$, K 是任意的, $v_1 \geqslant \cdots \geqslant v_m$)
$K_y=0$	$r=n$	$1 \leqslant r \leqslant \min\{n, v_1+\cdots+v_p\}$
$K_y \neq 0$	$r=n-m$	$0 \leqslant r \leqslant \min\{n-m, (v_1-1)+\cdots+(v_p-1)\}$

从表 7.1 可知，能实现任意状态反馈的最小阶观测器的最小阶数 r 将在其上下限之间变化。其最终数值将由式(7.8)或式(7.1b, c)的参数 K 和 D_i 的具体数值决定。例如，当 $K=I$ 时，式(7.8)和式(7.1a)里的矩阵 T 和$[T^{\mathrm{T}} \vdots C^{\mathrm{T}}]^{\mathrm{T}}$ 必须可逆，因此才有 $r=n$ 或 $r=n-m$ 这一状态观测器阶数的上限(而且是不可能更低的上限)的特殊情况。又如当 K 是矩阵 D_1 或矩阵 C 的行的线性组合时，式(7.8)和式(7.1a)里的 r 将分别是 1 和 0，即表 7.1 中的下限，而且是不可能更低的下限。

例 7.1 (Tsui, 1985) 设系统的能观海森伯格型矩阵为

$$A=\left[\begin{array}{ccc:ccc:c}
-1 & 0 & 0 & 1 & 0 & 0 & 0 \\
2 & 0 & 1 & -1 & 1 & 0 & 0 \\
0 & 3 & 0 & 0 & 1 & 1 & 0 \\
\hdashline
0 & 0 & 0 & -3 & 0 & 1 & 1 \\
0 & 0 & 0 & 0 & 1 & 0 & -1 \\
1 & 0 & 0 & 0 & 0 & -1 & 0 \\
\hdashline
0 & 1 & 0 & 0 & 1 & 0 & -2
\end{array}\right], \quad C=\left[\begin{array}{ccc:ccc:c}
1 & 0 & 0 & 0 & 0 & 0 & 0 \\
1 & 1 & 0 & 0 & 0 & 0 & 0 \\
-1 & 0 & 1 & 0 & 0 & 0 & 0
\end{array}\right]$$

根据定义 5.1，这一系统的三个能观指数分别是 $v_1=3$, $v_2=2$, $v_3=2$。

再设下面三个需要实现的状态反馈增益,我们将对这三个增益分别设计一个最小阶观测器。

$$K_1=\begin{bmatrix}3 & -2 & -2 & \vdots & 1 & 2 & 1 & \vdots & 0\\ 2 & 0 & -1 & \vdots & 1 & 1 & 0 & \vdots & 0\end{bmatrix}$$

$$K_2=\begin{bmatrix}2 & 0 & 2 & \vdots & 1 & 0 & 1 & \vdots & 1\\ -3 & -3 & -2 & \vdots & 1 & 2 & 0 & \vdots & 0\end{bmatrix}$$

$$K_3=\begin{bmatrix}0 & 2 & 3 & \vdots & 0 & 0 & 0 & \vdots & 0\\ 1 & -1 & -1 & \vdots & 1 & 1 & 0 & \vdots & 0\end{bmatrix}$$

我们还预设所有三个观测器的共同的 $n-m(=7-3=4)$ 个极点为 -1,-2,-3 和 -1。

根据程序 5.3 的式(5.10b)和式(5.15d)可知,矩阵 T 的四个行的各自的基向量矩阵为

$$\begin{bmatrix}D_1\\ \vdots\\ D_4\end{bmatrix}=\begin{bmatrix}2 & 0 & -1 & \vdots & 1 & 0 & 0 & \vdots & 1\\ 1 & -1 & -1 & \vdots & 1 & 1 & 0 & \vdots & 0\\ 0 & 0 & 0 & \vdots & 0 & 0 & 1 & \vdots & 0\\ \hdashline -1 & -1 & 0 & \vdots & 0 & 0 & 0 & \vdots & 1\\ -1 & -2 & -1 & \vdots & 1 & 1 & 0 & \vdots & 0\\ 1 & 1 & -1 & \vdots & 0 & 0 & 1 & \vdots & 0\\ \hdashline -2 & -2 & 1 & \vdots & -1 & 0 & 0 & \vdots & 1\\ -3 & -3 & -1 & \vdots & 1 & 1 & 0 & \vdots & 0\\ 2 & 2 & -2 & \vdots & 0 & 0 & 1 & \vdots & 0\\ \hdashline 6 & 1 & -2 & \vdots & 2 & 0 & 0 & \vdots & 1\\ 3 & 0 & -1 & \vdots & 1 & 1 & 0 & \vdots & 0\\ -1 & -1 & 1 & \vdots & 0 & 0 & 1 & \vdots & 0\end{bmatrix}$$

下面我们用程序 7.1 对三个状态反馈增益分别进行设计。为简单起见,我们将用基本矩阵运算的 H(而不是数值稳定的正交矩阵运算)来下三角化本例中的矩阵。

(1) 对于 K_1,有如下步骤。

第一步:

$$
SH=\begin{bmatrix}\overline{D}_1\\ \vdots\\ \overline{D}_4\\ \hdashline \widetilde{K}_1\end{bmatrix}\begin{bmatrix}1&0&0&-1\\0&1&0&1\\0&0&1&0\\0&0&0&1\end{bmatrix}=\begin{bmatrix}1&0&0&0\\1&1&0&0\\ \hdashline 0&0&1&0\\ \hdashline 0&0&0&1\\1&1&0&0\\0&0&1&0\\-1&0&0&2\\1&1&0&0\\0&0&1&0\\2&0&0&-1\\1&1&0&0\\0&0&1&0\\ \hdashline 1&2&1&1\\1&1&0&0\end{bmatrix}\begin{matrix}\\ \\ \\ \\ \\ \\ \\ \\ \\ \\ \\ \\ \\ \leftarrow q_1=2\end{matrix} \tag{7.11}
$$

第二步：$r_1=1$，$\boldsymbol{c}_1=[0\quad 1\quad 0]$ 满足 $\boldsymbol{l}_1=\boldsymbol{c}_1\overline{D}_1H=[1\quad 1\quad 0\quad 0]$，$\bar{\boldsymbol{t}}_1=\boldsymbol{c}_1\overline{D}_1=[1\quad 1\quad 0\quad 0]$。

第三步：

$$
S_1H_1=\begin{bmatrix}1&1&0&0\\ \hdashline 0&0&0&1\\1&1&0&0\\0&0&1&0\\ \hdashline -1&0&0&2\\1&1&0&0\\0&0&1&0\\ \hdashline &\vdots&&\\ \hdashline 1&2&1&1\\1&1&0&0\end{bmatrix}\begin{bmatrix}1&-1&0&0\\0&1&0&0\\0&0&1&0\\0&0&0&1\end{bmatrix}=\begin{bmatrix}1&0&0&0\\ \hdashline 0&0&0&1\\1&0&0&0\\0&0&1&0\\ \hdashline -1&1&0&2\\ \hdashline &&\vdots&\\ \hdashline 1&1&1&1\\x&x&x&x\end{bmatrix}\begin{matrix}\\ \\ \\ \\ \\ \\ \leftarrow q_2=1\\ \\ \end{matrix}
$$

第四步：$r_2=2$，$\boldsymbol{k}_2=2$，$\boldsymbol{c}_2=[-1\quad 0\quad 1]$，$\boldsymbol{c}_3=[1\quad 0\quad 0]$，以使 $\boldsymbol{l}_2=\boldsymbol{k}_2\bar{\boldsymbol{t}}_1HH_1+\boldsymbol{c}_2\overline{D}_2HH_1+\boldsymbol{c}_3\overline{D}_3HH_1=[1\quad 1\quad 1\quad 1]$。

这样观测器就是：$(r=r_1+r_2=3)$

$$F=\begin{bmatrix}-1 & 0 & 0\\ 0 & -2 & 0\\ 0 & 0 & -3\end{bmatrix},\ T=\begin{bmatrix}\boldsymbol{c}_1D_1\\ \boldsymbol{c}_2D_2\\ \boldsymbol{c}_3D_3\end{bmatrix}=\begin{bmatrix}1 & -1 & -1 & 1 & 1 & 0 & 0\\ 2 & 2 & -1 & 0 & 0 & 1 & -1\\ -2 & -2 & 1 & -1 & 0 & 0 & 1\end{bmatrix}$$

根据式(7.4a)

$$K_z=\begin{bmatrix}\boldsymbol{k}_2 & \vdots & 1 & 1\\ 1 & \vdots & 0 & 0\end{bmatrix}=\begin{bmatrix}2 & \vdots & 1 & 1\\ 1 & \vdots & 0 & 0\end{bmatrix}$$
$$\quad r_1 \quad r_2$$

分别根据式(5.16)和式(7.1a)

$$L=(TA-FT)\begin{bmatrix}I_3\\ 0\end{bmatrix}C_1^{-1}=\begin{bmatrix}0 & -4 & -2\\ 7 & 0 & 0\\ -5 & -2 & 1\end{bmatrix}$$

$$K_y=(K-K_zT)\begin{bmatrix}I_3\\ 0\end{bmatrix}C_1^{-1}=\begin{bmatrix}1 & 0 & 0\\ 0 & 1 & 0\end{bmatrix}$$

(2) 对于 K_2,有如下步骤。

第一步的结果和式(7.11)中对增益 K_1 的第一步计算结果相似,只是

$$\tilde{K}_2H=\begin{bmatrix}1 & 0 & 1 & 0\\ 1 & 2 & 0 & 1\end{bmatrix}\leftarrow q_1=1,\ \boldsymbol{l}_1$$

因此第二步:$r_1=1$,$\boldsymbol{c}_1=[1\quad 0\quad 1]$ 以使 $\boldsymbol{l}_1=\boldsymbol{c}_1\overline{D}_1H$,$\bar{\boldsymbol{t}}_1=\boldsymbol{c}_1\overline{D}_1=[1\quad 0\quad 1\quad 1]$。

第三步:

$$S_1H_1=\begin{bmatrix}1 & 0 & 1 & 0\\ \hdashline 0 & 0 & 0 & 1\\ 1 & 1 & 0 & 0\\ 0 & 0 & 1 & 0\\ & \vdots & & \\ \hdashline 1 & 0 & 1 & 0\\ 1 & 2 & 0 & 1\end{bmatrix}\begin{bmatrix}1 & 0 & -1 & 0\\ 0 & 1 & 0 & 0\\ 0 & 0 & 1 & 0\\ 0 & 0 & 0 & 1\end{bmatrix}=\begin{bmatrix}1 & 0 & 0 & 0\\ 0 & 0 & 0 & 1\\ 1 & 1 & -1 & 0\\ 0 & 0 & 1 & 0\\ \hdashline & \vdots & & \\ \hdashline x & x & x & x\\ 1 & 2 & -1 & 1\end{bmatrix}\leftarrow q_2=2,\ \boldsymbol{l}_2$$

第四步:$r_2=1$,$\boldsymbol{k}_2=-1$,$\boldsymbol{c}_2=[1\quad 2\quad 1]$以使$\boldsymbol{l}_2=\boldsymbol{k}_2\bar{\boldsymbol{t}}_1HH_1+\boldsymbol{c}_2\overline{D}_2HH_1$。

于是观测器就是:($r=r_1+r_2=2$)

$$F=\begin{bmatrix}-1 & 0\\ 0 & -2\end{bmatrix},\quad T=\begin{bmatrix}\boldsymbol{c}_1D_1\\ \boldsymbol{c}_2D_2\end{bmatrix}=\begin{bmatrix}2 & 0 & -1 & 1 & 0 & 1 & 1\\ -2 & -4 & -3 & 2 & 2 & 1 & 1\end{bmatrix}$$

$$K_z=\underset{\quad r_1\quad r_2}{\left[\begin{array}{c:c}1 & 0\\ \boldsymbol{k}_2 & 1\end{array}\right]}=\left[\begin{array}{c:c}1 & 0\\ -1 & 1\end{array}\right]$$

$$K_y=\begin{bmatrix}1 & 0 & 1\\ 0 & 1 & 0\end{bmatrix}$$

$$L=\begin{bmatrix}2 & -2 & -1\\ -3 & -16 & -10\end{bmatrix}$$

(3) 对于 K_3,有如下步骤。

因为 K_3 的第一行已经是矩阵 C 的行的线性组合,我们设线性组合系数为 $\boldsymbol{k}_1$ 以及 $r_1=0$。又因为 $\widetilde{K}_3$ 的第二行和 $\widetilde{K}_1$ 的第二行相同,所以有和对 K_1 的第一步计算的相似结果。这样就有了如下观测器:

$F=-1$, $T=\boldsymbol{c}_1D_1=K_1$ 的 T 的第一行 $=[1\quad -1\quad -1\quad 1\quad 1\quad 0\quad 0]$

$L=K_1$ 的 L 的第一行 $=[0\quad -4\quad -2]$

$$K_z=\begin{bmatrix}0\\ 1\end{bmatrix},\ K_y=\begin{bmatrix} & \boldsymbol{k}_1 & \\ 0 & 0 & 0\end{bmatrix}=\begin{bmatrix}1 & 2 & 3\\ 0 & 0 & 0\end{bmatrix}$$

总之,实现三个状态反馈增益的观测器的阶数分别为 3、2、1,因此都小于 $n-m=4$,并且都不大于表 7.1 中 $(v_1-1)+(v_2-1)=3$ 的上限。这些不同的小阶数都是由程序 7.1 系统化地发现的,也是因为不同的增益 K 的具体数值引起的。另外如果增益 K_3 只保留它的第一行,则 $r=r_1=0$,也就是说这一新的增益可由静态输出反馈实现,也就是表 7.1 中的观测器阶数的下限。

这一例子还明确说明最小阶的数值本身不可能有简单普遍的公式。只有这一数值的上、下限才可能有如表 7.1 内的简单普遍的公式。

例 7.2　在单输出的情况下($m=1$),程序 5.3 里的矩阵 D_i 就变成了一个单一的行向量 $\boldsymbol{t}_i$($i=1, \cdots, n-m$),并且 $v_1=n$。因此式(7.8)和式(7.1b)就分别变成了

$$K=K_z\underset{n}{\begin{bmatrix}\boldsymbol{t}_1\\ \vdots\\ \boldsymbol{t}_r\end{bmatrix}}\quad 和\quad \widetilde{K}=K_z\begin{bmatrix}\boldsymbol{t}_i\\ \vdots\\ \boldsymbol{t}_r\end{bmatrix}\underset{n-m}{\begin{bmatrix}0\\ I_{n-m}\end{bmatrix}}$$

因此这两个最小阶观测器的阶数 r 的上限分别不能低于表 7.1 中的 $n(=v_1)$ 和 $n-m(=v_1-1)$（下限分别为 1 和 0，因为 K 不可能是 0，而 $\tilde{K}$ 却可能是 0）。

例 7.3 在单输入的情况下（$p=1$），矩阵 K 是一个 n 维的单一行向量。因为式(7.8)中由 D_i 矩阵组成的已知矩阵和式(7.1c)中由 $\overline{D}_i$ 矩阵组成的已知矩阵分别有 n 和 $n-m$ 个列，所以这两个矩阵也必须分别有 n 和 $n-m$ 个线性无关的行，以使式(7.8)和式(7.1c)对任何给定的参数 K 都能满足。再根据结论 5.2，最小阶观测器的阶数 r 的上限就是表 7.1 中的 v_1 和 v_1-1。在 v_1 等于最可能低的 1 时，这一上限也就自然成为表 7.1 中的下限 1 和 0。

在矩阵 K 的行数开始从 1 增多以后，或在观测器需要产生的 $K\boldsymbol{x}(t)$ 信号开始从 1 逐渐增多以后，最小阶观测器的阶数的上限必须随着参数 p 的逐渐增大而从 v_1 和 v_1-1 逐渐增高。但是对 $K_y=0$ 和 $K_y\neq 0$ 的观测器，这一上限在 $m=1$ 时分别不能低于 n 和 $n-m$ 或 v_1 和 v_1-1(见例 7.2)，当 p 达到 m 时也不能低于 $v_1+\cdots+v_p=n$ 和 $(v_1-1)+\cdots(v_p-1)=n-m$（见定义 5.1）。

总之，式(7.1c)和式(7.8)分别是整个设计问题在 $K_y\neq 0$ 和 $K_y=0$ 这两种情况下的普遍计算公式。对这两个公式的计算程序 7.1 及其结果(见表 7.1)，也完全统一了所有 $K_y\neq 0$ 和 $K_y=0$，单输出和多输出（$m=1$ 和 $m>1$），单输入和多输入（$p=1$ 和 $p>1$），状态观测器和最小阶函数观测器，观测器阶数的上限和下限，这些所有的情况。

本节的结果只针对观测器极点都是不重复实数的情况。因为本节观测器的极点可以任意预先选定(请见 7.1.1 节开始)，所以没有理由不选成不重复的实数，所以本小节的结果不失普遍性。

7.1.3 最可能低的观测器阶数的上限——最可能好的理论结果——整个问题已经解决

定理 7.1 表 7.1 列出的最小阶函数观测器阶数的上下限，是最可能低的上下限。

证明 （Tsui, 2012a） 这个证明是使用正式的归纳法(inductive method)实现的。

首先证明当 $p=1$ 时，比表 7.1 中的上限 (v_1-1) 更低的上限不存在(见例 7.3)。

然后证明，如果表 7.1 中的上限 $(v_1-1)+\cdots+(v_p-1)$ 是最可能低的上限，那么在有 $p+1$ $(p<m)$ 个输入时，比 $(v_1-1)+\cdots+(v_{p+1}-1)$ 更低的

上限不存在（v_i, $i=1$, ⋯ m 是能观指数）。具体详细的证明请见文献（Tsui, 2012a）。

例 7.2 和例 7.3 已经说明，表 7.1 中的最小阶函数观测器阶数的下限就是最可能低的下限。

结论 7.1 （Tsui, 2012a, 2015）因为普遍的和解析的关于最小阶函数观测器阶数本身的数目的公式不存在，只存在最小阶函数观测器阶数的上下限的公式，所以最小阶函数观测器阶数的最可能低的上下限，当然意味着最小阶函数观测器设计的最可能好的理论结果。

因此最小阶函数观测器设计问题的理论部分已经得到完全解决。

能够得到这一最可能好的理论结果，是因为有了最简单的设计公式（7.1c）以及计算这一公式的解的最受欢迎的计算方法（程序 7.1）。

式（7.1c）是加上了更多自由度（$\boldsymbol{c}_1$, ⋯, $\boldsymbol{c}_r$）的一组线性方程式。而程序 7.1 一直是解这一基本问题的最受欢迎的计算程序（Tsui, 1983b；附录 A；Lay, 2006）。

众所周知，不存在一组线性方程组（$A\boldsymbol{x}=\boldsymbol{b}$，其中方矩阵 A 的维数是 $n-m$）的最小维数解 $\boldsymbol{x}$ 的维数 r 本身的普遍公式（r 取决于 A 和 $\boldsymbol{b}$ 的每一个任意给定的数值）。所以，式（7.1c）的解（矩阵 T）的最小行数 r 这一数字本身，即最小阶函数观测器阶数 r 本身的数目，也不存在普遍的公式。

结论 7.2 （Tsui, 2015）

就像问题 $A\boldsymbol{x}=\boldsymbol{b}$（方矩阵 A 的维数是 $n-m$）的最小维数解 $\boldsymbol{x}$ 的维数 r，一般仍然等于或接近其上限（$n-m$）一样，式（7.1c）的解的最小阶数 r，一般也等于或接近其上限。所以只要设计程序能够保证最可能低的上限，如程序 7.1，则将其复杂化以寻求更可能低的观测器阶数的努力，就是不值得的和没有意义的。

所以整个最小阶函数观测器设计问题的计算部分也已经解决。

说明这一点非常重要，因为直到近年仍然有很多篇论文提出新的设计公式和计算程序（Darouach, 2000；Fernando et al., 2010）。这些计算程序等于要将程序 7.1 重复运算 $\sum_{i=1}^{r}\binom{n-m}{i}$ 次，其中 $\binom{n-m}{i}$ 即为在 $n-m$ 个矩阵 D 里取 i 个矩阵 D 的组合数[在式（7.2）的右边矩阵里，放置 i 个不同组合的矩阵 D]，大约要将程序 7.1 运算 $(n-m)^3$ 次！每次的运算远不如程序 7.1 简明。这样整个计算比程序 7.1 不知要复杂多少倍（程序 7.1 等于一次将 i 设成 $n-$

m，程序 7.1 的计算也是最受欢迎的，请见结论 7.1)。

这样的极端复杂化，而且在实际阶数 r 等于或接近其上限时就完全没有意义！

一个相对简单的对程序 7.1 的改变，就是尝试对式(7.2)右边矩阵里的 $n-m$ 个矩阵 D，进行不同的顺序排列。比如按 $D_1-D_2-D_3$ 的上下顺序，可能算出 K 是 D_1 和 D_2 的行的线性组合($r=2$)。但如果按 $D_3-D_2-D_1$ 的上下排列，则可能算出 K 只是 D_3 的行的线性组合($r=1$)。尽管如此，在 r 的数字一般会等于或接近其上限的情况下，和在程序 7.1 已经保证 r 的数字不会大于其上限的情况下，这样的增加尝试仍然没有什么实际意义。

结论 7.3 除了上述在理论上的意义以外，本书的最小阶观测器设计还有一个实际应用上的重大意义——减阶。减阶在整个自动控制理论中一直就有重大意义。更何况在一些常见的系统情况下，本节设计所能保证的观测器阶数，会远远低于现有的状态观测器的阶数！

根据表 7.1，这样的减阶在输入少于输出($p<m$)的情况下一定会存在，在输入远少于输出($p\ll m$)以及 m 个能观指数之间相差不大的情况下会有很大的减阶。而这些系统情况是很常见的，因为增加大功率的控制输入一般远比增加输出观测要困难。

例 7.4 对于 120 阶、20 个输出观测、3 个控制输入、能观指数都等于 6 的系统，其状态观测器的阶数就是 $n-m=100$，而根据表 7.1，本书设计的函数观测器的阶数将不会超过 15！

7.2 故障检测、定位与控制的观测器设计

7.2.1 故障的模型以及故障检测和定位的设计公式与要求

系统故障可以分属输入控制部分和输出观测部分两种(Frank，1990；Gertler，1991)。一般来说，直接影响系统状态的输入故障更难检测和控制，而输出观测传感器的故障的检测处理一般可以靠加上重复的传感器完成。比如近闻波音 737MAX 飞机的测量仰角的传感器数量就从一个加到了两个，以克服只有一个传感器时发生故障的困难。

本书只讨论对输入故障的检测与控制，这些故障将由突发输入信号 $\boldsymbol{d}(t)$ 代表，加在系统模型(1.1a)：

$$\mathrm{d}\boldsymbol{x}(t)/\mathrm{d}t = A\boldsymbol{x}(t) + B\boldsymbol{u}(t) + B_1 d_1(t) + B_2 d_2(t) + \cdots \tag{7.12}$$

这里的故障信号 $d_i(t)$ $(i=1, 2, \cdots)$，在没有故障时其值都是零，在发生故障时有些值就是非零。而 B_1，B_2，…都是已知常数列向量，根据对相关故障的预先了解而设立。

如果设 $\boldsymbol{d}(t)$为这些 $d_i(t)$信号组成的 n 维向量。如果预知 $B_i(i=1, \cdots)$为一个单位矩阵的第 i 个列，则式(7.12)将会变成：$\mathrm{d}\boldsymbol{x}(t)/\mathrm{d}t = A\boldsymbol{x}(t) + B\boldsymbol{u}(t) + \boldsymbol{d}(t)$ 。一个贯通本节的具体例子就有这样特定的故障模型。

故障检测(fault detection)，即发觉故障的发生，只需要一个单一输出的故障检测器。这个单一输出 $e(t)$在正常的没有故障[$\boldsymbol{d}(t)=0$] 的时候等于零，但是在故障发生时将变成非零。所以我们称 $e(t)$为“残差信号”(residual signal)。

为此这个故障检测器将比本书的观测器[式(3.16)]略有不同：

$$\mathrm{d}\boldsymbol{z}(t)/\mathrm{d}t = F\boldsymbol{z}(t) + L\boldsymbol{y}(t) + TB\boldsymbol{u}(t) \tag{7.13a}$$

$$e(t) = \boldsymbol{nz}(t) + \boldsymbol{my}(t) \tag{7.13b}$$

其中，检测器参数 $\boldsymbol{n}$ 和 $\boldsymbol{m}$ 都是非零行向量。

根据定理 3.2，为了满足检测器输出 $e(t)$在 $\boldsymbol{d}(t)=0$ 的正常情况下等于零，故障检测器[式(7.13)]必须满足以下两个条件；

$$TA - FT = LC (F \text{ 必须稳定}) \tag{7.14a}$$

$$\boldsymbol{n}T + \boldsymbol{m}C = 0 \tag{7.14b}$$

故障的定位诊断(fault isolation and diagnosis)不但要求发现向量 $\boldsymbol{d}(t)$变成了非零，而且需要判断和定位具体是哪些 $\boldsymbol{d}(t)$的元素变成了非零，所以这个任务比故障检测要难得多。

很明显，实现故障定位诊断的最有效的方法，是设计一组故障检测器一起工作。这组故障检测器除了在 $\boldsymbol{d}(t)$变成了非零的时候其输出残差信号 $e(t)$会变成非零，更需要在一部分特别预设的 $\boldsymbol{d}(t)$的元素变成非零的时候，其输出 $e(t)$才会变成非零。换句话说，这组故障检测器在 $\boldsymbol{d}(t)$的(另)一部分预设元素变成非零的时候，其输出残差信号 $e(t)$不会变成非零，也就是说这样的故障检测器会对这一部分(q 个)$\boldsymbol{d}(t)$的元素(或故障)“鲁棒”。因此这样的故障检测器也被称为“鲁棒故障检测器”。

因为鲁棒故障检测器的这一功能和本书的输出反馈观测器很相像，所以它

们除了要满足式(7.14a)和式(7.14b)以外,还需要满足

$$T \times [\text{一组特定的 } q \text{ 个 } B_i \text{ 的列}] = 0 \tag{7.14c}$$

以及

$$T \times [\text{其他剩余的任何 } B_i \text{ 的列}] \neq 0 \tag{7.14d}$$

因为一般向量的数值都是非零的,所以鲁棒故障检测器的设计要求就是满足式(7.14a, b, c)。

因为设计要求[式(7.14a, b, c)]和设计要求[式(4.1),式(4.2),式(4.3)]相似,所以根据结论6.1,存在能满足这一设计要求的解的充分条件是 $m > q$,而另一个充分条件(有稳定的传输零点)相对来说太复杂。

可以证明,在 q 的数字选择确定以后,只需要设计 $\binom{Q}{q}$ 个鲁棒故障检测器就能够简单逻辑判断出 q 个同时发生的故障。这里 $\binom{Q}{q}$ 是在 Q 个元素中取 q 个元素的组合,Q 是所有可能的故障数目,即故障信号 $d_i(t)$ 的数目。

例 7.5 假定一个三输出 $(m=3)$ 的系统可能有4个故障信号 $d_1(t)$ 到 $d_4(t)$ $(Q=4)$。这里代表是和否的逻辑信号各为1和0。我们将参数 q 分别设为1和2(都小于 m)。

(1) 如果选择 $q=1$,则将有 $\binom{4}{1}=4$ 个独立的故障检测器。这4个故障检测器各对一个故障[或 $\boldsymbol{d}(t)$ 的元素]无反映,如表7.2所示。

表 7.2 能定位四阶系统的单个故障的逻辑

故障模式	残差信号				逻辑故障定位诊断
	e_1	e_2	e_3	e_4	
$d_1(t) \neq 0$	0	×	×	×	$e_2 \cap e_3 \cap e_4 = 1$
$d_2(t) \neq 0$	×	0	×	×	$e_1 \cap e_3 \cap e_4 = 1$
$d_3(t) \neq 0$	×	×	0	×	$e_1 \cap e_2 \cap e_4 = 1$
$d_4(t) \neq 0$	×	×	×	0	$e_1 \cap e_2 \cap e_3 = 1$

表7.2中的"×"意味着非零,并在表7.2右边的逻辑运算中被当成"1"。"∩"意味着与门(AND)的逻辑运算。可见这4个故障检测器合起来可以反映出任何单一故障的发生情形。

(2) 如果选择 $q=2$，则需要设计 $\binom{4}{2}=6$ 个故障检测器，这 6 个故障检测器各对 $q(=2)$ 个故障[或 $\boldsymbol{d}(t)$ 的元素]无反映。其识别定位一或两个同时故障的逻辑功能如下表 7.3 所示。

表 7.3　能识别定位四阶系统的 1～2 个同时故障的逻辑

故障模式	残差信号						逻辑故障定位诊断
	e_1	e_2	e_3	e_4	e_5	e_6	
$d_1(t)\neq 0$	0	0	0	×	×	×	$e_4\cap e_5\cap e_6=1$
$d_2(t)\neq 0$	0	×	×	0	0	×	$e_2\cap e_3\cap e_6=1$
$d_3(t)\neq 0$	×	0	×	0	×	0	$e_1\cap e_3\cap e_5=1$
$d_4(t)\neq 0$	×	×	0	×	0	0	$e_1\cap e_2\cap e_4=1$

从表 7.3 可见这 6 个故障检测器合起来可以反映出任何一个或两个故障发生的情形。比如当只有 $d_1(t)\neq 0$ 时，这一故障模式可根据 $e_4\cap e_5\cap e_6$ 这一残差信号是否为零来进行唯一判断。当有两个 $\boldsymbol{d}(t)$ 的元素[如 $d_1(t)$ 和 $d_2(t)$]非零时，这一故障也可以根据 $e_2\cap e_3\cap e_4\cap e_5\cap e_6$ 这一残差信号是否为零来进行唯一判断。

7.2.2　故障检测和定位设计的计算程序

因为设计要求[式(7.14a，b，c)]和设计要求[式(4.1)，式(4.2)，式(4.3)]很相似，所以根据程序 5.3 和程序 6.1，其计算程序如下。

程序 7.2　鲁棒故障检测器设计(Tsui，1989)。

第一步：先根据程序 5.3 第一步算出式(7.14a)的解 T 的每一行 $\boldsymbol{t}_i$ 的基向量矩阵 D_i[根据式(6.1a)：$\boldsymbol{t}_i=\boldsymbol{c}_iD_i$]。矩阵 D_i 必须使式(7.14a)的相对于矩阵 C 的 $n-m$ 个零列位置上的列，等于零。

第二步：用自由度 $\boldsymbol{c}_i$ 来满足式(7.14c)，即 $T\times$[一组特定的 q 个 B_i 的列]$=0$。能够完全满足这一要求的充分条件是 $m>q$。矩阵 T 确定以后，式(7.14a)的其余 m 个列将由自由参数 L 来满足。

第三步：满足式(7.14b)，即 $\boldsymbol{n}T+\boldsymbol{m}C=\boldsymbol{0}$。因为(7.14b)有 n 个列，所以故障检测器的阶数 r 一般必须大于 $n-m$，以使矩阵 T 和 C 加起来一共有 n 个以上的行。

下面我们将设 $r=2$(故障检测器共有 2 个极点)，设计例 7.5 的系统 $(m=$

3，$Q=4$，$r+m=5>n$）的一个实例(例 7.6)。这个实例是一个四阶的系统（$n=4$）。

因为 $Q=n$，所以例 7.6 里的 Q 个预知 B_i 的列排在一起，正好组成一个 n 维的单位矩阵。这样每一个故障信号 $d_i(t)$都将只出现在系统模型(7.12)的第 i 个行里，即第 i 个状态 $x_i(t)$（$i=1, \cdots, n$）的微分方程里。所以 $d_i(t)$变成非零就可以看成是第 i 个系统状态 $x_i(t)$发生了故障。

按例 7.5 里的第(2)个设计方案（设 $q=2$），我们将在例 7.6 中一共设计 $k(=6)$个鲁棒故障检测器。

例 7.6 (Tsui，1993c) 设受控系统(A，B，C)中的

$$A=\begin{bmatrix}-20.95 & 17.35 & 0 & 0\\ 66.53 & -65.89 & -3.843 & 0\\ 0 & 1\,473 & 0 & -67\,420\\ 0 & 0 & -0.005\,78 & -0.054\,84\end{bmatrix},\quad B=\begin{bmatrix}1\\0\\0\\0\end{bmatrix},$$

$$C=\begin{bmatrix}1 & 0 & 0 & 0\\ 0 & 1 & 0 & 0\\ 0 & 0 & 0 & 1\end{bmatrix}$$

这是一个汽车动力系统的实际例子(Cho，et al.，1990)。其四个状态分别是引擎速度、扭矩转换成的涡轮速度、驱动轴扭矩和轮子转速，其控制输入是引擎显示的扭矩。这一例子将在本节贯穿使用。

让我们设这 6 个检测器的初始阶数同为 $r_i=n-m+1=2$ ($i=1, \cdots, 6$)，并设它们的共同状态矩阵为

$$F_i=\begin{bmatrix}-10 & 0\\ 0 & -20.732\,2\end{bmatrix}\quad (i=1, \cdots, 6)$$

希望通过设计使它们有和表 7.3 中同样的功能。

根据程序 7.2 的第一步[只针对式(7.14a)的第三列]，参数矩阵 T_i 的两个行向量在 6 个检测器中都各有相同的基向量矩阵：

$$D_{i1}=\begin{bmatrix}0.358\,7 & 0.871\,3 & 0.000\,2 & 0.334\,8\\ -0.000\,5 & 0.000\,2 & 1 & -0.000\,5\\ -0.933\,4 & 0.334\,8 & -0.000\,5 & 0.128\,7\end{bmatrix}\quad (i=1, \cdots, 6)$$

$$D_{i2}=\begin{bmatrix}0.174\,1 & 0.969\,7 & 0 & 0.171\,5\\ -0.000\,3 & 0 & 1 & -0.000\,3\\ -0.984\,7 & 0.171\,5 & -0.000\,3 & 0.030\,3\end{bmatrix}\quad (i=1, \cdots, 6)$$

根据程序的第二步和表 7.3 中对各个矩阵 T_i 的零值列的要求,我们算出

$$\begin{aligned}
&\boldsymbol{c}_{11}=[0\quad -1\quad 0.0006], && \boldsymbol{c}_{12}=[0\quad -1\quad 0.0003],\\
&\boldsymbol{c}_{21}=[0.0015\quad 1\quad 0], && \boldsymbol{c}_{22}=[0.0015\quad 1\quad 0],\\
&\boldsymbol{c}_{31}=[0.9334\quad 0\quad 0.3587], && \boldsymbol{c}_{32}=[0.9847\quad 0\quad 0.1741],\\
&\boldsymbol{c}_{41}=[-0.3587\quad 0.0005\quad 0.9334], && \boldsymbol{c}_{42}=[-0.1741\quad 0.0003\quad 0.9847],\\
&\boldsymbol{c}_{51}=[-0.3587\quad 0.0005\quad 0.9334], && \boldsymbol{c}_{52}=[-0.1741\quad 0.0003\quad 0.9847],\\
&\boldsymbol{c}_{61}=[-0.3587\quad 0.0005\quad 0.9334], && \boldsymbol{c}_{62}=[-0.1741\quad 0.0003\quad 0.9847]
\end{aligned}$$

检查这一结果可知 6 个检测器中的后三个的结果完全一样。因此其中有两个是重复的并没有存在的必要。检查第二和第四个检测器的结果还可知这两个检测器的参数 T 的两个行都一样,因此其中的一个行也没有存在的必要。我们可以设其 $F_i=-10$, $T_i=\boldsymbol{c}_{i1}D_{i1}(i=2, 4)$ 。

剩下的 4 个检测器的参数矩阵 T_i 可以根据式(6.1a)算出,并根据式(5.16)算出其各自对应的矩阵 $L_i(i=1, \cdots, 4)$.

$$\begin{aligned}
&T_1=\begin{bmatrix}0 & 0 & 0.0006 & 1\\ 0 & 0 & 0.0003 & 1\end{bmatrix}, && L_1=\begin{bmatrix}0 & 0.8529 & -29.091\\ 0 & 0.3924 & 3.715\end{bmatrix},\\
&T_2=[0\quad 0.0015\quad 0\quad -1], && L_2=[0.1002\quad -0.0842\quad -9.9451],\\
&T_3=\begin{bmatrix}0 & 0.9334 & 0.3587 & 0\\ 0 & 0.9847 & 0.1741 & 0\end{bmatrix}, && L_3=\begin{bmatrix}62 & 476 & -24185\\ 66 & 213 & 11749\end{bmatrix},\\
&T_4=[-1\quad 0\quad 0\quad 0], && L_4=[10.95\quad -17.35\quad 0]
\end{aligned}$$

经验算可知,式(7.14a)和式(7.14c)都得到了满足。在计算矩阵 L_i 时,我们用了矩阵 C 和式(7.14a)的非零的第一、第二和第四个列。

第三步,根据式(7.14b)计算出:

$$\begin{aligned}
[\boldsymbol{n}_1 \vdots \boldsymbol{m}_1]&=[0.3753\quad -0.8156 \vdots 0\quad 0\quad 0.4403]\\
[\boldsymbol{n}_2 \vdots \boldsymbol{m}_2]&=[0.7071 \vdots 0\quad -0.0011\quad 0.7071]\\
[\boldsymbol{n}_3 \vdots \boldsymbol{m}_3]&=[0.394\quad -0.8116 \vdots 0\quad 0.4314\quad 0]\\
[\boldsymbol{n}_4 \vdots \boldsymbol{m}_4]&=[1 \vdots 1\quad 0\quad 0]
\end{aligned}$$

经验算可知,式(7.14b)也已得到满足。这样式(7.14a, b, c)这三个条件都已得到满足,但是式(7.14d)只得到了部分的满足。虽然 $T_i(i=1, 2, 3)$ 都满足了式(7.14d),但是 $T_i(i=4, 5, 6)$ 却因为有三个列是零而没有满足式(7.14d)。

根据这一新结果表 7.4,表 7.3 中的理想结果只能做如下改变。

根据表 7.4, d_1 和 d_2, d_1 和 d_3, d_1 和 d_4 这三对同时出现故障的情形可以被逻辑识别诊断出来(分别等于 $e_2 \cap e_3 \cap e_4$, $e_1 \cap e_3 \cap e_4$ 和 $e_1 \cap e_2 \cap e_4$)。但是 d_2 和 d_3, d_2 和 d_4, d_3 和 d_4 这三对同时故障却不能被识别诊断出来。例如,根据除了 e_4 以外其余三个残差信号都是非零的信息,我们只能知道除了 d_1 以外的其余三个状态部件都可能出了故障,但是不能知道到底是这三个状态部件中的哪两个状态部件出了故障。

尽管如此,由于这一系统仍然能识别出任何单一故障发生的情形,如表 7.4 所示,所以这一系统可以诊断出一共 7 个不同的故障发生情形。而根据 $q=1$ 所设计的故障检测器,只能诊断出一共 4 个单一 ($q=1$) 故障发生的情形(见表 7.2),所以不如本例中根据 $q=2$ 所设计的故障检测器。根据三个输出的信息迅速诊断出这一四阶系统的 7 个不同状态故障的情形,已经是相当不容易的了。

表 7.4 例 7.6 中可以实现的故障识别和诊断的功能

故障模式	残差信号				逻辑故障定位诊断
	e_1	e_2	e_3	e_4	
$d_1(t) \neq 0$	0	0	0	×	$e_4 = 1$
$d_2(t) \neq 0$	0	×	×	0	$e_2 \cap e_3 = 1$
$d_3(t) \neq 0$	×	0	×	0	$e_1 \cap e_3 = 1$
$d_4(t) \neq 0$	×	×	0	0	$e_1 \cap e_2 = 1$

7.2.3 故障的自适应容错控制(Tsui, 1997)

就像对病人做诊断是为了治疗一样,对故障做定位诊断的一个主要目的就是为了对已发故障做针对性的容错控制。本书的容错反馈控制信号,不但基于故障定位的信息,而且是对所有 k 个故障检测器的状态 $\boldsymbol{z}_i(t)$ $(i=1, \cdots, k)$ 以及系统输出观测 $\boldsymbol{y}(t)$的常数线性组合,就像本书其他章节里的观测器反馈控制器(3.16b)的控制信号一样。这是因为 $\boldsymbol{y}(t)=C\boldsymbol{x}(t)$ 以及在正常情况下和故障发生前 $\boldsymbol{z}_i(t)=T_i\boldsymbol{x}(t)$,即都是系统状态 $\boldsymbol{x}(t)$的线性组合。

所以本书的容错控制是基于非常丰富的信息,所以会非常有效。这样的常数增益当然也是非常容易设计的。

这样的状态反馈控制的增益$[K_z : K_y]$,还将根据定位出来故障发生的不同具体模式，以及对这些不同故障模式的预先理解，预先设计好针对各种故障模式的不同的增益$[K_z \vdots K_y]$。在实时运行时，将根据定位出来的故障模式，即刻自动替换上相对于这一模式的增益。

所以本书的容错控制是针对各种不同的故障模式的“自适应控制”，是非常及时和有针对性的控制。

比如，如果我们预先知道在某种故障状况/模式下，哪些系统状态 $\boldsymbol{x}(t)$以致哪些 $\boldsymbol{z}(t)$信号和 $\boldsymbol{y}(t)$信号受故障的影响特别大或特别小，那么我们在预先设计针对这一故障模式的控制增益$[K_z : K_y]$时，就会对影响较大的信号不做增益而只对影响较小的信号做增益。

例 7.7　根据例 7.5，对于三输出 ($m=3$) 和 4 个可能故障 ($Q=4$) 的系统，我们一共能定位出 10 个不同的故障模式，分别定义为 $M_i(i=1, \cdots, 10)$。这 10 个故障模式分别对应于表 7.2($q=1$) 中的四个故障模式和表 7.3($q=2$) 中的六个故障模式。这些结果被列在本例的表 7.5 的第一列。针对每一个故障模式 M_i，其相应的控制增益$[K_z : K_y]$定义为 $K_i(i=1, \cdots, 10)$。

对于 $d_i(t)$变成非零等于 $x_i(t)$发生故障的这一四阶系统，针对以上每一个故障模式，未发生故障的系统状态被列在表 7.5 的第二列，而相应的状态反馈控制信号则被列在表 7.5 的第三列。需要注意的是，第三列所列的所有信号，都只包含相应故障模式中未发生故障的系统状态，即第二列中的系统状态。

表 7.5　对四阶系统的有一个状态故障或两个同时状态故障的自适应控制

故障模式	未发生故障的系统状态部件	自适应状态反馈控制信号
$M_1: d_1 \neq 0$	x_2, x_3, x_4	$K_1[\boldsymbol{z}_1(t)^T : \boldsymbol{z}_2(t)^T : \boldsymbol{z}_3(t)^T : \bar{\boldsymbol{y}}_1(t)^T]^T$
$M_2: d_2 \neq 0$	x_1, x_3, x_4	$K_2[\boldsymbol{z}_1(t)^T : \boldsymbol{z}_4(t)^T : \boldsymbol{z}_5(t)^T : \bar{\boldsymbol{y}}_2(t)^T]^T$
$M_3: d_3 \neq 0$	x_1, x_2, x_4	$K_3[\boldsymbol{z}_2(t)^T : \boldsymbol{z}_4(t)^T : \boldsymbol{z}_6(t)^T : \bar{\boldsymbol{y}}_3(t)^T]^T$
$M_4: d_4 \neq 0$	x_1, x_2, x_3	$K_4[\boldsymbol{z}_3(t)^T : \boldsymbol{z}_5(t)^T : \boldsymbol{z}_6(t)^T : \bar{\boldsymbol{y}}_4(t)^T]^T$
$M_5: d_1, d_2 \neq 0$	x_3, x_4	$K_5[\boldsymbol{z}_1(t)^T : \bar{\boldsymbol{y}}_5(t)^T]^T$
$M_6: d_1, d_3 \neq 0$	x_2, x_4	$K_6[\boldsymbol{z}_2(t)^T : \bar{\boldsymbol{y}}_6(t)^T]^T$
$M_7: d_1, d_4 \neq 0$	x_2, x_3	$K_7[\boldsymbol{z}_3(t)^T : \bar{\boldsymbol{y}}_7(t)^T]^T$
$M_8: d_2, d_3 \neq 0$	x_1, x_4	$K_8[\boldsymbol{z}_4(t)^T : \bar{\boldsymbol{y}}_8(t)^T]^T$
$M_9: d_2, d_4 \neq 0$	x_1, x_3	$K_9[\boldsymbol{z}_5(t)^T : \bar{\boldsymbol{y}}_9(t)^T]^T$
$M_{10}: d_3, d_4 \neq 0$	x_1, x_2	$K_{10}[\boldsymbol{z}_6(t)^T : \bar{\boldsymbol{y}}_{10}(t)^T]^T$

其中的反馈增益 $K_i(i=1, \cdots, 10)$ 是针对各自的故障模式 M_i 而预先设计的,$\overline{\boldsymbol{y}}_i(t)$ 是系统输出 $\boldsymbol{y}(t)$ 中只相对于在故障模式 M_i 中未发生故障的部分状态。关于这一反馈控制的具体设计,读者可以参考第 8~10 章。总之,表 7.5 第三列中列出的反馈控制信号都是基于未发生故障的系统状态的一个状态反馈信号。

在实际运行中,所有 6 个故障检测器的状态以及系统的输出观测都一直平行地存在。一旦控制器的故障检测部分识别和诊断出一种故障模式(必然是表 7.5 中的 10 种情形中的一种),控制器就可以立刻自动根据表 7.5 切换和产生针对这一故障的状态反馈控制信号。

如果式(7.14a)~式(7.14d)的理想要求不能完全被满足,则表 7.5 中的理想故障控制也要做相应调整。应该指出的是,理想的故障检测控制一般是不可能的,虽然程序 7.2 已经充分利用了设计自由度。

例 7.8 根据例 7.6 的实际结果,表 7.5 中的理想故障控制将做一些相应的调整。首先故障检测器状态 $\boldsymbol{z}_4$、$\boldsymbol{z}_5$、$\boldsymbol{z}_6$ 是重复的,并将由 $\boldsymbol{z}_4$ 代替。其次故障模式 M_8、M_9、M_{10} 不可能被识别出来,因此也不可能有针对这三个故障模式的自适应控制。

根据例 7.6 的具体情况,表 7.5 中的信号 $\overline{\boldsymbol{y}}_i(t)$ $(i=1, \cdots, 7)$ 如下:

$\overline{\boldsymbol{y}}_1(t)=[y_2(t) \quad y_3(t)]^{\mathrm{T}}$, $\overline{\boldsymbol{y}}_2(t)=[y_1(t) \quad y_3(t)]^{\mathrm{T}}$, $\overline{\boldsymbol{y}}_3(t)=\boldsymbol{y}(t)$,
$\overline{\boldsymbol{y}}_4(t)=[y_1(t) \quad y_2(t)]^{\mathrm{T}}$, $\overline{\boldsymbol{y}}_5(t)=[y_3(t)]$, $\overline{\boldsymbol{y}}_6(t)=[y_2(t) \quad y_3(t)]^{\mathrm{T}}$,
$\overline{\boldsymbol{y}}_7(t)=[y_2(t)]$。

在实际设计时,还可以在有充足的反馈信息的情况下对表 7.5 做如下调整。因为在未发生故障的系统状态部件中,有一些可能会受到发生故障的系统状态的较强的耦合(strong coupling)影响。这些状态相对于其他未发生故障的状态就比较不可靠,因此不应该用来产生反馈控制信号。

系统状态之间的耦合关系可以从系统的状态矩阵 A 中明显看出。我们可以把矩阵 A 的元素 a_{ij} 的绝对值的大小,作为状态 x_j 对状态 x_i 的影响强弱的标志。

例 7.9 在例 7.6 的实际例子中,有

$$A=\begin{bmatrix} -20.95 & 17.35 & 0 & 0 \\ 66.53 & -65.89 & -3.843 & 0 \\ 0 & 1437 & 0 & -67420 \\ 0 & 0 & -0.00579 & -0.0548 \end{bmatrix}$$

根据这个矩阵 A，状态 x_3 就受到状态 x_4 的强烈影响（$|a_{34}|=67\,420$），反过来状态 x_4 却不受状态 x_3 的强烈影响（$|a_{43}|=0.005\,79$）（因为矩阵 A 不对称）。

基于这一认识，我们将只利用受发生故障的状态微弱影响的系统状态及其相应的故障检测器状态和系统输出，来产生故障控制信号。我们还将注意不使用线性相关的（或重复的）信号。比如在本例中 $\boldsymbol{z}_4(t)=T_4\boldsymbol{x}(t)=-y_1(t)$，因此我们将只使用 $y_1(t)$[而不使用 $\boldsymbol{z}_4(t)$]来产生控制信号。

下面我们把 $|a_{ij}|$ 大于或小于 10 作为状态耦合影响强弱的判别，那么矩阵 A 显示出 x_2 对 x_1 的影响是强的（$17.35>10$），而 x_3 对 x_2 的影响是足够弱的（$3.843<10$）。

表 7.6　例 7.6 中可实现的状态故障的自适应控制（状态耦合强弱标准为 10）

故障模式	未发生故障的状态	受"发生故障的状态"微弱影响的状态	自适应反馈控制信号（影响强弱判别=10）
$M_1: d_1(t)\neq 0$	x_2, x_3, x_4	x_3, x_4	$K_1[\boldsymbol{z}_1(t)^{\mathrm{T}} \vdots y_3(t)]^{\mathrm{T}}$
$M_2: d_2(t)\neq 0$	x_1, x_3, x_4	x_4	$K_2[y_3(t)]$
$M_3: d_3(t)\neq 0$	x_1, x_2, x_4	x_1, x_2, x_4	$K_3[\boldsymbol{y}(t)]$
$M_4: d_4(t)\neq 0$	x_1, x_2, x_3	x_1, x_2	$K_4[y_1(t) \vdots y_3(t)]^{\mathrm{T}}$
$M_5: d_1\neq 0, d_2\neq 0$	x_3, x_4	x_4	$K_5[y_3(t)]$
$M_6: d_1\neq 0, d_3\neq 0$	x_2, x_4	x_4	$K_6[y_3(t)]$
$M_7: d_1\neq 0, d_4\neq 0$	x_2, x_3	x_2	$K_7[y_2(t)]$

对于故障模式 M_7，我们把 x_2 仍然列为受发生故障的状态（x_1，x_4）微弱影响的状态，尽管 x_1 对 x_2 的影响是 $66.53>10$。这是因为除了 x_2 以外，已经没有更多的可利用的系统状态了（x_3 受发生故障的状态 x_4 的影响比 x_2 的大得多）。

7.2.4　系统模型误差和观测噪声的影响和处理（Tsui，1994b）

7.2.1 节～7.2.3 节已经建立了一个完整的故障检测、定位和容错控制的控制器系统。本小节将分析受控系统的模型误差以及观测噪声，对这一控制器系统的故障检测和定位部分的影响，并在这个基础上讨论如何处理这些影响。

因为故障检测器的动态部分式(7.13a)（F_i，T_i，L_i，$i=1, \cdots, k$）和本书前面的反馈控制器(3.16a)（F_o，T_o，L_o）在结构上基本相同，又因为容错故障的反馈控制（见表 7.5）在结构上也和本书的控制(3.16b)基本相同，所以完全可以把前三节设计的故障控制器和第 5、第 6 章和第 8～10 章设计的在正常(无故障)情况下的反馈控制器平行连接和联合运行。

这一联合系统可以用图 7.1 来描述。

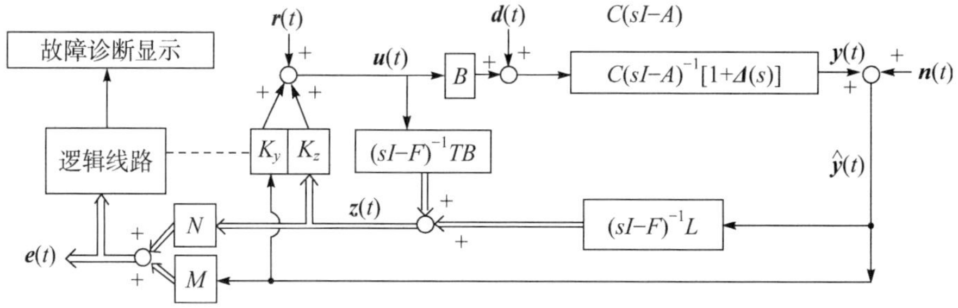

图 7.1　一个完整的反馈控制器和故障检测控制器的框图

图 7.1 中，$\boldsymbol{r}(t)$为系统的外部参考输入；$\boldsymbol{d}(t)$为故障信号；$\boldsymbol{n}(t)$为输出噪声信号并有其均方根值的阈值 $\overline{n}$；$C(sI-A)^{-1}\Delta(s)$ 为系统模型误差(频域 s 上的)并有阈值 $\overline{\Delta}$。

对于 $k=\binom{n}{q}$，$(q=m-1)$，有

$$
\begin{aligned}
&\boldsymbol{e}(t)=[e_1(t)\cdots e_k(t)]^{\mathrm{T}}\\
&\boldsymbol{z}(t)=[\boldsymbol{z}_0(t)^{\mathrm{T}} \mid \boldsymbol{z}_1(t)^{\mathrm{T}} \mid \cdots \mid \boldsymbol{z}_k(t)^{\mathrm{T}}]^{\mathrm{T}}\\
&F=\mathrm{diag}\{F_0,\ F_1,\ \cdots,\ F_k\},\\
&N=\mathrm{diag}\{\boldsymbol{n}_0,\ \boldsymbol{n}_1,\ \cdots,\ \boldsymbol{n}_k\},\ (\boldsymbol{n}_0=0)\\
&T=\begin{bmatrix}T_0\\T_1\\\vdots\\T_k\end{bmatrix},\ L=\begin{bmatrix}L_0\\L_1\\\vdots\\L_k\end{bmatrix},\ M=\begin{bmatrix}\boldsymbol{m}_0\\\vdots\\\boldsymbol{m}_k\end{bmatrix}\quad(\boldsymbol{m}_0=0)
\end{aligned}
$$

在正常(无故障的)情况下，$\overline{K}=[K_z \mid K_y]$ 只为 $\boldsymbol{z}_0(t)$和 $\boldsymbol{y}(t)$的反馈增益。但是当出现故障时，这一增益将按照表 7.5～表 7.6 里的预先设计方案调整。因此在图 7.1 里我们一般把增益 $\overline{K}$ 画成是对所有观测器和故障检测器的状态 $\boldsymbol{z}_i(t)$ $(i=0,\ 1,\ \cdots,\ k)$，以及输出$\hat{\boldsymbol{y}}(t)$的增益。

因为故障的检测和定位是通过残差信号 $\boldsymbol{e}(t)$的元素从零变成非零实现的(见表 7.2～表 7.4)，所以 $C(sI-A)^{-1}\Delta(s)$ 和 $\boldsymbol{n}(t)$对这一故障检测部分的影响也完全反映在对 $\boldsymbol{e}(t)$的这些元素是零或非零的判别上。

为了分析 $C(sI-A)^{-1}\Delta(s)$ 和 $\boldsymbol{n}(t)$ 对 $\boldsymbol{e}(t)$ 的影响，我们首先要建立从信号 $\Delta(s)$、$N(s)$、$R(s)$ 和 $D(s)$ 到 $E(s)$ 的传递函数的关系。这里 $N(s)$、$R(s)$、$D(s)$、$E(s)$，还有 $X(s)$、$U(s)$、$Y(s)$、$Z(s)$ 分别是它们各自的时间函数的拉氏变换。

定理 7.2 （Tsui，1993c） 对于足够小的 $\Delta(s)$，从 $\Delta(s)$、$N(s)$、$R(s)$ 和 $D(s)$ 到 $E(s)$ 的传递函数关系是

$$E(s)=H_{er}(s)\Delta(s)R(s)+H_{ed}(s)[1+\Delta(s)]D(s)+H_{en}(s)N(s) \tag{7.15}$$

$$\triangleq E_r(s)+E_d(s)+E_n(s) \tag{7.16}$$

其中，

$$H_{er}(s)=[NH_{zy}(s)+M]H_{yr}(s)$$
$$H_{ed}(s)=[NH_{zy}(s)+M]H_{yd}(s)$$
$$H_{en}(s)=[NH_{zy}(s)+M]H_{yn}(s)$$

有

$$H_{yr}(s)=[I-G_o(s)B(K_zH_{zy}(s)+K_y)]^{-1}\times G_o(s)B(K_zH_{zr}(s)+1)$$
$$H_{yd}(s)=[I-G_o(s)B(K_zH_{zy}(s)+K_y)]^{-1}\times G_o(s)$$
$$H_{yn}(s)=[I-G_o(s)B(K_zH_{zy}(s)+K_y)]^{-1}$$

当 $G_{u0}(s)=0$，即输出反馈控制器（$TB=0$）时，有

$$H_{zyi}(s)=\begin{cases}G_{y0}(s)=(sI-F_0)^{-1}L_0 & (i=0)\\ G_{ui}(s)K_zG_{y0}(s)+G_{ui}(s)K_y+G_{yi}(s) & (i\neq 0)\end{cases}$$
$$H_{zr}(s)=[I-G_u(s)K_z]^{-1}G_u(s),$$

其中，$G_u(s)=(sI-F)^{-1}TB$，$G_y(s)=(sI-F)^{-1}L$，$G_o(s)=C(sI-A)^{-1}$。

证明 这个证明可以根据图 7.1 直接得出，请见本书第一版。

图 7.1 的完整系统加上了系统的外部输入 $R(s)$、输出观测信号噪声 $N(s)$，以及系统模型误差 $\Delta(s)$ 这些因素。这些因素对故障检测的不利影响，在于当没有故障 $[D(s)=0]$ 时，残差信号 $E(s)$ 仍然会因为这些因素的作用而是非零，从而可能被误判成是因为故障的作用而是非零。

对于这些不利因素的简明处理，就是先设立这个非零残差信号的最大阈值（threshold）J_{th}。然后在实际运行时只有当残差信号 $\boldsymbol{e}(t)$ 的非零绝对值大于这

个阈值 J_{th} 时,才会判定这个非零的残差信号是由故障引起的,即故障已经发生。

这就好比我们通常把体温是否超过 37.5℃,作为判别是否生病的阈值。即使对于体温略高于正常但是低于 37.5℃的情况,仍然会判定这不是因为生病,而是因为一些其他因素(如喝了热水或温度计误差)而引起的。

让我们先根据定理 7.2,来设立这个阈值。在没有故障 $[D(s)=0]$ 的正常情况下:

$$E(s)=E_r(s)+E_n(s)=H_{er}(s)\Delta(s)R(s)+H_{en}(s)N(s)。 \tag{7.17}$$

因此我们把残差信号 $E(s)$判别为非零的阈值设为式(7.17)的最大值:

$$\begin{aligned} J_{th} &\triangleq \sup \| E_r(s)+E_n(s) \| \\ &\leqslant \sup_{\omega} \| E_r(j\omega) \| + \sup_{\omega} \| E_n(j\omega) \| \\ &\leqslant \max_{\omega}\{\bar{\sigma} H_{er}(j\omega) \| R(j\omega) \| \}\bar{\Delta} + \max_{\omega}\{\bar{\sigma} H_{en}(j\omega)\}\bar{n} \end{aligned} \tag{7.18}$$

其中,$\bar{\sigma}$ 表示矩阵的最大奇异值。

式(7.18)虽然是残差信号在频域上的值,但是根据帕塞瓦尔(Parseval)定理这一值与时域上的残差信号 $\boldsymbol{e}(t)$的值也有直接的联系。比如根据文献(Emami-Naeini et al., 1988)我们可以把式(7.18)的阈值设为 $\boldsymbol{e}(t)$在 τ 的范围内的均方根值:

$$\| \boldsymbol{e} \|_{\tau} = \left[(1/\tau)\int_0^{\tau} \boldsymbol{e}(t)^{\mathrm{T}} \boldsymbol{e}(t)\mathrm{d}t \right]^{\frac{1}{2}} \tag{7.19}$$

这里的常数 τ 是使残差信号 $\boldsymbol{e}(t)$的能量能够积累的“窗口”间隙时间。参数 τ 将根据实际故障发生的时间长短以及故障检测器的反应快慢强弱调整。只有当 $\| \boldsymbol{e} \|_{\tau}$ 大于 J_{th} 时,$\boldsymbol{e}(t)$才被判别是非零,并被认为是故障 $D(s)$引起的,否则 $\boldsymbol{e}(t)$的非零值就被认为是由系统模型误差[通过输入 $R(s)$]和输出观测噪声 $N(s)$引起的。根据式(7.18)可知,输入范数 $\| R(j\omega) \|$、系统模型误差 $\bar{\Delta}$ 和观测噪声 $\bar{n}$ 越大,则将 $\boldsymbol{e}(t)$判为非零的 J_{th} 也越高。

还有一个极为重要的技术问题是,应该而且可能对 $\boldsymbol{e}(t)$的 k 个信号中的每一个进行单独的零和非零的判别,即将式(7.18)和式(7.19)分解为

$$J_{thi} = \max_{\omega}\{\bar{\sigma}[H_{eri}(j\omega)] \| R(j\omega) \| \}\bar{\Delta} + \max_{\omega}\{\bar{\sigma}[H_{eni}(j\omega)]\}\bar{n} \tag{7.20}$$

和

$$\| e_i \|_\tau = \left[(1/\tau) \int_0^\tau | e_i(t) |^2 \mathrm{d}t \right]^{\frac{1}{2}} \quad (i=1, \cdots, k) \tag{7.21}$$

这样将大大提高这一判别的分辨率和准确性。这就像在第 2 章里，用所有特征值的敏感性 $s(\Lambda)$ 比用单一特征值的敏感性 $s(\lambda_i)$ 来测量 λ_i 的敏感性，要笼统得多和不准确得多。用敏感性函数来测量整个反馈系统的敏感性也一样笼统得多和不准确得多。这是本书结果的优越性的一个主要原因之一。

在判别残差信号 $e_i(t)$ 是否非零的阈值建立以后，估计能保证被检测出来的故障强度也是很有意义的。

这一故障强度必须保证使残差信号的均方根值超过 J_{th}，因此要求

$$\inf \| E(s) = E_d(s) + E_r(s) + E_n(s) \| > J_{\text{th}} \triangleq \sup \| E_r(s) + E_n(s) \| \tag{7.22}$$

定理 7.3 根据故障如果发生则必强烈的假设，我们设(Emami-Naeini et al.，1988)

$$\inf \| E_d(s) \| > \sup \| E_r(s) + E_n(s) \| \tag{7.23}$$

于是故障 $D(s)$ 必须满足

$$\| H_{ed}(s) D(s) \| > 2J_{\text{th}} / (1 - \overline{\Delta}) \tag{7.24}$$

才能保证被察觉[保证满足式(7.22)]。

证明 根据式(7.23)，有

$$\begin{aligned} &\inf \| E(s) = E_d(s) + E_r(s) + E_n(s) \| \\ &\qquad \geqslant \inf \| E_d(s) \| - \sup \| E_r(s) + E_n(s) \| \end{aligned}$$

因此

$$\inf \| E_d(s) \| - \sup \| E_r(s) + E_n(s) \| > J_{\text{th}} \triangleq \sup \| E_r(s) + E_n(s) \|$$

或

$$\inf \| E_d(s) \| > 2\sup \| E_r(s) + E_n(s) \| = 2J_{\text{th}} \tag{7.25}$$

就可以满足式(7.22)的要求。

因为根据式(7.16)，在 $\overline{\Delta} < 1$ 的情况下，

$$\| E_d(s) \| > (1 - \overline{\Delta}) \| H_{ed}(s) D(s) \| \tag{7.26}$$

所以根据式(7.25)，$\| H_{ed}(s) D(s) \| > 2J_{\text{th}} / (1 - \overline{\Delta})$ 可以保证满足式(7.22)。

再次强调,本小节的理论结果虽然简单,但是因为过于笼统、保守,所以不够准确实用。比如式(7.18)里,在 $\max\{\bar{\sigma}H_{en}(j\omega)\}$ 的频率 ω_0, $N(j\omega_0)$ 一般会远小于 $\bar{n}$。

习　题

7.1 将例 6.1 中的系统矩阵 C 确定为

$$C=\left[\begin{array}{ccc:ccc:c}1&0&0&0&0&0&0\\2&1&0&0&0&0&0\\3&4&1&0&0&0&0\end{array}\right]$$

再预设 F 的四个特征值及其 4 个矩阵 D_i 也都和例 6.1 的一样。

对以下四个增益 K 重复例 7.1 的设计。

(1) $K=\left[\begin{array}{ccc:ccc:c}1&-1&0&1&2&3&1\\0&0&1&-4&3&-2&0\end{array}\right]$。

(2) $K=\left[\begin{array}{ccc:ccc:c}1&0&0&1&2&3&1\\0&-1&1&2&-4&-6&-4\end{array}\right]$。

(3) $K=\left[\begin{array}{ccc:ccc:c}11&7&1&0&0&0&0\\-6&2&-4&6&-2&4&-6\end{array}\right]$。

(4) $K=\left[\begin{array}{ccc:ccc:c}3&2&-3&-1&-2/3&1&1/3\\10&6&1&0&0&0&0\end{array}\right]$,并将程序 7.1 第一步中的矩阵 S 设为 $[\overline{D}_3^{\mathrm{T}} \,\vdots\, \overline{D}_2^{\mathrm{T}} \,\vdots\, \overline{D}_1^{\mathrm{T}} \,\vdots\, \widetilde{K}^{\mathrm{T}}]^{\mathrm{T}}$。

答案:(1) $r=3,\ F=\begin{bmatrix}-1&&\\&-2&\\&&-3\end{bmatrix}$,

$$T=\begin{bmatrix}[\,3&2&3\,]D_1\\ [-2&0&0\,]D_2\\ [\,4&3&-2]D_3\end{bmatrix}=\left[\begin{array}{ccc:ccc:c}3&-2&-3&-3&2&3&3\\-8&0&0&4&0&0&-2\\36&-9&6&-12&3&-2&4\end{array}\right],$$

$$K_z=\left[\begin{array}{cc:c}1&1&0\\0&2&1\end{array}\right],\ K_y=\begin{bmatrix}19&-11&3\\-63&29&-5\end{bmatrix}$$

(2) $r=2,\ F=\begin{bmatrix}-1&\\&-2\end{bmatrix}$,

$$T=\begin{bmatrix}[3 & 2 & 3]D_1\\ [-2 & 0 & 0]D_2\end{bmatrix}=\left[\begin{array}{ccc:ccc:c}3 & -2 & -3 & -3 & 2 & 3 & 3\\ -8 & 0 & 0 & 4 & 0 & 0 & -2\end{array}\right],$$

$$K_z=\begin{bmatrix}1 & 1\\ -2 & -1\end{bmatrix},\quad K_y=\begin{bmatrix}17 & -10 & 3\\ -17 & 15 & -5\end{bmatrix}$$

(3) $r=1$, $F=-1$,

$T=[3\quad 1\quad -2]D_1=[3\quad -1\quad 2 \,\vdots\, -3\quad 1\quad -2 \,\vdots\, 3]$

$$K_z=\begin{bmatrix}0\\ -2\end{bmatrix},\quad K_y=\begin{bmatrix}2 & 3 & 1\\ 0 & 0 & 0\end{bmatrix}$$

(4) $r=1$, $F=-3$,

$T=[1\quad -2\quad 3]D_3=[9\quad 6\quad -9 \,\vdots\, -3\quad -2\quad 3 \,\vdots\, 1]$

$$K_z=\begin{bmatrix}1/3\\ 0\end{bmatrix},\quad K_y=\begin{bmatrix}0 & 0 & 0\\ 3 & 2 & 1\end{bmatrix}$$

7.2 让我们做更多的关于习题 7.1 中(4)的练习。因为该部分中的 $\tilde{K}$ 只有一个非零的行，所以只用程序 7.1 的头两步就能解决问题，并且根据表 7.1 观测器阶数的上限是 $v_1-1(=2)$。设程序 7.1 第一步中的矩阵 S 为 $[\bar{D}_1^{\mathrm{T}} \,\vdots\, \bar{D}_2^{\mathrm{T}} \,\vdots\, \tilde{K}^{\mathrm{T}}]^{\mathrm{T}}$，然后重复第一和第二步的设计。

答案：第一步：$S\begin{bmatrix}1 & 0 & 0 & 1\\ 0 & 1 & 0 & 0\\ 0 & 0 & 1 & 0\\ 0 & 0 & 0 & 1\end{bmatrix}=\left[\begin{array}{cccc}-1 & 0 & 0 & 0\\ 0 & 1 & 0 & 0\\ 0 & 0 & 1 & 0\\ \hdashline -2 & 0 & 0 & -1\\ 0 & 1 & 0 & 0\\ 0 & 0 & 1 & 0\\ \hdashline -1 & -2/3 & 1 & -2/3\end{array}\right]=\bar{S}$

因此在第二步中，　　$r=2$, $F=\begin{bmatrix}-1 & \\ & -2\end{bmatrix}$,

$$T=\begin{bmatrix}[-1 & -2 & 3]D_1\\ [2 & 0 & 0]D_2\end{bmatrix}=\left[\begin{array}{ccc:cccc}-1 & 2 & -3 & 1 & -2 & 3 & -1\\ 8 & 0 & 0 & -4 & 0 & 0 & 2\end{array}\right],$$

$$K_z=\begin{bmatrix}\frac{1}{3} & \frac{1}{3}\\ 0 & 0\end{bmatrix}$$

这样式(7.1b)就得到了满足。注意用不同的矩阵 $\bar{D}_i$ 的顺序，习题 7.1(4)

里的答案是 $r=1$。

7.3 让我们设矩阵 S 为 $[\overline{D}_1^{\mathrm{T}} \mid \overline{D}_3^{\mathrm{T}} \mid \widetilde{K}^{\mathrm{T}}]^{\mathrm{T}}$，再重复习题 7.2 的程序 7.1 第一和第二步的计算。

答案：第一步：

$$S\begin{bmatrix}1&0&0&1\\0&1&0&0\\0&0&1&0\\0&0&0&1\end{bmatrix}=\begin{bmatrix}-1&0&0&0\\0&1&0&0\\0&0&1&0\\ \hdashline -3&0&0&-2\\0&1&0&0\\0&0&1&0\\ \hdashline -1&-2/3&1&-2/3\end{bmatrix}=\overline{S}$$

第二步：如果只是机械地从上到下地使用矩阵 $\overline{S}$ 中线性无关的行，则 $r=2$，并有和习题 7.2 相似的结果。但是如果仔细检查矩阵 $\overline{S}$ 里所有的行，则可发现第 4～6 行(相对于 $\overline{D}_3$ 的三个行)就可以线性组合成 $\widetilde{K}$ 的第一行，这样就有了和习题 7.1 里相似的结果：$r=1$，$F=-3$，$T=[1\quad -2\quad 3]$，$D_3=[9\quad 6\quad -9 \mid -3\quad -2\quad 3\quad 1]$，$K_z=\begin{bmatrix}1/3\\0\end{bmatrix}$。同时如果矩阵 $\widetilde{K}$ 还有其他的非零行，则可将矩阵 $\overline{S}$ 里尚未使用的第 1～3 行(相对于 $\overline{D}_1$ 的三个行)移至矩阵 $\overline{S}$ 的下面来线性组合成矩阵 $\widetilde{K}$ 的这些其他非零行。这正是式(7.4b)后面一段叙述的情况。

7.4 设系统和状态反馈增益为

$$(A,B,C,K)=\left(\begin{bmatrix}0&0&5\\1&0&-5\\0&1&-2\end{bmatrix},\ \begin{bmatrix}1\\0\\0\end{bmatrix},\ [0\quad 0\quad 1],\ \frac{[0\quad -5\quad 3]}{8}\right)$$

重复程序 7.1 的设计并用以下特设的观测器极点。

(1) 设 $K_y=0$ 并设观测器极点为 $\{-5.25,\ -2.44,\ -4\}$。

答案：$r=2(<n)$。注意如观测器极点不是 -5.25 和 -2.44，则 $r=3=n$。

(2) 设 $K_y\neq 0$ 并设观测器极点为 $\{-5/3,\ -10/3\}$。

答案：$r=1(<n-m)$。注意如观测器极点不是 $-5/3$，则 $r=2=n-m$。

7.5 将例 7.4 中的参数改为 $n=500$，$m=100$，$p=2$，$v_1=\cdots=v_{100}=5$ 以及 $K_y=0$。根据表 7.1 得出状态观测器的阶数和最小阶观测器阶数的

上限。

答案：$n=500$，$v_1+v_2=10$。

7.6 设 $n=21$，$m=5$，$v_1=9$，$v_2=\cdots=v_5=3$ 以及 $K_y\neq 0$。对 $p=2\sim 4$(这样 $m\times p$ 仍小于 n)，计算状态观测器阶数，表 7.1 中的最小阶观测器阶数的上限，以及现有的最小阶观测器阶数的其他上限 $p(v_1-1)$ (Chen，1984)。

答案：

p	$n-m$	$(v_1-1)+\cdots+(v_p-1)$	$p(v_1-1)$
2	16	10	16
3	16	12	24
4	16	14	32

7.7 设 $n=25$，$m=5$，$v_1=9$，$v_2=\cdots=v_5=4$ 以及 $K_y\neq 0$，对 $p=2\sim 5$(这样 $m\times p$ 仍不大于 n)重复题 7.6。

答案：

p	$n-m$	$(v_1-1)+\cdots+(v_p-1)$	$p(v_1-1)$
2	20	11	16
3	20	14	24
4	20	17	32
5	20	20	40

7.8 设 $n=25$，$m=6$，$\upsilon_1=5$，$\upsilon_2=\cdots=\upsilon_6=4$，以及 $K_y\neq 0$，对 $p=2$，…，5 重复题 7.6

答案：

p	$n-m$	$(\upsilon_1-1)+\cdots+(\upsilon_p-1)$	$p(\upsilon_1-1)$
2	19	7	8
3	19	10	12
4	19	13	16
5	19	16	20

7.9 设 $n=30$，$m=7$，$\upsilon_1=6$，$\upsilon_2=\cdots=\upsilon_7=4$，以及 $K_y\neq 0$，对 $p=2$，…，5 重复题 7.6

答案：

p	$n-m$	$(\upsilon_1-1)+\cdots+(\upsilon_p-1)$	$p(\upsilon_1-1)$
2	23	8	10
3	23	11	15
4	23	14	20
5	23	17	25

7.10 设 $n=5$，$m=4$，$Q=5$。

(1) 设计出如表 7.2 和表 7.3 的分别相对于 $q=1$ 和 $q=2$ 的故障检测定位系统。

(2) 设 $q=3$，重复(1)，比较这一结果和(1)部分中相对于 $q=2$ 的结果。(提示:故障检测器的数目相同,但是整个系统的故障检测定位的功能却不同)

(3) 设计如表 7.5 所示的故障容错控制的功能(分别相对于 $q=1$，2，3)。

(4) 如果预知 5 个状态中只有 4 个可能出现故障,需要多少个故障检测器才能检测定位出 q 个同时故障 ($q=1$，2，3)?

7.11 在 F_i 是约当形的情况下,满足式(7.14d)的充分条件是什么?(提示:参考例 1.4～例 1.5)。

7.12 将故障检测器的极点改为−1(或加−2),其他参数不变,重复例 7.6 和例 7.9 的设计。部分答案:

$$T_1=\begin{bmatrix}0 & 0 & 0.0058 & 1\\ 0 & 0 & 0.0029 & 1\end{bmatrix}$$

$$T_2=\begin{bmatrix}0 & 0.0015 & 0 & -1\end{bmatrix}$$

$$T_3=\begin{bmatrix}0 & 0.2518 & 0.9678 & 0\\ 0 & 0.4617 & 0.8871 & 0\end{bmatrix}$$

$$T_4=\begin{bmatrix}-1 & 0 & 0 & 0\end{bmatrix}$$

见附录 B 里的关于 7.2 节的题目,特别是系统 1～系统 3。

第8章

反馈控制设计——特征值(极点)的配置

本书介绍的设计新途径可以清楚地分为两个主要步骤。第一步是关于反馈控制器[式(3.16)]的动态部分的设计,由第5章和第6章专门介绍。本章到第10章则专门介绍第二步的反馈控制器的静态输出部分的设计,即反馈控制信号 $\overline{K}\,\overline{C}\boldsymbol{x}(t)$ 的设计 ($\overline{K} \triangleq [K_z \mid K_y]$, $\overline{C} \triangleq [T^{\mathrm{T}} \mid C^{\mathrm{T}}]^{\mathrm{T}}$ 已由第6章设计)。因为式(4.3)被满足,所以这一设计也同时决定了反馈系统的环路传递函数。

根据表6.2的结果,控制信号 $\overline{K\overline{C}}\boldsymbol{x}(t)$ 是对任意状态反馈控制信号(矩阵 $\overline{C}$ 的秩数为 n)和静态输出反馈控制信号 ($\overline{C}=C$) 的完全统一。因此本章的设计问题可以分成状态反馈($\overline{C}$ 可逆)和广义状态反馈($\overline{C}$ 任意)这两类。前者是后者的特殊形式。在介绍本章到第10章的设计方法时,我们都将先介绍状态反馈控制的结果,然后再介绍广义状态反馈控制的可能比较弱的但是普遍得多的结果(见表6.2)。

因为这一设计只着眼于整个反馈系统的状态矩阵 $A-B\overline{K}\,\overline{C}$,所以如果说第5和第6章的设计主要基于第3和第4章的关于反馈系统的分析和理解,那么本章的设计将主要基于第2章中的关于单一系统的分析和理解。

在现有的状态空间理论的结果中,本书将介绍反馈系统状态矩阵的特征值/特征向量配置和二次型最优控制这两个最简单常用的,又比较能兼顾反馈系统的性能和敏感性的设计方法。特别是根据第2章的分析,反馈系统状态矩阵的特征值和特征向量可以最直接简明地决定系统的性能和敏感性。因此完全有理由认为它们的配置也可以最直接有效地提高反馈系统的性能和鲁棒性。我们把特征值和特征向量的配置合起来称为“特征结构配置”。

本章和第9章将分别介绍特征值的选择和配置以及特征向量的配置,第10章将介绍二次型最优控制的设计方法。

8.1 特征值(极点)的选择

在反馈系统状态矩阵的特征值的选择上，并没有唯一和普遍最优的法则。因为系统的本身情况是复杂多变的，而且对控制系统的性能和低敏感性的要求也是相互制约、矛盾的，所以不可能对所有的系统和所有的设计要求都有一个单一的和普遍最优的极点选择的法则，也不可能不经调试就一次设计出最佳的极点。这一观点对所有的其他实际设计问题应该也适用。

尽管如此，仍然有一些基本的和解析的关于极点位置对于系统性能和敏感性的关系的理解。这些理解构成了用来指导极点的选择的以下六个具体规则的理论基础(Truxal, 1955)。

(1) 极点的位置越靠左(负实部的绝对值越大)，则所在系统达到稳态响应(或零输入响应衰减)的速度就越快(见结论 2.2)。

(2) 在跟踪问题里往往对控制系统的传递函数 $T(s)$ 在频率为 0 时的数值/响应有特殊要求。如当要求单位阶跃函数响应 $y(t\rightarrow\infty)=1$ 时，就要求 $sY(s)\big|_{s\rightarrow 0}=sT(s)\cdot\dfrac{1}{s}\Big|_{s\rightarrow 0}=T(0)=1$，这就意味着 $T(s)$ 的分子和分母的常数项必须相同。如在式(2.5a)中都等于 ω_n^2。这就意味着 $T(s)$ 的极点的乘积也必须限制在 ω_n^2。总的来说，因为 $T(s=0)\triangleq N(s=0)/D(s=0)=1$ 意味着 $N(s=0)=D(s=0)$，又因为 $N(s=0)$ 不为 $K\boldsymbol{x}(t)$ 反馈控制所改变(Patel, 1978)，所以 $T(s)$ 的极点的乘积要求等于 $N(s=0)$。

(3) 从根轨迹的角度，如果反馈控制系统的极点离开环路传递函数的极点[一般主要由受控系统 $G(s)$ 的极点所组成]越远，则配置这些反馈系统的极点所需要的反馈控制的增益也越大。而反馈控制的增益越大，一些反馈系统(如极点数目多于零点数目两个以上的或有不稳定零点的环路传递函数)的极点趋向不稳定的概率也越大。另外，反馈控制的增益越大，所消耗的控制能量、产生的输入扰动和引发故障的概率也越大。

总之，这一点和(2)一起是对(1)的制约。如果说(1)强调的是性能，那么(2)和(3)则表明高性能的系统往往带有高敏感性的缺点。

(4) 重复特征值所对应的特征向量往往是广义特征向量(5.15d)，而广义特征向量会使其对应的特征值对所在矩阵的参数变化有很大的敏感性(Golub et al., 1976b)，并使系统的暂态响应不平稳(见例 2.1 和图 2.1)。因此应该尽量避免重复特征值，甚至比较紧密聚集的特征值。

(5) 如果特征值的绝对值相差过大,则奇异值的差别也会过大(见推理 A.3),这样矩阵的条件数和矩阵特征值的敏感性都会过大。

(6) 在单输入单输出控制系统的一些最佳性能指标中,不论是"时间乘跟踪误差的最小积分指标"(ITAE)(Graham et al., 1953)

$$J=\int_0^{\infty}[t\,|\,y(t)-1\,|\,]\mathrm{d}t$$

还是"最小二次型性能指标"(ISE)(Chang, 1961)

$$J=\int_0^{\infty}[q(y(t)-1)^2+ru^2(t)]\mathrm{d}t\quad(q\to\infty)$$

都要求控制系统的极点有相近的绝对值并在 90°~270°的相位之间均匀分布。

总之这一点和(4)、(5)两点都是关于极点的相对位置的比较一致的理解。另外根据对式(9.3)的分析,这些极点和观测器极点的相对位置的要求也应相似。

总之以上关于特征值选择的法则不是普遍最优和包罗一切情况的,这也许是对实际情况的更客观的反映,也许是对控制工作者的挑战。以上特征值选择的规则比较注意实际控制的效果和限制。相比之下,5.2 节里的反馈控制器本身的极点选择就更注重控制器在整个反馈系统里的理想配合。控制器本身可以由比较理想和精密的电子器件实现,而实际受控系统与之相比则往往是不够理想的。

8.2 用状态反馈控制配置特征值

在反馈控制系统的特征值已选好以后,我们将在配置这些特征值的前提下配置相应的特征向量。本节将介绍用状态反馈控制来配置特征值的设计方法,8.3 节将介绍用广义状态反馈来配置特征值的设计方法。这两小节的控制增益分别为 K 和 $\overline{K}\,\overline{C}$,而前者和后者的反馈系统的状态矩阵则分别为 $A-BK$ 和 $A-B\overline{K}\,\overline{C}$ (见表 6.2)。

这两节设计的一个共同的和关键的特点是所有相应的特征向量都由其基向量来表示。这样第 9 章的特征向量配置的计算方法就可以直接应用在这两节的结果。

设 Λ 为由 8.1 节选定的特征值所组成的约当型矩阵,用状态反馈控制配置特征值/特征向量的问题可以表达为

$$(A-BK)V=V\Lambda \tag{8.1a}$$

或

$$AV - V\Lambda = B\tilde{K} \quad (\tilde{K} = KV) \tag{8.1b}$$

因为矩阵 Λ 和式(4.1)里的矩阵 F 同是约当型，所以式(8.1b)和式(4.1)里的这两个矩阵的维数(n 和 $n-m$)可以互相调节成相同(设为 n)。这样式(4.1)

$$TA - FT = LC$$

和式(8.1b)完全对偶。例如只需将式(8.1b)转置 ($V^{T}A^{T} - \Lambda^{T}V^{T} = \tilde{K}^{T}B^{T}$)，将 A^{T}、B^{T}、右特征向量矩阵 V^{T} 和状态反馈增益 $\tilde{K}^{T}$ 分别看作 A、C、左特征向量矩阵 T 和观测器增益 L，就有了式(4.1)。

因此可以把计算式(4.1)的解(T, L)的设计程序 5.3(特别是第一步)用来直接计算式(8.1b)的解(V, $\tilde{K}$)。

唯一不同的是，本节问题中的反馈系统状态矩阵是 $A-BK$，所以在计算出式(8.1b)的解 $\tilde{K}$ 以后还必须计算相对于这一状态矩阵的控制增益 $K = \tilde{K}V^{-1}$。而在观测器的设计中我们可以选择 F 本身作为观测器的状态矩阵，这样式(4.1)的解 L 也就直接成为相对于 F(而不是 $A-LC$) 的观测器增益。

因为第 5 章显示了程序 5.3 对式(4.1)的解所具有的突出优点，我们在众多的关于特征值配置[解式(8.1)]的方法中只介绍相对于程序 5.3 的对偶方法，并在介绍时对这一方法略有简化。具有巧合意义的是，程序 5.3 和其对应的解式(8.1)的程序都分别正式发表于 1985 年，见文献(Tsui, 1985; Kautsky et al., 1985)。

设 $n_i \times n_i$ 维的矩阵 Λ_i ($i=1, \cdots, \bar{q}$) 为式(8.1)中 Λ 的约当块。这里 $\bar{q}$ 是相似于式(1.10)里约当块的数目，而不是表 6.2 中矩阵 $\bar{C}$ 的秩数 q。再设 $n \times n_i$ 维的矩阵

$$V_i = [\boldsymbol{v}_{i1} \vdots \cdots \vdots \boldsymbol{v}_{in_i}]$$

和 $p \times n_i$ 维的矩阵

$$K_i = [\boldsymbol{k}_{i1} \vdots \cdots \vdots \boldsymbol{k}_{in_i}] \quad (i=1, \cdots, \bar{q})$$

各为 Λ_i 在式(8.1b)中对应的矩阵 V 和 $\tilde{K}$ 的部分，则式(8.1b)可分解为

$$AV_i - V_i\Lambda_i = BK_i \quad (i=1, \cdots, \bar{q}) \tag{8.2}$$

这一公式可写成：

$$[I_{n_i} \otimes A - \Lambda_i^{\mathrm{T}} \otimes I \mid -I_{n_i} \otimes B]\boldsymbol{w}_i = \boldsymbol{0} \quad (i=1, \cdots, \bar{q}) \tag{8.3a}$$

其中

$$\boldsymbol{w}_i \triangleq [\boldsymbol{v}_{i1}^{\mathrm{T}} \mid \cdots \mid \boldsymbol{v}_{in_i}^{\mathrm{T}} \mid \boldsymbol{k}_{i1}^{\mathrm{T}} \mid \cdots \mid \boldsymbol{k}_{in_i}^{\mathrm{T}}]^{\mathrm{T}} \tag{8.3b}$$

比如当 $n_i=1$ 时，式(8.3)就变成了

$$[A-\lambda_i I \mid -B]\begin{bmatrix}\boldsymbol{v}_i \\ \boldsymbol{k}_i\end{bmatrix}=\boldsymbol{0} \tag{8.4}$$

因为式(8.3a)里的矩阵维数是 $n_i n \times n_i(n+p)$（见式(5.13c)），又因为能控条件的判别式(见定义 1.2)意味着这一矩阵满行秩，所以式(8.3a)中的 $\boldsymbol{w}_i$ 一定有 $n_i \times p$ 个线性无关的解。这些解将构成 $\boldsymbol{w}_i$ 的基向量，也就是说 $\boldsymbol{w}_i$ 将是这些基向量的任意线性组合。自然这一线性组合也就形成了特征向量 $\boldsymbol{v}_{ij}(j=1, \cdots, n_i)$ 的配置。

例如，当 $n_i=1$ 时，式(8.3)和式(8.4)里的矩阵的维数是 $n\times(n+p)$，因此式(8.4)里的特征向量 $\boldsymbol{v}_i$ 就有 p 个基向量 $\boldsymbol{d}_{ij}(j=1, \cdots, p)$。$\boldsymbol{v}_i$ 就是其 p 个基向量的任意线性组合：

$$\boldsymbol{v}_i=[\boldsymbol{d}_{ij} \mid \cdots \mid \boldsymbol{d}_{ip}]\boldsymbol{c}_i \triangleq D_i\boldsymbol{c}_i \quad (\boldsymbol{c}_i \text{ 是一个 } p \text{ 维的列向量}) \tag{8.5}$$

同理 $\boldsymbol{k}_i$ 也将是其 p 个基向量的线性组合(系数同为 $\boldsymbol{c}_i$)。

式(8.5)显然是特征向量配置及其自由度 $\boldsymbol{c}_i$ 的最直接、最详细的形式。比如第 9 章里的特征向量配置的计算方法就完全基于式(8.5)。

例如，当 $p=1$ 时(单输入)，因为式(8.4)里的矩阵的维数是 $n\times(n+1)$，所以式(8.4)的解是唯一的($\boldsymbol{c}_i$＝纯量)。这就是为什么在单输入的情况下，决定了反馈系统状态矩阵的特征值也就唯一地决定了这一矩阵(包括特征向量)的原因。

式(8.3)是求式(8.1)的矩阵解 V 的基向量的计算公式。显然和程序 5.3 第一步一样，当系统矩阵(A, B)是块状能控海森伯格型时，有

$$[A \mid B]=\left[\begin{array}{ccccc|c} A_{11} & A_{12} & \cdots & & A_{1u} & B_1 \\ B_2 & A_{22} & & & \vdots & 0 \\ 0 & B_3 & & & & \\ \vdots & \ddots & \ddots & \ddots & \vdots & \vdots \\ 0 & \cdots & 0 & B_u & A_{uu} & 0 \end{array}\right] \quad [B_j(j=1, \cdots, u) \text{ 是上梯形矩阵}] \tag{8.6}$$

式(8.4)的计算可以用简单的反迭代法来实现，而且每一个基向量都可以被认同于相对系统的 p 个输入中的一个。作为结论 5.1 和例 5.5 的对偶，式(8.5)中的每一个基向量 $\boldsymbol{d}_{ij}$ 的计算，都是对矩阵(8.6)中第 j 个输入的线性相关的列作反迭代而得来的。

定义 8.1 作为能观指数(见定义 5.1)的对偶，u_j 是第 j 个输入的能控指数 ($j=1,\cdots,p$)，而且有

$$u_1+\cdots+u_p=n \tag{8.7}$$

在认同于第 j 个输入的 n 个基向量 $\boldsymbol{d}_{ij}$ ($i=1,\cdots,n$) 中，任何一组 u_j 个 $\boldsymbol{d}_{ij}$ 都是线性无关的(见结论 5.2 和定理 9.1)。这一解析的结果对于第 9 章的特征向量的解析配置将是很有意义的(见 9.2 节)。

对于用正交相似变换得来的块状能控海森伯格型系统矩阵(HAH^{T}, HB)，其对应的式(8.1b)是

$$HAH^{\mathrm{T}}V-V\Lambda=HB\widetilde{K} \tag{8.8}$$

比较式(8.1b)和式(8.8)可知，根据后者算出来的矩阵 V 相对于原来的式(8.1b)应调整为 $H^{\mathrm{T}}V$。或者说式(8.8)中的 $H^{\mathrm{T}}V$ 才是相对于原来式(8.1)中的矩阵 V 的解。式(8.1)的解 V 还将被用来调整反馈增益矩阵 $K=\widetilde{K}V^{-1}$。

8.3 用广义状态反馈控制配置极点

在广义状态反馈(增益为 $\overline{K}\,\overline{C}$)的情况下，设矩阵 $\overline{C}$ 的行秩 $q=m+r\leqslant n$，其中 r 为反馈控制器的阶数。因为 $q<n$ 是普遍的情况(见表 6.2)，所以增益 $\overline{K}\,\overline{C}$ 将比 8.2 节里的任意自由的增益 K(相对于 $q=n$) 多一些限制。本节将专门讨论这一情况。

我们可以把配置矩阵 $A-B\overline{K}\,\overline{C}$ 特征值(由约当型矩阵 Λ 代表)的问题表达成

$$T(A-B\overline{K}\,\overline{C})=\Lambda T \tag{8.9a}$$

和

$$(A-B\overline{K}\,\overline{C})V=V\Lambda \tag{8.9b}$$

其中，T 和 V ($TV=I$) 分别是矩阵 $A-B\overline{K}\,\overline{C}$ 相对于 Λ 的左、右特征向量

矩阵。

值得注意的是，这一问题具有一个观测器设计(式(4.1))和状态反馈控制设计[式(8.1)]所不具备的性质——对偶性质。这是因为对偶的系统矩阵 C 和 B 没有同时出现在式(4.1)或式(8.1)里，却在式(8.9)里同时出现。

在现有的用广义状态反馈配置极点的方法中，我们将只介绍一种用两个步骤来先后满足式(8.9a)和式(8.9b)的方法(Tsui，1999a)。这是因为只有这一设计才能像式(8.5)一样，把以后的特征向量配置设成对其基向量的线性组合系数($\boldsymbol{c}_i$)的配置的形式。

程序 8.1　用广义状态反馈控制来配置特征结构(Tsui，1999a，2001)。

这一设计程序将先后部分满足式(8.9a)和式(8.9b)。因为这两式是重复的，所以程序第二步就能明显显示这一设计程序可以完全满足式(8.9a)和式(8.9b)。

首先将式(8.9)中的矩阵 Λ 分解成

$$\Lambda = \operatorname{diag}\{\Lambda_{n-q},\ \Lambda_q\}$$

其中，矩阵块 Λ_{n-q} 和 Λ_q 各有 $n-q$ 和 q 个 Λ 的特征值，而且每一矩阵块内的特征值必须是实数或共轭复数。

<u>第一步：</u>求解

$$T_{n-q}A - \Lambda_{n-q}T_{n-q} = L\overline{C} \tag{8.10a}$$

其中，$(n-q)\times n$ 维的矩阵 T_{n-q} 将组成相对于 Λ_{n-q} 的矩阵 $A-B\overline{K}\,\overline{C}$ 的 $n-q$ 个左特征向量，并且满足

$$\begin{bmatrix} T_{n-q} \\ \hdashline \overline{C} \end{bmatrix} \text{的秩数} = n \tag{8.10b}$$

这些左特征向量的基向量可以用程序 5.3 的第一步计算出来。关于计算这些基向量的线性组合以最终配置左特征向量 T_{n-q} 的设计程序，将在第 9 章专门介绍。程序 8.1 对这一计算的唯一要求是矩阵$[T_{n-q}^{\mathrm{T}} \mid \overline{C}^{\mathrm{T}}]^{\mathrm{T}}$ 的秩数为 n。这一要求在第 9 章程序 9.1 和程序 9.2 里显然可以满足，因为这两个程序 9.1 和程序 9.2 可以尽量增大一个矩阵的向量之间的交角。因此只要在运行程序 9.1 和程序 9.2 时将矩阵 $\overline{C}$ 作为已确定的向量考虑进去，就可以满足$[T_{n-q}^{\mathrm{T}} \mid \overline{C}^{\mathrm{T}}]^{\mathrm{T}}$ 的秩数为 n。总之，因为式(8.10a)和式(8.10b)完全等同于状态观测器的设计要求，所以对所有能观系统有解。

如果 $q=n$（状态反馈），则这一步就没有必要（$T_{n-q}=0$）。

第二步：求解矩阵 V_q 和 K_q 使

$$AV_q-V_q\Lambda_q=BK_q \tag{8.11a}$$

并使

$$T_{n-q}V_q=0 \tag{8.11b}$$

其中，$n\times q$ 维的矩阵 V_q 由对应于 Λ_q 的矩阵 $A-B\overline{K}\,\overline{C}$ 的 q 个右特征向量所组成。

对于 Λ_q 矩阵中的不重复实数特征值 λ_i，式(8.11)就等同于

$$\begin{bmatrix} A-\lambda_i I & -B \\ T_{n-q} & 0 \end{bmatrix}\begin{bmatrix} \boldsymbol{v}_i \\ \boldsymbol{k}_i \end{bmatrix}=0 \tag{8.12}$$

其中，$\boldsymbol{v}_i$ 和 $\boldsymbol{k}_i$ 分别是矩阵 V_q 和 K_q 中相对于特征值 λ_i 的向量。

式(8.10)和式(8.11)一起可以较明显地显示式(8.9)已完全得到满足。这里式(8.9)中的 $\Lambda=\text{diag}\{\Lambda_{n-q},\Lambda_q\}$，$T$ 的头 $n-q$ 个左特征向量由式(8.10)中的矩阵 T_{n-q} 组成，V 的后 q 个右特征向量由式(8.11)中的矩阵 V_q 组成（$T_{n-q}V_q=0$），而 $\overline{K}$ 则将在本程序第三步由式(8.11a)中的矩阵 K_q 经相似变换算出。

因为程序 8.1 第一步的设计完全等同于状态观测器的设计并肯定有解，所以程序 8.1 的唯一困难的计算是在第二步，即求式(8.11)的解。

因为式(8.11a)和式(8.2)相似，所以可以用同样的式(8.3)的方式来计算式(8.11a)的解，并同时满足线性方程(8.11b)。

值得注意的是，式(8.11)或式(8.12)相对于一个新的系统(A, B, $C\triangleq T_{n-q}$)，正好是式(4.1)和式(4.3)(或式(6.7))的对偶。相比之下，式(6.7)中矩阵 C 的行数 m 将被式(8.12)中的矩阵 T_{n-q} 的行数 $n-q$ 代替。

因此式(6.7)有解的充分条件 $m>p$（见结论 6.1)也就演化成式(8.12)有解的充分条件 $p>n-q$。这一充分条件还可写成 $q+p>n$（Kimura, 1975)。在状态反馈的特殊情形下（$q=n$）这一充分条件显然可以保证满足。也就是说状态反馈控制可以保证配置所有 n 个特征值(见定理 3.1)。

式(6.7)或式(4.1)和式(4.3)有解的另一个充分条件是系统(A, B, C)有一个以上稳定的传输零点(并等于 λ_i)。作为对偶，式(8.12)或式(8.11)有解的另一个充分条件是系统(A, B, T_{n-q})的传输零点等于矩阵 Λ_q 里的 λ_i，或者

说式(8.11a)中矩阵 Λ_q 的特征值是系统(A, B, T_{n-q})的传输零点。

如果 $q+p>n+1$,则式(8.11)的解不是唯一的并有剩余自由度。这一自由度表现在式(8.11)的解 V_q 和 K_q 是它们各自的基向量的线性组合[如式(8.5)]。这一自由度也可以被看成是矩阵 V_q 里的 q 个右特征向量的配置的自由度。这一配置的目的一般是使矩阵 $\overline{C}V_q$ 有尽可能小的条件数,理由将在第三步叙述。

这一结果与状态反馈控制这一特殊情况 ($q=n$) 的结果也一致。因为当 $q=n$ 时,$q+p>n+1$ 就意味着 $p>1$,而 $p>1$ 正是状态反馈控制有特征向量配置的自由度的条件[见式(8.5)]。

<u>第三步:</u>比较式(8.9b)和式(8.11a)可见

$$\overline{K}=K_q(\overline{C}V_q)^{-1} \tag{8.13}$$

这里矩阵 $\overline{C}V_q$ 的可逆,可以由矩阵$[T_{n-q}^{\mathrm{T}} \mid \overline{C}^{\mathrm{T}}]^{\mathrm{T}}$ 的秩数为 n(见第一步)和式(8.11b) ($T_{n-q}V_q=0$) 这两个条件所保证(见例 A.7)。

在第二步我们知道当 $q+p>n+1$ 时矩阵 V_q 有自由度。因为矩阵 T_{n-q} 和 V_q 各为反馈系统的头 $n-q$ 个左特征向量和后 q 个右特征向量,又因为矩阵 $[T_{n-q}^{\mathrm{T}} \mid \overline{C}^{\mathrm{T}}]^{\mathrm{T}}$ 必须满秩,所以用 V_q 的自由度使矩阵 $\overline{C}V_q$ 有尽可能低的条件数,显然是设计矩阵 V_q 的合理目的。实现这一目的的普遍和有效的数值方法(如程序 9.1 和程序 9.2)将在第 9 章介绍。

因为程序 8.1 不但简单,而且充分显示了原问题(8.9)的对偶性质,所以它的对偶形式也可以简明地推导出来。

程序 8.2 (Tsui, 2004b, c) 首先将所有 n 个特征值分到矩阵 Λ 的两个约当块 Λ_{n-p} 和 Λ_p 里,设

$$\Lambda=\mathrm{diag}\{\Lambda_{n-p}, \Lambda_p\} \tag{8.14}$$

<u>第一步:</u>计算方程组

$$AV_{n-p}-V_{n-p}\Lambda_{n-p}=BK_{n-p} \tag{8.15a}$$

以及

$$[B \mid V_{n-p}] \text{ 的秩数为 } n \tag{8.15b}$$

的解 V_{n-p}[维数是 $n\times(n-p)$],并尽量增大矩阵$[B \mid V_{n-p}]$的列向量之间的交角。

第二步:计算方程组

$$T_pA - \Lambda_p T_p = L_p\overline{C} \tag{8.16a}$$

以及

$$T_p V_{n-p} = 0 \tag{8.16b}$$

的解 T_p(维数是 $p \times n$) 和 L_p(维数是 $p \times q$),并尽量减小矩阵 T_pB 的条件数。

第三步:

$$\overline{K} = (T_pB)^{-1}L_p \tag{8.17}$$

因为 q 可以不同于 p,所以程序 8.1 及其对偶的程序 8.2 可以在实用时互相补充。

比如当 $q+p=n+1$ 时,减小参数 q 或 p 都会使 $q+p>n$ 的条件不能被满足,也因此不能保证对所有任意特征值的配置。这时如果所有要配置的特征值都是共轭复数而 q 又是个单数,就不可能把这 n 个特征值在程序 8.1 最前面分到矩阵 Λ_{n-q} 和 Λ_q 里而又保证这两个矩阵里的特征值都共轭。这个情况自 1975 年(Kimura, 1975)起就受到注意,并且似乎在具体设计程序里没有简单的解决方法(Fletcher et al., 1987; Magni, 1987; Rosenthal et al., 1992)。

但是以上 $q+p=n+1$ 的情况,在 n 是双数和 q 是单数时,参数 p 是双数,所以只要应用程序 8.1 的以上对偶形式就可以直接解决上述问题(见习题 8.1)。

总之,在 p 已给定的情况下,增大参数 q 对整个设计问题至关重要。而本书的设计新途径在能保证实现广义状态反馈控制的鲁棒性的前提下,可以将参数 q 从 m 增大到 $m+r$(见表 6.2),并尽量增大参数 r(请见结论 6.2)。

例 8.1 (Chu, 1993) 设

$$(A, B, \overline{C}) = \left(\begin{bmatrix} -4 & 0 & -2 \\ 0 & 0 & 1 \\ 1 & -1 & -2 \end{bmatrix}, \begin{bmatrix} 4 & 2 \\ 0 & -2 \\ 0 & 1 \end{bmatrix}, \begin{bmatrix} 0 & 1 & 0 \\ 0 & 0 & 1 \end{bmatrix} \right)$$

我们将根据程序 8.1 来设计 $\overline{K}$ 使 $A - B\overline{K}\,\overline{C}$ 的特征值是 -1、-2、-3。设 $\Lambda_{n-q} = -3$, $\Lambda_q = \mathrm{diag}\{-2, -1\}$。

第一步:矩阵 T_{n-q} 的行的两个($=q$)基向量是 $D_1 = \begin{bmatrix} 1 & 0 & 1 \\ 0 & 1 & 0 \end{bmatrix}$。

可以证明这两个基向量的任意线性组合都会使式(8.10a)的第一列等于

0。而矩阵 L 又一定能使式(8.10a)其余两个列的等式成立。所以这两个基向量的线性组合即为式(8.10a)的解。我们选择组合系数 $\boldsymbol{c}_1=[1\quad 0]$，这样 $T_{n-q}=\boldsymbol{c}_1D_1=[1\quad 0\quad 1]$，又能满足式(8.10b)(矩阵 $[T_{n-q}^{\mathrm{T}} \mid \overline{C}^{\mathrm{T}}]^{\mathrm{T}}$ 的秩数为 n)。因为矩阵 L 在以后的计算中不需要，所以没有最终算出。

第二步：因为 $q+p=n+1$，所以这一步的解是唯一的并没有剩余自由度。我们将 Λ_q 里的特征值(−2 和−1)分别代入式(8.12)，并分别计算出矩阵 V_q 和 K_q 的两个列：

$$V_q=\begin{bmatrix}0 & 1\\ -1 & 3\\ 0 & -1\end{bmatrix},\quad K_q=\begin{bmatrix}-1/2 & 1/4\\ 1 & -1\end{bmatrix}$$

可以证明式(8.11a)和式(8.11b)都能被满足。

第三步：根据式(8.13)，$\overline{K}=K_q(\overline{C}V_q)^{-1}=\begin{bmatrix}1/2 & 5/4\\ -1 & -2\end{bmatrix}$。

经验算可知，矩阵 $A-B\overline{K}\,\overline{C}$ 的特征值是−1、−2、−3。

例 8.2　用程序 8.1 的对偶形式来配置同样的特征值。

根据式(8.14)，我们任意设 $\Lambda_{n-p}=-3$，$\Lambda_p=\mathrm{diag}\{-2,\ -1\}$。

第一步：矩阵 $[V_{n-p}^{\mathrm{T}} \mid K_{n-p}^{\mathrm{T}}]^{\mathrm{T}}$ 的列的两个(＝p)基向量是 $D_1=\begin{bmatrix}4 & -3\\ 1 & 0\\ -3 & 2\\ \hdashline -1/2 & -1/4\\ 0 & 1\end{bmatrix}$。

可以证明这两个基向量列的任意线性组合成的矩阵 $[V_{n-p}^{\mathrm{T}} \mid K_{n-p}^{\mathrm{T}}]^{\mathrm{T}}$ 都能满足式(8.15a)。我们选择组合系数 $\boldsymbol{c}_1=[1\quad 1]^{\mathrm{T}}$，这样 $V_{n-p}=D_1\boldsymbol{c}_1$ 的前三行＝$[1\quad 1\quad -1]^{\mathrm{T}}$，并且能满足式(8.15b)(矩阵 $[B \mid V_{n-p}]$ 的秩数为 n)。因为矩阵 K_{n-p} 在程序的后面并不需要，所以没有最终算出。

第二步：因为 $q+p=n+1$，所以这一步的解是唯一的并没有剩余自由度。我们将 Λ_p 里的特征值(−2 和−1)分别代入式(8.16)[当 $B=V_{n-p}$ 时的式(6.7)]，并分别计算出矩阵 T_p 和 L_p 的两个行如下：

$$T_p=\begin{bmatrix}1 & 1 & 2\\ 1 & 2 & 3\end{bmatrix},\quad L_p=\begin{bmatrix}0 & 1\\ 1 & 3\end{bmatrix}$$

可以证明式(8.16a)和式(8.16b)都能得到满足。

第三步:根据式(8.17),$\overline{K}=(T_pB)^{-1}L_p=\begin{bmatrix}1/2 & 5/4\\ -1 & -2\end{bmatrix}$。

这个答案和程序 8.1 的答案(例 8.1)一样。

例 8.3 一个完整的输出反馈控制器设计的例子(包括第 5～第 8 章)。

$$\text{系统}(A,B,C)=\left(\begin{bmatrix}0&1&0\\0&0&1\\0&0&0\end{bmatrix},\ \begin{bmatrix}1&0\\3&1\\2&1\end{bmatrix},[1\quad 0\quad 0]\right)$$

根据式(1.9),这个系统的传递函数 $G(s)=s^{-3}[s^2+3s+2\quad s+1]$ 不稳定。

这是一个很难设计的系统。其 2×2 的环路传递函数甚至很难根据经典控制理论来分析。因为这个系统的输入多于输出(2>1),所以根据现有的现代控制系统设计理论和分离原则,也不存在一个未知输入观测器来完全实现状态反馈控制的环路传递函数和鲁棒性。

但是因为这个系统有一个稳定的传输零点(−1),所以我们能够设计一个极点为−1 的输出反馈控制器(结论 6.1)。这个控制器的参数 $F=-1$。

(1) 用程序 5.3 来设计这个控制器的动态部分式(3.16a)。

满足式(4.1)的第 2 和第 3 列(=0)的解,矩阵 $T=[1\quad -1\quad 1]$。

满足式(4.1)的第 1 列 ($TA-FT=LC$ 的第 1 列)的解,矩阵 $L=1$。

经验算式(4.1)和式(4.3)都得到满足。这样下一步就是设计这个输出反馈控制器的输出部分[式(3.16b)],即 $\overline{K}\equiv[K_z\ \vdots\ K_y]$,使得矩阵 $A-B\overline{K}\,\overline{C}$ 的特征值为−2 和 $-1\pm j\sqrt{3}$。这里矩阵

$$\overline{C}=[T^{\mathrm{T}}\ \vdots\ C^{\mathrm{T}}]^{\mathrm{T}}=\begin{bmatrix}1&-1&1\\1&0&0\end{bmatrix}$$,一共有 $q[=\mathrm{rank}(\overline{C})=2]$ 个行。

(2) 用程序 8.1 来配置特征值−2 和 $-1\pm j\sqrt{3}$。虽然共轭复数的特征值比实数特征值要难配置得多,但是这样的特征值却是最实用的,请见第 8.1 节。

首先设矩阵 Λ_{n-q} 和 Λ_q 各有特征值−2 和 $-1\pm j\sqrt{3}$。

第一步:计算满足式(8.10)的解 T_{n-q}。

因为矩阵 $\overline{C}$ 没有一个列是零,所以用相似变换矩阵

$$Q=\begin{bmatrix}1 & 0 & 0\\ 0 & 1 & 1\\ 0 & 0 & 1\end{bmatrix}$$

使得矩阵 $\bar{C}Q$ 的第 3 列等于零。又因为 Λ_{n-q} 是一个纯量(−2)，所以式(8.10a)可以写为

$$[T_{n-q}(A-(-2)I)Q]\text{ 的第 3 列}=L\bar{C}Q\text{ 的第 3 列}=0。$$

满足这个方程的矩阵 T_{n-q} 有两个基向量$[-1\quad -1\quad 2]$和$[2\quad 0\quad -1]$。矩阵 T_{n-q} 可以是这两个基向量的任意线性组合。我们设 $C=[1\quad 0]$，这样 $T_{n-q}=[-1\quad -1\quad 2]$，这个解也可以满足式(8.10b)，即矩阵$[T_{n-q}^{\mathrm{T}}\ \vdots\ C^{\mathrm{T}}]^{\mathrm{T}}$可逆。

第二步：计算式(8.11)的解 V_q 和 K_q。因为 $n+1=q+p$，所以这个解将是唯一解。

因为矩阵 B 没有一个行是零，所以我们先用相似变换矩阵

$$P=\begin{bmatrix}1 & 0 & 0\\ 0 & 1 & 0\\ -1 & 1 & -1\end{bmatrix}=P^{-1}$$

使得矩阵 PB 的第 3 行等于零。计算系统(A, T_{n-q})的相似变换为

$$(PAP^{-1}, T_{n-q}P^{-1})=\left(\begin{bmatrix}0 & 1 & 0\\ -1 & 1 & -1\\ -1 & 0 & -1\end{bmatrix}, [-3\quad 1\quad -2]\right)$$

同时设矩阵

$$\Lambda_q=\begin{bmatrix}-1 & -\sqrt{3}\\ \sqrt{3} & -1\end{bmatrix}$$

为了满足式(8.11a)的第 3 行，即$[PAP^{-1}V_q-V_q\Lambda_q=PBK_q]$的第 3 行，我们用式(8.3)：

$$[I_2\otimes PAP^{-1}\text{ 的第 3 行}-\Lambda_q^{\mathrm{T}}\otimes[0\quad 0\quad 1]][\boldsymbol{v}_{q1}^{\mathrm{T}}\ \vdots\ \boldsymbol{v}_{q2}^{\mathrm{T}}]^{\mathrm{T}}=\mathbf{0}$$

即

$$\left(\begin{bmatrix}-1 & 0 & -1 & \vdots & 0 & 0 & 0\\ 0 & 0 & 0 & \vdots & -1 & 0 & -1\end{bmatrix}-\begin{bmatrix}0 & 0 & -1 & \vdots & 0 & 0 & \sqrt{3}\\ 0 & 0 & -\sqrt{3} & \vdots & 0 & 0 & -1\end{bmatrix}\right)[\boldsymbol{v}_{q1}^{\mathrm{T}}\ \vdots\ \boldsymbol{v}_{q2}^{\mathrm{T}}]^{\mathrm{T}}=\mathbf{0}$$

算出矩阵 V_q 的两个列及其相对于相似变换前的矩阵 V_2,分别为

$$V_q=[\boldsymbol{v}_{q1} \vdots \boldsymbol{v}_{q2}]=\begin{bmatrix}\sqrt{3} & \sqrt{3}\\ 2+3\sqrt{3} & -2+3\sqrt{3}\\ 1 & -1\end{bmatrix},\ V_2=P^{-1}V_q=\begin{bmatrix}\sqrt{3} & \sqrt{3}\\ 2+3\sqrt{3} & -2+3\sqrt{3}\\ 1+2\sqrt{3} & -1+2\sqrt{3}\end{bmatrix}$$

经验算式(8.11a)的第 3 行以及式(8.11b)($T_{n-q}V_2=0$)都得到了满足。

然后根据式(8.11a)的第 1、第 2 行,即 $[(PAP^{-1}V_q)-V_q\Lambda_q=PBK_q]$ 的第 1、第 2 行,算出

$$K_q=\begin{bmatrix}-1+4\sqrt{3} & 1+4\sqrt{3}\\ -3-5\sqrt{3} & 3-5\sqrt{3}\end{bmatrix}$$

第三步:根据式(8.13),有

$$\overline{K}=K_q(\overline{C}V_2)^{-1}=\begin{bmatrix}1 & 4\\ 3 & -5\end{bmatrix}$$

经验算,矩阵 $A-B\overline{K}\,\overline{C}$ 的特征值确为 -2 和 $-1\pm j\sqrt{3}$。

整个例 8.3 的设计结果——一个能完全实现极强控制(配置所有三个极点以及一个特征向量)的输出反馈控制器,如图 8.1 所示。此图的框图结构与图 4.4 的框图结构完全相同。

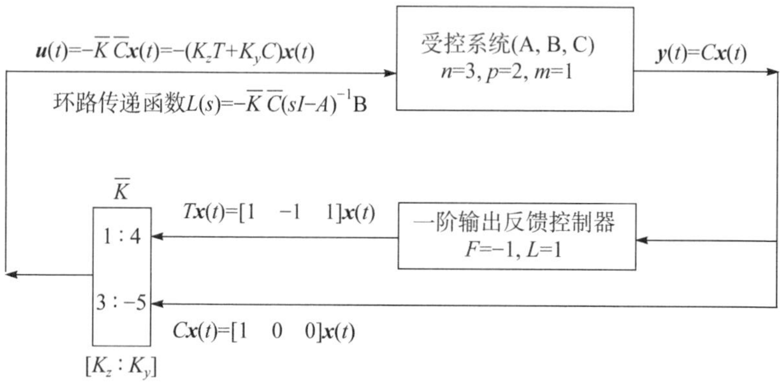

图 8.1 一个能完全实现极强控制的输出反馈控制器

例 8.4 对另一个系统的完整的输出反馈控制器的设计(包括第 5 到第 8 章)

$$系统(A, B, C) = \left(\begin{bmatrix} 0 & 1 & 0 \\ 0 & 0 & 1 \\ 0 & 0 & 0 \end{bmatrix}, \begin{bmatrix} 1 & 0 \\ 3 & 1 \\ 2 & 2 \end{bmatrix}, [1 \quad 0 \quad 0] \right)$$

根据式(1.9)，这个系统的传递函数 $G(s) = s^{-3}[s^2 + 3s + 2 \quad s + 2]$ 不稳定。

这是一个很难设计的系统。其 2×2 的环路传递函数甚至很难根据经典控制理论来分析。因为这个系统的输入多于输出(2>1)，所以根据现有的现代控制系统设计理论和分离原则，也不存在一个未知输入观测器来完全实现状态反馈控制的环路传递函数和鲁棒性。

但是因为这个系统有一个稳定的传输零点(−2)，所以我们能够设计一个极点为−2 的输出反馈控制器(结论 6.1)。这个控制器的参数 $F = -2$。

(1) 用程序 5.3 来设计这个控制器的动态部分[式(3.16a)]。

满足式(4.1)的第 2 和第 3 列(=0)的解，矩阵 $T = [2 \quad -1 \quad 0.5]$。

满足式(4.1)的第 1 列 ($TA - FT = LC$ 的第 1 列)的解，矩阵 $L = 4$。

经验算式(4.1)和式(4.3)都得到满足，这样下一步就是设计这个输出反馈控制器的输出部分[式(3.16b)]，即 $\overline{K} \equiv [K_z : K_y]$，使得矩阵 $A - B\overline{K}\,\overline{C}$ 的特征值为−2 和 $-1 \pm j\sqrt{3}$。这里矩阵

$$\overline{C} = \begin{bmatrix} T \\ C \end{bmatrix} = \begin{bmatrix} 2 & -1 & 0.5 \\ 1 & 0 & 0 \end{bmatrix}，一共有\ q[=\mathrm{rank}(\overline{C}) = 2]\ 个行。$$

(2) 用程序 8.2 来配置特征值−2 和 $-1 \pm j\sqrt{3}$。虽然共轭复数的特征值比实数特征值要难配置得多，但是这样的特征值却是最实用的。请见第 8.1 节。

首先设矩阵 Λ_{n-p} 和 Λ_p 各有特征值−2 和 $-1 \pm j\sqrt{3}$。

第一步：计算满足式(8.15a)的解 V_{n-p}。

因为矩阵 B 没有一个行是零，所以用相似变换矩阵

$$P = \begin{bmatrix} 1 & 0 & 0 \\ 0 & 1 & 0 \\ -4 & 2 & -1 \end{bmatrix}$$

使得矩阵 PB 的第 3 行等于零。又因为 Λ_{n-p} 是一个纯量(−2)，所以式(8.15a)可以写为 $[P(A-(-2)I)V_{n-p}]$ 的第 3 行 $= PBK$ 的第 3 行 $= 0$。

满足这个方程的矩阵 V_{n-p} 有两个基向量 $[0 \quad 1 \quad 1]^{\mathrm{T}}$ 和 $[0 \quad 0 \quad 1]^{\mathrm{T}}$。矩阵

V_{n-p} 可以是这两个基向量的任意线性组合。比如可设 V_{n-p} 为$[0 \quad 2 \quad -1]^{\mathrm{T}}$，这样就和矩阵 B 的两个列正交。但是为了更简单，我们设 $V_{n-p}=[0 \quad 1 \quad 1]^{\mathrm{T}}$，这个解也可以满足式(8.15b)，即矩阵$[V_{n-p} \vdots B]$可逆。

第二步：计算式(8.16)的解 T_p 和 L_p。因为 $n+1=q+p$，所以这个解将是唯一解。

因为矩阵 $\overline{C}$ 没有一个列是零，所以我们先用相似变换矩阵

$$Q=\begin{bmatrix}1 & 0 & 0\\ 0 & 1 & 0.5\\ 0 & 0 & 1\end{bmatrix}=Q^{-1}$$

使得矩阵 $\overline{C}Q$ 的第 3 列等于零。计算系统(A, V_{n-p})的相似变换为

$$(Q^{-1}AQ,\ Q^{-1}V_{n-p})=\left(\begin{bmatrix}0 & 1 & 0.5\\ 0 & 0 & 1\\ 0 & 0 & 0\end{bmatrix},\ \begin{bmatrix}0\\ 1.5\\ 1\end{bmatrix}\right)$$

另外有

$$\Lambda_p=\begin{bmatrix}-1 & \sqrt{3}\\ -\sqrt{3} & -1\end{bmatrix}$$

为了满足式(8.16a)的第 3 列，即$[T_pQ^{-1}AQ-\Lambda_qT_p=L_p\overline{C}Q]$的第 3 列，我们用式(5.13c)：

$$[\boldsymbol{t}_{p1} : \boldsymbol{t}_{p2}][I_2 \otimes (Q^{-1}AQ\ \text{的第三列}) - \Lambda_p^T \otimes [0 \quad 0 \quad 1]^{\mathrm{T}}]=\boldsymbol{0}$$

即

$$[-4 \quad 1 \quad -0.5 \ \vdots\ 0 \quad \sqrt{3} \quad -0.5\sqrt{3}]\left(\begin{bmatrix}0.5 & 0\\ 1 & 0\\ 0 & 0\\ \hdashline 0 & 0.5\\ 0 & 1\\ 0 & 0\end{bmatrix}-\begin{bmatrix}0 & 0\\ 0 & 0\\ -1 & -\sqrt{3}\\ \hdashline 0 & 0\\ 0 & 0\\ \sqrt{3} & -1\end{bmatrix}\right)=\boldsymbol{0}$$

矩阵 T_p 的两个行及其相对于相似变换前的矩阵 T_2，分别为

$$T_p=\begin{bmatrix}-4 & 1 & -0.5\\ 0 & \sqrt{3} & -0.5\sqrt{3}\end{bmatrix},\quad T_2=T_pQ^{-1}=\begin{bmatrix}-4 & 1 & -1\\ 0 & \sqrt{3} & -\sqrt{3}\end{bmatrix}$$

经验算式(8.16a)的第 3 列以及式(8.16b)（$T_2V_{n-p}=0$）都得到了满足。

然后根据式(8.16a)的第 1、第 2 列，即 $[(T_pQ^{-1}AQ)-\Lambda_pT_p=L_p\overline{C}Q]$ 的第 1、第 2 列，算出

$$L_p=\begin{bmatrix}6 & -16\\ -2\sqrt{3} & 0\end{bmatrix}$$

<u>第三步:</u>根据式(8.17)，有

$$\overline{K}=(T_2B)^{-1}L_p=\begin{bmatrix}-2 & 4\\ 0 & 4\end{bmatrix}$$

经验算，矩阵 $A-B\overline{K}\,\overline{C}$ 的特征值确为 -2 和 $-1\pm j\sqrt{3}$。

整个例 8.4 的设计结果——一个能完全实现极强控制(配置所有三个极点以及一个特征向量)的输出反馈控制器，如图 8.2 所示。此图的框图结构完全相同于图 4.4 的框图结构。

例 8.3 和例 8.4 所面临的都是很难设计的系统。其 2×2 的环路传递函数甚至很难根据经典控制理论来分析。因为这个系统的输入多于输出(2>1)，所以根据现有的现代控制系统设计理论和分离原则，也不存在一个未知输入观测器来完全实现状态反馈控制的环路传递函数和鲁棒性。

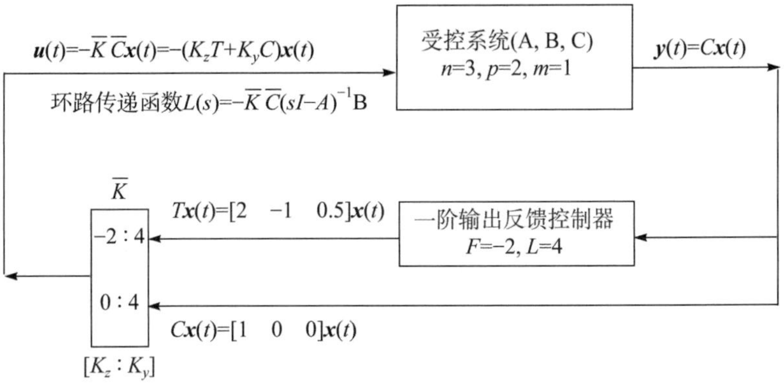

图 8.2　一个能完全实现极强控制的输出反馈控制器

但是对于这样非常困难而又非常基本的系统，本书的设计新原则和设计程序 5.3、程序 6.1、程序 8.1 和程序 8.2 却简单设计出了非常好的结果——一个能完全实现(包括环路传递函数和鲁棒性)极强控制(能够配置所有三个极点以及一个特征向量)的输出反馈控制器。能够如此普遍成功设计的原因主要是结

论 6.1 里的一个新的充分条件——有一个以上稳定的传输零点,正好被这两个例子里的受控系统符合。当然结论 6.1 里的宽松得多的充分条件,又是本书的设计新原则这一新理念以及本书的关于式(4.1)的普遍解耦的解这一技术突破,所保证的(Tsui, 2015)。

另有 10 个与例 8.3 和例 8.4 相似的受控系统和设计问题,被放在本章最后的习题部分(习题 8.6～习题 8.12),可见这一设计的简单性、系统性和普遍性。

8.4 对广义状态反馈控制设计的调整(Tsui, 2005)

总的来说,程序 8.1 和程序 8.2 在 $q+p>n$ 的情况下分两组准确配置任何 n 个特征值。第一组的 $n-q$ 个特征值在任何 q、p、n 的参数情况下都能准确配置,而它们对应的每个左特征向量都有 q 个基向量的自由度。这一自由度必须用来保证这些特征向量 T_{n-q} 与矩阵 $\bar{C}$ 的行线性无关。在满足这一要求以后的剩余自由度一般建议用来增大 T_{n-q} 与 $\bar{C}$ 的行的夹角。第二组的 q 个特征值只有当 $q+p>n$ 时或当这些特征值是系统(A, B, T_{n-q})的传输零点时才能准确配置,而它们对应的每个右特征向量只有 $q+p-n$ 个基向量。这些基向量的线性组合 V_q 一般建议用来减小矩阵 $\bar{C}V_q$ 的条件数。

程序 8.1 的对偶形式(程序 8.2)是将参数 q 与 p 以及左、右特征向量对调。具体地说,在配置第一组 $n-p$ 个特征值时配置它们的右特征向量 V_{n-p} 使矩阵$[V_{n-q} \vdots B]$满列秩。在配置第二组 p 个特征值时用剩余自由度来减小相应矩阵 T_pB 的条件数。

但是下面一些实际系统情况和设计要求需要我们对这一设计程序进行调整,特别是对特征向量配置的目的进行调整。

第一,当 $q+p$ 不大于 n 而 $q\times p$ 却大于 n 时,程序 8.1 第二步就可能无解,而准确配置任何 n 个特征值却又是基本上可能的(Wang, 1996)。这时程序 8.1 的第一步就需要调整以保证第二步有解。

第二,当 $q\times p$ 不大于 n 时,准确配置任何 n 个特征值是不可能的(Wang, 1996)。但是有时仍有可能对程序 8.1 的第一步进行调整以使第二步对 q 个稳定的(虽然不是任意的)特征值进行配置。也就是将这 q 个特征值进行大致的(稳定)区域配置而不是准确的数值配置。

第三,因为第一组 Λ_{n-q} 的特征值配置比第二组 Λ_q 有很大的优先权,所以在这两组特征值的组合分配上也可进行调整。

第四，因为矩阵 $\overline{C}$ 里的两个成员矩阵 T 和 C 有完全不同的物理意义[见图 8.1、图 8.2 和式(4.6)]，即 $T\boldsymbol{x}(t)$ 仅是经设计收敛才能实现的信号，而 $C\boldsymbol{x}(t)$ 则是可以直接测量的信号，所以矩阵 T 比 C 的可靠性低得多。因此在设计时也应该将矩阵 $\overline{C}$ 里的这两组行进行区别对待。比如根据式(4.8)，只有减小 K_z(而不是 K_y)，才能减小状态反馈系统状态矩阵 $A-B\overline{K}\,\overline{C}$ 和观测器状态矩阵 F 之间的耦合。

第五，在一些实际运用中尽量减小系统的零输入响应[见式(1.6c)]是更重要的设计要求，而不是减小特征值的敏感性。

下面我们将根据这五种情况对程序 8.1 分别进行五个调整，主要是第一步中 $n-q$ 个特征向量配置的调整。

<u>调整一：</u>在第一步中配置特征向量 T_{n-q} 使矩阵 Λ_q 中的 q 个特征值成为系统 (A, B, T_{n-q}) 的 q 个传输零点。这一调整的目的是使第二步对这 q 个特征值的准确配置有解，也就是通过配置特征向量 T_{n-q} 和传输零点，来配置 Λ_q 的特征值。

因为只有在 $q+p\leqslant n$ 时程序 8.1 第二步才不能对任意 q 个特征值有解，又因为在 $q\times p>n$ 时程序 8.1 对所有任意 n 个特征值的配置又是基本可能的(Wang, 1996)，所以调整一只能在 $q+p\leqslant n$ 和 $q\times p>n$ 时才能进行。也就是说调整一只能在上述五个情况中的第一个情况时进行。

比较(Wang, 1996)的计算程序，程序 8.1 及其调整一似乎简单得多，当然配置 q 个传输零点也并不容易。

设矩阵 T_{n-q} 的第 i 行的 q 个基向量所组成的矩阵为 D_i $(i=1, \cdots, n-q)$。这样 T_{n-q} 的第 i 行等于 $\boldsymbol{c}_i D_i$ $(i=1, \cdots, n-q)$，这里 $\boldsymbol{c}_i$ 是一个 q 维的自由行向量。根据式(1.11)，系统 (A, B, T_{n-q}) 的传递函数的分子多项式矩阵为

$$N(s)=\begin{bmatrix}\underbrace{\boldsymbol{c}_1}_{q} & & 0\\ & \ddots & \\ 0 & & \underbrace{\boldsymbol{c}_{n-q}}_{q}\end{bmatrix}\begin{bmatrix}D_1\operatorname{adj}(sI-A)B\\ \vdots\\ D_{n-q}\operatorname{adj}(sI-A)B\end{bmatrix}$$

根据传输零点的定义(定义 1.5)，我们的目的是计算 $\boldsymbol{c}_i$ 向量 $(i=1, \cdots, n-q)$，使 $(n-q)\times p$ 维的多项式矩阵 $N(s)$ 在 s 等于矩阵 Λ_q 内的 q 个特征值时不满列秩(或有线性相关的列)。

这一传输零点配置在 $n-q=p$(或 $n=q+p$) 时最容易,因为在输出 ($n-q$ 个)和输入(p 个)一样多时的系统一般都有 q 个传输零点,而其他系统则一般没有传输零点(Davison et al. , 1974)。

比如文献(Bachelier et al. , 2006, 2008; Konigorski, 2012; Wang et al. , 2013)就已逐渐将整个任意极点配置问题的充分条件从 $n<q+p$ 放宽到了 $n\leqslant q+p$。这些文献的设计程序也都采取了和程序 8.1 相似的,先后配置两组特征值的形式。但是这些设计程序仍比程序 8.1 本身复杂得多,而且严格限制于如何配置任意给定特征值的单一数学问题。所以将程序 8.1 的调整一的设计计算程序化和具体化是一个很有意义的问题。

关于这一调整的例子可见例 8.5。

<u>调整二:</u>在第一步中配置特征向量 T_{n-q} 以使系统(A, B, T_{n-q})有 q 个传输零点在大致满意的位置(和数值),比如在稳定的左半平面,这样在第二步就可以将这 q 个传输零点配置成矩阵 $A-B\overline{K}\,\overline{C}$ 的特征值。

根据调整一里的分析,调整二一般只在 $q\times p\leqslant n$ 时才有必要实行,因为在 $q\times p>n$ 时,所有 n 个特征值一般可以准确配置。因为对特征值的大致配置比准确配置容易得多,所以调整二在 $q\times p\leqslant n$ 时也有可能实行,即上述五种情况中的第二种情况。

这一调整实际上提出了两个关于特征结构配置的崭新概念,即将后 q 个特征值大致配置而不是准确配置的概念,以及通过对前 $n-q$ 个特征向量的配置来决定后 q 个特征值的概念。这两个概念虽然很新,但并非不实际。首先特征值的预先选择本身并没有普遍最优和明确的规则(见 8.1 节),而在准确配置了 $n-q$ 个最重要的特征值以后,再将其余特征值(只要是稳定的)大致配置似乎也可令人满意。其次特征向量相对于特征值也很重要,因为它可以决定特征值的敏感性和鲁棒性。

<u>调整三:</u>程序 8.1 及其上述两个调整都明显显示出两组特征值在配置时的在巨大的优先上的差别。比如第一组 $n-q$ 个特征值可以保证准确配置,其对应的每个特征向量都有 q 个基向量的配置自由度,而第二组的 q 个特征值有时只能勉强准确配置并没有特征向量配置的自由度(调整一),有时甚至只能大致选择和配置(调整二)。对于程序 8.1 的对偶形式[式(8.14)~式(8.17)],这一叙述只要将参数 q 改为 p 也适用。

基于这一差别,有理由将 n 个特征值中最重要的 $n-q$ 个放在第一组首先配置,也可以尝试这两组特征值的不同组合来使以上调整一或调整二的设计计

算能有满意的结果。总之,调整三可以在程序 8.1 或其对偶形式都能使用,也可以和以上调整一或调整二联合使用。这一调整还启动了将 n 个特征值分成不同重要程度和不同优先配置的两组的新概念。这一新概念还被用在第 9 章所有三个特征向量配置的设计方法中。

关于这一调整的例子可见例 8.6。

调整四:与现有状态反馈控制设计不用矩阵 C 和现有静态输出反馈控制设计只用单一矩阵 C 的情形不同,本书的广义状态反馈控制设计所用的矩阵 $\overline{C}$ 有两个非常不同的成员矩阵 T 和 C[见式(4.2)]。其中矩阵 T 是经程序 5.3 和程序 6.1 计算出来的式(4.1)和式(4.3)的解,其相应的信号 $T\boldsymbol{x}(t)$ 必须经过观测器运行和收敛才能形成,而矩阵 C 则是给定的[见式(1.1)],其相应的信号 $C\boldsymbol{x}(t)[=\boldsymbol{y}(t)]$ 可以直接测量得到。

因此和现有的其他设计不同,程序 8.1 应该考虑矩阵 $\overline{C}$ 里 T 和 C 这两个部分的不同。比如在第一步设计特征向量 T_{n-q} 使矩阵$[T_{n-q}^{\mathrm{T}} \vdots \overline{C}^{\mathrm{T}}]^{\mathrm{T}}$ 满行秩时和在第二步设计特征向量 V_q 使矩阵 $\overline{C}V_q$ 有小条件数时,矩阵 C 显然应该比矩阵 T 优先考虑。这一步的调整对本书的直接状态反馈($q=n$)的特征向量配置也适用,而这一点在现有文献(Kautsky et al., 1985)并未被提及(见程序 9.2 中对设立加权因子 w_i 的论述)。需要注意的是,这里的矩阵 T 是相对于观测器状态矩阵 F 的左特征向量矩阵,而本节的矩阵 T_{n-q} 则是相对于广义状态反馈控制系统的状态矩阵 $A-B\overline{K}\,\overline{C}$ 的 $n-q$ 个左特征向量。另外着重减小对 T 的增益 K_z(而不是 K_y),也不失一个办法。

调整五:至此特征向量配置(包括第 9 章的配置)的普遍目的是用来尽量增大特征向量之间的交角,即尽量减小特征向量矩阵的条件数,以尽量减小特征值的敏感性(见 2.2 节)。但是在一些实际运用情况和上述第五种情况里,还有以下不同的特征向量配置的目的和要求。

为了尽快和尽可能平稳地达到稳态响应,需要减小系统的暂态响应,而暂态响应又和系统的零输入响应 $V\mathrm{e}^{\Lambda(t)}T\boldsymbol{x}(0)$ 有密切的关系(见 1.1 节)。所以如果能预知系统状态的初始值 $\boldsymbol{x}(t=0)$,则使 $T\boldsymbol{x}(0)$ 尽量减小也不失为反馈系统左特征向量矩阵 T 的很有意义的设计目的和要求。相对于程序 8.1,我们要求在第一步设计矩阵 T_{n-q} 时,在满足矩阵$[T_{n-q}^{\mathrm{T}} \vdots \overline{C}^{\mathrm{T}}]^{\mathrm{T}}$ 满行秩的前提下尽可能减小 $T_{n-q}\boldsymbol{x}(0)$ 的范数。

这一调整过去在状态反馈控制的设计问题中也出现过。关于这一调整在广义状态反馈控制设计问题(程序 8.1)里的例子可见例 8.7。

例 8.5 (关于调整一) 设

$$(A,B,\overline{C})=\left(\begin{bmatrix}0&1&0&0\\0&0&1&0\\0&0&0&1\\1&0&1&0\end{bmatrix},\begin{bmatrix}0&0\\1&0\\0&0\\0&1\end{bmatrix},\begin{bmatrix}1&0&0&0\\0&1&0&0\end{bmatrix}\right)$$

并设$\{-1,-2,-3,-4\}$为要配置的特征值。

因为 $p+q\leqslant n$，所以我们需要用程序 8.1 的调整一来配置这些特征值。

设 $\Lambda_{n-q}=\mathrm{diag}\{-1,-2\}$，$\Lambda_q=\{-3,-4\}$。

第一步：T_{n-q} 的 $n-q(=2)$ 个左特征向量的分别有 $q(=2)$个行的基向量矩阵是

$$D_1=\begin{bmatrix}u&0&-1&1\\v&0&0&0\end{bmatrix},\ D_2=\begin{bmatrix}x&3&-2&1\\y&0&0&0\end{bmatrix}$$

其中，$\{u,v,x,y\}$是任意常数。这两个矩阵的行的任意线性组合分别在 λ_i 等于-1 和-2 时满足式(8.10a)的右边两个列。而式(8.10a)的左边两个列可以由自由参数 L 满足。

根据调整一，矩阵 D_1 和 D_2 的各自的行的线性组合必须使矩阵 T_{n-q} 的行与矩阵 $\overline{C}$ 的行线性无关，并使系统(A,B,T_{n-q})有传输零点-3 和-4。这样的线性组合不一定存在。但是幸运的是，对本例的数值情况这一线性组合存在，即 $\boldsymbol{c}_1=\boldsymbol{c}_2=[1\quad 0]$ 并且 $u=60$ 和 $x=84$。这样

$$T_{n-q}=\begin{bmatrix}\boldsymbol{c}_1D_1\\\boldsymbol{c}_2D_2\end{bmatrix}=\begin{bmatrix}60&0&-1&1\\84&3&-2&1\end{bmatrix}$$

第二步：第一步的结果 T_{n-q} 保证了式(8.11)或式(8.12)的唯一解是

$$V_q=\begin{bmatrix}1&1\\-3&-4\\15&12\\-45&-48\end{bmatrix},\quad K_q=\begin{bmatrix}-6&4\\119&179\end{bmatrix}$$

第三步：根据式(8.13)，$\overline{K}=K_q(\overline{C}V_q)^{-1}=\begin{bmatrix}36&10\\61&60\end{bmatrix}$。

经验算可知，矩阵 $A-B\overline{K}\,\overline{C}$ 的特征值是所要配置的$\{-1,-2,-3,-4\}$。

例 8.6 (关于调整三) 设系统$(A,B,\overline{C})$以及所要配置的三个特征值

都和例 8.1 和例 8.2 一样。但是根据调整三，这三个特征值将分配在不同的矩阵 Λ_{n-q} 和 Λ_q 里，即

$$\Lambda_{n-q}=-1,\quad \Lambda_q=\mathrm{diag}\{-2,-3\}$$

<u>第一步：</u>式(8.10a)意味着

$$\underbrace{\begin{bmatrix}1 & 0 & 3\\ 0 & 1 & 0\end{bmatrix}}_{D_1}\ \underbrace{\begin{matrix}-3 & -5\\ 1 & 1\end{matrix}}_{E_1}\begin{bmatrix}-3 & 0 & -2\\ 0 & 1 & 1\\ 1 & -1 & -1\\ \hline 0 & -1 & 0\\ 0 & 0 & -1\end{bmatrix}=0$$

其中，矩阵 D_1 和 E_1 的各自的行的任意线性组合分别等于 T_{n-q} 和 L，即式(8.10a)的解。

因为 $q+p>n$，所以对矩阵 T_{n-q} 的唯一必须满足的要求是矩阵 $[T_{n-q}^{\mathrm{T}} \ \vdots\ \overline{C}^{\mathrm{T}}]^{\mathrm{T}}$ 满行秩。在众多的解中，我们设 $T_{n-q}=\boldsymbol{c}_1D_1=[1\quad -2]D_1=[1\quad -2\quad 3]$($L=\boldsymbol{c}_1E_1=[-5\quad -7]$)。

<u>第二步：</u>式(8.11)或式(8.12)的唯一解是

$$V_q=\begin{bmatrix}2 & -9\\ -5 & 3\\ -4 & 5\end{bmatrix},\quad K_q=\begin{bmatrix}-5/2 & 13/4\\ 7 & -7\end{bmatrix}$$

<u>第三步：</u>根据式(8.13)，$\overline{K}=K_q(\overline{C}V_q)^{-1}=\begin{bmatrix}-1/26 & 35/42\\ -7/13 & -14/13\end{bmatrix}$。

经验算可知矩阵 $A-B\overline{K}\,\overline{C}$ 的特征值和例 8.1 和例 8.2 一样已被准确配置。但是反馈增益矩阵 $\overline{K}$ 在例 8.6 中明显小于例 8.1 和例 8.2。因为小的反馈增益一般意味着更好的鲁棒性，所以例 8.6 显示了调整三对所要配置的特征值进行不同先后组合的显著作用。

例 8.7 (关于调整五) 设系统(A, B, $\overline{C}$)以及所要配置的三个特征值都和例 8.1、例 8.2 和例 8.6 一样。但是根据调整五，还需要在第一步设计矩阵 T_{n-q} 时根据 $\boldsymbol{x}(0)$的信息做调整。

比如当预知 $\boldsymbol{x}(0)=[0\quad x\quad 0]^{\mathrm{T}}$ 时($x\neq 0$)，则例 8.1 中的 $D_1\boldsymbol{x}(0)=[0\quad x]^{\mathrm{T}}$。所以根据调整五我们设计 $T_{n-q}=\boldsymbol{c}_1D_1=[1\quad 0]D_1=[1\quad 0\quad 1]$，使 $T_{n-q}\boldsymbol{x}(0)=0$。因为这个 T_{n-q} 和例 8.1 中的一样，所以也满足式(8.10b)。

又比如当预知 $\boldsymbol{x}(0)=[x \quad 2x \quad x]^{\mathrm{T}}$ 时($x\neq 0$)，则例 8.6 中的 $D_1\boldsymbol{x}(0)=[4x \quad 2x]^{\mathrm{T}}$。因此根据调整五我们设 $T_{n-q}=\boldsymbol{c}_1D_1=[1 \quad -2]D_1=[1 \quad -2 \quad 3]$，使 $T_{n-q}\boldsymbol{x}(0)=0$。因为这个 T_{n-q} 和例 8.6 中的一样，所以也满足式(8.10b)。

8.5 关于特征结构配置设计的小结

反馈系统极点(特征值)的选择没有普遍最优的规则，也不可能不经调试就一次得到任何实际应用问题的最佳极点选择。这一情况和最优控制中的加权矩阵参数的选择相似(见第 10 章)，也是实际应用情况的真实反映。不过对系统极点的理解，以及系统极点对系统性能和稳定性的重要性，应该远远高于任何其他系统参数(见第 2 章)。因此对系统极点的选择也应该比对任何其他系统参数的选择有理性得多的指导(见 8.1 节)。

关于对反馈系统的广义的状态矩阵 $A-B\overline{K}\,\overline{C}$ 的 n 个特征值的准确配置。在 $\overline{C}$ 的秩数为 n 时(状态反馈控制)对任何能控的系统(A，B)都能进行(定理 3.1)，而若 $\overline{C}$ 的秩数($=q$)小于 n(广义状态反馈控制)，则只有在 $q+p>n$ 时才能由程序 8.1 或其对偶形式保证进行。最新文献(Bachelier et al.，2006，2008；Konigorski，2012；Wang et al.，2013)逐渐提出了以 $n\leqslant q+p$ 为充分条件，但是复杂于程序 8.1 的设计程序。针对 $n\leqslant q+p$ 这一条件，将程序 8.1 的调整一的设计计算程序化和具体化是一个很有意义的问题。文献(Wang，1996)提出了在 $n<q\times p$ 的条件下基本(generically)配置任意极点的更为复杂的理论公式。而本书的设计已经将 $q=m$ 增大为 $q=m+r$，从而大大增加了满足 $q+p\geqslant n$ 和 $q\times p>n$ 的概率(结论 6.7)。作者认为将极点的选择和配置、极点的准确配置和大致配置，以及特征值和特征向量配置，综合起来设计，将是一个很有意义的研究问题。这个综合设计问题也符合本书提出的综合设计原则的精神。

因为左、右特征向量可以决定其对应的特征值的敏感性和鲁棒性(定理 2.1)，并且在很多情况下有相当大的配置自由度，所以特征向量配置几乎和特征值配置一样重要。不同的特征向量配置对反馈控制增益，特征向量矩阵的条件数，以及特征值的条件数都有极大的影响。本章例 8.1 和例 8.6 的比较，特别是第 9 章例 9.2 都明显显示了这一影响。这一特征值的条件数自然也决定了配置特征值的计算问题的条件数。

现有的用状态反馈控制配置特征值的计算程序的文献(Miminis et al.，

1982；Kautsky et al.，1985；Petkov et al.，1984；Duan，1993a)以及用静态输出反馈控制配置特征值的计算程序的文献(Misra et al.，1989；Syrmos et al.，1993，1994；Wang，1996；Bachelier et al.，2006)有很多。但是除了Kautsky et al.(1985)的文献以外，这些文献都没有提到特征向量的配置，因此也就不可能控制或避免特征值的病态的条件数。根据数值计算理论的原理，一个病态条件的计算问题的计算结果是不可靠的，而这一不可靠是不能因为这一计算问题的数值稳定的计算方法而避免的(毛剑琴等，1988)。

本书 8.2 节特别是 8.3 节(程序 8.1)的关于特征值配置计算的一个最突出最重要的共同特点，是所有相应的特征向量配置都采用配置这些特征向量的基向量的线性组合这一形式。这显然是特征向量配置的能充分利用自由度，又是最简单和最普遍的形式。只有基础于这一形式，才有第 9 章的特征向量配置的真正普遍的和有效的数值和解析方法。

现有文献(如 Chu，1993)中还有用数值迭代逼近的方法来配置特征值和特征向量。

关于特征向量配置的自由度，在状态反馈控制 ($q=n$) 这一特殊情形下每个特征向量都有 p 个基向量，而在广义状态反馈控制 ($q\leqslant n$) 的程序 8.1 里，头 $n-q$ 个特征向量中的每一个都有 q 个基向量(所以可称为部分特征向量配置)，而后 q 个特征向量中的每一个只有 $q+p-n$ 个基向量。

因为鲁棒性的重要性以及特征向量可以决定特征值的鲁棒性，又因为特征值可以保证系统的另一重要要求——性能，所以特征向量配置的目的一般是减小特征向量矩阵的条件数[增大特征向量间的交角(见附录 A)]。不过在广义状态反馈控制的一些特殊情况下，这一目的可以在程序 8.1 中得到调整(主要是对头 $n-q$ 个左特征向量配置的调整)。比如调整一和调整二是为了使下一步的 q 个特征值配置成为可能，而调整五则是为了减小反馈系统的零输入响应。

最后，本书的设计程序 8.1 不但能普遍到 $q<n$，甚至 $q+p<n$ 的情况，能将所有特征向量配置表示在能充分利用自由度的最简单、最普遍的形式，并能做多种调整，而且非常简单。比如例 8.1～例 8.7 中的每一步计算都是简单、直接和解析的，因此数值结果都可以是有理数。这才是控制设计的真正实质性的进展。这样的实质性进展就使人们可以在本节叙述的新结果和新概念的基础上进一步改进和创新。

习　题

8.1 设 $n=10$ 而且所有要配置的特征值都是共轭复数。

(1) 如果 $q=7$ 和 $p=4$，那么程序 8.1 可以直接实行吗？为什么？程序 8.1 的对偶形式可以吗？为什么？

(2) 如果 $q=8$ 和 $p=3$，那么程序 8.1 可以直接实行吗？为什么？程序 8.1 的对偶形式可以吗？为什么？

(3) 如果 $q=7$ 和 $p=5$，如何使程序 8.1 可以直接实行？如何使程序 8.1 的对偶形式可以直接实行？

8.2 对例 8.1 和例 8.2 分别做调整三，即在第一步配置特征值 -2，再在第二步配置特征值 -1 和 -3，并比较这一调整后的结果。

8.3 用程序 8.1 及其对偶形式将下列系统的特征值配置成 $\{-1,-2,-3,-4\}$(Chu，1993)。注意答案 $\overline{K}$ 不是唯一的。

(1) $(A, B, \overline{C}, \overline{K})=$

$$\left(\begin{bmatrix}0 & 1 & 0 & 0\\ 1 & 1 & 0 & 0\\ -1 & 0 & 0 & 0\\ 0 & 0 & 0 & 0\end{bmatrix}, \begin{bmatrix}0 & 0\\ 1 & 0\\ 0 & 0\\ 0 & 1\end{bmatrix}, \begin{bmatrix}1 & 0 & 0 & 0\\ 0 & 0 & 1 & 0\\ 0 & 0 & 0 & 1\end{bmatrix}, \begin{bmatrix}-47 & 34 & 10\\ 49 & -35 & -11\end{bmatrix}\right)$$

(2) $(A, B, \overline{C}, \overline{K})=$

$$\left(\begin{bmatrix}0 & 1 & 0 & 0\\ 0 & 0 & 1 & 0\\ 0 & 0 & 0 & 1\\ -1 & 0 & 0 & 0\end{bmatrix}, \begin{bmatrix}1 & 0 & 0\\ 0 & 0 & 0\\ 0 & 1 & 0\\ 0 & 0 & 1\end{bmatrix}, \begin{bmatrix}1 & 0 & 0 & 0\\ 0 & 1 & 0 & 0\end{bmatrix}, \begin{bmatrix}-10 & 4.32\\ 62 & -35\\ 52.58 & -29/84\end{bmatrix}\right)$$

8.4 对下列系统重复例 8.3 的设计计算，即配置特征值 $\{-1,-2,-3,-4\}$ (Chu，1993)

$(A, B, \overline{C}, \overline{K})=$

$$\left(\begin{bmatrix}0 & 1 & 0 & 0\\ 0 & 0 & 0 & 0\\ 0 & 0 & 0 & 1\\ 0 & 0 & -1 & 0\end{bmatrix}, \begin{bmatrix}0 & 0\\ 1 & 0\\ 0 & 0\\ 0 & 1\end{bmatrix}, \begin{bmatrix}0 & 1 & 1 & 0\\ 1 & 0 & 0 & 1\end{bmatrix}, \begin{bmatrix}-50 & -49.47\\ 40.94 & 40\end{bmatrix}\right)$$

8.5 对下列系统重复例 8.5 的设计计算。建议将重复特征值分在不同的两组,以配置特征值{−1, −1, −2, −2}(Kwon et al., 1987)。

$$(A, B, \overline{C}, \overline{K}) = \left\{ \begin{bmatrix} 0 & 1 & 0 & 0 \\ 0 & 0 & 1 & 0 \\ 0 & 0 & 0 & 1 \\ 1 & 0 & 1 & 0 \end{bmatrix}, \begin{bmatrix} 0 & 0 \\ 1 & 0 \\ 0 & 0 \\ 0 & 1 \end{bmatrix}, \begin{bmatrix} 1 & 0 & 0 & 0 \\ 0 & 1 & 0 & 0 \end{bmatrix}, \begin{bmatrix} 14 & 6 \\ 19 & 18 \end{bmatrix} \right\}$$

8.6 设系统 $(A, B, C) = \left(\begin{bmatrix} 0 & 1 & 0 \\ 0 & 0 & 1 \\ 0 & 0 & 0 \end{bmatrix}, \begin{bmatrix} 1 & 0 \\ 4 & 1 \\ 3 & 3 \end{bmatrix}, [1 \quad 0 \quad 0] \right)$。

(1) 重复例 8.3,设观测器极点为−3。

(2) 重复例 8.4,设观测器极点为−3。

(3) 重复(1),配置特征值−1, $-1\pm j$。

(4) 重复(2),配置特征值−1, $-1\pm j$。

答案:$T = [9 \quad -3 \quad 1]$, $L = 27$

8.7 对例 8.3 的系统(A, B, C),重复例 8.3 的特征值配置,但使用程序 8.2 而不是程序 8.1。

8.8 对例 8.3 的系统(A, B, C),重复例 8.3 的特征值配置,但特征值改为−1 和$-1\pm j$。

8.9 对例 8.3 的系统(A, B, C),重复习题 8.7 的特征值配置,但特征值改为−1 和$-1\pm j$。

8.10 对例 8.4 的系统(A, B, C),重复例 8.4 的特征值配置,但使用程序 8.1 而不是程序 8.2。

8.11 对例 8.4 的系统(A, B, C),重复例 8.4 的特征值配置,但特征值改为−1 和$-1\pm j$。

8.12 对例 8.4 的系统(A, B, C),重复习题 8.10 的特征值配置,但特征值改为−1 和$-1\pm j$。

8.13 设 $n=5$ 和 $p=m=2$ $(p\times m<n)$,但是根据结论 6.3,$q=m+r$,这里 r 是系统的稳定的传输零点的数目。根据文献(Davison et al., 1974),这样的系统一般都有 $n-m(=3)$ 个传输零点(可以是不稳定的)。在习题 4.2 和习题 4.6 里,我们将每一个传输零点是稳定的概率 p 分别设为 1/2 和 3/4,并因此根据公式$[r:3]p^r(1-p)^{3-r}$ 算出了在三个传输零点中有 r 个是稳定的概率。这里$[r:3]$是在三个元素中取 r 个的组合。

虽然根据文献(Wang, 1996),本习题系统的静态输出反馈不可能配置任意极点,但是本书的设计新途径在保证实现鲁棒性的前提下,将静态输出反馈加强为广义状态反馈控制(将 m 增大为 q),这就使下列特征结构配置的目的成为可能。

根据习题 4.2 和习题 4.6 的结果,计算系统可以实现下列特征结构配置的程度的(或参数 r 的)概率 p_i($i=1, 2$ 分别对应于 $p=1/2$ 和 $p=3/4$)。

(1) 配置所有特征值和特征向量。这也是现有未知输入(状态)观测器的结果。

答案:$q=n$, $r=q-m=3$, $p_1=0.125$, $p_2=0.422$。可见概率不大。

(2) 至少配置所有特征值和部分(q 个或 p 个)特征向量,这是本书的广义状态反馈控制的结果。

答案:$q+p>n$, $q\geqslant 4$, $r=q-m\geqslant 2$, $p_1=0.5$, $p_2=0.844$,这一概率远大于现有结果(上一部分)。

(3) 至少配置(基本上)所有特征值(Wang, 1996)。

答案:$q\times p>n$, $q\geqslant 3$, $r=q-m\geqslant 1$, $p_1=0.875$, $p_2=0.98$。可见本书的广义状态反馈控制能在绝大多数系统情况下至少保证反馈系统的稳定,并远强于现有的静态输出反馈控制。

读者可以在第 4 章的习题及答案里找到更多和更普遍的不同系统$\{n, m, p\}$的结果。相对本题(1)(2)(3)三部分的情况,p_1 的数值分别可见习题 4.2、习题 4.4 和习题 4.5,p_2 的数值分别可见习题 4.6、习题 4.8 和习题 4.9。

8.14 将习题 8.13 的参数 n 从 5 改为 4($m\times p$ 仍不大于 n),再重复习题 8.13 的三个部分。

答案:

	(1):$q=4$, $r=2$	(2):$q\geqslant 3$, $r\geqslant 1$	(3) =(2)
$p_1=$	0.25	0.75	0.75
$p_2=$	0.56	0.94	0.94

8.15 将习题 8.13 的参数$\{n, m, p\}$改为$\{9, 3, 3\}$ ($m\times p\not>n$)。再重复习题 8.13 的三个部分。

答案：

	(1)：$q=9$，$r=6$	(2)：$q\geqslant 7$，$r\geqslant 4$	(3)：$q\geqslant 4$，$r\geqslant 1$
p_1	0.0156	0.344	0.98
p_2	0.178	0.83	0.999

习题 8.13～习题 8.15 的结果很充分地证明在能保证实现环路传递函数和鲁棒性的前提下，本书的设计新途径(2)和(3)部分的成立的概率不但大于现有设计(1)部分的概率，而且这一差别是极为显著的。这三个习题的结果更充分地证明本书提出的广义状态反馈控制远强于现有的静态输出反馈控制，在大多数系统情况下能达到配置所有极点和部分特征向量这一很好和很不容易的控制目的(2)部分，并能在绝大多数系统情况下保证反馈系统的稳定性(3)部分。这就充分证明了本书前言中强调的两个优越性。

第9章

反馈控制设计二——特征向量的配置

特征值配置和特征向量配置可以合起来称为特征结构配置。

因为本书对特征结构配置问题增加了大量的新内容，所以因为篇幅关系，需要将特征值配置和特征向量配置分成第 8 章和第 9 章来叙述。

根据一般的设计顺序，都是在先配置了特征值以后，再利用剩余自由度来配置特征向量。本书的设计也是按这一顺序。更重要的是本章的设计将这一剩余自由度统一表达为，每一个特征向量的所有基向量的自由线性组合这一最简单而又详细的形式。

但是第 8 章的 8.4 节和 8.5 节都提到了，在某些情况下改变这一顺序的必要性、可能性和优越性。比如在 $n \geqslant p+q$ 的情况下，需要通过一组特征向量的配置来实现下一组特征值的配置，或来选择下一组的可配置的特征值，或来选择下一组特征值的区域(而不是精确数值)。这些新的综合设计，既提出了很有创新和很有意义的研究课题，又是本书的将控制器和控制综合设计的新原则的延续和呼应。

有这样一句西方名言："如果好得不能让人相信(too good to be true)，那么实际上就不会是那么好。"这句话看来在现代控制理论也适用：如果说分离原则下的状态反馈控制能最小化任何二次型指标，那么实际上这一控制本身的鲁棒性就不能被普遍地实现。只有根据本书综合设计出来的广义状态反馈控制，其鲁棒性才能保证被普遍地实现。再延伸到这个广义状态反馈控制本身。如果说配置任意给定的极点能保证任何反馈系统的性能要求，那么实际上在 $n > p+q$ 的情况下这一配置就是不可能的。只有综合性地而不是任意地选择极点，或区域性地和大致地而不是准确地选择出来的极点，才能够普遍地被配置。

特征向量可以决定其对应的特征值对矩阵参数变化的敏感性，因此是极其

重要的。特征向量还有以下一些重要性质，根据式(2.2)，系统响应

$$\boldsymbol{x}(t)=Ve^{\Lambda t}V^{-1}\boldsymbol{x}(0)+\int_{0}^{t}Ve^{\Lambda(t-\tau)}V^{-1}B\boldsymbol{u}(\tau)\mathrm{d}\tau \tag{9.1}$$

根据式(8.1b)和式(8.6)，状态反馈控制增益

$$K=\tilde{K}V^{-1}=[B_1^{-1} \mid 0](A-V\Lambda V^{-1}) \tag{9.2}$$

因此在系统特征值 Λ 已得到配置，而系统参数$\{A, B\}$和系统信号 $\boldsymbol{x}(0)$与 $\boldsymbol{u}(\tau)$又是给定的情况下，特征向量矩阵 V 及其条件数 $k(V)$($\triangleq \|V\| \|V^{-1}\|$)就是决定系统响应(9.1)的平缓以及反馈增益(9.2)的大小的决定性参数(Kautsky et al., 1985)。当然小的 $k(V)$同时还意味着高的系统鲁棒性能和鲁棒稳定性[见式(2.17)和式(2.25)]。

根据式(4.8)，观测器(3.16)反馈系统的以 $\boldsymbol{x}(t)$和观测误差 $\boldsymbol{e}(t)$[$\triangleq \boldsymbol{z}(t)-T\boldsymbol{x}(t)$] 为状态的状态矩阵 $\overline{A}_c$ 为

$$\overline{A}_c=\begin{bmatrix} A-B\overline{K}\,\overline{C} & -BK_z \\ 0 & F \end{bmatrix} \tag{9.3}$$

其中，F 是观测器的状态矩阵并已设为约当型。所以要改善矩阵 $\overline{A}_c$ 的特征向量矩阵的条件数，改善矩阵 $A-B\overline{K}\,\overline{C}$ 的特征向量矩阵 V 的条件数和减小 $\|BK_z\|_F$ ($A-B\overline{K}\,\overline{C}$ 与 F 的偶合矩阵块)，就应该是两个最直接的也是充分的要求(例 2.4)。这里 $\overline{K}\triangleq[K_z \mid K_y]$即是反馈增益，$BK_z$ 也与反馈增益有关。可见反馈增益的大小与反馈系统的鲁棒性有非常直接的关系(Hu et al., 2001)。最后，为了直接改善整个反馈系统的状态矩阵 $\overline{A}_c$ 的条件数，有必要选择所有 $\overline{A}_c$ 的特征值(矩阵 $A-B\overline{K}\,\overline{C}$ 和 F 的特征值)都有相似的绝对值和有 90°～270°均匀的相位分布(8.1 节)。

根据 8.5 节的小结，状态反馈控制的特征向量都有 p 个基向量，而广义状态反馈(程序 8.1)的头 $n-q$ 个(或头 $n-p$ 个)特征向量也有 q 个(或 p 个)基向量。所以特征向量配置设计的自由度不但存在，而且相当大量。

从 20 世纪 70 年代中期人们就开始研究特征向量配置(Moore, 1976; Klein et al., 1977; Fahmy et al., 1982; Van Dooren, 1981; Van Dooren, 1984)。但是直到 1985 年人们才用配置特征向量基向量的线性组合的形式

来配置特征向量，比如式(6.1)中的左特征向量 $\boldsymbol{c}_i D_i$(Tsui, 1985)和式(8.5)中的右特征向量 $D_i \boldsymbol{c}_i$(Kautsky et al., 1985)。这里的基向量矩阵 D_i 是预先(为特征值配置等目的)算好的，向量 $\boldsymbol{c}_i$ 是代表特征向量配置自由度的自由参数。

虽然这只是特征向量配置的一个形式，但是这一形式却使特征向量配置的所有自由度在很多关键设计问题里的充分利用，真正成为可能(见图 5.1)。

本章将只叙述如何基于这一形式使特征向量之间的交角尽量增大(即使特征值的敏感性尽量减小)。这一设计的数值迭代方法(Kautsky et al., 1985)在 9.1 节叙述，解析方法(Tsui, 1986a, 1993a)在 9.2 节叙述。

本章的问题公式统一在计算 n 个 p 维列向量 $\boldsymbol{c}_i$ 以配置 n 个 n 维的右特征向量 $D_i \boldsymbol{c}_i (i=1, \cdots, n)$。尽管在图 5.1 里的不同应用中[如式(6.1)、式(6.6)、式(8.10)、式(8.11)、式(8.15)和式(8.16)]矩阵 D_i 的个数和维数都有不同，但是根据这些不同应用调整 9.1 节的设计程序的实数矩阵的个数和维数是简单容易的。

9.1 数值迭代方法(Kautsky et al., 1985)

数值迭代方法的目的在于尽量增大特征向量之间的交角，也就是尽量减小特征向量矩阵 V 的条件数 $k(V) (\triangleq \|V\| \|V^{-1}\|)$。

为了计算的统一简便，数值迭代方法要求每一个基向量矩阵 D_i 里的向量 $\boldsymbol{d}_{ij} (j=1, \cdots, p)$ 都是标准正交，即要求 $\boldsymbol{d}_{ij}^{\mathrm{T}} \boldsymbol{d}_{ik} = \delta_{jk}$，$\|\boldsymbol{d}_{ij}\| = 1$，$\forall 1 \leqslant j, k \leqslant p$，$i = 1, \cdots, n$。这一要求可以通过以下两个不同的简单步骤得到满足。

(1) 直接在计算 D_i 时满足这一条件，比如在计算式(8.4)时可以先计算矩阵 $[A-\lambda_i I \mid -B]$ 的右边的 QR 分解

$$[A-\lambda_i I \mid -B] = [R_i \mid 0] Q_i^{\mathrm{T}} \quad (i=1, \cdots, n) \tag{9.4a}$$

于是

$$D_i = [I_n \mid 0] Q_i \begin{bmatrix} 0 \\ I_p \end{bmatrix} \quad (i=1, \cdots, n) \tag{9.4b}$$

即 $n+p$ 维的标准正交矩阵 Q_i 的头 n 个行和后 p 个列。

(2) 首先计算基向量矩阵 $D_i(i=1, \cdots, n)$。然后再计算其 QR 分解

$$D_i = Q_i R_i \quad (i=1, \cdots, n) \tag{9.5a}$$

于是 D_i 可以被更新为 $D_i = Q_i \begin{bmatrix} I_p \\ 0 \end{bmatrix}$，即矩阵 Q_i 的头 p 个列。　(9.5b)

因为第二个步骤需要多一步的计算，所以不如第一步骤可靠，尽管第一步骤的主要的 QR 分解计算比第二步骤 QR 分解计算的维数大。

我们将介绍两个数值迭代的方法，分别以程序 9.1 和程序 9.2 为代表。第一个方法在每一次迭代中只更新一个特征向量，使其和其他 $n-1$ 个特征向量所形成的空间之间的交角尽量增大。第二个方法在每一次迭代中更新另外一组(设为 S)n 个标准正交向量中的两个向量，使这两个向量在保证和 S 里的其他 $n-2$ 个向量是标准正交的前提下，尽量减小这两个向量与其对应的两个 D_i 的列空间的交角。这两个方法也分别称为"单秩"和"双秩"法。

程序 9.1　单秩特征向量配置法(Kautsky et al.，1985)。

第一步：设 $j=0$，并设有一组 n 个 p 维的初始向量 $\boldsymbol{c}_i(\|\boldsymbol{c}_i\|=1, i=1, \cdots, n)$，计算初始特征向量

$$\boldsymbol{v}_i = D_i \boldsymbol{c}_i \quad (i=1, \cdots, n)$$

第二步：$j=j+1$，选一个要更新的特征向量 $\boldsymbol{v}_j$。再设 $n\times(n-1)$ 维矩阵为

$$V_j = [\boldsymbol{v}_1 \mid \cdots \mid \boldsymbol{v}_{j-1} \mid \boldsymbol{v}_{j+1} \mid \cdots \mid \boldsymbol{v}_n]$$

第三步：对矩阵 V_j 作 QR 分解(正交上三角化)

$$V_j = Q_j R_j = [\overline{Q}_j \mid \boldsymbol{q}_j] \underbrace{\begin{bmatrix} \overline{R}_j \\ \cdots \\ 0 \end{bmatrix}}_{n-1}$$

其中，Q_j 是 n 维标准正交矩阵；$\overline{R}_j$ 为 $n-1$ 维上三角形矩阵。因此 $\boldsymbol{q}_j(\|\boldsymbol{q}_j\|=1)$ 垂直于由矩阵 V_j 的向量张成的线性空间 $(\boldsymbol{q}_j^{\mathrm{T}} V_j = 0)$。

第四步：求方程 $D_j \boldsymbol{c}_j = \boldsymbol{q}_j$ 的最小方差解 $\boldsymbol{c}_j$，即 $\boldsymbol{q}_j$ 在 D_j 上的投影[见例 A.8 或文献(Golub et al.，1989)]

$$c_j = D_j^{\mathrm{T}} q_j / \| D_j^{\mathrm{T}} q_j \| \tag{9.6}$$

第五步:计算更新特征向量

$$v_j = D_j c_j = D_j D_j^{\mathrm{T}} q_j / \| D_j^{\mathrm{T}} q_j \|$$

第六步:检查矩阵 $V = [v_1 \vdots \cdots \vdots v_n]$ 的条件数。如满意则停止,否则回到第二步。

在一般情况下对每一个特征向量都可做一次更新,即在第六步中当 $j = n$ 时就停止。

在第三步 QR 分解的计算不一定要对矩阵 V_j 做从头到尾的三角化计算,而只要对前一次更新中的对矩阵 V_{j-1} 的 QR 分解的结果做一次更新即可。这一步更新的计算量根据文献(Kautsky et al., 1985)是 n^2,因此远小于从头到尾的 QR 分解的计算量($2n^3/3$,见附录 A.2)。但是如何进行这样的 QR 分解的更新的具体计算方法却从未公开发表过。

文献(Kautsky et al., 1985)的作者根据一些实例的计算认为,这一单秩迭代方法在其第一遍对 n 个特征向量各做一次更新很有效。但是却不认为这一方法可以保证普遍地收敛到一个最小可能的 $k(V)$的结果。这是因为虽然在每一步更新时的一个特征向量和其他 $n-1$ 个特征向量之间的夹角增大,但是这并不意味着所有 n 个特征向量之间的夹角的普遍增大。

在文献(Tits et al., 1996)里,作者认为这一单秩迭代方法的每一步更新都会增大矩阵 V 的行列式 $|V|$,并且认为这一方法可以收敛到一个区域性的(取决于 V 的初始值)最大 $|V|$。

文献(Tits et al., 1996)还把程序 9.1 推广到共轭复数特征值的情况,并认为新的程序有和程序 9.1 同样的收敛性。这一新程序将使用复数的数值运算。为了发展只使用实数运算的配置共轭复数特征向量的程序,我们也可以引用程序 5.3 和式(8.3)中关于共轭复数特征值的、实数特征向量的基向量的结果。

程序 9.2 双秩特征向量配置法(Kautsky et al., 1985)。

第一步:选一组标准正交的向量 x_i, $i = 1, \cdots, n$。比如可选$[x_1 \vdots \cdots \vdots x_n] = I$。同时计算每个矩阵 D_i 的补空间的标准正交的基向量矩阵 $\overline{D}_i$, $i = 1, \cdots, n$。这一计算可以用 QR 分解来完成。比如当 $D_i = Q_i \begin{bmatrix} R_i \\ 0 \end{bmatrix}$ 时,有

$$\overline{D}_i = Q_i \begin{bmatrix} 0 \\ I_{n-p} \end{bmatrix} \quad (i=1, \cdots, n)$$

第二步：选 n 个 $\boldsymbol{x}_i$ 向量中的两个向量如 $\boldsymbol{x}_j$、$\boldsymbol{x}_{j+1}$，再对这两个向量进行正交的吉文斯(Givens)旋转运算

$$[\overline{\boldsymbol{x}}_j \ \vdots\ \overline{\boldsymbol{x}}_{j+1}] = [\boldsymbol{x}_j \ \vdots\ \boldsymbol{x}_{j+1}] \begin{bmatrix} \cos\theta & \sin\theta \\ -\sin\theta & \cos\theta \end{bmatrix} \tag{9.7}$$

以使 $\overline{\boldsymbol{x}}_j$ 和 $\overline{\boldsymbol{x}}_{j+1}$ 与 $\overline{D}_j$ 和 $\overline{D}_{j+1}$ 各自的夹角 ψ_j 和 ψ_{j+1} 尽量增大(与 D_j 和 D_{j+1} 各自的夹角尽量减小)。这就意味着计算 θ 使

$$\begin{aligned}\min_\theta\{w_j^2\cos^2\psi_j + w_{j+1}^2\cos^2\psi_{j+1}\} &= \min_\theta\{w_j^2 \, \| \overline{D}_j^{\mathrm{T}} \overline{\boldsymbol{x}}_j \|^2 + w_{j+1}^2 \, \| \overline{D}_{j+1}^{\mathrm{T}} \overline{\boldsymbol{x}}_{j+1} \|^2\} \\ &= \min_\theta\{c_1\sin^2\theta + c_2\cos^2\theta + c_3\sin\theta\cos\theta\}\end{aligned} \tag{9.8}$$

$$\triangleq \min_\theta\{f(\theta)\} \tag{9.9}$$

其中，w_j 和 w_{j+1} 是加权因子。

$$\left.\begin{aligned} c_1 &= w_j^2 \boldsymbol{x}_j^{\mathrm{T}} \overline{D}_{j+1} \overline{D}_{j+1}^{\mathrm{T}} \boldsymbol{x}_j + w_{j+1}^2 \boldsymbol{x}_{j+1}^{\mathrm{T}} \overline{D}_j \overline{D}_j^{\mathrm{T}} \boldsymbol{x}_{j+1} \\ c_2 &= w_j^2 \boldsymbol{x}_j^{\mathrm{T}} \overline{D}_j \overline{D}_j^{\mathrm{T}} \boldsymbol{x}_j + w_{j+1}^2 \boldsymbol{x}_{j+1}^{\mathrm{T}} \overline{D}_{j+1} \overline{D}_{j+1}^{\mathrm{T}} \boldsymbol{x}_{j+1} \\ c_3 &= 2\boldsymbol{x}_j^{\mathrm{T}} (w_{j+1}^2 \overline{D}_{j+1} \overline{D}_{j+1}^{\mathrm{T}} - w_j^2 \overline{D}_j \overline{D}_j^{\mathrm{T}}) \boldsymbol{x}_{j+1} \end{aligned}\right\} \tag{9.10}$$

在尽量减小稳定性的敏感性[尽量增大 M_3(式(2.25))]的问题里可设 w_i 为 $|\mathrm{Re}\{\lambda_i\}|^{-1}$，$i=j, j+1$。在与观测器统一设计的情况(程序 8.1 及其调整四)下，在设计矩阵 $\overline{C}V_q$[式(8.13)]时，也可设 w_i 为矩阵 $\overline{C}$ 的第 i 行的范数，还可以在这一行属于 C(而不是 T)的情况下适当增大 w_i。

式(9.9)中的 $f(\theta)$ 是一个大于零的、连续的、周期性的和有全局性的最小值的函数。我们的目的是计算实现式(9.9)的参数 θ，并用这个参数 θ 来进行式(9.7)里的更新运算。

检查式(9.8)可知，如果 $c_3=0$，则 $f(\theta)=(c_1-c_2)\sin^2\theta+c_2$。如果 $c_1=c_2$，则 $f(\theta)=c_1+(c_3/2)\sin(2\theta)$。因此式(9.9)在这两个情况下的解 $\theta=0$，即不需要旋转更新。

为在 $c_3 \neq 0$ 和 $c_1 \neq c_2$ 的情况下求式(9.9)的解 θ，我们设 $f(\theta)$ 对于 θ 的微分为 0，即

$$\mathrm{d}f(\theta)/\mathrm{d}\theta=(c_1-c_2)\sin 2\theta+c_3\cos 2\theta=0$$

或

$$c_3/(c_2-c_1)=\tan 2\theta \tag{9.11a}$$

$$=2\tan\theta/(1-\tan^2\theta) \tag{9.11b}$$

根据式(9.11a)

$$\theta=(1/2)\arctan[c_3/(c_2-c_1)]+k\pi \quad (k=0,\ \pm 1,\ \cdots) \tag{9.12}$$

式(9.12)里的整数 k 还必须使 θ 满足

$$\mathrm{d}^2 f(\theta)/\mathrm{d}^2\theta=2[(c_1-c_2)\cos 2\theta-c_3\sin 2\theta]>0$$

或

$$\tan 2\theta<(c_1-c_2)/c_3 \tag{9.13}$$

除了式(9.12)以外,θ 还有一个较精确的解是根据求 $\tan\theta$ 的二次方程[式(9.11b)]的解得来的

$$\theta=\arctan[-c_4+(1+c_4)^{\frac{1}{2}}]+k\pi \tag{9.14a}$$

其中

$$c_4=(c_2-c_1)/c_3 \tag{9.14b}$$

第三步:当第二步中式(9.12)或式(9.14)的 θ 接近于 0 或 $k\pi$(k 是整数)时,则说明向量 $\boldsymbol{x}_j$、$\boldsymbol{x}_{j+1}$ 已经接近于是 D_j、D_{j+1} 的线性组合。

如果以上情况不是对所有的向量 $\boldsymbol{x}_j$ ($j=1,\ \cdots,\ n$) 都成立,则跳回第二步进行更多的 $\boldsymbol{x}_j$ 向量的更新。否则就没有进一步更新的必要。这时我们要把所有的 n 个更新了的向量 $\boldsymbol{x}_i$($i=1,\ \cdots,\ n$) 投影到各自的矩阵 D_i 的空间里,即

$$\boldsymbol{v}_i=D_i(D_i^{\mathrm{T}}\boldsymbol{x}_i)/\|D_i^{\mathrm{T}}\boldsymbol{x}_i\| \quad (i=1,\ \cdots,\ n)$$

以上程序的主要步骤在第二步。但是这一步的具体内容从未公开正式发表。本书中的内容是根据文献(Chu, 1993)作者给本人的来信修改而写成的。

文献(Kautsky et al., 1985)指出程序 9.2 中的每一步更新(第二步)的计算量和程序 9.1 的每一步更新(第三步)的计算量相同。检查程序 9.2 第二步

的主要计算式(9.10)可知其计算量约为 $4pn$(四对 $\boldsymbol{x}_j^{\mathrm{T}}\overline{D_k}$),而程序 9.1 的第三步的计算量在可以简化的情况下是 n^2。

文献(Kautsky et al., 1985)还指出对于良态的特征值配置问题,程序 9.2 往往比程序 9.1 需要较少的更新次数,因此会比程序 9.1 更有效。这也是可以理解的,因为程序 9.2 是从一个理想的标准正交解出发,然后更新逼近到最终的解,而程序 9.1 则是从一个初始的最终解出发,然后对这一解更新改善使其趋向正交和良态。

但是对于病态条件的问题,程序 9.2 和程序 9.1 都不能保证收敛(Kautsky et al., 1985)。在这样的情况下文献(Kautsky et al., 1985)中的另一方法(method 1)虽然能够收敛,但却很复杂。此外 9.2 节里的解析的特征向量配置比较简明普遍,所以对病态条件问题应该比较有效。

程序 9.1 和程序 9.2 虽然不如文献(Kautsky et al., 1985)中的"method 1"能保证收敛,但是却因为比较简单而很受专家们的欢迎,并已纳入 CAD 软件(Grace, 1990)。所以设计计算方法的简明是一个极为重要的标准。

程序 9.1 相对于程序 9.2 的一个明显缺点是后者可以加上加权因子 w_j,所以程序 9.1 可以改进的地方也许是增加考虑矩阵 D_i 所对应的不同特征值的不同的重要性。比如对于相对于较重要的特征值(如离虚轴较近的特征值)的特征向量应该优先更新,或者更多次更新,而不是像现有的程序 9.1 那样对所有特征向量都不加区别地更新。当然程序 9.2 在其更新的优先顺序和次数上也是可以考虑改进的。

程序 9.2 的一个重要的可以改进的方面,是在第一步里考虑如何更好地把基向量矩阵 D_j 组合配置给每一个要更新的初始向量 $\boldsymbol{x}_i$, $i=1, \cdots, n$。这一问题在现有的方法中尚未顾及——其 D_i 与 $\boldsymbol{x}_i$ 的组合是任意的。但是根据这一任意的初始组合,D_i 和 $\boldsymbol{x}_i$ 之间的夹角可能很大,而 $D_j(j \neq i)$ 和 $\boldsymbol{x}_i$ 的夹角却可能很小。这就显示了初始组合的不合理(应该把 D_i 和 D_j 对调)。程序 9.1 的第一步也有一个初始特征向量的配置问题,但是这一问题可以用 9.2 节的特征向量配置的解析方法来解决。

考虑特征值和能控指数这些解析的因素来进行特征向量配置,也是 9.2 节中的特征向量配置的解析规则的主要特点之一。

9.2 解析解耦的方法

特征向量配置的数值迭代方法的简单目的,是寻找特征向量矩阵的条件数

$k(V)$的最小数值解。但是根据 2.2 节,$k(V)$本身对特征值的敏感性以及其他有关的系统性质如鲁棒稳定性的反映,还不是完全准确的。另外,数值方法对一些关键的解析参数和性质,如特征值、能控指数、解耦都不可能考虑或不可能充分考虑。例 2.4 和例 2.5 明确显示解耦性质对特征值的敏感性以及鲁棒稳定性都有极大的作用。

本节的特征向量配置的解析规则是基于在解耦的性质上的,并能较充分地考虑特征值和能控指数(u_j, $j=1$, …, p, 见定义 8.1)的影响,但是却不能宣称有如最小 $k(V)$ 值这样醒目的结果。

这一解析方法还基于块状能控海森伯格型的系统矩阵(A, B)[见式(8.6)]。这是因为这一形状能显示系统的能控指数,并能由标准正交的相似变换算出。另外基于这一形状的设计计算还有以下两个特点。

首先,反馈系统的特征向量及其基向量矩阵 D_i,可以只根据矩阵 A 的下面 $n-p$ 个行和要配置的反馈系统的特征值算出。在特征向量都配置好以后,再根据矩阵 A 的上面 p 个行,反馈系统的特征值 Λ 和特征向量矩阵 V,最后算出反馈增益 K[见式(9.2)]。这两步计算的对偶形式即为程序 5.3 的第一步和第三步。

其次,根据结论 5.1 和例 5.5 的对偶,特征向量的 p 个基向量中的每一个都可以用反迭代法算出,并都可以认同于 p 个系统输入中的一个。这是因为根据定义 8.1 和定义 5.1 的对偶,每一个系统输入都有一个唯一的、在块状能控海森伯格型矩阵 A[式(8.6)]里(或上梯形矩阵块 B_j 里)的线性相关的列。比如,当第 j 个输入的线性相关的列是出现在 B_k 块里,则能控指数 $u_j=k-1$(见例 1.7)。这一线性相关的列等于其左面(只考虑矩阵 A 的下面 $n-p$ 个行的部分)的线性无关的列的线性组合。而认同于这一线性相关列的基向量则由这一线性组合的系数组成。这些基向量在相对于这一线性相关的列的位置上的元素可设为 1。

这样计算出来的基向量还有以下解析性质。我们将首先分析这些性质,再根据这些性质来设立特征向量配置(这些基向量的线性组合系数的配置)的解析规则。

不失普遍性,可设 $u=u_1\geqslant\cdots\geqslant u_p$。在这一前提下,对于每一个要配置的特征值 $\lambda_i(i=1, \cdots, n)$,其对应的特征向量的基向量 $\boldsymbol{d}_{ij}(j=1, \cdots, p)$ 可以表示如下(Tsui, 1987a, 1987b, 1993a):

$$
\boldsymbol{d}_{ij}=\begin{array}{c}
\\ p_1\left\{\begin{array}{c}\\ \\ \\ \\ \\ \\ \end{array}\right. \\ \\ p_2\left\{\begin{array}{c}\\ \\ \\ \\ \\ \\ \end{array}\right. \\ \\ \\ p_{u_j}\left\{\begin{array}{c}\\ \\ \\ \\ \\ \\ \end{array}\right. \\ \\ \\ \\
\end{array}
\left[\begin{array}{c:c:c:c}
x & \cdots & x & x \\
\vdots & \cdots & \vdots & \vdots \\
\vdots & \cdots & \vdots & x \\
\vdots & \cdots & \vdots & * \\
\vdots & \cdots & \vdots & 0 \\
\vdots & \cdots & \vdots & \vdots \\
x & \cdots & x & 0 \\
\hdashline
x & \cdots & x & \\
\vdots & \cdots & \vdots & \\
\vdots & \cdots & x & \\
\vdots & \cdots & * & \\
\vdots & \cdots & 0 & \\
\vdots & \cdots & \vdots & \\
x & \cdots & 0 & \\
\hdashline
\vdots & & & \\
\hdashline
x & & & \\
\vdots & & & \\
x & & & \\
1 & & & \\
0 & & & \\
\vdots & & & \\
0 & & & \\
\hdashline
0 & & & \\
\vdots & & & \\
0 & & &
\end{array}\right]
\begin{bmatrix} 1 \\ \lambda_i \\ \vdots \\ \vdots \\ \vdots \\ \lambda_i^{u_j-1} \end{bmatrix}
\triangleq U_j\boldsymbol{v}_{ij}\ (j=1,\ \cdots,\ p) \tag{9.15}
$$

其中,“x”可以是任意元素;“$*$”或“1”是非零元素并处在所在向量块的自上而下的第 j 个位置上;$p_k(k=1,\ \cdots,\ u)$ 表示不小于 k 的能控指数的数目(见定义 5.1 中的参数 m_k)。

式(9.15)中的矩阵 $U_j(j=1,\ \cdots,\ p)$ 只是根据块状能控海森伯格型的系统矩阵(A, B)而决定,因此不会因为要配置的特征值的不同而不同。而要配置的特征值 $(\lambda_i,\ i=1,\ \cdots,\ n)$ 也只和式(9.15)中的向量 $\boldsymbol{v}_{ij}$ 有关。所以矩阵 U_j 可看成是向量 $\boldsymbol{d}_{ij}$ 对任何 λ_i(或 i)都成立的一个系数矩阵。

例 9.1　设 $u_1=4$, $u_2=u_3=2$, $u_4=1$。根据式(9.15),有

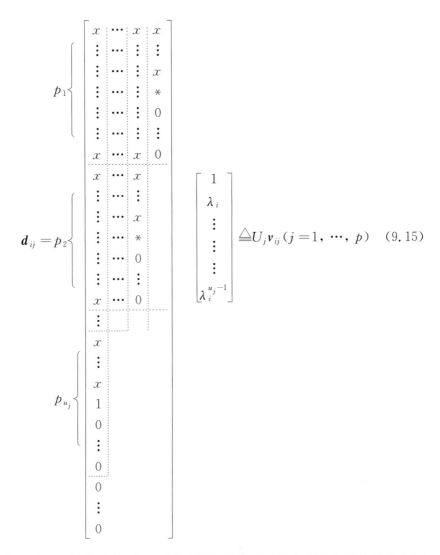

$$\boldsymbol{d}_{i1}=\begin{bmatrix} x & x & x & * \\ x & x & x & 0 \\ x & x & x & 0 \\ x & x & x & 0 \\ \hdashline x & x & * & 0 \\ x & x & 0 & 0 \\ x & x & 0 & 0 \\ \hdashline x & * & 0 & 0 \\ \hdashline 1 & 0 & 0 & 0 \end{bmatrix}\begin{bmatrix} 1 \\ \lambda_i \\ \lambda_i^2 \\ \lambda_i^3 \end{bmatrix}=U_1\boldsymbol{v}_{i1}, \quad \boldsymbol{d}_{i2}=\begin{bmatrix} x & x \\ x & * \\ x & 0 \\ x & 0 \\ \hdashline x & 0 \\ 1 & 0 \\ 0 & 0 \\ \hdashline 0 & 0 \\ \hdashline 0 & 0 \end{bmatrix}\begin{bmatrix} 1 \\ \lambda_i \end{bmatrix}=U_2\boldsymbol{v}_{i2},$$

$$\boldsymbol{d}_{i3}=\begin{bmatrix} x & x \\ x & x \\ x & * \\ x & 0 \\ \hdashline x & 0 \\ x & 0 \\ 1 & 0 \\ \hdashline 0 & 0 \\ \hdashline 0 & 0 \end{bmatrix}\begin{bmatrix} 1 \\ \lambda_i \end{bmatrix}=U_3\boldsymbol{v}_{i3}, \quad \boldsymbol{d}_{i4}=\begin{bmatrix} x \\ x \\ x \\ 1 \\ 0 \\ 0 \\ 0 \\ 0 \\ 0 \end{bmatrix}=U_4\boldsymbol{v}_{i4}$$

定理 9.1 (1) 对于一个确定的 i(或 λ_i),其特征向量 $\boldsymbol{v}_i$ 对应的 p 个基向量 $\boldsymbol{d}_{ij}$, $j=1, \cdots, p$ 都是线性无关的。

(2) 对于一个确定的 j,任何一组 u_j 个向量 $\boldsymbol{d}_{ij}$(u_j 个不同的 i)都是线性无关的。这实际上是结论 5.2 的对偶形式。

证明 根据式(9.15)中矩阵 U_j 的形状可以证明定理 9.1 的第(1)部分。根据式(9.15), u_j 个向量 $\boldsymbol{d}_{ij}$($i=1, \cdots, u_j$) 可以写为

$$[\boldsymbol{d}_{1j} \mid \cdots \mid \boldsymbol{d}_{u_j j}]=U_j[\boldsymbol{v}_{1j} \mid \cdots \mid \boldsymbol{v}_{u_j j}] \triangleq U_j V_j \tag{9.16}$$

其中, V_j 根据式(9.15)是一个范德蒙德矩阵,其秩数是 u_j。因此根据矩阵 U_j 的形状,U_jV_j 的秩数应该是 u_j。这就证明了定理 9.1 的第(2)部分。

这一定理也适用于普遍的特征值(不只是不重复实数)的情况。因为特征值只与式(9.16)中的矩阵 V_j 有关,而矩阵 V_j 是一个规范型矩阵的右特征向量矩阵,所以在普遍特征值的情况下,这一矩阵仍然是同一规范型矩阵的右特征向量矩阵(Brand, 1968),因此秩数不变。

比如在例 9.1 中，$u_1(=4)$个向量 $\boldsymbol{d}_{i1}$ 之间，$u_2(=2)$个向量 $\boldsymbol{d}_{i2}$ 之间，$u_3(=2)$个向量 $\boldsymbol{d}_{i3}$ 之间，都线性无关。加上定理 9.1 的第(1)部分，这 $p(=4)$ 组向量 $\boldsymbol{d}_{ij}(j=1, \cdots, p)$ 也都线性无关。或者说这 p 组向量 $\boldsymbol{d}_{ij}$ 组成的矩阵 $V=[U_1 \mid U_2 \mid U_3 \mid U_4](\operatorname{diag}\{V_1, V_2, V_3, V_4\})$ 就可以是一个秩数为 n 的特征向量矩阵。这一特征向量矩阵的特点是每一个特征向量只等于其 p 个基向量中的一个。

定理 9.2 设矩阵 $U \triangleq [U_1 \mid \cdots \mid U_p]$，这里的矩阵 $U_j(j=1, \cdots, p)$ 由式(9.15)定义。再设块状能控海森伯格型(8.6)的状态矩阵 $A-BK$ 的特征值 $\lambda_i(i=1, \cdots, n)$ 由约当型矩阵 $\Lambda_j(j=1, \cdots, p)$ 所包含，这里 Λ_j 的维数是 $u_j(j=1, \cdots, p)$，而 Λ_j 里的特征值只等于式(9.16)中的矩阵 V_j 的特征值。

(1) 矩阵

$$V=U\operatorname{diag}\{V_1, \cdots, V_p\}=[U_1V_1 \mid \cdots \mid U_pV_p] \tag{9.17}$$

是矩阵 $A-BK$(式(8.6))的一个右特征向量矩阵，即

$$V^{-1}(A-BK)V=\Lambda, \quad \Lambda=\operatorname{diag}\{\Lambda_1, \cdots, \Lambda_p\} \tag{9.18}$$

这里的矩阵 $V_j(j=1, \cdots, p)$ 已在式(9.16)和式(9.15)中定义。

(2) 矩阵 U 是把块状能控海森伯格型的矩阵 $A-BK$[式(8.6)]相似变换成一个对角的规范型矩阵块的矩阵 A_c 的相似变换矩阵，即

$$U^{-1}(A-BK)U=A_c \triangleq \operatorname{diag}\{A_{c1}, \cdots, A_{cp}\} \tag{9.19}$$

其中，$A_{cj}(j=1, \cdots, p)$ 是一个 u_j 维的规范形矩阵，并含有和矩阵 Λ_j 相同的特征值。

证明 (1) 首先，矩阵 V 的可逆已由定理 9.1 保证。根据 V 和 Λ 的定义，式(9.15)～式(9.17)中的 U_jV_j 满足式(8.1b)～式(8.5) $(j=1, \cdots, p)$。所以定理 9.2 的第(1)部分(式(9.18)得以证明(见定理 9.1 和定理 9.2 之间的关于例 9.1 的例子)。

(2) 因为规范形矩阵 A_{cj} 相对于约当型矩阵 Λ_j 的右特征向量矩阵是 V_j，$j=1, \cdots, p$，即

$$V_j^{-1}A_{cj}V_j=\Lambda_j \quad (j=1, \cdots, p) \tag{9.20a}$$

所以根据式(9.19)中 A_c 的定义

$$(\operatorname{diag}\{V_1, \cdots, V_p\})^{-1}A_c\operatorname{diag}\{V_1, \cdots, V_p\}=\operatorname{diag}\{\Lambda_1, \cdots, \Lambda_p\} \triangleq \Lambda \tag{9.20b}$$

根据式(9.20b)和式(9.18)的等同关系以及式(9.17)的定义就可以证明定理9.2的第(2)部分[式(9.19)]。

需要说明的是,块状能控海森伯格型系统矩阵(A, B)是根据标准正交相似变换从原系统矩阵得来的,因此其反馈系统状态矩阵$A-BK$的特征向量矩阵V的条件数,与原系统的特征向量矩阵$H^{T}V$的条件数相等(H的条件数等于1)。但是定理9.2中的矩阵U却不是标准正交矩阵,因此矩阵A_c的特征向量矩阵$\mathrm{diag}\{V_1, \cdots, V_p\}$的条件数不等于矩阵$V$[式(9.17)]的条件数。因此我们的设计将基于$V$而不是$\mathrm{diag}\{V_1, \cdots, V_p\}$,尽管后者比前者简单得多。

特征向量配置的普遍公式如下。

根据式(9.15),块状能控海森伯格型的状态矩阵$A-BK$,在其特征值的配置已由其特征向量的基向量保证的情况下,其特征向量的配置可以普遍地表示为

$$V=U[\mathrm{diag}\{\boldsymbol{v}_{11}, \cdots, \boldsymbol{v}_{1p}\}\boldsymbol{c}_1 \mid \cdots \mid \mathrm{diag}\{\boldsymbol{v}_{n1}, \cdots, \boldsymbol{v}_{np}\}\boldsymbol{c}_n] \tag{9.21}$$

其中,p维列向量$\boldsymbol{c}_i(i=1, \cdots, n)$是任意的自由向量;矩阵$U$和向量$\boldsymbol{v}_{ij}$已由式(9.17)和式(9.15)定义。式(9.21)是所有特征向量配置的普遍公式。

特征向量配置成解耦的基本规则如下。

将式(9.21)的矩阵V的n个特征向量分成p组,每一组有u_j个特征向量$(j=1, \cdots, p)$。再将这u_j个特征向量设为它们各自对应的p个基向量中对应于j的向量$\boldsymbol{d}_{ij}$。这里每一个索引参数i的数量都不同,并相对于一个不同的特征值λ_i。

很明显,这一特征向量配置即为式(9.17)中的结果。定理9.2第(1)部分证明这一结果是成立的。

对比式(9.17)和式(9.21),可知前者是后者在有

$$u_j \text{ 个 } \boldsymbol{c}_i = I_p \text{ 的第 } j \text{ 个列} \quad (j=1, \cdots, p) \tag{9.22}$$

时的特殊形式,这里每一个索引参数i都对应于一个不同的特征值λ_i。如果说式(9.21)里V的每一个特征向量都是其p个基向量的线性组合,那么式(9.17)里的每一个特征向量只等于其p个基向量中的一个。

如果说特征向量矩阵V普遍等于式(9.21)中的两个矩阵的乘积,而这两个矩阵中只有右边的第二个才有配置自由度的话,那么式(9.17)的特殊形式保证了这第二个矩阵被分解为p个对角的(完全解耦的)矩阵块$V_j(j=1, \cdots, p)$。

根据第 2.2 节的分析，解耦是减低敏感性的一个极为重要的手段。比如在式(9.17)的这第二个矩阵的 p 组列向量中，所有不同组的向量之间都是完全正交的。因此本节的解析的特征向量配置将基于式(9.17)或式(9.22)的解耦形式。

基于这一特殊的解耦形式，特征向量配置所剩的自由度只是如何把 n 个特征值 $\lambda_i(i=1, \cdots, n)$ 组合配置到 p 个矩阵 $V_j(j=1, \cdots, p)$ 里去。这里矩阵 V_j 的维数根据式(9.16)是 $u_j(j=1, \cdots, p)$。可见除了解耦这一重要性质以外，这一解析的特征向量配置还可以比较充分地考虑到特征值 λ_i 和能控指数 u_j 这些解析的和关键的参数。

对于这最后一步的组合配置，我们有以下三条基本规则。

规则一　把重复特征值(如 $\lambda_i=\lambda_{i+1}$)配置到不同的矩阵块里去[如在式(9.22)设 $\boldsymbol{c}_i \neq \boldsymbol{c}_{i+1}$]。因为当相对于重复特征值的向量 $\boldsymbol{v}_{ij}$ 出现在同一矩阵块里(或相对于同一个参数 j)时，这些向量就会以广义特征向量的形式存在[见式(5.15d)]。而特征结构分析的一个最基本的结果就是广义特征向量会使所在矩阵块(V_j)的条件数增大(Golub et al.，1976b；Jiang，1993)。比如，任意矩阵 A 的奇异值计算是良态的原因在于矩阵 $A^{\mathrm{T}}A$ 不含广义特征向量，尽管奇异值(其平方为矩阵 $A^{\mathrm{T}}A$ 的特征值)可能是重复的。

规则二　把相对重要的特征值(如离虚轴近的特征值)配置到维数 u_j 较小的矩阵 V_j 里去。因为在同样(范德蒙德)形状的矩阵里，维数越小的矩阵的条件数也越小，比如维数为 1 的矩阵 V_j 的条件数永远是 1。

规则三　使每一个矩阵 V_j 里的特征值有尽可能相同的绝对值和尽可能均匀分布于 90°至 270°之间的相位。因为这样的特征值的分布情况是单输入最优系统的特征值的分布情况。从数学的角度解释，因为任何 n 维矩阵 V_j 的特征值 λ_i 和奇异值 σ_i 有 $\sigma_1 \geqslant |\lambda_1| \geqslant \cdots \geqslant |\lambda_n| > \sigma_n$ 的关系，所以绝对值相差大的特征值意味着大的条件数 ($=\sigma_1/\sigma_n$)。另外，分布紧凑群集(clustering)的特征值与重复特征值有相同的效果(见规则一)。

以上特征向量的解析配置规则并不是不能发展，它也不能达到某种数值意义上的最优结果。但是这些规则是解析的，具有普遍的意义和不需要迭代数值计算。因此这一解析方法不但可以根据其结果对特征向量配置重复地进行尝试调整，而且可以根据其结果对最初的特征值选择本身重复地进行选择调整。这一方法中的一些概念也可以用来改善 9.1 节里的数值方法，还可以用来为这些数值方法提供较好的初始值。

还需要说明的是，在实际设计中，在用以上解析规则分配好特征值/向量以后,只需要直接反迭代算出相应的 n 个基向量 $\boldsymbol{d}_{ij}$(n 个特征向量等于这 n 个基向量),而不需要计算这些基向量的如式(9.15)~式(9.17)的分解(如矩阵 U)。

例 9.2 设系统矩阵

$$(A, B)=\left(\begin{bmatrix} -20 & 0 & 0 & 0 & 0 \\ 0 & -20 & 0 & 0 & 0 \\ -0.08 & -0.59 & -1.74 & 1 & 0 \\ -18.95 & -3.6 & -13.41 & -1.99 & 0 \\ 2.07 & 15.3 & 44.79 & 0 & 0 \end{bmatrix}, \begin{bmatrix} 20 & 0 \\ 0 & 20 \\ 0 & 0 \\ 0 & 0 \\ 0 & 0 \end{bmatrix}\right) \tag{9.23a}$$

这是一个战斗机在高度和速度分别为 3 048 m 和 0.77 马赫的飞行条件下的数学模型(Sobel et al.,1984;Spurgeon,1988)。其五个状态分别是升角、副翼角、倾角、斜度(pitch rate)和加速度积分。其两个控制输入分别是升角要求和副翼角要求,其中第一个输入是要飞机尽快达到的主要要求。

我们要配置的特征值是:$\lambda_1=-20$,$\lambda_{2,3}=-5.6\pm j4.2$,$\lambda_{4,5}=-10\pm j10\sqrt{3}$。

首先用程序 5.2 的对偶形式来计算矩阵(A,B)的块状能控海森伯格型。在这个程序里,因为矩阵 B 已经是上三角形,所以我们将只做一次 ($j=2$) 三角化计算。这一计算中的 H_2 是使矩阵 A 中左下角的 3×2 维矩阵块($\bar{B}_2$)上三角化的矩阵。于是矩阵

$$H=\begin{bmatrix} 1 & 0 & 0 & 0 & 0 \\ 0 & 1 & 0 & 0 & 0 \\ 0 & 0 & & & \\ 0 & 0 & & H_2 & \\ 0 & 0 & & & \end{bmatrix}=\begin{bmatrix} 1 & 0 & 0 & 0 & 0 \\ 0 & 1 & 0 & 0 & 0 \\ 0 & 0 & -0.0042 & -0.9941 & 0.1086 \\ 0 & 0 & 0.0379 & -0.1086 & 0.9931 \\ 0 & 0 & 0.9991 & 0 & 0.0386 \end{bmatrix}$$

是使(HAH^{T},HB)(仍然称为(A,B))变成块状能控海森伯格型

$$\left(\begin{bmatrix} -20 & 0 & 0 & 0 & 0 \\ 0 & -20 & 0 & 0 & 0 \\ 19.0628 & 5.2425 & -2.0387 & 0.4751 & 18.1843 \\ 0 & -14.8258 & -0.0718 & -1.6601 & -43.0498 \\ 0.0002 & 0.0005 & -0.9931 & -0.1090 & -0.0114 \end{bmatrix}, \begin{bmatrix} 20 & 0 \\ 0 & 20 \\ 0 & 0 \\ 0 & 0 \\ 0 & 0 \end{bmatrix}\right) \tag{9.23b}$$

的相似变换矩阵。这一结果中矩阵 HAH^{T} 的左下角的元素[0.000 2　0.000 5]是计算误差(应该是 0)。从这一结果可知能控指数 u_1 和 u_2 分别是 3 和 2。

根据式(9.23b)中的矩阵 A,对 $(A-\lambda_i I)$ 的下面 $n-p=3$ 个行作反迭代推导求向量 $\boldsymbol{d}_{ij}$,使 $[0\quad I_3](A-\lambda_i I)\boldsymbol{d}_{ij}=0$ $(j=1, 2)$。在推导中我们分别在 $\boldsymbol{d}_{ij}$ 的第 5 个(如 $j=1$) 和第 4 个(如 $j=2$) 元素的位置(分别相对于矩阵 $(A-\lambda_i I)$ 的第 5 列和第 4 列,即分别相对于第 1 和第 2 个输入变成线性相关的列)上设 1,再自下而上地和自右而左地在反迭代中除以矩阵 $(A-\lambda_i I)$ 的非零元素(已圈好的三个元素)。这样我们就得到了式(9.15)中的向量 $\boldsymbol{d}_{ij}$ 对于 λ_i 的系数矩阵:

$$U=[U_1 \,\vdots\, U_2]=\left[\begin{array}{ccc:cc} 0.67923 & -0.114 & -0.05395 & 0.9648 & 0.012415 \\ -2.889 & 0.015167 & 0 & -0.108166 & -0.06743 \\ -0.0043141 & -1.02945 & 0 & -0.11683 & 0 \\ 0 & 0 & 0 & 1 & 0 \\ 1 & 0 & 0 & 0 & 0 \end{array}\right]$$

根据定理 9.2,这一矩阵 U 在特征向量配置式(9.17)里是不变的。因此这一矩阵可以帮助决定基于式(9.17)的特征向量配置的最后一步式(9.22),即决定不同的特征值在矩阵 $V_j(j=1, 2)$ 里的组合配置。因为在本例的五个特征值里有两对是共轭复数,所以只可能有以下两种特征值在矩阵 V_j 里的组合配置:

$$\operatorname{diag}\{V_1, V_2\}=\operatorname{diag}\left\{\begin{bmatrix}1 & 1 & 1\\ \lambda_1 & \lambda_2 & \lambda_3\\ \lambda_1^2 & \lambda_2^2 & \lambda_3^2\end{bmatrix}, \begin{bmatrix}1 & 1\\ \lambda_4 & \lambda_5\end{bmatrix}\right\} \quad (\Lambda_1=\operatorname{diag}\{\Lambda_{1,2,3}; \Lambda_{4,5}\}) \tag{9.24a}$$

和

$$\operatorname{diag}\{V_1, V_2\}=\operatorname{diag}\left\{\begin{bmatrix}1 & 1 & 1\\ \lambda_1 & \lambda_4 & \lambda_5\\ \lambda_1^2 & \lambda_4^2 & \lambda_5^2\end{bmatrix}, \begin{bmatrix}1 & 1\\ \lambda_2 & \lambda_3\end{bmatrix}\right\} \quad (\Lambda_2=\operatorname{diag}\{\Lambda_{1,4,5}; \Lambda_{2,3}\}) \tag{9.24b}$$

其中,$\Lambda_{i,j,k}$ 等于对角形约当块 $\operatorname{diag}\{\lambda_i, \lambda_j, \lambda_k\}$。

我们可以根据式(9.17)将这两个组合配置的特征向量矩阵 $V=[U_1V_1 \mid U_2V_2]$ 计算出来,并将结果定义为 V^1 和 V^2。当然在特征值的分配已由式(9.24)确定后,实际的特征向量可以根据式(8.3)或式(8.4)直接反迭代算出,而不需要计算式(9.17)里的系数矩阵 U,还可以避免式(9.24)中的复数矩阵[可将共轭复数特征值对应的特征向量按式(1.10)和式(8.3)实数计算出来]。

为了扩大不同特征向量配置的比较的范围,我们还设第三个特征向量矩阵:

$$V^3=QV_1=\begin{bmatrix} -0.0528 & 0.0128 & -0.1096 & -0.0060 & -0.1555 \\ 0 & -0.06745 & 0.0049 & -0.1114 & -2.904 \\ 0 & 0 & -1.007 & -0.1098 & -0.01148 \\ 0 & 0 & 0 & 1 & 0 \\ 0 & 0 & 0 & 0 & 1 \end{bmatrix}\cdot \begin{bmatrix} \lambda_1^4 & \lambda_2^4 & \lambda_3^4 & \lambda_4^4 & \lambda_5^4 \\ \lambda_1 & \lambda_2 & \lambda_3 & \lambda_4 & \lambda_5 \\ \lambda_1^3 & \lambda_2^3 & \lambda_3^3 & \lambda_4^3 & \lambda_5^3 \\ 1 & 1 & 1 & 1 & 1 \\ \lambda_1^2 & \lambda_2^2 & \lambda_3^2 & \lambda_4^2 & \lambda_5^2 \end{bmatrix}$$

这里矩阵 Q 是把海森伯格型系统矩阵 (A, B)(式(8.6))变成块状能控规范型 $(Q^{-1}AQ, Q^{-1}B)$[式(1.16)的转置]的相似变换矩阵(Wang et al., 1982)。矩阵 V_1 是这一规范型矩阵相对于只有一个输入(第一个输入)和相对于

$$\Lambda_3=\mathrm{diag}\{\lambda_1, \lambda_2, \lambda_3, \lambda_4, \lambda_5\} \tag{9.24c}$$

的特征向量矩阵[见文献(Brand, 1968)],显然这一特征向量配置没有解耦性质。

总之,V^1、V^2、V^3 都各自是块状能控海森伯格型的状态矩阵 $H(A-BK)H^{\mathrm{T}}$ 相对于 Λ_i $(i=1, 2, 3)$ 的右特征向量矩阵。这三个约当型矩阵 Λ_i $(i=1, 2, 3)$ 分别由式(9.24)的三部分定义。因为 H 是标准正交矩阵(H 的条件数等于1),所以 V^i $(i=1, 2, 3)$ 的条件数也等于它们各自对应的原来的式(9.23a)里的反馈系统状态矩阵 $A-BK$ 的特征向量矩阵的条件数。

在特征向量确定以后,配置这些特征结构的状态反馈增益 K 可以根据式

(9.2)或式(5.16)的对偶形式计算出来。首先式(8.1b)的解是

$$\widetilde{K}_i = B_1^{-1}[I_p \mid 0](AV^i - V^i\Lambda_i) \quad (i=1,\ 2,\ 3)$$

根据式(9.2)，$\widetilde{K}_i(V^i)^{-1}$ $(i = 1,\ 2,\ 3)$ 是基于块状能控海森伯格型[式(8.6)]，并是式(9.23b)的系统 $H(A-BK_i)H^T$ 的增益矩阵 K_iH^T(见 8.2 节最后)，所以还要将其恢复成相对于原系统式(9.23a)中 $A-BK_i$ 的增益矩阵

$$K_i = \widetilde{K}_i(V^i)^{-1}H \quad (i=1,\ 2,\ 3) \tag{9.25}$$

结果是

$$K_1 = \begin{bmatrix} 0.4511 & 0.7991 & -1.3619 & -0.4877 & 1.0057 \\ 0.0140 & -0.0776 & 2.6043 & 0.2662 & 1.357 \end{bmatrix},$$

$$K_2 = \begin{bmatrix} 0.8944 & 0.9611 & -20.1466 & -1.7643 & 0.8923 \\ 0.0140 & -0.5176 & 1.3773 & 0.1494 & 0.1800 \end{bmatrix},$$

$$K_3 = \begin{bmatrix} 1 & 5044 & 14565 & 23 & 1033 \\ 0 & -1 & 0 & 0 & 0 \end{bmatrix}$$

经验算，矩阵 $A-BK_i(i=1,\ 2)$ 的特征值都已正确配置，在 $i=3$ 时的特征值略有差异。这一差异是由计算误差而不是计算方法本身引起的。因此以上的分析和计算方法都是正确的。这一结果还说明不同的特征向量配置对特征值配置的数值计算精确度非常重要。

我们将以上三个特征向量配置的两个结果列入表 9.1。根据本章开头的叙述和式(9.3)，这两个数值结果(V 的条件数和 K 的范数)可以最直接地和充分地决定整个观测器反馈系统的鲁棒性。

表 9.1　同一系统的三个特征向量配置结果的两个数值比较

	K_1, V^1	K_2, V^2	K_3, V^3
反馈增益 K 的 Frobenius 范数	3.556	20.34	15448
特征向量矩阵 V 的条件数	71.446	344.86	385320

我们还将在图 9.1 中比较这三个特征向量配置所产生的反馈系统的零输入响应[根据式(2.2)，并用矩阵 $A-BK$ 取代 A]。在这里我们设 $\boldsymbol{x}(0) = [1\ \ 1\ \ 1\ \ 1\ \ 1]^T$。

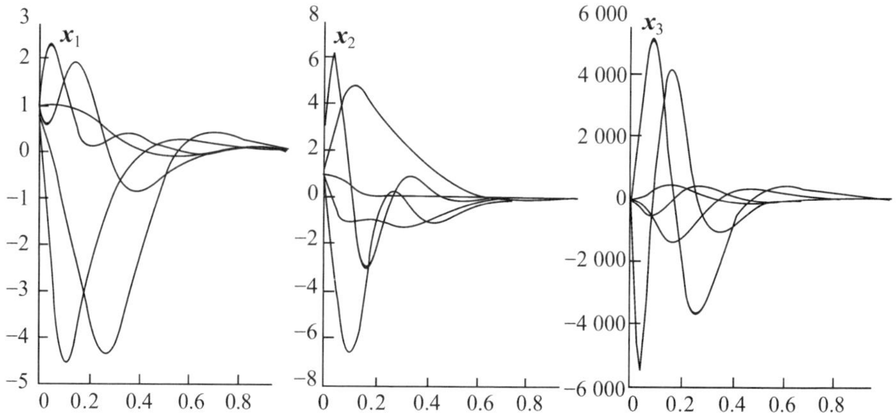

图 9.1 三个不同特征向量配置的反馈系统的零输入响应

很明显,表 9.1 中的数值越小,图 9.1 中模拟仿真的暂态响应越平稳。这一点在理论上已证明。2.2 节的理论分析还表明,表 9.1 中的 $k(V)$值越小,则系统极点的敏感性(2.16)就越低。这意味着系统性能的低敏感性(robust performance)以及系统稳定性的低敏感性(robust stability)[式(2.23)～式(2.25)]。另外表 9.1 中的 $\| K \|_F$ 值越小,系统的控制能量消耗就越小,因此输入干扰和发生故障的概率也越小(Hu et al., 2001)。因此表 9.1 的数值和图 9.1 的响应模拟仿真可以一起用来衡量和指导特征向量配置的设计。

这一比较表示,不同的特征向量配置不但对特征值配置的数值精确度非常重要,而且对反馈系统的更关键的很多上述技术性质也非常重要。

和数值设计方法(包括第 10 章的二次型最优设计方法)不同的是,解析的特征向量配置方法从命题、设计方案到最后计算结果都有明确的解析理解。因此,只有用这一理解和这一方法,才能不断地反馈利用最后的设计计算的结果来修正调整最初的命题和设计方案。

比如,根据表 9.1 和图 9.1 可知第三个特征向量配置的结果(没有解耦的结果)比其他两个结果差得多。因此反过来可以说明,利用尽量多的输入来实现控制并把特征向量矩阵解耦成尽量多的块,即本节的解耦的基本规则,对提高系统的性能和低敏感性是极为有效的。

又比如,根据第一、第二个特征向量配置的结果的比较可知,在同样解耦了的特征向量矩阵块中,必须特别注意有较大维数的块的敏感性。这两个结果中的矩阵块 V_1(维数是 3)的条件数分别是 654 和 897,而矩阵块 V_2(维数是 2)的条件数分别是 23.1 和 11.8。但是这两个结果的 $k(V^i = U\text{diag}\{V_1, V_2\})$ 这一最终测量的数值分别是 71.44 和 344.86。显然维数较大的 V_1 的条件数对最终结果 $k(V^i)$，比 V_2 的条件数起着大得多的作用。这一点和特征向量配置的解析规则二的精神是符合的。又因为从要配置的特征值来看第二个结果比第一个结果更符合规则三，所以这个例子显示规则二比规则三更重要。

9.3　整个特征值和特征向量配置的总结

第 8 章为我们提供了用广义状态反馈控制(包括直接状态反馈控制这一特殊形式)来配置特征值的普遍、系统而又具体的设计程序 8.1。这一设计还首次计算出这些特征值所对应的特征向量的所有基向量。第 9 章又为我们提供了配置特征向量的基向量的线性组合的三个普遍、系统而又具体的数值和解析方法。

根据第 2 章的分析，系统极点(特征值)能最直接地，并比其他系统参数如频宽直接准确得多地决定系统的响应和性能，而特征向量又能决定特征值(性能)的鲁棒性，并因此能比增益和相位裕度普遍准确得多地决定系统的鲁棒稳定性。所以特征值/向量配置设计是特别有效的。

特征结构配置的设计计算比一些其他反馈控制设计如第 10 章的最优控制设计计算还有两个重大优点。优点一是能充分考虑系统的极点、能控指数和解耦这些关键的参数和性质。优点二是能根据最终设计结果，对设计参数和过程如极点及其特征向量的解耦配置的分配、特征向量配置的目的(8.4 节)和加权因子(程序 9.2)等，做充分理性的反馈调整。需要强调的是，这样的调整在实际应用中是必不可少的。还需要说明的是使这一调整成为可能的原因，不但是因为本章的设计充分基于解析的理解和参数，而且因为本章的设计计算非常简单——即使程序 9.1 和程序 9.2 中的数值迭代也相对简单得多(见第 10.3 节)。当然数值计算上的简化的原因往往也是因为有解析的和理论分析上的支持。

总之，特征结构配置不但因为基本控制理论上(第 2 章)的原因而特别有效，而且本书对用广义状态反馈控制作这一配置提供了普遍、具体、简单，能充分利用这些解析的理论、性质和参数，并能因此充分理性地调整的设计程序。特征向量配置只可能在基于状态空间模型的状态空间理论里实现，并且只可能以 $K\boldsymbol{x}(t)$(K 是常数)的控制形式实现。

鉴于这一在广义状态反馈控制设计上的进步和成果，又鉴于本书的设计新途径可以保证实现这一控制的环路传递函数和鲁棒性，所以如果说状态空间理论相对于经典控制理论的优越性过去只是表现在对系统的模型描述和精准分析的话，那么这一优越性现在可以在反馈控制系统的设计上真正表现出来。可以预言，这一理论上的显著优越性必然会最终反映到广泛成功的实际应用中，并为控制理论的进一步实质性发展开辟了道路。

习　　题

9.1 将特征值 $\{\lambda_1=-1, \lambda_{2,3}=-2\pm j, \lambda_{4,5}=-1\pm j2\}$ 配置到以下系统：

$$A=\left[\begin{array}{ccc:cc}0&1&0&0&0\\0&0&1&0&0\\2&0&0&1&1\\\hdashline 0&0&0&0&1\\0&0&0&-1&-2\end{array}\right],\quad B=\left[\begin{array}{cc}0&0\\0&0\\1&0\\\hdashline 0&0\\0&1\end{array}\right]$$

针对以下三个反馈系统特征结构的解耦情况，计算和比较特征向量、特征向量矩阵条件数 $k(V)$、增益大小 $\|K\|_F$、鲁棒稳定性[式(2.25)]和相对于初始状态 $\boldsymbol{x}(0)=[2\quad 1\quad 0\quad -1\quad -2]^T$ 的零输入响应 $(\lambda_{i,j,k}=\mathrm{diag}\{\lambda_i, \lambda_j, \lambda_k\})$。

(1) $(\Lambda, K)=\left(\mathrm{diag}\{\Lambda_{1,2,3}, \Lambda_{4,5}\}, \begin{bmatrix}7&9&5&1&1\\0&0&0&4&0\end{bmatrix}\right)$。

(2) $(\Lambda, K)=\left(\mathrm{diag}\{\Lambda_{1,4,5}, \Lambda_{2,3}\}, \begin{bmatrix}7&7&3&1&1\\0&0&0&4&2\end{bmatrix}\right)$。

(3) $(\Lambda, K)=\left(\Lambda_{1,2,3,4,5}, \begin{bmatrix}2&0&0&0&1\\25&55&48&23&5\end{bmatrix}\right)$。

注：① 参考例 9.2。

② 本习题的系统矩阵与块状能控规范型矩阵(海森伯格型的一个特殊简单的情况)只在系统状态的排列不同：{3, 5, 2, 4, 1}而不是{1, 2, 3, 4, 5}。

9.2 对以下系统重复习题 9.1：

$$A=\left[\begin{array}{ccc:cc}0&1&0&0&0\\0&0&1&0&0\\3&1&0&1&2\\\hdashline 0&0&0&0&1\\4&3&1&-1&-4\end{array}\right],\quad B=\left[\begin{array}{cc}0&0\\0&0\\1&0\\\hdashline 0&0\\0&1\end{array}\right]$$

(1) $(\Lambda, K)=\left(\operatorname{diag}\{\Lambda_{1,2,3}, \Lambda_{4,5}\}, \begin{bmatrix}8 & 10 & 5 & 1 & 2\\4 & 3 & 1 & 4 & -2\end{bmatrix}\right)$。

(2) $(\Lambda, K)=\left(\operatorname{diag}\{\Lambda_{1,4,5}, \Lambda_{2,3}\}, \begin{bmatrix}8 & 8 & 3 & 1 & 2\\4 & 3 & 1 & 4 & 0\end{bmatrix}\right)$。

(3) $(\Lambda, K)=\left(\operatorname{diag}\{\Lambda_{1,2,3,4,5}\}, \begin{bmatrix}3 & 1 & 0 & 0 & 2\\29 & 58 & 49 & 23 & 3\end{bmatrix}\right)$。

9.3　对以下系统重复习题 9.1：

$$A=\left[\begin{array}{ccc:cc}0 & 1 & 0 & 0 & 0\\0 & 0 & 1 & 0 & 0\\-10 & -16 & -7 & 1 & 2\\\hdashline 0 & 0 & 0 & 0 & 1\\4 & 3 & 1 & -2 & -2\end{array}\right],\quad B=\left[\begin{array}{cc}0 & 0\\0 & 0\\1 & 0\\\hdashline 0 & 0\\0 & 1\end{array}\right]$$

(1) $(\Lambda, K)=\left(\operatorname{diag}\{\Lambda_{1,2,3}, \Lambda_{4,5}\}, \begin{bmatrix}-5 & -7 & -2 & 1 & 2\\4 & 3 & 1 & 3 & 0\end{bmatrix}\right)$。

(2) $(\Lambda, K)=\left(\operatorname{diag}\{\Lambda_{1,4,5}, \Lambda_{2,3}\}, \begin{bmatrix}-5 & -9 & -4 & 1 & 2\\4 & 3 & 1 & 3 & 2\end{bmatrix}\right)$。

(3) $(\Lambda, K)=\left(\operatorname{diag}\{\Lambda_{1,2,3,4,5}\}, \begin{bmatrix}-10 & -16 & -7 & 0 & 2\\29 & 58 & 49 & 22 & 5\end{bmatrix}\right)$。

附录 B 中有三个用数值方法配置特征向量的题目。

第10章

反馈控制设计三——二次型最优控制

在状态空间控制系统的主要设计结果中，除了特征结构配置以外，还有一个被称为“二次型最优控制”的设计。这一设计在方向上和特征结构配置有基本的不同。如果说特征结构配置基本上是根据对系统的深入分析以及系统的已知自由度自下而上地设计的话，那么二次型最优控制是根据一个基本上抽象的二次型最优指标，自上而下地设计出能最好地达到这一指标的控制系统。这一指标是使

$$J=(1/2)\int_0^{\infty}[\boldsymbol{x}(t)^{\mathrm{T}}\boldsymbol{Q}\boldsymbol{x}(t)+\boldsymbol{u}(t)^{\mathrm{T}}\boldsymbol{R}\boldsymbol{u}(t)]\mathrm{d}t \tag{10.1}$$

有最小值。这里 Q 是半正定对称矩阵，R 是正定对称矩阵；而且系统状态 $\boldsymbol{x}(t)$ 和控制输入 $\boldsymbol{u}(t)$ 之间的关系由系统的状态空间模型中的动态方程(1.1a)决定

$$\dot{\boldsymbol{x}}(t)=A\boldsymbol{x}(t)+B\boldsymbol{u}(t),\quad \boldsymbol{x}(t=0)=\boldsymbol{x}_0$$

检查式(10.1)可以直观看到，要使 J 有最小值或有限大，$\boldsymbol{x}(t\Rightarrow\infty)$ 在 $\boldsymbol{u}(t)=0$ 时必须是零。因此控制系统必须是稳定的(见定义 2.1)。另外式(10.1)中 J 的第一项是测量系统 $\boldsymbol{x}(t)$ 趋向于稳态($=0$)的性能，而 J 的第二项是测量系统趋向稳态所消耗的控制能量，即系统控制增益和鲁棒性。这两项所反映的是两个互相矛盾对立的方面。比如要使系统越快地趋向稳态，一般来说所需的控制功率也越大。总之二次型最优控制这一设计命题可以兼顾这两个方面。

加权因子 Q 和 R 能反映这两个方面的相对重要性。当 Q 相对 R 大时，表示指标 J 视性能更重于控制能量消耗。当 $R=0$ 时，这一二次型最优控制问题被称为“最快(响应)时间”(minimum time)问题(Friedland, 1962, 1986)。比如，防空导弹的控制问题就属于这类问题。反之，当 Q 相对 R 小时，表示指标

J 相对更重视节约控制能量的消耗。当 $Q=0$ 时，这一二次型最优控制问题被称为“最少燃料”(minimum fuel)问题(Athanassiades，1963)，比如远距离航天飞行器的控制问题可以属于这类问题。

但是除了 Q 和 R 的简单大小以外，它们的多达 n^2 和 p^2 的元素参数就没有更详细和更普遍的解析意义。因此 J 的设立本身对整个系统的性能和鲁棒性要求的反映是相当模糊的。比如 J 的设立没有考虑实际受控系统$(A，B)$复杂的具体情况，这就好比在设计一个国家制度的同时却不考虑该国的实际情况。

使这一严重问题更为严重的地方，是不能根据最终设计计算的结果对指标 J 反过来进行理性和有普遍有效规则的调整。这是因为对最终的能最小化 J 的结果的计算不是解析的，而是相当复杂的和需要数值迭代收敛的。关于所有第 8 章到第 10 章的设计计算的复杂性的比较可见本章第三节(10.3 节)。我们知道对设计指标和参数的调整在实际设计中是必须的。

需要指出的是，以上这两个严重而关键的缺点在别的最优控制设计问题也出现过，而且往往更加严重。比如基于频域响应的最优控制指标一般更不能直接地和普遍准确地反映系统的性能和鲁棒性(见第 2 章)。又比如 H_∞ 最优控制设计的计算需要同时解几个代数里卡蒂方程(二次型最优控制设计只需要解一个这样的方程)。

还有一个最为严重的缺点，即作为能够最小化 J 的唯一解 $K\boldsymbol{x}(t)$ 控制的鲁棒性，最终不能在绝大多数系统条件下被观测器实现(见结论 6.4 及其跟进)。可见二次型最优控制的不切实际——对于绝大多数系统来说，实际上不可能最小化如此复杂而又任意设定的指标 J。

关于二次型最优控制问题文献里已有详尽的论述，本书只叙述这一问题的基本物理意义和具体实际的基本设计计算方法。读者可以在众多的文献中找到关于这一问题的更全面的理论分析、证明和推广。

与特征结构配置方法的介绍一样，本章将分两节来介绍二次型最优设计，分别针对控制信号 $\boldsymbol{u}(t)=-K\boldsymbol{x}(t)=-\overline{K}\,\overline{C}\boldsymbol{x}(t)$ 是状态反馈($\overline{C}$ 的秩数为 n)和广义状态反馈($\overline{C}$ 的秩数可小于 n)这两种情况，前者是后者的特殊形式。

需要再次说明的是，在现有的二次型最优控制设计结果中，人们只注意第一种情况[即能直接观测所有状态 $\boldsymbol{x}(t)$]和第二种情况中 $\overline{C}=C$ 的情况。但是第一种情况极不普遍[能实现直接状态反馈控制的敏感性的观测器也很不普遍(见表 6.1)]，第二种情况的控制又因为 C 的行数太少(系统输出的数目太少)而很弱。用本书的设计新途径设计的反馈控制器在保证实现 $\overline{K}\,\overline{C}\boldsymbol{x}$

(t)控制的敏感性的前提下,既可以在表 6.1 的条件满足时实现第一种控制($\overline{C}$ 可逆),更可以在比表 6.1 普遍得多的条件下,实现比静态输出反馈控制强得多的控制($\overline{C}$ 的行数远多于 C),请见例 4.6～例 4.8。

10.1 状态反馈控制的设计

在实行直接状态反馈控制的情况下求式(10.1)和式(1.1a)的解,已有许多文献进行过深入的讨论(Kalman, 1960; Chang, 1961; Pontryagin et al., 1962; Athans et al., 1966; Bryson et al., 1969; Anderson et al., 1971; Kwakernaak et al., 1972; Sage et al., 1977),国内也有简明的介绍(郑大钟, 1990)。这一结果可以用变分法(calculus of variation)和针对限制式(1.1a)的拉格朗日乘子(Lagrange multiplier)的数学工具得到。

定理 10.1 对二次型最优控制问题式(10.1)和式(1.1a)的解的充分必要条件是

$$\boldsymbol{u}^*(t)=-K^*\boldsymbol{x}(t),\quad K^*=R^{-1}B^{\mathrm{T}}P \tag{10.2}$$

其中,P 为"代数里卡蒂方程"(algebraic Riccati equation)

$$PA+A^{\mathrm{T}}P+Q-PBR^{-1}B^{\mathrm{T}}P=0 \tag{10.3}$$

的正定对称矩阵解。

这一最优控制[式(10.2)]所产生的最优状态轨迹 $\boldsymbol{x}^*(t)$为下述动态方程

$$\dot{\boldsymbol{x}}^*(t)=A\boldsymbol{x}^*(t)+B\boldsymbol{u}^*(t),\quad \boldsymbol{x}^*(0)=\boldsymbol{x}_0 \tag{10.4}$$

的解,所产生的最优性能指标值为

$$J=(1/2)\boldsymbol{x}_0^{\mathrm{T}}P\boldsymbol{x}_0 \tag{10.5}$$

由定理 10.1 可见,设计计算二次型最优的状态反馈控制增益 K^*(式(10.2))的关键在于解代数里卡蒂方程(10.3)。对于这个问题多年来已经积累了一些解决计算的方法,比如求哈密顿(Hamiltonian)矩阵

$$H=\begin{bmatrix} A & -BR^{-1}B^{\mathrm{T}} \\ -Q & -A^{\mathrm{T}} \end{bmatrix} \tag{10.6}$$

的特征分解方法(Van Dooren, 1984; Byers, 1983,1990;徐洪国,1991),矩阵符号函数法(姜长生,1985; Byers, 1987)和迭代法(黄琳等,1964)等。本书将

介绍一种对哈密顿矩阵进行正交的“舒尔三角化”(Schur Triangularization)的求特征分解的方法(Laub, 1979)。这些方法在国内文献(毛剑琴等,1988)和(徐洪国,1991)都有较详细的介绍。

程序 10.1　解代数里卡蒂方程。

第一步:计算哈密顿矩阵 H(式(10.6))。

第二步:计算矩阵 H 的舒尔三角形(Francis, 1961)

$$U^{\mathrm{T}}HU=S=\begin{bmatrix}S_{11} & S_{12}\\ 0 & S_{22}\end{bmatrix},\ U^{\mathrm{T}}U=I \tag{10.7}$$

其中,矩阵 S 是上三角形(除了对应于共轭复数特征值是 2×2 的对角块以外),这里的 S_{11} 的特征值都是稳定的,矩阵 S 被称为“舒尔三角形”。

(1) 设 $k=1$, $H_1=H$。

(2) 计算标准正交矩阵 Q_k($Q_k^{\mathrm{T}}Q_k=I$),使

$$Q_k^{\mathrm{T}}H_k=R_k \tag{10.8}$$

其中, R_k 是上三角形(见 A.2 节)。

(3) 计算

$$H_{k+1}=R_kQ_k \tag{10.9}$$

(4) 如 H_{k+1} 已是舒尔三角形,则跳到第三步;否则,设 $k=k+1$,再回到第二步(2)。

第三步:因为根据式(10.8)、式(10.9),有

$$H_{k+1}=Q_k^{\mathrm{T}}H_kQ_k=Q_k^{\mathrm{T}}\cdots Q_1^{\mathrm{T}}H_1Q_1\cdots Q_k$$

所以式(10.7)中的解为

$$U=Q_1\cdots Q_k\triangleq\begin{bmatrix}U_{11} & U_{12}\\ \underbrace{U_{21}}_{n} & U_{22}\end{bmatrix}\Big\}n \tag{10.10}$$

对比式(10.7)和式(10.3)可知

$$P=U_{21}U_{11}^{-1} \tag{10.11}$$

在实际计算中,为了加快第二步(2)～(4)的迭代收敛速度,人们在第二步(2)之前将矩阵 H_k 减去(shift)s_kI,这样式(10.8)就成了 $Q_k^{\mathrm{T}}(H_k-s_kI)=R_k$,在第二步(3)中这一“shift”将被恢复。这一恢复是通过将式(10.9)变成

$H_{k+1}=R_kQ_k+s_kI$ 完成的。这里 s_k 的数值由矩阵 H_k 的右下角的 2×2 矩阵块 $\begin{bmatrix} h_{2n-1,\,2n-1} & h_{2n-1,\,2n} \\ h_{2n,\,2n-1} & h_{2n,\,2n} \end{bmatrix}$ 及其特征值 ($a_k\pm \mathrm{j}b_k$ 或 a_k，b_k)按照如下公式决定(Wilkinson，1965)：

$$s_k=\begin{cases} a_k, & \text{如 } a_k\pm \mathrm{j}b_k \text{ 或} |a_k-h_{2n,\,2n}|\leqslant |b_k-h_{2n,\,2n}| \\ b_k, & \text{如} |a_k-h_{2n,\,2n}|>|b_k-h_{2n,\,2n}| \end{cases}$$

很明显，程序 10.1 的主要计算在带有一层迭代的第二步，而这一步的主要计算又在第二步(2)中。根据附录 A.2，第二步(2)的计算量用 Housholder 方法约为 $2(2n)^3/3$(H 的维数是 $2n$)，所以这一步的计算量很大。更严重的是，这一步所需要重复迭代的次数 k 也必然因为 H 的维数的增大而增大。

人们发现，哈密顿矩阵 H 的特殊性质可以用来在这一步的计算中将 H 的维数减半。我们将介绍一个这方面的程序(徐洪国，1991)，限于篇幅我们只能简单介绍其主要步骤。

首先对矩阵 H^2 进行运算，这是因为矩阵 H^2 具有斜对称[skew symmetrical，$H^2=-(H^2)^{\mathrm{T}}$]的性质。

然后对矩阵 H^2 作“基本辛(偶对)相似转换”(Elementary symplectic transformation)，使其成为下式(Paige et al.，1981)：

$$V^{\mathrm{T}}H^2V=\begin{bmatrix} H_1 & X \\ 0 & H_1^{\mathrm{T}} \end{bmatrix},\ (V^{\mathrm{T}}V=I) \tag{10.12}$$

其中，矩阵 H_1 是上海森伯格型[式(5.1)]。这时只要对 n 维(而不是 $2n$ 维)的矩阵 H_1 作舒尔三角化即可(Van Loan，1984)。这样程序 10.1 的第二步只针对一个 n 维矩阵。这样其主要计算[第二步(2)]的计算量只是 $2n^3/3$，更有快得多的收敛速度(少得多的迭代次数 k)。

最后还要对式(10.12)中的 H_1 的舒尔三角化的结果进行矩阵平方根的计算(Bjorck et al.，1983)。这样才能回到对原矩阵 H 的舒尔三角化的结果。整个程序的计算除了最后一步以外均是数值稳定的，而且主要计算仍在对矩阵 H_1 的舒尔三角化。

还需要再次强调，根据第 4 和第 6 章的分析，本节设计的状态反馈控制的环路传递函数和鲁棒性，不能在绝大多数系统条件下被实现。所以二次型最优控制这个设计命题是很不实际很不实用的。

10.2 广义状态反馈控制的设计

广义状态反馈 $\boldsymbol{u}(t)=-\overline{K}\,\overline{C}\boldsymbol{x}(t)$ 是一种可以带有限制的状态反馈（$K=\overline{K}\,\overline{C}$，$\overline{C}$ 的秩数$\leqslant n$）。因此广义状态反馈二次型最优问题[式(10.1)和式(1.1a)]的解在 $\overline{C}$ 的秩数小于 n 时要弱于 10.1 节中的状态反馈的结果。这样根据定理 10.1 中关于最优控制的唯一性，这一反馈控制在 $\overline{C}$ 的秩数小于 n 时不能实现式(10.1)和式(1.1a)问题的最优的解。当然在 $\overline{C}$ 的秩数为 n 时，这一广义状态反馈控制的设计又应该能够得出相同于 10.1 节的最优结果，所以本节的设计比 10.1 节的要困难得多。

这一设计多年来也有过广泛的研究(Levine et al.，1970；Choi et al.，1974；Horisberger et al.，1974；Toivonen，1985；Zheng，1989)。本书只简单介绍一个被称为"梯度方向"的方法(Yan et al.，1993)。这一方法的结果可以明显统一和显示状态反馈和广义状态反馈之间的差别。

这一方法主要根据对式(10.1)中的 J 作相对于 $\overline{K}$ 的偏微分而得来

$$\partial J/\partial\overline{K}=[R\overline{K}\,\overline{C}-B^{\mathrm{T}}P]L\overline{C}^{\mathrm{T}} \tag{10.13}$$

其中，P 和 L 是半正定矩阵，并且必须满足下列李雅普诺夫方程(Lyapunov equation)

$$P(A-B\overline{K}\,\overline{C})+(A-B\overline{K}\,\overline{C})^{\mathrm{T}}P=-\overline{C}^{\mathrm{T}}\overline{K}^{\mathrm{T}}R\overline{K}\,\overline{C}-Q \tag{10.14}$$

和

$$L(A-B\overline{K}\,\overline{C})^{\mathrm{T}}+(A-B\overline{K}\,\overline{C})L=-P \tag{10.15}$$

根据上述结果，$\overline{K}$ 对 J 的梯度方向是一个齐次微分方程

$$\dot{\overline{K}}=[B^{\mathrm{T}}P-R\overline{K}\,\overline{C}]L\overline{C}^{\mathrm{T}} \tag{10.16}$$

这一方程有很多数值迭代解法，其中最简单的欧拉(Euler)法为

$$\overline{K}_{i+1}=\overline{K}_i+\Delta\overline{K}_i\Delta t=\overline{K}_i+([B^{\mathrm{T}}P_i-R\overline{K}_i\overline{C}]L_i\overline{C}^{\mathrm{T}})\Delta t \tag{10.17}$$

其中，$\Delta\overline{K}_i$ 或(P_i，L_i)必须对新的 $\overline{K}_i$ 满足式(10.14)和式(10.15)，初始值 $\overline{K}_0$ 和间值 Δt 可以任意设立，但也需要使式(10.17)的迭代能收敛和能有较快的收敛速度。一般来说间值 Δt 越大收敛的速度越快，但是不收敛的概率也越大(Helmke et al.，1992)。

文献(Yan et al.，1993)证明了这一梯度方向法在 $J(\overline{K}_0)$ 是有限的前提下可以保证:①有使 $A-B\overline{K}\,\overline{C}$ 稳定的唯一解 $\overline{K}_\infty$;②式(10.1)的二次型指标 J 会随着 $\overline{K}$ 的每一步迭代而减小;③式(10.16)收敛($\dot{\overline{K}}\to 0$);④可以收敛到一个使 $A-B\overline{K}\,\overline{C}$ 稳定,而且 J 是最低点(一般是区域性的最低点)的解 $\overline{K}$。文献(Yan et al.，1993)还证明了当 $\overline{C}$ 的秩数为 n 时这一方法可以自然地变成 10.1 节的状态反馈的形式和结果($\overline{K}=R^{-1}B^{\mathrm{T}}P\overline{C}^{-1}$)。比如检查式(10.13)或式(10.16)可知,当 $\dot{\overline{K}}=0$ 和 $\overline{C}=I$ 时 $\overline{K}=R^{-1}B^{\mathrm{T}}P$,即式(10.2)的结果。这是本书介绍这一方法的主要原因之一。

在式(10.17)的迭代过程中,解两个李雅普诺夫方程(10.14)和方程(10.15)显然是最主要的计算。文献上也有很多不同的解法,比如特征多项式法(Rothschild et al.，1970)、和式逼近法(Davison，1975),以及矩阵符号函数法(姜长生,1985),等等。国内文献中也有较详细的介绍(毛剑琴等,1988)。这一方程的解还可以用来解代数里卡蒂方程。本书只介绍一种用正交的舒尔三角化的方法来直接解一组线性方程组的方法(Golub et al.，1979)。

程序 10.2 解李雅普诺夫方程 $(AP+PA^{\mathrm{T}}=-Q)$。

第一步:求矩阵 A 的舒尔三角化(见程序 10.1 第二步):

$$U^{\mathrm{T}}AU=\begin{bmatrix}A_{11} & A_{12} & \cdots & A_{1m}\\ 0 & A_{22} & & \vdots\\ \vdots & \ddots & \ddots & \\ 0 & \cdots & 0 & A_{mm}\end{bmatrix},\ (U^{\mathrm{T}}U=I) \tag{10.18}$$

其中,$A_{ii}(i=1,\cdots,m)$ 为 1×1 的纯量或 2×2 的实数约当块。

第二步:计算

$$U^{\mathrm{T}}QU=\begin{bmatrix}Q_{11} & \cdots & Q_{1m}\\ \vdots & & \vdots\\ Q_{m1} & \cdots & Q_{mm}\end{bmatrix} \tag{10.19}$$

其中,Q_{ij} 有和 A_{ij} 同样的维数。

第三步:将 $U^{\mathrm{T}}AU$、$U^{\mathrm{T}}PU$ 和 $U^{\mathrm{T}}QU$ 分别取代方程中的 A、P 和 Q,则有

$$U^{\mathrm{T}}AUU^{\mathrm{T}}PU+U^{\mathrm{T}}PUU^{\mathrm{T}}A^{\mathrm{T}}U=-U^{\mathrm{T}}QU \tag{10.20}$$

或

$$\begin{bmatrix} A_{11} & \cdots & A_{1m} \\ \vdots & & \vdots \\ 0 & \cdots & A_{mm} \end{bmatrix} \begin{bmatrix} P_{11} & \cdots & P_{1m} \\ \vdots & & \vdots \\ P_{m1} & \cdots & P_{mm} \end{bmatrix} + \begin{bmatrix} P_{11} & \cdots & P_{1m} \\ \vdots & & \vdots \\ P_{m1} & \cdots & P_{mm} \end{bmatrix} \begin{bmatrix} A_{11}^{\mathrm{T}} & \cdots & 0 \\ \vdots & & \vdots \\ A_{1m}^{\mathrm{T}} & \cdots & A'_{mm} \end{bmatrix}$$
$$= - \begin{bmatrix} Q_{11} & \cdots & Q_{1m} \\ \vdots & & \vdots \\ Q_{m1} & \cdots & Q_{mm} \end{bmatrix}$$

式(10.20)的解 P_{ij},对于 $i=m, m-1, \cdots, 1;\ j=m, m-1, \cdots, 1$, 有

$$P_{ij} = \begin{cases} P_{ji}^{\mathrm{T}}, & \text{如果 } i<j \\ \left.\begin{array}{l} -(A_{ii}+A_{jj})^{-1}\left[Q_{ij}+\sum\limits_{k=i+1}^{m} A_{ik}P_{kj}+\sum\limits_{k=j+1}^{m} P_{ik}A_{jk}^{\mathrm{T}}\right] \\ (\text{如 } A_{jj} \text{ 是纯量}) \\ -\left[Q_{ij}+\sum\limits_{k=i+1}^{m} A_{ik}P_{kj}+\sum\limits_{k=j+1}^{m} P_{ik}A_{jk}^{\mathrm{T}}\right](A_{ii}^{\mathrm{T}}+A_{jj}^{\mathrm{T}})^{-1} \\ (\text{如 } A_{ii} \text{ 是纯量}) \end{array}\right\}, & \text{如果 } i \geqslant j \end{cases} \tag{10.21}$$

公式(10.21)中,当 $i \geqslant j$ 时的两个可能公式是针对 A_{ii} 和 A_{jj} 的维数不同的两种情况而设定的。当 A_{ii} 和 A_{jj} 的维数不同时,这两个对角矩阵块中的纯量块必须在乘以 I_2 以后再加上另一个矩阵块。在 A_{ii} 和 A_{jj} 同是纯量时,这两个公式是等同的。但是在 A_{ii} 和 A_{jj} 同是二维块时 P_{ij} 将是一个二维李雅普诺夫矩阵方程

$$A_{ii}P_{ij}+P_{ij}A_{jj}^{\mathrm{T}}=-\overline{Q}_{ij} \tag{10.22}$$

的解。这里式(10.22)中的 $\overline{Q}_{ij}$ 等于式(10.21)中矩阵符号“[]”里的矩阵。因为这一方程是式(5.18)的特殊形式因此也是式(8.1)在方程的右边没有自由度时的特殊形式,我们可借用解式(8.1)的公式(8.3)来计算式(10.22)的解 P_{ij},即设 $P_{ij}=[\boldsymbol{p}_1 \mid \boldsymbol{p}_2]$ 和 $\overline{Q}_{ij}=[\boldsymbol{q}_1 \mid \boldsymbol{q}_2]$, 则 P_{ij} 是线性方程组

$$[I_2 \otimes A_{ii}+A_{jj} \otimes I_2][\boldsymbol{p}_1^{\mathrm{T}} \mid \boldsymbol{p}_2^{\mathrm{T}}]^{\mathrm{T}}=-[\boldsymbol{q}_1^{\mathrm{T}} \mid \boldsymbol{q}_2^{\mathrm{T}}]^{\mathrm{T}}$$

的解。

第四步:对比式(10.20)和原来的方程 $AP+PA^{\mathrm{T}}=-Q$, 有

$$P=U\begin{bmatrix} P_{11} & \cdots & P_{1m} \\ \vdots & & \vdots \\ P_{m1} & \cdots & P_{mm} \end{bmatrix}U^{\mathrm{T}}$$

以上程序的主要计算还是在第一步中的舒尔三角化。这一舒尔三角化运算只针对一个 n 维的矩阵 $(A-B\overline{K}\,\overline{C})$，而程序 10.1 中的舒尔三角化运算是针对一个 $2n$ 维的矩阵 H，可见解李雅普诺夫方程比解代数里卡蒂方程容易。但是在整个式(10.17)的迭代过程中这一三角化(或程序 10.2)将被多次迭代($i=0,\ 1,\ \cdots$)，而且每次迭代都要解两个李雅普诺夫方程(10.15)和方程(10.14)(尽管只需要做一次舒尔三角化)。因此这一广义状态反馈的二次型最优设计比其对应的状态反馈的设计要困难得多。

需要指出的是，因为能最小化二次型指标 J（或(10.1))的控制增益 K^*(式(10.2))是唯一的(见定理 10.1)，所以本节设计的控制增益 $\overline{K}$ 一般不可能满足 $K^*=\overline{K}\,\overline{C}$。

10.3 反馈控制设计的比较与总结

表 10.1 列出了第 8 章到第 10 章的设计方法的计算量。这三章的设计决定了反馈控制及其反馈系统的环路传递函数 $-\overline{K}\,\overline{C}(sI-A)^{-1}B$。而本书设计新途径的特点是能保证完全实现广义状态反馈控制的环路传递函数和鲁棒性。

因为这三章的设计方法的主要计算步骤一般都是用正交矩阵运算作矩阵三角化，所以表 10.1 中列出的计算量可以显示出各设计方法之间的难易。这也是表 10.1 的第三列里每一次迭代所需的主要计算量都差不多的原因。

表 10.1 反馈控制设计方法的计算量

设计方法	需要的迭代的层次数目	每一迭代中的主要计算量
特征值配置		
程序 5.2 第三步的对偶(计算式(8.6))	0	$4n^3/3$
基于式(8.4)和(8.6)的反迭代法	0	$np(n-p)^2/2$
数值特征向量配置的准备计算式(9.4)	0	$2n^4/3$
特征向量配置		
程序 9.1	1	$n^2/2\sim 2n^3/3$
程序 9.2	1	$4pn$
解析规则	0	0
二次型最优设计		
状态反馈(程序 10.1)	1	$2n^3/3\sim 2(2n)^3/3$
广义状态反馈(程序 10.2)和式(10.17)	2	$2n^3/3$

表 10.1 的第二列(中间一列)是各设计方法所需要的迭代层次的数目,每一层迭代都要求达到一定精确度的数值收敛。虽然达到每一个收敛所需要的迭代次数都会因为不同的初始值、不同问题的条件数、不同的计算方法和不同的精确度要求而很不相同,但是这一迭代次数一般非常大(大于 n^3,如十维的矩阵需千次迭代,百维的矩阵需百万次迭代,二层迭代则需万亿次迭代),甚至收敛与否都不容易保证。总之,第 8 章到第 10 章的设计方法的计算量主要由表 10.1 的第二列的迭代层次的数目决定。

关于数值迭代收敛运算(如舒尔三角化)的困难的例子还可见 10.1 节最后——仅仅为了使哈密顿矩阵在舒尔三角化前的维数减半,应用数学家都不惜付出巨大努力。

表 10.1 的第二列明显表示特征结构配置设计比二次型最优设计一般少一层迭代,所以容易得多;而状态反馈设计比广义状态反馈设计一般也少一层迭代,所以正如想象也容易得多。

表 10.1 的结果似乎还显示每加一个限制方程,比如二次型最优设计从状态反馈(一层迭代)到广义状态反馈(两层迭代),即加式(4.2)的限制给状态反馈,都会使相应的设计计算增加一层迭代。

需要注意的是,本书第 8 章到第 10 章的设计只针对反馈控制器的静态部分[设计 $\overline{K}\,\overline{C}\boldsymbol{x}(t)$ 控制],而该控制器的动态部分的设计已在第 5 章和第 6 章完成。所以表 10.1 所总结的设计已经比整个反馈控制器的设计要具体得多和简单得多。另外本书的 $\overline{K}\,\overline{C}\boldsymbol{x}(t)$ 控制是基于最详细的关于系统状态($\boldsymbol{x}(t)$)和系统结构[式(1.1)]的信息的控制形式(见第 1 章到第 3 章)。

还需要指出的是,上述设计问题的具体化和简化以及控制形式的优越性,对别的设计命题和目标也都成立。比如在 H_∞ 的命题里,状态反馈控制的 H_∞ 设计(Khargoneker et al., 1988;胡庭姝等,1991)和广义状态反馈控制的 H_∞ 设计(Geromel et al., 1993; Stoustrup et al., 1993)就要比整个反馈控制器的 H_∞ 设计具体、简单得多。在其他最优设计问题如 H_2(Zhou, 1992; Yeh et al., 1992)和 L_1(Dahleh et al., 1987; Dullerud et al., 1992)问题里,这一具体化和简化也一样成立。

虽然有如此众多的反馈控制的设计命题和目标,而且每一个最优控制命题的答案是唯一的(不对别的最优控制命题或指标最优),特征结构配置这一命题和目标与之相比有着下面两个关键的压倒性优点。

第一个关键的优点是在设计命题和设计参数的设立。根据最基本的控制系统的理论分析(第 2 章),特征值(极点)可以最直接地和普遍准确地决定系统的性能,而特征向量可以决定其对应的特征值的敏感性和鲁棒性。所以它们的配置也应该可以最直接地,因此也是最有效地提高反馈系统的性能和鲁棒性,比如增大一个普遍准确得多的鲁棒稳定性指标 M_3(式(2.25))。

与此正相反,最优控制的指标和设计参数(加权矩阵的众多元素)与整个系统的性能和鲁棒性并没有解析的和普遍准确的关系,与受控系统也一样没有关系。比如基于频域响应的最优控制在性能(频宽)和鲁棒稳定性(增益与相位裕度)的测量和反映的普遍准确性上都差得多(第 2 章)。这也许是因为最优控制的指标是自上而下和抽象笼统地设立,而不是根据受控系统的分析结果以及基本控制理论分析结果设立。这些缺点还反映在同时存在很多最优控制的命题和指标(如 H_∞, H_2 和 L_1 及其组合)这一事实,即最优控制只对其各自的指标最优,而这一指标本身却并不是真正最优的。总之,一个真正有效的设计理论必须充分基于对受控系统的理解以及对系统分析的基本理论结果,而不主要是解(或是提出)一个比较抽象的数学问题。但是很多最优控制设计给人们的印象却正是后一种情形。

第二个关键的优点是在对设计参数根据最终设计结果所进行的调整,这样的反馈调整在实际设计中是必不可少的。本书的特征结构配置设计在特征值选择和特征值/向量配置程序都有整节的叙述分析(8.1 节和 8.4 节)来指导这一调整。在具体的数值特征向量配置[如各特征向量的加权因子 w_j(式(9.10))]和解析特征向量配置(如特征值、能控指数和各对角块的条件数,见例 9.2)也都有具体和普遍的理论规则来指导其调整。

根据表 10.1 的中间一列,二次型最优控制设计需要经迭代收敛的数值计算。其他最优控制设计也需要同样的甚至更复杂的计算。比如根据状态空间模型的 H_∞ 设计就需要解几个(而不是一个)代数里卡蒂方程(Zhou, 1992; Zhou et al., 1995)。这样复杂的数值计算不但在实际运行时很困难(需要理论指导的设计问题的矩阵维数会在十维以上),而且没有最初参数和最终结果之间的解析的联系。因此在最优控制设计里,根据最终设计结果对最初设计指标和参数进行普遍的、理性的和具体的调整简直是不可能的,尽管前面第一个优点里已经提到,这些指标和参数并不能普遍准确地反映控制系统的性能和鲁棒性。

总之,"最优控制"虽然名称响亮,但实际上既不是真的最优,也不普遍和实用。

特征结构配置的这两个关键的优点应该也是状态空间理论的优越性的一个重要反映,因为特征向量配置只有根据状态空间模型和(广义)状态反馈控制才能实现。我们知道状态空间理论在 20 世纪 60 年代超过了经典控制理论成为当时最热门的理论。但是该理论在如何保证实现(广义)状态反馈控制的环路传递函数和鲁棒性以及如何用这一控制来有效配置特征向量这两个关键的设计问题上,都一直有待解决。而本书正是在这两个问题(特别是第一个问题)上取得了重大的和决定性的进展。这就使现代控制论以至整个工程控制论有了广泛实际应用的可能,也为这个理论的实质性发展建立了空前坚实的基础,也就使这个理论得以复兴。

习　题

10.1　设有受控系统 $A=\begin{bmatrix}0 & 1\\0 & 0\end{bmatrix}$, $B=\begin{bmatrix}0\\1\end{bmatrix}$, 和二次型最优指标(10.1)中的 $Q=\begin{bmatrix}4 & 0\\0 & 0\end{bmatrix}$, $R=1$, 设计最优状态反馈增益 K(答案:$[2\quad 2]$)。

10.2　重复习题 10.1,并设新的最优指标为

$$J=\int_0^{\infty}(2x_1^2+2x_1x_2+x_2^2+u^2)\mathrm{d}t\quad (提示:Q=\begin{bmatrix}2 & 1\\1 & 1\end{bmatrix},\ R=1)$$

10.3　重复习题 10.1,并增设系统矩阵 $C=[1\quad 2]$ 和新的最优指标为

$$J=\int_0^{\infty}(y^2+2u^2)\mathrm{d}t\quad (提示:Q=C^{\mathrm{T}}C)$$

10.4　设系统(A, B, C)如习题 10.1 和习题 10.3 所设的一样。针对习题 10.1 到习题 10.3 中的三个指标分别设计静态输出反馈增益 K_y。(提示:用程序 10.2。比较题 10.1～10.3 的答案 K^* 和 K_yC)

10.5　(1) 任意设立五个 10×10 的哈密顿矩阵(见式(10.6)),计算其舒尔三角化(程序 10.1 第二步)并记下这五个计算的平均计算时间。

(2) 对五个 12×12 的哈密顿矩阵重复(1),并比较平均计算时间(维数从 10 升到 12 的影响)。

(3) 对十个 6×6 的哈密顿矩阵重复(1),并比较平均计算时间(维数从 12 减半的影响)。

附录A

线性代数和数值线性代数的基础简介

在这一附录里,我们将简略地介绍与本书内容有关的线性代数和数值线性代数的一些基本知识。这一附录有四节。

第一节介绍线性代数的一些基础结果,特别强调正交线性变换的重要性。

第二节对本书的设计计算中最常用到的三角化(或梯形化)矩阵运算进行具体介绍和分析。

第三节介绍一个基本的数值线性代数的结果——矩阵的奇异值分解,以及这一结果在线性代数和本书一些问题中的应用。

第四节介绍矩阵方程组 $TA-FT=LC$ 和 $TB=0$ 的解及其五个重大应用。这些应用使得这一矩阵方程组成为现代控制系统设计理论里远为最重要的数学要求。

A.1 线性代数中的一些基本概念

A.1.1 线性相关、线性无关、线性空间

定义 A.1 如果一组(设 n 个)向量 $\{\boldsymbol{x}_1, \cdots, \boldsymbol{x}_n\}$ 是线性相关的,则存在一个非零(n 维)向量 $\boldsymbol{c}=[c_1, \cdots, c_n]^{\mathrm{T}}$ 使

$$[\boldsymbol{x}_1 \vdots \cdots \vdots \boldsymbol{x}_n]\boldsymbol{c}=\boldsymbol{x}_1c_1+\cdots+\boldsymbol{x}_nc_n=\boldsymbol{0} \tag{A.1}$$

成立。反之,这一组向量是线性无关的。一组线性相关的向量中的每一个向量,只要它在表达式(A.1)中对应的系数不为 0,都是这一组内其他向量的线性组合。例如式(A.1)中的 $c_i \neq 0$,则

$$\boldsymbol{x}_i=-\Big(\sum_{i\neq j}\boldsymbol{x}_jc_j\Big)/c_i \quad (i=1, \cdots, n) \tag{A.2}$$

例 A.1　设一组向量

$$[\boldsymbol{x}_1 \,\vdots\, \boldsymbol{x}_2]=\begin{bmatrix}1 & -2\\ -1 & 2\end{bmatrix}$$

因为存在向量 $\boldsymbol{c}=[2\quad 1]^{\mathrm{T}}\neq 0$ 使$[\boldsymbol{x}_1 \,\vdots\, \boldsymbol{x}_2]\boldsymbol{c}=\boldsymbol{0}$ 成立，所以这一组向量是线性相关的。

例 A.2　设另一组向量

$$[\boldsymbol{x}_3 \,\vdots\, \boldsymbol{x}_4]=\begin{bmatrix}2 & 1\\ 0 & 1\end{bmatrix}$$

因为只有零向量 $\boldsymbol{c}=\boldsymbol{0}$ 才能使 $[\boldsymbol{x}_3 \,\vdots\, \boldsymbol{x}_4]\boldsymbol{c}=\boldsymbol{0}$ 成立，所以这一组向量是线性无关的。同理可知 $\boldsymbol{x}_3$ 或 $\boldsymbol{x}_4$ 和例 A.1 中的任何一个向量（$\boldsymbol{x}_1$ 或 $\boldsymbol{x}_2$）都是线性无关的。但是任何一组（三个）向量（如$[\boldsymbol{x}_3 \,\vdots\, \boldsymbol{x}_4 \,\vdots\, \boldsymbol{x}_1]$或$[\boldsymbol{x}_3 \,\vdots\, \boldsymbol{x}_4 \,\vdots\, \boldsymbol{x}_2]$）都是线性相关的。

例 A.1 和例 A.2 还可从图 A.1 得到几何意义上的解释。

(1) 因为 $\boldsymbol{x}_1$ 和 $\boldsymbol{x}_2$ 是平行的，即它们之间的交角是 180°（或 0°），所以它们是线性相关的。或者说它们中的任何一个向量都等于另一个向量乘以一个非零纯量 c。图 A.1 中的其他任意两个向量之间的交角都不是 0°或 180°，所以这些向量对都是线性无关的。

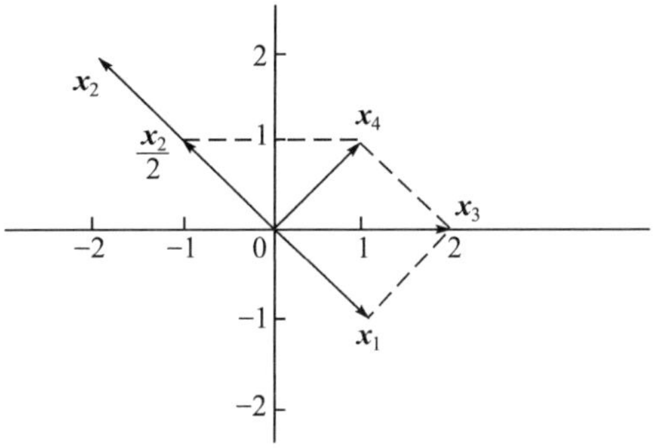

图 A.1　四个二维向量

(2) 根据解析几何的定义，设两个向量 $\boldsymbol{x}_i$，$\boldsymbol{x}_j$ 之间的交角为 θ，则它们的内积有

$$\boldsymbol{x}_i^{\mathrm{T}}\boldsymbol{x}_j=\|\boldsymbol{x}_i\|\;\|\boldsymbol{x}_j\|\cos\theta \tag{A.3}$$

这里向量 $\boldsymbol{x}$ 的范数 $\|\boldsymbol{x}\|$ 已在定义 2.3 中定义。例如

$$\begin{aligned}
\boldsymbol{x}_1^{\mathrm{T}}\boldsymbol{x}_2 &= [1 \quad -1][-2 \quad 2]^{\mathrm{T}} = -4 \\
&= \|[1 \quad -1]\| \, \|[-2 \quad 2]\| \cos 180^\circ = \sqrt{2}(2\sqrt{2})(-1) \\
\boldsymbol{x}_1^{\mathrm{T}}\boldsymbol{x}_3 &= [1 \quad -1][1 \quad 0]^{\mathrm{T}} = 1 \\
&= \|[1 \quad -1]\| \, \|[1 \quad 0]\| \cos 45^\circ = \sqrt{2} \times 1 \times (1/\sqrt{2}) \\
\boldsymbol{x}_1^{\mathrm{T}}\boldsymbol{x}_4 &= [1 \quad -1][1 \quad 1]^{\mathrm{T}} = 0 \\
&= \|[1 \quad -1]\| \, \|[1 \quad 1]\| \cos 90^\circ = \sqrt{2}\sqrt{2}(0)
\end{aligned}$$

由此可见,两个向量内积的绝对值可以最大达到这两个向量的各自范数的乘积(如 $\theta=0^\circ$ 或 180°,即线性相关),最小为 0(如 $\theta=\pm 90^\circ$)。如果是后一种情况,则这一 $\pm 90^\circ$ 夹角的两个向量被称为互相“正交”。比如 $\{\boldsymbol{x}_1, \boldsymbol{x}_4\}$ 和 $\{\boldsymbol{x}_2, \boldsymbol{x}_4\}$ 是正交的,而例 A.1 和 A.2 中的其他向量对都不是正交的。

我们把 $\|\boldsymbol{x}_i\| \cos\theta$ 定义为向量 $\boldsymbol{x}_i$ 在向量 $\boldsymbol{x}_j$ 方向上的“投影”。很明显,$\boldsymbol{x}_i$ 的投影不会大于 $\boldsymbol{x}_i$ 的范数,而这一投影在 $\theta=\pm 90^\circ$ 时为 0。

(3) 从图 A.1 可知,在一个二维平面上的任何一点(或任何一个从零点到这一点的向量)都可以是这个平面上的两个任意线性无关的向量的线性组合。比如 $\boldsymbol{x}_3=\boldsymbol{x}_1+\boldsymbol{x}_4$, $\boldsymbol{x}_4=(1/2)\boldsymbol{x}_2+\boldsymbol{x}_3$,这两个关系在图 A.1 中已用虚线标出。而如果一个二维向量 $\boldsymbol{x}$ 是另外两个向量 $\boldsymbol{y}$, $\boldsymbol{z}$ 的线性组合,即 $\boldsymbol{x}=[\boldsymbol{y} \mid \boldsymbol{z}]\boldsymbol{c}$,则 $[\boldsymbol{x} \mid \boldsymbol{y} \mid \boldsymbol{z}][1 \mid -\boldsymbol{c}^{\mathrm{T}}]^{\mathrm{T}}=0$[见式(A.2)]。因此根据定义 A.1,任何三个二维向量都是线性相关的。

如果两个线性无关的向量 $\{\boldsymbol{y}, \boldsymbol{z}\}$ 成正交,并且它们的线性组合等于第三个向量 $\boldsymbol{x}$,则这一线性组合在 $\boldsymbol{y}$ 和 $\boldsymbol{z}$ 的各自的系数分别等于 $\boldsymbol{x}$ 在 $\boldsymbol{y}$ 和 $\boldsymbol{z}$ 上的投影除以 $\|\boldsymbol{y}\|$ 或 $\|\boldsymbol{z}\|$。例如图 A.1 中的正交向量 $\boldsymbol{x}_1$ 和 $\boldsymbol{x}_4$ 的线性组合(系数为 1, 1)等于 $\boldsymbol{x}_3$,这两个系数分别等于 $\boldsymbol{x}_3$ 在 $\boldsymbol{x}_1$ 和 $\boldsymbol{x}_4$ 上的投影($\sqrt{2}$, $\sqrt{2}$)除以这两个向量各自的范数($\sqrt{2}$, $\sqrt{2}$)。

定义 A.2 一个线性空间 $\boldsymbol{S}$ 可以是由一些向量所组成,其中的任何一个向量(定义为 $\boldsymbol{x} \subset \boldsymbol{S}$)都是 $\boldsymbol{S}$ 内其他向量的线性组合(或由 $\boldsymbol{S}$ 内的其他向量所“张成”)。我们把 $\boldsymbol{S}$ 内数目最多的一组线性无关的向量的数目定义为 $\boldsymbol{S}$ 的维数[$\dim(\boldsymbol{S})$]。

例 A.3a 在例 A.1 和 A.2 中,向量 $\boldsymbol{x}_1$ 和 $\boldsymbol{x}_2$ 的线性组合只能张成一个和 $\boldsymbol{x}_1$ 或 $\boldsymbol{x}_2$ 平行的直线向量的线性空间。这一空间包括全部和 $\boldsymbol{x}_1$ 或 $\boldsymbol{x}_2$ 平行的直线向量。因为这些平行向量中的每一个都只是另一个的线性组合,因此这一空间的维数是 1。

又比如$\{\boldsymbol{x}_1, \boldsymbol{x}_3\}$，$\{\boldsymbol{x}_1, \boldsymbol{x}_4\}$和$\{\boldsymbol{x}_3, \boldsymbol{x}_4\}$的线性组合都能张成一个平面的(二维)线性空间。这个空间包括全部在这个平面上的向量。而这些向量中的任何一个也是这个空间内的任何另外两个线性无关的向量的线性组合。因此这个空间的维数是 2。

例 A. 3b 以上结果可以推广到更多维的情况中去。设一组三维的向量

$$[\boldsymbol{y}_1 \mid \boldsymbol{y}_2 \mid \boldsymbol{y}_3 \mid \boldsymbol{y}_4 \mid \boldsymbol{y}_5 \mid \boldsymbol{y}_6 \mid \boldsymbol{y}_7] = \begin{bmatrix} 2 & 1 & 1 & 0 & 0 & -1 & -2 \\ 0 & 1 & 1 & 1 & 0 & 0 & 1 \\ 0 & 0 & 1 & 1 & 2 & 1 & 0 \end{bmatrix}$$

这七个向量可示于图 A. 2。

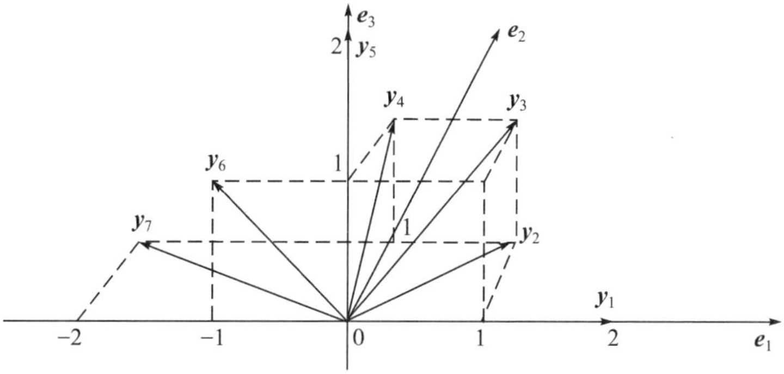

图 A. 2 七个三维向量

图中 $\boldsymbol{y}_1$ 和 $\boldsymbol{y}_2$ 的线性组合可以张成一个水平平面的二维空间。任何一个$[x \quad x \quad 0]^{\mathrm{T}}$(垂直方向上的坐标为 0)的三维向量都是 $\boldsymbol{y}_1$ 和 $\boldsymbol{y}_2$ 的线性组合，因此都属于这一二维空间。如 $\boldsymbol{y}_7 = [-2 \quad 1 \quad 0]^{\mathrm{T}} = [\boldsymbol{y}_1 \mid \boldsymbol{y}_2][-3/2 \quad 1]^{\mathrm{T}}$ 属于这一空间。但是任何在第三维的上下垂直方向上有伸展和投影的向量如 $\boldsymbol{y}_3$ 到 $\boldsymbol{y}_6$ 都和这一二维空间上的向量($\boldsymbol{y}_1$，$\boldsymbol{y}_2$，$\boldsymbol{y}_7$)线性无关，因此都不属于这一二维空间。

在这些线性无关的向量中，虽然有些向量和这一水平面上的一些向量成正交，如 $\boldsymbol{y}_4^{\mathrm{T}}\boldsymbol{y}_1 = 0$，但是只有完全垂直于这一水平面的向量 $\boldsymbol{y}_5$ 才与这一水平面上的所有向量和空间成正交 ($\boldsymbol{y}_5^{\mathrm{T}}[\boldsymbol{y}_1 \mid \boldsymbol{y}_2 \mid \boldsymbol{y}_7] = 0$)。最后这些线性无关的向量$\{\boldsymbol{y}_3$ 到 $\boldsymbol{y}_6\}$中的任何一个与这一平面中的两个向量一起的线性组合都可以张成一个三维的(包括上下垂直方向的)立体空间。

文献(Gantmacher, 1959)对线性空间有更严格的定义，比如一个严格定义的线性空间必须存在“0”元素和“1”元素等(定义 A. 1 中线性空间里的向量可

称为该空间的“元素”)。国内文献(黄琳,1986;韩京清等,1987)对此都有严格的叙述。

例 A.4 我们把所有满足 $\boldsymbol{b}=A\boldsymbol{x}$ 的向量 $\boldsymbol{b}$ 所组成的空间称为矩阵 A 的“列空间”[$\boldsymbol{R}(A)$]。很明显,要使这一空间的维数是 n(即使这一空间包括所有 n 维的向量)的充分必要条件是矩阵 A 有 n 个线性无关的列。我们把一个矩阵的线性无关的列/行的数目定义为该矩阵的列/行秩(column/row rank)。由于矩阵的列秩和行秩总是相等的,因此我们可简称为秩。换句话说,要使线性方程组 $\boldsymbol{b}=A\boldsymbol{x}$ 有解的充分必要条件是 $\boldsymbol{b}\subset\boldsymbol{R}(A)$,要使这一方程对所有的 n 维的向量 $\boldsymbol{b}$ 都有解的充分必要条件是 A 的列秩等于 n。

如果一个矩阵的列/行秩等于其列/行数,或如果一个矩阵的所有的列/行都线性无关,我们称这一矩阵“满列/行秩”。

我们还把所有满足 $A\boldsymbol{x}=\boldsymbol{0}$ 的向量 $\boldsymbol{x}$ 所组成的空间定义为矩阵 A 的“化零空间”[$\boldsymbol{N}(A)$]。很明显,如果矩阵 A 满列秩,则其化零空间 $\boldsymbol{N}(A)$ 只有零向量 $\boldsymbol{x}=\boldsymbol{0}$。

但是所有满足 $A\boldsymbol{x}=\boldsymbol{b}$ ($\boldsymbol{b}\neq\boldsymbol{0}$) 的向量 $\boldsymbol{x}$ 却不能组成一个线性空间,因为这一组合内缺少一个“$\boldsymbol{0}$”元素(或零向量)。我们知道 $A\boldsymbol{0}=\boldsymbol{0}\neq\boldsymbol{b}$。

A.1.2 基向量、线性变换、正交线性变换

定义 A.3 设一线性空间里的任何一个向量 $\boldsymbol{x}$ 都是某一组线性无关的向量的线性组合,则这一组向量被定义为该空间的“基向量”,而这一线性组合的系数被定义为向量 $\boldsymbol{x}$ 在这一组基向量上的代表。

因为,任何一组 n 个线性无关的 n 维向量都可以张成一个 n 维的线性空间,所以任何一组 n 个线性无关的 n 维向量都可以是 n 维空间的基向量。

定义 A.4 一个 n 维的线性空间可以有很多组不同的基向量,我们把从一组基向量转成另一组基向量的运算定义为“线性变换”。

例如最常见的一组基向量是一组正交的单位坐标向量

$$I=[\boldsymbol{e}_1 \mid \cdots \mid \boldsymbol{e}_n]=\begin{bmatrix}1 & 0 & \cdots & 0\\ 0 & 1 & & \vdots\\ \vdots & \ddots & \ddots & 0\\ 0 & \cdots & 0 & 1\end{bmatrix}$$

因为任何一个 n 维的向量 $\boldsymbol{x}=[x_1,\ \cdots,\ x_n]^{\mathrm{T}}$ 都是$[\boldsymbol{e}_1 \mid \cdots \mid \boldsymbol{e}_n]$的线性组合

$$\boldsymbol{x} = I\boldsymbol{x} \tag{A.4}$$

所以任何一个 $\boldsymbol{x}$ 在这一组基向量上的代表等于这一向量 $\boldsymbol{x}$ 本身。因此我们把这一组基向量称为“单位向量”，并把这一组基向量组成的矩阵 I 称为“单位矩阵”。

又比如我们让矩阵 A 的列向量来代表向量 $\boldsymbol{b}$，则有 $A\boldsymbol{x}=\boldsymbol{b}$。这里 $\boldsymbol{x}$ 是 $\boldsymbol{b}$ 在 A 上的代表，再让矩阵 V 的列向量来代表同一个 $\boldsymbol{b}$，则有

$$V\bar{\boldsymbol{x}} = \boldsymbol{b} = A\boldsymbol{x} \tag{A.5a}$$

或向量

$$\bar{\boldsymbol{x}} = V^{-1}A\boldsymbol{x} \text{ 是 } \boldsymbol{b} \text{ 在 } V \text{ 上的代表} \tag{A.5b}$$

如果有一组基向量$\{\boldsymbol{u}_1, \cdots, \boldsymbol{u}_n\}$是相互正交的，即 $\boldsymbol{u}_i^{\mathrm{T}}\boldsymbol{u}_j=0,\ \forall i \neq j$，则用这一组基向量取代另一组基向量的运算被称为“正交线性变换”。如果一组正交向量的每个向量的范数都是 1($\|\boldsymbol{u}_i\|=1,\ \forall i$)，则这一组向量被称为“标准正交向量”。由一组 n 个标准正交基向量组成的矩阵 U 具有 $U^{\mathrm{T}}U=I$ 的特点。这样的矩阵被称为“酉矩阵”(unitary matrix)。

例 A.5 设有向量 $\boldsymbol{x}=[1 \quad \sqrt{3}]^{\mathrm{T}}$ 对其做以下几种线性变换。

基向量矩阵 V	$\boldsymbol{x}$ 的代表 $\bar{\boldsymbol{x}}$ $\bar{\boldsymbol{x}}=V^{-1}\boldsymbol{x}$	$\|\bar{\boldsymbol{x}}\|$	新的基向量以及 $\boldsymbol{x}$ 的图形	线性变换的形式
$I=\begin{bmatrix}1 & 0\\0 & 1\end{bmatrix}$	$\begin{bmatrix}1\\\sqrt{3}\end{bmatrix}$	2	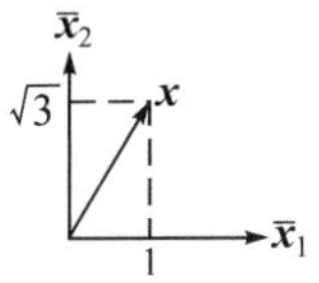	单位
$G=\begin{bmatrix}0 & -1\\1 & 0\end{bmatrix}$	$\begin{bmatrix}\sqrt{3}\\-1\end{bmatrix}$	2	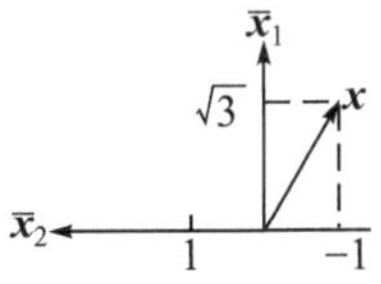	标准正交 [吉文斯 (Givens)90°旋转]
$G=\begin{bmatrix}1/2 & -\sqrt{3}/2\\\sqrt{3}/2 & 1/2\end{bmatrix}$	$\begin{bmatrix}2\\0\end{bmatrix}$	2	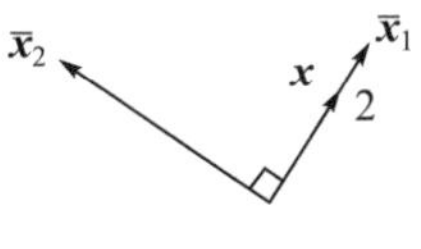	标准正交 (Givens 60°旋转)

(续表)

基向量矩阵 V	$\boldsymbol{x}$ 的代表 $\overline{\boldsymbol{x}}$ $\overline{\boldsymbol{x}}=V^{-1}\boldsymbol{x}$	$\lVert\overline{\boldsymbol{x}}\rVert$	新的基向量以及 $\boldsymbol{x}$ 的图形	线性变换的形式
$G=\begin{bmatrix}\sqrt{3}/2 & -1/2\\ 1/2 & \sqrt{3}/2\end{bmatrix}$	$\begin{bmatrix}\sqrt{3}\\ 1\end{bmatrix}$	2	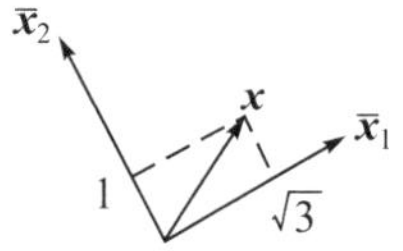	标准正交 (Givens 30°旋转)
$H=\begin{bmatrix}-1/2 & -\sqrt{3}/2\\ -\sqrt{3}/2 & 1/2\end{bmatrix}$	$\begin{bmatrix}-2\\ 0\end{bmatrix}$	2	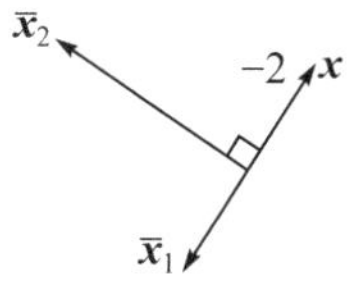	标准正交 [豪斯霍尔德 (Householder)]
$P=\begin{bmatrix}1 & -\sqrt{3}/2\\ 0 & 1/2\end{bmatrix}$	$\begin{bmatrix}4\\ 2\sqrt{3}\end{bmatrix}$	$2\sqrt{7}$	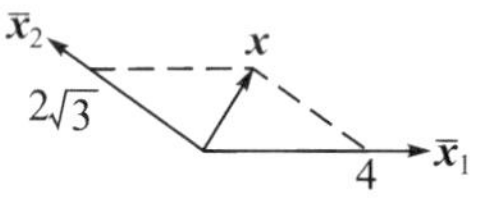	普通

从上例可见,标准正交的线性变换可以保留 $\boldsymbol{x}$ 和 $\overline{\boldsymbol{x}}$ 的范数,而其他线性变换(如 P,尽管其基向量的范数也都是 1)却不能做到这一点(见图 A.1 的说明)。从数学上说,如果 V 是酉矩阵,则根据式(A.5a),有

$$\lVert\overline{\boldsymbol{x}}\rVert=(\overline{\boldsymbol{x}}^{\mathrm{T}}\overline{\boldsymbol{x}})^{\frac{1}{2}}=[\boldsymbol{b}^{\mathrm{T}}(V^{-1})^{\mathrm{T}}(V^{-1})\boldsymbol{b}]^{\frac{1}{2}}=(\boldsymbol{b}^{\mathrm{T}}\boldsymbol{b})^{\frac{1}{2}}=\lVert b\rVert \quad (\mathrm{A.6})$$

这一点也说明标准正交的矩阵运算是数值稳定的。

A.2 矩阵三角化或梯形化的运算

在解线性方程组

$$A\boldsymbol{x}=\boldsymbol{b} \quad (\mathrm{A.7a})$$

时,也就是在求 $\boldsymbol{b}$ 以矩阵 A 的列为基向量的代表 $\boldsymbol{x}$ 时,人们一般在 A 和 $\boldsymbol{b}$ 的左边乘上可逆矩阵 V^{-1} 使得矩阵 $\overline{A}=V^{-1}A$ 成为三角形或梯形,然后再根据方程

$$\overline{A}\boldsymbol{x}=V^{-1}\boldsymbol{b}\triangleq\overline{\boldsymbol{b}} \quad (\mathrm{A.7b})$$

来求解 $\boldsymbol{x}$。换句话说，人们先求得 $\boldsymbol{b}$ 在新的基向量 V 上的代表 $\overline{\boldsymbol{b}}$[见式(A.5b)]，然后再根据式(A.7b)来解 $\boldsymbol{x}$，即 $\overline{\boldsymbol{b}}$ 在 $\overline{A}$ 上的代表。

在这里，我们将学习三种不同的 V^{-1} 矩阵。这三种不同的矩阵都可以用下述共同的基本程序得出。

程序 A.1　QR 矩阵分解(Dongarra et al.，1979)。

设 $A=[\boldsymbol{a}_1 \vdots \cdots \vdots \boldsymbol{a}_n]$ 的列的维数是 n。

第一步：求 $n\times n$ 维矩阵 V_1^{-1} 使

$$V_1^{-1}\boldsymbol{a}_1=[x,\ 0\cdots 0]^{\mathrm{T}} \tag{A.8a}$$

成立。

第二步：计算

$$V_1^{-1}A=A_1=\left[\begin{array}{c|ccc} x & & [\boldsymbol{a}_1^1]^{\mathrm{T}} & \\ \hline 0 & & & \\ \vdots & \boldsymbol{a}_2^1 & \cdots & \boldsymbol{a}_n^1 \\ 0 & & & \end{array}\right]$$

第三步：求 $(n-1)\times(n-1)$ 维矩阵 $\overline{V}_2^{-1}$ 使

$$\overline{V}_2^{-1}\boldsymbol{a}_2^1=[x,\ 0\cdots 0]^{\mathrm{T}} \tag{A.8b}$$

第四步：计算

$$\left[\begin{array}{c|ccc} 1 & 0 & \cdots & 0 \\ \hline 0 & & & \\ \vdots & & \overline{V}_2^{-1} & \\ 0 & & & \end{array}\right] V_1^{-1}A \triangleq V_2^{-1}A_1=A_2=\left[\begin{array}{c|cccc} x & & [\boldsymbol{a}_1^1]^{\mathrm{T}} & & \\ \hline 0 & x & & [\boldsymbol{a}_2^2]^{\mathrm{T}} & \\ \vdots & 0 & & & \\ & \vdots & \boldsymbol{a}_3^2 & \cdots & \boldsymbol{a}_n^2 \\ 0 & 0 & & & \end{array}\right]$$

这样不断地进行 $n-1$ 次运算就有

$$V_{n-1}^{-1}\cdots V_2^{-1}V_1^{-1}A \triangleq V^{-1}A=\begin{bmatrix} x & & & [\boldsymbol{a}_1^1]^{\mathrm{T}} \\ 0 & x & & [\boldsymbol{a}_2^2]^{\mathrm{T}} \\ \vdots & \ddots & \ddots & \\ 0 & \cdots & 0 & x \end{bmatrix}\text{，为上三角形} \tag{A.9}$$

在这一基本步骤中，如果出现 $\boldsymbol{a}_{i+1}^i$ 是零的情况，即出现

$$V_i^{-1}\cdots V_2^{-1}V_1^{-1}A=\left[\begin{array}{ccc:c:c:c:c} x & & & & & & \\ & & X & & & & \\ & \ddots & & & X & & \\ 0 & & x & & & & \\ \hdashline & & & 0 & & & \\ & 0 & & \vdots & \boldsymbol{a}_{i+2}^{i} & \cdots & \boldsymbol{a}_{n}^{i} \\ & & & 0 & & & \end{array}\right]$$

的情况,则 V_{i+1}^{-1} 将直接对 $\boldsymbol{a}_{i+1}^{i}$ 右邻的第一个非零向量(可能是 $\boldsymbol{a}_{i+2}^{i}$)进行运算使其成为$[x,\ 0,\ \cdots,\ 0]^{\mathrm{T}}$ 的形状。这样的情况可以重复发生。但是只要发生一次,则式(A.9)的最后形状将由上三角形改为上梯形。比如

$$V^{-1}A=\left[\begin{array}{ccc:c:ccc:ccc:ccc:c} * & & R_1 & & & & & & & & & & & \\ & \ddots & & & & & & & & & & & & \\ 0 & & * & & & & & & X & & & & & \\ \hdashline 0 & \cdots & 0 & 0 & * & & R_2 & & & & & & & \\ \vdots & & \vdots & \vdots & & \ddots & & & & X & & & & \\ & & & \vdots & 0 & & * & & & & & & & \\ \hdashline 0 & \cdots & 0 & 0 & 0 & \cdots & 0 & 0 & \cdots & 0 & * & & R_3 & \\ & & & & & & & & & & & \ddots & & X \\ & & & 0 & & & & & & & 0 & & * & \\ \hdashline & & & & & & & & & & 0 & \cdots & 0 & \\ & & & & & & & & & & \vdots & & \vdots & \\ & & & & & & & & & & 0 & \cdots & 0 & \end{array}\right] \tag{A.10}$$

(其中第 1~3 列宽为 p,第 8~10 列宽为 q)

其中,“$*$”为非零元素。

上梯形矩阵内的非零元素只在从矩阵内的上三角块[如(A.10)中的 R_1,R_2,R_3]的对角线开始的右上方向的位置出现。这些上三角块可以是在往右移动了一列或几列以后才连续出现的。比如式(A.10)中的 R_2 是在 R_1 后往右移动了一列以后才出现的,而 R_3 是在 R_2 后往右移动了 q 列以后才出现。

如果三角块不需要往右移就连续出现,则这些三角块就可以合并成一个大三角块。如果所有的三角块都可以合并,则整个矩阵就成了上三角形。因此上

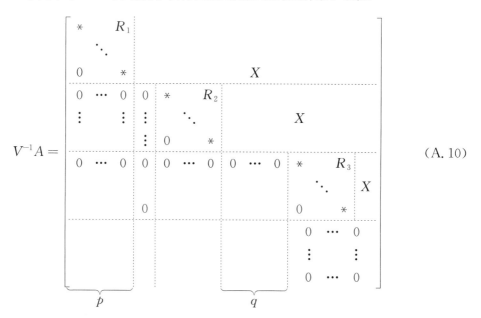

三角形是上梯形的一个特殊形式。

上梯形矩阵的主要特点是其各个列之间的线性相关的关系是明显的。具体地说，矩阵中的对应于上三角块的列都与其左边的矩阵内的列线性无关，而其他的列又都与其各自左边的矩阵内的列线性相关。比如式(A. 10)中的相对于 R_1 的每一个列就与其左边的列线性无关，或不是其左边的列的线性组合。而式(A. 10)中的第 $p+1$ 个列即是其左面 R_1 的 p 个列的线性组合，在 R_2 和 R_3 之间的 q 个列中的每一个列也是相对于 R_1 和 R_2 的列的线性组合。

由于上梯形矩阵的这一从左到右地出现线性无关的列的特性，因此我们可以把这一计算上梯形的程序用来解线性方程(A. 7a)。我们首先设矩阵

$$\widetilde{A}=[A \mid \boldsymbol{b}] \tag{A. 11}$$

再对矩阵 $\widetilde{A}$ 求上梯形。如果在第 r 步以后出现

$$V_r^{-1}\cdots V_1^{-1}\widetilde{A}=\left[\begin{array}{c:c:c} A_{11} & A_{12} & \boldsymbol{b}_1 \\ \hdashline 0 & A_{22} & 0 \end{array}\right]\begin{array}{l}\}r \\ \}n-r\end{array} \tag{A. 12a}$$

的情形，则 $\boldsymbol{b}_1$(或 $\boldsymbol{b}$)已经是 A_{11} 的列(或与 A_{11} 对应的 A 的列)的线性组合，即 $A_{11}\boldsymbol{x}_1=\boldsymbol{b}_1$。这一线性组合的系数 $\boldsymbol{x}_1$ 即构成方程(A. 7a)的解 $\boldsymbol{x}=[\boldsymbol{x}_1^{\mathrm{T}} \mid \boldsymbol{0}^{\mathrm{T}}]^{\mathrm{T}}$。

在普遍情况下，

$$V_{n-1}^{-1}\cdots V_1^{-1}\widetilde{A}=\left[\begin{array}{ccc:c} x & & & x \\ & \ddots & X & \vdots \\ 0 & & x & x \end{array}\right] \tag{A. 12b}$$

即式(A. 12b)最右边的列的下面不全是零。这样要使 $\boldsymbol{b}$ 成为 A 的列的线性组合，或要使 $A\boldsymbol{x}=\boldsymbol{b}$ 有解，A 的所有 n 个列就必须是线性无关的(见例 A. 4)，或式(A. 12b)中的 $V_{n-1}^{-1}\cdots V_1^{-1}A$ 必须是上三角形。因此保证式(A. 7a)对所有 $\boldsymbol{b}$ 都有解的充分必要条件是矩阵 A 的秩数为 n。

在以上整个基本计算步骤中，唯一可能出现不同的是，在式(A. 8)中使向量 $\boldsymbol{a}_{i+1}^{i}$ 变成 $[x,\ 0,\ \cdots,\ 0]^{\mathrm{T}}$ 的矩阵 V_i^{-1}，或在式(A. 12b)中使矩阵 A 变成上梯形的矩阵 $V^{-1}=V_{n-1}^{-1}\cdots V_1^{-1}$。这里我们将介绍三个不同的矩阵 V_i^{-1}(或 V^{-1})，其中后两个矩阵是酉矩阵。人们把 V^{-1} 是酉矩阵的程序 A. 1 称为

“QR 分解”。

让我们设 $\boldsymbol{a}_{i+1}^{i} \triangleq \boldsymbol{a} \triangleq [a_1 \vdots \cdots \vdots a_n]^{\mathrm{T}}$。

(1) 半主元的高斯消去法。设

$$V_i^{-1} = E \triangleq E_2 E_1$$

$$= \begin{bmatrix} 1 & 0 & \cdots & & 0 \\ -a_2/a_j & 1 & & & \\ \vdots & & & & \\ -a_1/a_j & & & & \vdots \\ -a_{j+1}/a_j & & & & \\ \vdots & & & & \\ -a_n/a_j & 0 & \cdots & 0 & 1 \end{bmatrix} \begin{bmatrix} 0 & 0 & 0 & \cdots & 0 & 1 & 0 & \cdots & 0 \\ 0 & 1 & 0 & & 0 & 0 & 0 & & \vdots \\ \vdots & & & & & & & & \\ 0 & 0 & 0 & \cdots & 1 & 0 & 0 & & \\ 1 & 0 & 0 & \cdots & 0 & 0 & 0 & \cdots & 0 \\ 0 & 0 & 0 & \cdots & 0 & 0 & 1 & & \\ \vdots & & & & & \vdots & & \ddots & \vdots \\ 0 & & & \cdots & & \uparrow & & 0 & 1 \end{bmatrix} \begin{matrix} \\ \\ \\ \\ \leftarrow 第\,j\,行 \\ \\ \\ \\ \end{matrix}$$

第 j 列

其中

$$|a_j| = \max_i \{|a_i|\} \tag{A.13}$$

称为“半主元”。

因为 $E_1 \boldsymbol{a} = [a_j,\ a_2,\ \cdots,\ a_{j-1},\ a_1,\ a_{j+1},\ \cdots,\ a_n]^{\mathrm{T}} \triangleq \bar{\boldsymbol{a}}$，所以 $E_2 E_1 \boldsymbol{a} = E_2 \bar{\boldsymbol{a}} = [a_j,\ 0 \cdots 0]^{\mathrm{T}}$。

因为式(A.13)，所以矩阵 $E_2 E_1$ 中的所有非“0”、非“1”的元素

$$|-a_i/a_j| \leqslant 1, \quad \forall i, j \tag{A.14}$$

所以这一数值计算是相当稳定的(Wilkinson，1965)。

这一计算 $E\boldsymbol{x}$ ($\boldsymbol{x} \neq \boldsymbol{a}$) 的计算量(只是乘除法的数量级)是 n(矩阵 E 本身的计算不纳入计算量)。对于 n 个和 $\boldsymbol{x}$ 同维的向量的计算量即为 n^2。因此用这一方法在整个矩阵三角化中的计算量是

$$n^2 + (n-1)^2 + \cdots + 2^2 \approx n^3/3$$

(2) 豪斯霍尔德(Householder)法(Householder，1958)。设

$$V_i^{-1} = H \triangleq I - 2\bar{\boldsymbol{a}}\bar{\boldsymbol{a}}^{\mathrm{T}} \tag{A.15a}$$

其中，

$$\bar{\boldsymbol{a}} = (1/\|\boldsymbol{b}\|)\boldsymbol{b} \tag{A.15b}$$

$$\boldsymbol{b} = \begin{cases} \boldsymbol{a} + \|\boldsymbol{a}\| [1,\ 0 \cdots 0]^{\mathrm{T}} & (如\ a_1 \geqslant 0) \\ \boldsymbol{a} - \|\boldsymbol{a}\| [1,\ 0 \cdots 0]^{\mathrm{T}} & (如\ a_1 < 0) \end{cases} \tag{A.15c}$$

因为

$$\| \boldsymbol{b} \| = (\boldsymbol{b}^{\mathrm{T}} \boldsymbol{b})^{\frac{1}{2}} = (2 \| \boldsymbol{a} \|^{2} \pm 2a_1 \| \boldsymbol{a} \|)^{\frac{1}{2}} \tag{A.16}$$

所以

$$\begin{aligned} H\boldsymbol{a} &= (I - 2\boldsymbol{b}\boldsymbol{b}^{\mathrm{T}} / \| \boldsymbol{b} \|^{2})\boldsymbol{a} \quad [\text{根据式(A. 15a, b)}] \\ &= \boldsymbol{a} - 2\boldsymbol{b}(\| \boldsymbol{a} \|^{2} \pm a_1 \| \boldsymbol{a} \|) / \| \boldsymbol{b} \|^{2} \quad [\text{根据式(A. 15c)}] \\ &= \boldsymbol{a} - 2\boldsymbol{b}/2 \quad [\text{根据式(A. 16)}] \\ &= \boldsymbol{a} - (\boldsymbol{a} \pm \| \boldsymbol{a} \| [1, 0\cdots 0]^{\mathrm{T}}) \quad [\text{根据式(A. 15c)}] \\ &= \pm [\| \boldsymbol{a} \|, 0\cdots 0]^{\mathrm{T}} \end{aligned} \tag{A.17}$$

因此这一运算可以达到预定的目的。

又因为

$$\begin{aligned} H^{\mathrm{T}} H &= (I - 2\bar{\boldsymbol{a}}\bar{\boldsymbol{a}}^{\mathrm{T}})(I - 2\bar{\boldsymbol{a}}\bar{\boldsymbol{a}}^{\mathrm{T}}) \\ &= I - 4\bar{\boldsymbol{a}}\bar{\boldsymbol{a}}^{\mathrm{T}} + 4\bar{\boldsymbol{a}}\bar{\boldsymbol{a}}^{\mathrm{T}}\bar{\boldsymbol{a}}\bar{\boldsymbol{a}}^{\mathrm{T}} \\ &= I - 4\bar{\boldsymbol{a}}\bar{\boldsymbol{a}}^{\mathrm{T}} + 4\bar{\boldsymbol{a}}(\boldsymbol{b}^{\mathrm{T}}\boldsymbol{b} / \| \boldsymbol{b} \|^{2})\bar{\boldsymbol{a}}^{\mathrm{T}} \\ &= I - 4\bar{\boldsymbol{a}}\bar{\boldsymbol{a}}^{\mathrm{T}} + 4\bar{\boldsymbol{a}}\bar{\boldsymbol{a}}^{\mathrm{T}} \\ &= I \end{aligned}$$

所以矩阵 H 是酉矩阵,因此这一数值计算是非常稳定的。

在用以上的矩阵 H 实际计算 $H\boldsymbol{x}$ ($\boldsymbol{x} \neq \boldsymbol{a}$) 的时候,并不需要首先算出矩阵 H 以后再去计算 $H\boldsymbol{x}$,而是可以按照以下更有效的步骤计算。

第一步:计算 $2 \| \boldsymbol{b} \|^{-2} = [\boldsymbol{a}^{\mathrm{T}}\boldsymbol{a} \pm a_1 (\boldsymbol{a}^{\mathrm{T}}\boldsymbol{a})^{\frac{1}{2}}]^{-1}$ (计算量是 n);

第二步:计算 $c = 2 \| \boldsymbol{b} \|^{-2} (\boldsymbol{b}^{\mathrm{T}}\boldsymbol{x})$ (计算量是 n);

第三步:计算 $H\boldsymbol{x} = \boldsymbol{x} - c\boldsymbol{b}$ (计算量是 n)。

由于以上三步中的第一步的结果对不同的向量 $\boldsymbol{x}$ 都不变,所以可以不纳入计算量,这样 $H\boldsymbol{x}$ 的计算量就是 $2n$。用这一方法在整个矩阵三角化中的计算量是 $2n^3/3$。

因为计算的数值稳定性远重要于其速度,所以虽然豪斯霍尔德法在计算量上两倍于高斯消去法,但是仍然在实践中(和本书内)被广泛使用。

(3) 二维旋转法[吉文斯法(Givens, 1958)]。设

$$V_i^{-1} = G = G_1 G_2, \cdots, G_{n-2} G_{n-1} \tag{A.18a}$$

其中

$$G_i = \left[\begin{array}{ccc:c:ccc} 1 & & & & & & \\ & \ddots & & & & & \\ & & 1 & & & & \\ \hdashline & & & R_i & & & \\ \hdashline & & & & 1 & & \\ & & & & & \ddots & \\ & & & & & & 1 \end{array}\right] \quad \text{(列宽依次为 } i-1,\ 2,\ n-i-1\text{)} \tag{A.18b}$$

$$R_i = \begin{bmatrix} \cos\theta_i & \sin\theta_i \\ -\sin\theta_i & \cos\theta_i \end{bmatrix} \tag{A.18c}$$

可见 G 的组成矩阵 $G_i(i=1, \cdots, n-1)$ 分别是由 R_i 中的 $\theta_i(i=1, \cdots, n-1)$ 决定的,而 θ_i 又是由 R_i 所对应的二维向量 $\boldsymbol{a}_i \triangleq [x \quad y]^{\mathrm{T}}$ 决定的:

$\theta_i = \arctan(y/x) \quad (= 90^\circ$ 如果 $x = 0)$,或 $\cos\theta_i = x/\|\boldsymbol{a}_i\|$, $\sin\theta_i = y/\|\boldsymbol{a}_i\|$

不难证明 $R_i\boldsymbol{a}_i = [\sqrt{(x^2+y^2)},\ 0]^{\mathrm{T}} = [\|\boldsymbol{a}_i\|,\ 0]^{\mathrm{T}} \triangleq [\bar{x},\ \bar{y}]^{\mathrm{T}}$。

R_i 运算的几何意义是把原来的两个坐标旋转 θ_i,并使旋转后的新坐标中的 $\bar{x}$ 坐标和 $\boldsymbol{a}_i$ 吻合,因此此法被称为“二维旋转法”(见图 A.3)。读者可见例 A.5 中的关于二维旋转法的三个实际例子。

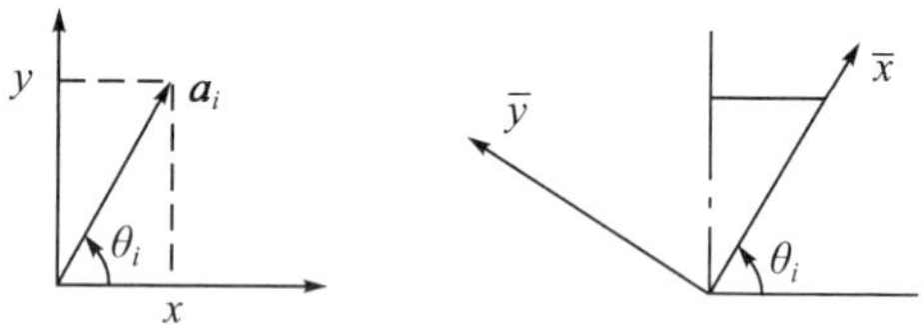

图 A.3 吉文斯二维旋转法的几何意义

不难证明,用这一方法从下而上地做 $n-1$ 次($i=n-1, \cdots, 1$),如式(A.18a, b)的运算就可以使向量 $\boldsymbol{a}$ 变成

$$G\boldsymbol{a} = [\|\boldsymbol{a}\|,\ 0,\ \cdots,\ 0]^{\mathrm{T}} \tag{A.18d}$$

因为 $R_i^{\mathrm{T}}R_i = I$, $\forall i$,所以由式(A.18a, b)决定的矩阵 G 是酉矩阵,因此这一方法和豪斯霍尔德法一样是非常稳定的。

在决定矩阵 R_i 以后,需要用这一矩阵去乘以别的二维向量(计算量是 4),又因为这一计算对 n 维的向量要运用 $n-1$ 次,所以 $G\boldsymbol{a}$ 的计算量是 $4n$。用这一方法在整个矩阵三角化中的计算量是 $4n^3/3$。

虽然二维旋转法在计算量上两倍于同是标准正交变换的豪斯霍尔德法,但是由于这一运算能被分解成一组简单的二维运算,以及这一运算具有的明确几何意义，所以仍被广泛使用，并在本书内用于程序 9.2 计算特征向量的二秩更新配置，和例 5.6 计算式(4.1)在共轭复数情况下的解。

在"QR"三角化(或梯形化)最后结束以后，我们往往还要求方程 $\overline{A}\boldsymbol{x}=\overline{\boldsymbol{b}}$ 的解 $\boldsymbol{x}$。在式(A.12a)中的 $\boldsymbol{b}_1$ 是矩阵 A 的左边 r 个列(A_{11})的线性组合以后($r\leqslant n$)，这一线性组合的系数 $\boldsymbol{x}_1$ 和 $\boldsymbol{x}$ 的关系是 $\boldsymbol{x}=[\boldsymbol{x}_1^{\mathrm{T}} \vdots 0\cdots 0]^{\mathrm{T}}$。将下梯形矩阵[如式(A.10)]$A_{11}$ 的所有线性相关的列都去掉以后，这一矩阵就成了三角形 $\overline{A}_{11}$，并有

$$\overline{A}_{11}\boldsymbol{x}_1=\boldsymbol{b}_1=\begin{bmatrix} a_{11} & a_{12} & \cdots & a_{1r} \\ 0 & a_{22} & \cdots & a_{2r} \\ \vdots & & \ddots & \vdots \\ 0 & & & a_{rr} \end{bmatrix}\begin{bmatrix} x_1 \\ x_2 \\ \vdots \\ x_r \end{bmatrix}=\begin{bmatrix} b_1 \\ b_2 \\ \vdots \\ b_r \end{bmatrix} \tag{A.19}$$

很明显

$$x_r=b_r/a_{rr},\quad x_j=\left(b_j-\sum_{k=j+1}^{r}a_{jk}x_k\right)/a_{jj}\quad (j=r-1,\ r-2,\ \cdots,\ 1) \tag{A.20}$$

以上运算被称为"反迭代运算"。其计算量在 $r=n$ 时是 $n^2/2$。这一计算对问题(A.19)是数值稳定的(Wilkinson, 1965)。

但是因为式(A.20)要对式(A.19)里的矩阵元素 $a_{jj}(j=r,\ \cdots,\ 1)$ 作除法，所以式(A.19)问题本身的条件数可能因为 a_{jj} 的绝对值小而很大。理论上说，根据式(A.28)和式(A.29)，$\|\overline{A}_{11}^{-1}\|=\sigma_r^{-1}\geqslant|\lambda_r(\overline{A}_{11})|^{-1}=(\min\limits_j\{|a_{jj}|\})^{-1}$，所以 $\overline{A}_{11}$ 的条件数 $\|\overline{A}_{11}\|\ \|\overline{A}_{11}^{-1}\|$ 会因为 $|a_{jj}|$ 小而增大。

根据前述，在式(A.8a)里使用标准正交方法的结果是 $[a_{jj},\ 0,\ \cdots,\ 0]^{\mathrm{T}}=[\|\boldsymbol{a}_j\|,\ 0,\ \cdots,\ 0]^{\mathrm{T}}$ [式(A.17)和式(A.18d)]，而使用非标准正交方法(如高斯消去法)的结果是 $[a_j,\ 0,\ \cdots,\ 0]^{\mathrm{T}}=[\|\boldsymbol{a}_j\|_\infty,\ 0,\ \cdots,\ 0]^{\mathrm{T}}$ [式(A.13)和定义 2.1]。因为 $\|\boldsymbol{a}_j\|\geqslant\|\boldsymbol{a}_j\|_\infty$，所以标准正交方法比非标准正交方法在改善其后的计算的条件上也有相当的优越性。

A.3　奇异值分解(SVD)

矩阵的奇异值分解早在 1870 年就由 Betrami 和 Jordan 提出，但是直到一

百多年以后才在数值线性代数和线性控制理论中得到广泛应用,并成为数值线性代数和线性控制理论的最重要的基础工具之一(Klema et al.,1980;毛剑琴等,1988)。这不但是因为一个矩阵的奇异值分解的计算是一个良态的问题,而且因为有了比较稳定的计算奇异值的计算方法(Golub et al.,1970)。

A.3.1 奇异值分解的存在和定义

定理 A.1 对于任何 $m\times n$ 维的矩阵 A,存在分别为 $m\times m$ 维和 $n\times n$ 维的酉矩阵 U 和 V 使得(V^* 是 V 的共轭转置)

$$A=U\Sigma V^*=U_1\Sigma_r V_1^* \tag{A.21}$$

成立。其中

$$\Sigma=\begin{bmatrix}\Sigma_r & 0\\ 0 & 0\end{bmatrix},\ \Sigma \text{ 为 } m\times n \text{ 维矩阵},\ \Sigma_r=\mathrm{diag}\{\sigma_1,\sigma_2,\cdots,\sigma_r\}$$

$$U=[\underset{r}{U_1}\ \vdots\ \underset{m-r}{U_2}],\ V=[\underset{r}{V_1}\ \vdots\ \underset{n-r}{V_2}],$$

并有 $\sigma_1\geqslant\sigma_2\geqslant\cdots\geqslant\sigma_r>0$。

这里 $\sigma_i(i=1,\cdots,r)$ 是矩阵 A^*A 的非零特征值的正平方根,并被定义为矩阵 A 的第 i 个非零奇异值。矩阵 U 和 V 分别是矩阵 AA^* 和 A^*A 的标准正交的右特征向量矩阵。另外还有 $\min\{m,n\}-r(\triangleq\bar{n}-r)$ 个矩阵 A 的奇异值 $\sigma_{r+1}=\cdots=\sigma_{\bar{n}}=0$。式(A.21)被定义为对矩阵 A 的奇异值分解(SVD)。

证明 见文献(Stewart,1976;黄琳,1986)。

A.3.2 奇异值分解的性质

定理 A.2 (minimax 定理)

设 $m\times n$ 维($m>n$)矩阵 A 有奇异值 $\sigma_1\geqslant\sigma_2\geqslant\cdots\geqslant\sigma_n>0$,则

$$\sigma_k=\min_{\dim(\boldsymbol{S})=n-k+1}\ \max_{\substack{\boldsymbol{x}\subset\boldsymbol{S}\\ \boldsymbol{x}\neq 0}}\frac{\|A\boldsymbol{x}\|}{\|\boldsymbol{x}\|},\quad k=1,2,\cdots,n \tag{A.22}$$

其中,空间 $\boldsymbol{S}$ 由式(A.21)中的矩阵 V 的后 $n-k+1$ 个向量 $\{\boldsymbol{v}_k,\boldsymbol{v}_{k+1},\cdots,\boldsymbol{v}_n\}$ 作为基向量。

证明 根据定义 A.2,酉矩阵 $V\triangleq[\bar{V}_1\ \vdots\ \bar{V}_2]=[\boldsymbol{v}_1\ \vdots\ \cdots\ \vdots\ \boldsymbol{v}_{k-1}\ \vdots\vdots\ \boldsymbol{v}_k\ \vdots\ \cdots\ \vdots\ \boldsymbol{v}_n]$。这样 $\bar{V}_1$ 的向量就张成一个 $\boldsymbol{S}$ 的“正交补空间” $\bar{\boldsymbol{S}}$($\bar{V}_1^*\bar{V}_2=0$,$\boldsymbol{S}\cup\bar{\boldsymbol{S}}=n$ 维空间)。

因为 $\boldsymbol{x} \subset \boldsymbol{S}$ 意味着

$$\boldsymbol{x} = [\boldsymbol{v}_1 \,\vdots\, \cdots \,\vdots\, \boldsymbol{v}_{k-1} \,\vdots\, \boldsymbol{v}_k \,\vdots\, \cdots \,\vdots\, \boldsymbol{v}_n] \begin{bmatrix} 0 \\ \vdots \\ 0 \\ a_k \\ \vdots \\ a_n \end{bmatrix} \begin{matrix} \}k-1 \\ \\ \}n-k+1 \end{matrix} \triangleq V\boldsymbol{a} \tag{A. 23}$$

有

$$\begin{aligned} \| A\boldsymbol{x} \| / \| \boldsymbol{x} \| &= (\boldsymbol{x}^* A^* A\boldsymbol{x} / \boldsymbol{x}^* \boldsymbol{x})^{\frac{1}{2}} \\ &= (\boldsymbol{a}^* V^* A^* AV\boldsymbol{a} / \boldsymbol{a}^* V^* V\boldsymbol{a})^{\frac{1}{2}} \\ &= (\boldsymbol{a}^* \Sigma^2 \boldsymbol{a} / \boldsymbol{a}^* \boldsymbol{a})^{\frac{1}{2}} \\ &= [(a_k^2 \sigma_k^2 + a_{k+1}^2 \sigma_{k+1}^2 + \cdots + a_n^2 \sigma_n^2) / (a_k^2 + a_{k+1}^2 + \cdots + a_n^2)]^{\frac{1}{2}} \\ &\leqslant \sigma_k \end{aligned} \tag{A. 24}$$

这样就证明了定理 A. 2 里的最大(max)部分。

另一方面,如果

$$\boldsymbol{x} = [\boldsymbol{v}_1 \,\vdots\, \cdots \,\vdots\, \boldsymbol{v}_k \,\vdots\, \boldsymbol{v}_{k+1} \,\vdots\, \cdots \,\vdots\, \boldsymbol{v}_n] \begin{bmatrix} a_1 \\ \vdots \\ a_k \\ 0 \\ \vdots \\ 0 \end{bmatrix} \tag{A. 25}$$

成立,则同样可以证明 $\| A\boldsymbol{x} \| / \| \boldsymbol{x} \| \geqslant \sigma_k$。

这样式(A. 24)和式(A. 25)合起来就证明了定理 A. 2。

推理 A. 1 $$\| A \| \triangleq \max_{\boldsymbol{x} \neq 0} \| A\boldsymbol{x} \| / \| \boldsymbol{x} \| = \sigma_1 \tag{A. 26}$$

推理 A. 2 $$\min_{\boldsymbol{x} \neq 0} \| A\boldsymbol{x} \| / \| \boldsymbol{x} \| = \sigma_n \tag{A. 27}$$

推理 A. 3 $\sigma_1 \geqslant |\lambda_1| \geqslant \cdots \geqslant |\lambda_n| \geqslant \sigma_n$ [$\lambda_i (i = 1, \cdots, n)$ 是矩阵 A 的特征值] (A. 28)

推理 A.4 如果 A^{-1} 存在,则

$$\| A^{-1} \| \triangleq \max_{x \neq 0} \| A^{-1}\boldsymbol{x} \| / \| \boldsymbol{x} \| = \max_{x \neq 0} \| V_1 \Sigma_r^{-1} U_1^* \boldsymbol{x} \| / \| \boldsymbol{x} \| = \sigma_n^{-1} \tag{A.29}$$

推理 A.5 如果 A^{-1} 存在,则

$$\min_{x \neq 0} \| A^{-1}\boldsymbol{x} \| / \| \boldsymbol{x} \| = \sigma_1^{-1} \tag{A.30}$$

推理 A.6 设两个 $n \times n$ 维矩阵 A, B 分别有奇异值 $\sigma_1 \geqslant \cdots \geqslant \sigma_n$ 和 $s_1 \geqslant \cdots \geqslant s_n$,则

$$|\sigma_i - s_i| \leqslant \| A - B \| \triangleq \| \Delta A \| \quad (i = 1, \cdots, n) \tag{A.31}$$

证明 根据式(A.22),有

$$\begin{aligned} \sigma_k &= \min_{\substack{\dim(\boldsymbol{S}) = n-k+1 \\ x \subset \boldsymbol{S}, \neq 0}} \max \| A\boldsymbol{x} \| / \| \boldsymbol{x} \| \\ &= \max_{x \subset \boldsymbol{S}, \neq 0} \| (B + \Delta A)\boldsymbol{x} \| / \| \boldsymbol{x} \| \\ &\leqslant \| \underset{x \subset \boldsymbol{S}, \neq 0}{B\boldsymbol{x}} \| / \| \boldsymbol{x} \| + \| \underset{x \subset \boldsymbol{S}, \neq 0}{\Delta A\boldsymbol{x}} \| / \| \boldsymbol{x} \| \\ &\leqslant s_k + \| \Delta A \| \end{aligned} \tag{A.32a}$$

同理

$$s_k \leqslant \sigma_k + \| \Delta A \| \tag{A.32b}$$

这样式(A.32a)和式(A.32b)一起就证明了式(A.31)。

因为根据推理 A.6 和定义 2.5,计算矩阵 A 的第 k 个奇异值 σ_k 的条件数是

$$|\sigma_k - s_k| / \| \Delta A \| \leqslant 1 \tag{A.33}$$

所以奇异值的计算问题是良条件的,或者说奇异值对于所在矩阵 A 的原始误差 ΔA 是不敏感的。

A.3.3 奇异值分解的应用

为了方便叙述,我们设本小节所有有关的矩阵都是实矩阵。

(1) 解线性方程组 $A\boldsymbol{x} = \boldsymbol{b} \quad (\boldsymbol{b} \neq 0)$。 (A.34)

根据式(A.21),有

$$\boldsymbol{x} = V_1 \Sigma_r^{-1} U_1^{\mathrm{T}} \boldsymbol{b} \tag{A.35}$$

定理 A.3 如果 $\boldsymbol{b}$ 是 U_1 的列的线性组合，则式(A.35)是式(A.34)的准确解。可见 U_1 的列张成矩阵 A 的列空间 $\boldsymbol{R}(A)$(见例 A.4)。

定理 A.4 如果 $\boldsymbol{b}$ 不是 U_1 的列的线性组合，则式(A.35)是式(A.34)的最小方差解(Lawson et al., 1974; Golub et al., 1976a)，或者说对于任何 $\Delta\boldsymbol{x} \neq 0$，有

$$\| A\boldsymbol{x} - \boldsymbol{b} \| \leqslant \| A(\boldsymbol{x} + \Delta\boldsymbol{x}) - \boldsymbol{b} \| \tag{A.36}$$

这里 $\boldsymbol{x}$ 是根据式(A.35)决定的。

定理 A.5 如果矩阵 A 的秩数 $r = n$，则 U_1 就有 n 个标准正交的列，并且任何 n 维的式(A.34)里的向量 $\boldsymbol{b}$ 就是这些列的线性组合。因此 A 的秩数等于 n 是对式(A.34)中的任何 n 维的非零向量 $\boldsymbol{b}$ 都有准确解(A.35)的充分必要条件。

定理 A.6 线性方程组

$$A\boldsymbol{x} = 0 \tag{A.37}$$

的非零解 $\boldsymbol{x}$ 是式(A.21)里的矩阵 V_2 的列的线性组合，或者说 V_2 的列张成矩阵 A 的化零空间 $\boldsymbol{N}(A)$。以上结果的转置都可以推广到行空间的对偶情况。

例 A.6 ［见程序 6.1 第二步(1)］ 设有 $m \times p$ 维($m \leqslant p$)的满行秩矩阵 DB，其奇异值分解式(A.21)中的矩阵 $U_1 = U$，$U_2 = 0$。这样根据定理 A.6 的对偶(转置)方程 $\boldsymbol{c}DB = \boldsymbol{0}$ 就没有非零解 $\boldsymbol{c}$。再根据推理 A.2 的对偶(转置)，有

$$\min_{\boldsymbol{c}} \| \boldsymbol{c}DB \| = \sigma_m \quad [\boldsymbol{c} = \boldsymbol{u}_m^{\mathrm{T}} = (U \text{ 的第 } m \text{ 个列})^{\mathrm{T}}]$$

例 A.7 (结论 6.4 及其证明) 设有 $n \times p$ 维($n > p$)的满列秩矩阵 B，其奇异值分解中的 U_1 和 U_2 分别是 $n \times p$ 和 $n \times (n-p)$ 维矩阵。根据定理 A.6 的对偶(转置)，所有满足 $TB = 0$ 的矩阵 T 的行都是矩阵 U_2^{T} 的行的线性组合。又因为 U_1 和 U_2 各自张成的空间合起来组成 n 维的空间并且 $U_1^{\mathrm{T}}U_2 = 0$，所以对于任何使矩阵$[T^{\mathrm{T}} \mid C^{\mathrm{T}}]^{\mathrm{T}}$ 可逆的 $m \times n$ 维($m > p$)矩阵 C 都必须有 p 个行是矩阵 U_1^{T} 的行的线性组合。因此 CB 也必须满列秩。

例 A.8 (程序 9.1 第四步和程序 9.2 第三步) 设 $n \times p$ 维($n > p$)的矩阵 D 的列都是标准正交，其奇异值分解式(A.21)中的酉矩阵 $U = D$，$\Sigma_r = V = I_p$。这样根据式(A.35)线性方程组 $D\boldsymbol{c} = \boldsymbol{b}$ 的最小方差解是

$$\boldsymbol{c}=D^{\mathrm{T}}\boldsymbol{b}$$

定理 A.7 如果定义 A^{+} 为矩阵 A 的广义逆矩阵并有 $A^{+}AA^{+}=A^{+}$，$AA^{+}A=A$，$(AA^{+})^{\mathrm{T}}=AA^{+}$ 和 $(A^{+}A)^{\mathrm{T}}=A^{+}A$，则 $A^{+}=V_1\Sigma_r^{-1}U_1^{\mathrm{T}}$，而且根据定理 A.3 和定理 A.4，$\boldsymbol{x}=A^{+}\boldsymbol{b}$ 是线性方程组(A.34)的最小方差解。

(2) 确定判别矩阵的秩数。

从定理 A.3～定理 A.6 可知，一个 $n\times n$ 维的矩阵 A 的秩数 r 是决定线性方程组(A.34)和方程组(A.37)是否有解的关键。如果 $r=n$，则式(A.34)对任何 $\boldsymbol{b}\neq 0$ 都有解，而对式(A.37)无非零解。如果 $r<n$，则对式(A.34)不一定有解，而对式(A.37)则有 $n-r$ 个线性无关的解。另外矩阵的秩数对系统的阶数和能控能观性的判别也起着决定性的作用。

对于一个矩阵的秩数 r，现有很多计算判别的方法，比如程序 A.1 的对矩阵梯形化的方法可以判别出矩阵的线性无关的行/列的数目($=r$)。一个方矩阵的秩数也可以通过计算这一矩阵的非零特征值的数目($=r$)判别出来。但是这两个数目对原始矩阵的数据误差一般非常敏感，而在实际应用中原始数据的误差又是难免的。因此用上述方法所判别的矩阵秩数就不可能是很可靠的。

但是根据推理 A.6 矩阵的奇异值对矩阵的数据误差却是不敏感的，因此用矩阵的非零奇异值的数目来判别矩阵的秩数是目前最可靠的方法。我们有如下定理。

定理 A.8 如果根据现有矩阵 $A+\Delta A$ 计算出奇异值 $s_1\geqslant s_2\geqslant\cdots\geqslant s_n>0$ $(r=n)$，则原始矩阵 A 的秩数小于 n(或 $\sigma_n=0$)的必要条件是 $\|\Delta A\|>s_n$，原始矩阵 A 的秩数小于 r(或 $\sigma_r=0$)的必要条件是 $\|\Delta A\|>s_r(r=1,\cdots,n)$。

证明 根据推论 A.6 并分别设 $\sigma_r=0$ $(r=1,\cdots,n)$ 后可以证得。

定理 A.8 意味着一个矩阵 A 有 r 个非零奇异值(或秩数 $=r$，$r=1,\cdots,n$)的判别可以保证有 $\|\Delta A\|=\sigma_r$ 的误差量。

在解线性方程组(A.34)时，如果判别矩阵 A 的秩数 r 越大，则式(A.35)这一最小方差解越准确，但是这一解的数值也会因为 σ_r^{-1} 的增大而增大。从这一准确性和大数值的交换的观点出发，人们在判别数值结果 $s_i(i=1,\cdots,n)$ 中哪些是零时，将不但需要考虑 s_i 本身的大小，而且需要考虑 s_i 相互之间的大小的间距。比如零和非零的分割一般将判别在有较大间距的两个奇异值(如 s_r 和 s_{r+1})之间。这一问题在文献(Lawson et al.，1974；Golub et al.，1976a)内有深入的讨论。

从这一研究问题的发展情况可见，只要持严谨认真的态度，即使是从人们熟悉的基本简单问题[如解线性方程组(A.34)]中也可能发展出有重大意义的新结果。也只有持严谨认真、锲而不舍的态度(而不是持不求甚解,事不关己和随波逐流的态度),才有可能具有真正活跃的思想和发现真正有意义的新问题。这样的态度在设计能实现鲁棒性的观测器[式(4.1)和式(4.3)]以及广义状态反馈控制[式(8.9)],这些看似基本简单,却比解式(A.34)复杂得多的一直未解的问题上,尤为重要和必要。

这一准确性和大数值之间的交换也出现在一些控制问题里。比如5.2节后面讨论的系统阶数增大和系统能观性减弱[式(4.1)的条件数变坏]之间的交换即属于这类交换。相似于这一交换的情况还出现在对由系统脉冲响应组成的 Hankow 矩阵求系统降阶(model reduction)的问题(Kung et al., 1981)和求系统最小阶实现(minimal realization)的问题(DeJong, 1975; Tsui, 1983b)。

最后,奇异值分解虽然在判别一个矩阵的线性无关的行/列的总数上最为可靠,但是在矩阵不是满秩时却不能判别该矩阵的哪些行/列是线性无关的。而在控制问题中矩阵的每一个行或列都有相对于某一物理信号(如某一状态、某一输入和某一输出)的不可忽视的物理意义。比如判别矩阵每一个行/列的线性相关或无关对确定系统能观/控指数和特征向量的解析配置都是必需的。但是用标准正交的梯形化运算(如程序 A.1)却可以作出这一判别,并且这一计算的本身是数值稳定的。因此本书还是运用了程序 A.1 的计算方法来判别矩阵的秩数。当然在用这个方法判断一个数值是零或非零值时也会像上述判别零和非零奇异值一样,即不但需要注意该数值的绝对值的大小,而且需要注意相对绝对值的大小(DeJong, 1975; Golub et al., 1976a; Tsui, 1983b)。

A.4　矩阵方程组 $TA-FT=LC$ 和 $TB=0$ 的应用和解析解(Tsui, 2004a)

在矩阵方程组 $TA-FT=LC$ [见式(4.1)]和 $TB=0$[见式(4.3)]里,参数(A, B, C)是给定的系统模型[见式(1.1),系统阶数、输入数目和输出数目各为 n、p 和 m],F 是观测器的状态矩阵[见式(3.16a)],其他参数 T 和 L 是这一矩阵方程组的解,也是要设计的观测器[式(3.16)]或输出反馈控制器(见定义 3.3)的动态部分的未知增益参数。

除了要满足这个矩阵方程组,实际设计还要求矩阵$[T^{\mathrm{T}} \mid C^{\mathrm{T}}]^{\mathrm{T}}$满行秩。这是因为如果矩阵 T 和 C 的行不能线性独立,那么观测器观测过滤产生的 $T\boldsymbol{x}(t)$ 信号(定理 3.2)就会因为与直接测量的信号 $\boldsymbol{y}(t)[=C\boldsymbol{x}(t)]$ 不能线性独立(Chen, 1984)而失去意义。同理,实际设计还希望尽量增大矩阵$[T^{\mathrm{T}} \vdots C^{\mathrm{T}}]^{\mathrm{T}}$的行秩(有尽量多的线性无关的行),尽管这一希望并不是必要的。

为了使观测器或输出反馈控制器的性能有保证,所有现有的设计问题都要求在这一数学方程组里,矩阵 F 有任意给定的,当然也是稳定的特征值(见 5.2 节)。又因为如要满足 $TB=0$,则矩阵 T 的行数和矩阵 F 的维数(所在观测器或反馈控制器的阶数)在绝大多数系统条件下只能不大于 $n-m$ 和必须能自由调节(见 4.3 节),所以矩阵 F 必须设为约当型,以使 F 的所有特征值之间以及所有对应的矩阵 T 和 L 的行之间,都互相解耦。这样在 F 的所有特征值都给定以后,矩阵 F,除了其维数尚可调整以外,就已被完全确定[见式(1.10)]。

下面列举这一矩阵方程组的五个极为重要、广泛和直接的应用。

A.4.1 能产生 $K\boldsymbol{x}(t)$ 信号($K=\overline{K}\,\overline{C}$)的输出反馈控制器(见定义 3.3)

因为式(4.1)是收敛产生信号 $T\boldsymbol{x}(t)$(T 是常数)的充分必要条件(定理 3.2),又因为输出反馈的定义是指只有输出的反馈而没有输入的反馈和影响 $TB\boldsymbol{u}(t)$ ($TB=0$),所以矩阵方程组(4.1)和方程组(4.3)是能产生信号 $K\boldsymbol{x}(t)$ (常数 $K=\overline{K}[T^{\mathrm{T}} : C^{\mathrm{T}}]^{\mathrm{T}}=\overline{K}\,\overline{C}$) 的输出反馈控制器的充分必要条件。

输出反馈控制器的重要性不但在于它是经典控制论里最主要的、成熟的和合理的反馈控制器(见 4.3.5 小节),更在于在实际应用中只有这样的控制器才能实现其 $K\boldsymbol{x}(t)$控制所相应的环路传递函数 $K(sI-A)^{-1}B$ 和鲁棒性(定理 3.4)。

A.4.2 未知输入观测器(unknown input observer)

未知输入观测器是不受输入的反馈和影响的状态观测器(见定义 4.1),所以式(4.1)、式(4.3)(可设矩阵 B 为未知输入的增益)以及矩阵$[T^{\mathrm{T}} \vdots C^{\mathrm{T}}]^{\mathrm{T}}$ 可逆是未知输入观测器的充分必要条件(Wang et al., 1975)。所以矩阵方程组(4.1)和方程组(4.3)是未知输入观测器的必要条件。

未知输入观测器是 A.4.1 节中能产生 $K\boldsymbol{x}(t)$($K=\overline{K}\,\overline{C}$) 信号的输出反馈控制器在 $\overline{C}$ 可逆时的特殊形式。它的缺点是因为有了 $\overline{C}$ 可逆这一非常困难和不必要的要求(见 4.3.4 节),所以在绝大多数系统条件下不存在(见 4.3 和 6.2 节)。

A.4.3 输入故障检测和定位(input fault detection and isolation,见 7.2 节)

绝大多数系统控制输入部分的严重突发故障,以突发信号 $\boldsymbol{d}(t)$为代表,会以一个附加项 $B_d\boldsymbol{d}(t)=[B_{d_1} \vdots B_{d_2}][\boldsymbol{d}_1(t)^{\mathrm{T}} \vdots \boldsymbol{d}_2(t)^{\mathrm{T}}]^{\mathrm{T}}$ 的形式出现在系统模

型(1.1a)。故障的发生就是以 $\boldsymbol{d}(t)$ 从零变成非零为代表。为了叙述简单,这里 $\boldsymbol{d}(t)$ 只分两部分,故障发生时,$\boldsymbol{d}_1(t)$ 和 $\boldsymbol{d}_2(t)$ 中至少会有一个变成非零。

故障的发现[fault detection,即在 $\boldsymbol{d}(t)$ 变成非零时,故障检测器的输出也由零自动变为非零]一般很容易,但是故障的识别和诊断(fault isolation and diagnosis)则困难得多。它要求识别在所有可能发生的故障 $\boldsymbol{d}(t)$ 中,到底是哪一部分发生了故障或变成了非零。比如在上一段的系统情况中识别到底是 $\boldsymbol{d}_1(t)$ 还是 $\boldsymbol{d}_2(t)$ 变成了非零。为此需要有一组多个故障检测器或故障观测器,这些故障检测器将只在其对应的一部分故障发生时产生非零输出,而在所有其他部分故障发生时保持零输出(或保持鲁棒)。比如在上述只有两部分故障[$\boldsymbol{d}_1(t)$ 和 $\boldsymbol{d}_2(t)$]时需要两个故障检测器,并要求第一个故障检测器的主要参数 T_1 满足 $T_1B_2=0$,而第二个故障检测器的主要参数 T_2 满足 $T_2B_1=0$。所以式(4.3)或式(7.14c)是设计这些故障检测器的一个关键要求。请见文献(Ge et al., 1988, Tsui, 1989)。

为了使故障检测器能满足上述的,检测器输出在故障发生前为零和在故障发生后自动从零变为非零的要求,也为了使该检测器能在故障检测识别后自动产生自适应(广义)状态反馈控制信号[见 7.2.3 节和文献(Tsui, 1993c, 1997)],我们要求故障检测器能在故障未发生时保持产生 $T\boldsymbol{x}(t)$(T 是常数)的信号。因此根据定理 3.1 也要求这样的故障检测器满足式(4.1)或式(7.14a)。

A.4.4 时滞状态观测器(observer with time-delayed states)

2010 年后,有人把时滞状态 $\boldsymbol{x}(t-\tau)$ 的影响,完全由系统模型(1.1a)里的一个附加项 $B_d\boldsymbol{x}(t-\tau)$ 来代表。其中常数 τ 是状态 $\boldsymbol{x}(t)$ 滞留的时间。因此很明显,设计相应的观测器的要求是满足矩阵方程组(4.1)和方程组(4.3)($TB_d=0$),请见文献(Tsui, 2012b)。

总之,只要观测器或反馈控制器(3.16)收敛产生 $T\boldsymbol{x}(t)$(T 是常数)的信号,就必须满足和只需满足式(4.1)。而如果在此同时还要消除任何以 B 为增益的在系统模型(1.1a)里的输入信号的影响,不论这一输入信号是输入或未知输入 $\boldsymbol{u}(t)$,故障信号 $\boldsymbol{d}(t)$ 还是时滞状态 $\boldsymbol{x}(t-\tau)$,都必须满足和只需满足式(4.3)($TB=0$)。可以预见,今后还会有更多新的和属于这一巨大应用范畴的实际设计问题被提出来。

A.4.5 用广义状态反馈控制来配置特征值和特征向量

本书所解决的两个最重要的设计问题,分别是保证实现广义状态反馈控制的环路传递函数和鲁棒性以及用广义状态反馈控制来配置特征值和特征向量(见第 5、第 8 和第 9 章的最后)。其中第二个设计问题的计算程序(程序 8.1)的唯一困难的和关键的步骤是其第二步,见 8.3 节。

这一步是计算满足一组两个矩阵方程的解 V_q 和 K_q。这一方程组是式(8.11a)和式(8.11b):

$$AV_q - V_q\Lambda_q = BK_q,\quad T_{n-q}V_q = 0$$

很明显,因为参数 B 和 C 在系统模型(1.1a)里是对偶的(见 1.3 节),所以方程(8.11a)与式(4.1)($TA - FT = LC$)对偶。在这两个对偶的方程里,矩阵 Λ_q 和 F 都是对偶的约当型矩阵,K_q 和 L 各为对偶的状态反馈增益和观测器反馈的增益。V_q 和 T 各为对偶的右、左特征向量矩阵[见式(1.10)]。另外,只要把式(8.11b)里的给定参数 T_{n-q} 当成是与参数 B 对偶的 C,则式(8.11b)就和式(4.3)($TB = 0$)完全对偶。这样矩阵方程组(8.11a, b)与矩阵方程组(4.1)和方程组(4.3)在数学和物理意义上都完全对偶。这一对偶现象是在此文献(Tsui, 1999a)里首先提出来的。

A.4.6 这个矩阵方程组的解析解

虽然以上五个基本、广泛和重要的应用使得矩阵方程组(4.1)和方程组(4.3)成为状态空间设计理论里最重要和最关键的矩阵方程组,但是这一方程组的解析解却是非常简单的。这一解的发表的过程可见第 5 章的开头。

对于约当型矩阵 F 的一个单一实数特征值 λ_i 及其相应的矩阵 T 和 L 里各自的行 $\boldsymbol{t}_i$ 和 $\boldsymbol{l}_i(i = 1, 2, \cdots)$,式(4.1)和式(4.3)可以合在一起表达为式(6.7):

$$[\boldsymbol{t}_i \mid \boldsymbol{l}_i]\begin{bmatrix} A - \lambda_i I & \mid & B \\ -C & \mid & 0 \end{bmatrix} = \mathbf{0}\quad (i = 1, 2, \cdots) \tag{A.38}$$

根据式(A.38)里的矩阵的维数可知,式(A.38)有非零解 $\boldsymbol{t}_i$ 和 $\boldsymbol{l}_i$ 的一个充分条件是 $m > p$。在 $m \leqslant p$ 的情况下,根据式(1.18)对系统(A, B, C)的传输零点的定义,式(A.38)有非零解 $\boldsymbol{t}_i$ 和 $\boldsymbol{l}_i$ 的充分必要条件为,λ_i 是系统(A, B, C)的传输零点。总之,这两个条件,即 $m > p$ 或 λ_i 是系统(A, B, C)的传输零点,加起来成为矩阵方程组(4.1)和方程组(4.3)有解的充分必要条件(见结论 6.1)。也因此我们要求将系统(A, B, C)的每一个稳定的传输零点都设为矩阵 F 的一个特征值。

对于约当型矩阵 F 的一个单一二维实数约当块 Λ_i[相应一对共轭复数特

征值λ_i和λ_{i+1}，见式(2.4b)]，其相应的矩阵 T 和 L 里各自的两个实数行$\boldsymbol{t}_i$，$\boldsymbol{t}_{i+1}$和$\boldsymbol{l}_i$，$\boldsymbol{l}_{i+1}$，可以用类似式(5.13c)的形式将式(A.38)改写成

$$[\boldsymbol{t}_i \mid \boldsymbol{t}_{i+1} \mid \boldsymbol{l}_i \mid \boldsymbol{l}_{i+1}]\begin{bmatrix} I_2 \otimes A - \Lambda_i^{\mathrm{T}} \otimes I_2 & [B^{\mathrm{T}} : B^{\mathrm{T}}]^{\mathrm{T}} \\ -I_2 \otimes C & 0 \end{bmatrix} = \mathbf{0} \quad (i=1,\ 2,\ \cdots) \tag{A.39}$$

其中，$\boldsymbol{t}_i$ 和 $\boldsymbol{t}_{i+1}$ 的维数是 n；$\boldsymbol{l}_i$ 和 $\boldsymbol{l}_{i+1}$ 的维数是 m；运算符号$\otimes$代表“Kronecker 乘积”，其维数在式(A.39)的矩阵左上部分是 $2n \times 2n$ ，下面部分($I_2 \otimes C$) 是 $2m \times 2n$。

在 A.4.5 小节提到的矩阵方程组(8.11)里，作为矩阵 B 的对偶，矩阵 T_{n-q} 的行数是$n-q$。既然矩阵方程组(4.1)和方程组(4.3)有非零解的充分必要条件是$m>p$ 或λ_i是系统(A，B，C)的传输零点，那么作为这一方程组的对偶，矩阵方程组(8.11a，b)有非零解的充分必要条件是$p>n-q$($p+q>n$) 或λ_i是系统(A，B，T_{n-q})的传输零点。

式(A.38)还显示，如果$m>p+1$，则其解$\boldsymbol{t}_i$和$\boldsymbol{I}_i$就有两个或更多的基向量。这些基向量的自由线性组合就构成了矩阵方程组(4.1)和方程组(4.3)的剩余自由度，也构成了左特征向量$\boldsymbol{t}_i$的配置自由度。因为这一矩阵方程组与矩阵方程组(8.11a)和(8.11b)对偶，所以左特征向量$\boldsymbol{t}_i$的配置自由度也对应与矩阵方程组(8.11a，b)里的右特征向量$\boldsymbol{V}_g$的配置自由度。

附录B

实际设计题目

在这一附录里，我们将列举八个实际受控系统。每一个系统的后面都列出了该系统对本书设计程序的设计要求及部分答案。每一个系统都有其参考文献。建议读者参考这些文献里的关于这些系统的更详细的物理意义、设计要求以及部分答案。这些题目不但可以检验本书设计新途径和设计新方法的优越性和实用性，而且是更多实际的综合练习。

系统 1 (Choi et al., 1974)飞机系统。

$$A=\begin{bmatrix}-0.037 & 0.0123 & 0.00055 & -1\\ 0 & 0 & 1 & 0\\ -6.37 & 0 & -0.23 & 0.0618\\ 1.25 & 0 & 0.016 & -0.0457\end{bmatrix},\quad B=\begin{bmatrix}0.00084 & 0.000236\\ 0 & 0\\ 0.08 & 0.804\\ -0.0862 & -0.0665\end{bmatrix},$$

$$C=\begin{bmatrix}0 & 1 & 0 & 0\\ 0 & 0 & 1 & 0\\ 0 & 0 & 0 & 1\end{bmatrix}$$

设计要求如下。

(1) 根据程序 5.2、程序 5.3 和程序 6.1，设计这一系统的动态输出反馈控制器的动态部分 ($F=-2$)。

(2) 根据程序 10.1，设计这一系统的二次型最优状态反馈控制 $K(Q=I, R=I)$，并计算这一反馈系统状态矩阵 $(A-BK)$ 的特征值。

(3) 根据(2)里的答案 K，计算(1)里的动态输出反馈控制器的输出部分 $\overline{K}=[K_z \mid K_y]$，即式(4.2) $(K=\overline{K}\,\overline{C})$ 的解或最小方差解。

(4) 根据程序 8.1，设计这一系统的静态输出反馈 K 使得该反馈系统的动态矩阵 $(A-BKC)$ 具有和(2)里相同的特征值。

(5) 根据程序 10.2，设计这一系统的二次型最优静态输出反馈控制 $K(Q=I, R=I)$。答案是

$$K=\begin{bmatrix} -0.397 & -1.591 & -7.847 \\ 1.255 & 3.476 & 4.98 \end{bmatrix}$$

(6) 比较(3)(4)(5)的三个控制系统的极点、特征向量矩阵的条件数、反馈增益、鲁棒稳定性[式(2.25)]、零输入响应仿真和环路传递函数。

系统 2 (Ge et al., 1988) 四个连接水箱的系统[见图 B.1]。

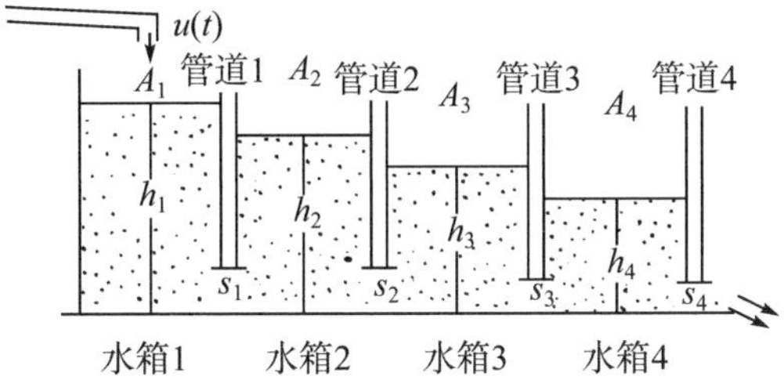

图 B.1 四个连接水箱的系统

在 $A_i=500\,\text{cm}^2$，$s_i=2.544\,69\,\text{cm}^2 (i=1, \cdots, 4)$ 和 $u(t)=1\,\text{cm}^3/\text{s}$ 的情况下，这一系统的以四个水箱的水位高度 $h_i(\text{cm})\ (i=1, \cdots, 4)$ 为状态的状态空间模型为

$$A=21.886^{-1}\begin{bmatrix} -1 & 1 & 0 & 0 \\ 1 & -2 & 1 & 0 \\ 0 & 1 & -2 & 1 \\ 0 & 0 & 1 & -2 \end{bmatrix}, \quad B=\begin{bmatrix} 0.002 \\ 0 \\ 0 \\ 0 \end{bmatrix}, C=\begin{bmatrix} 1 & 0 & 0 & 0 \\ 0 & 0 & 1 & 0 \\ 0 & 0 & 0 & 1 \end{bmatrix}$$

(1) 根据程序 5.2、程序 5.3 和程序 6.1[特别是第二步(2)的部分]设计这一系统的动态输出反馈控制器的动态部分 $(F=-2)$。

(2) 根据程序 5.3 的对偶或式(8.3)，设计唯一状态反馈增益 K 使得矩阵 $(A-BK)$ 的特征值是 $-2.778\pm \text{j}14.19$ 和 $-5.222\pm \text{j}4.533$。

(3) 根据(1)里的矩阵 T 和(2)里的矩阵 K。

计算式(4.2) $(K=\overline{K}[T^{\text{T}} \mid C^{\text{T}}]^{\text{T}})$ 的解或最小方差解 $\overline{K}$。检查反馈系统的极点、鲁棒稳定性、特征向量矩阵的条件数、反馈增益、零输入响应仿真和环路传递函数。

(4) 设计这个系统的故障检测定位系统。

设 $F=-7$ 或 $\text{diag}\{-7,-7\}$。参考例 7.6 和文献(Tsui,1989)

答案:$T_1=[0\quad 0\quad 0\quad -130.613]$

$$T_3=\begin{bmatrix}0 & 16.7 & -110.66 & 0\\ 0 & -27.14 & 135.72 & 0\end{bmatrix}$$

$$T_5=[84.58\quad 0\quad -84.58\quad 0]$$

$$T_6=\begin{bmatrix}116.5 & -18.713 & 0 & 0\\ -114.76 & 22.95 & 0 & 0\end{bmatrix}$$

系统 3 (Min,1990) Corvette 牌轿车 5.7 立升多门注油式引擎。

在集流腔压力为 14.4In - Hg(水银柱高度),风油门位置为最大值的 17.9%,引擎转速为 1 730 r/min,负荷扭矩为 56.3 ft/lb 的工作条件下,该引擎的线性化模型是

$$A=\begin{bmatrix}0.779 & 0.0632 & -0.149 & -0.635 & -0.211\\ 1 & 0 & 0 & 0 & 0\\ 0.271 & -0.253 & 0.999 & 0 & 0.845\\ 0 & 0 & 0 & 0 & 0\\ 0 & 0 & 0 & 0 & 0\end{bmatrix},$$

$$B=\begin{bmatrix}1.5790 & 0.22598\\ 0 & 0\\ 0 & -0.9054\\ 1 & 0\\ 0 & 1\end{bmatrix},\quad C=\begin{bmatrix}1 & 0 & 0 & 0 & 0\\ 0 & 0 & 1 & 0 & 0\\ 0 & 0 & 0 & 1 & 0\end{bmatrix}$$

这一模型的五个状态分别是:集流腔压力变化、前一转集流腔压力变化、引擎转速变化、风油门角度变化、外负荷变化。两个输入分别是下一转的风油门角度变化和下一转的外负荷变化。

(1) 根据程序 5.2、程序 5.3 和程序 6.1 设计这一系统的动态输出反馈控制器的动态部分(极点为 $-1\pm j$)(参考例 6.2)。

(2) 检查矩阵$[T^{\mathrm{T}} \vdots C^{\mathrm{T}}]$的秩数(应该是 $5=n$),为什么?

系统 4 (Enns, 1990) 火箭升空助推飞行的镇定控制。

$$A=\begin{bmatrix}-0.0878 & 1 & 0 & 0\\ 1.09 & 0 & 0 & 0\\ 0 & 0 & 0 & 1\\ 0 & 0 & -37.6 & -0.123\end{bmatrix},\quad B=\begin{bmatrix}0 & 0 & 4.2\times 10^{-10}\\ 0 & 0 & 1.27\times 10^{-8}\\ 0 & 0 & 0\\ 1 & 0 & -1.2\times 10^{-6}\end{bmatrix},$$

$$C=\begin{bmatrix}0 & 1 & 0 & -0.00606\\ 0 & 0 & -37.6 & -0.123\\ 0 & 0 & 0 & -0.00606\end{bmatrix},\quad D=\begin{bmatrix}0 & 1 & 0\\ 0 & 0 & -1.2\times 10^{-6}\\ 0 & 0 & 0\end{bmatrix}$$

这一模型的四个状态分别是攻角(rad)、俯仰速度 q(rad/s)、最小频率的弹性模型偏移 η 以及 η 的时间微分。三个输入分别是弹性模型所产生的极点偏差 Δp 和零点偏差 Δz 以及推力向量控制(lb)。三个输出中的第一个是回旋器的速度 y_1(rad/s),其他两个输出分别是 $\eta-\Delta p$ 和 $y_1-q-\Delta z$。

这一问题的难点是输入增益 B 的第三列的数值相对非常小,而其对应的第三个控制(推力向量)又是最重要的控制(其他两个控制输入是人为后加的以用来克服弹性模型所带来的偏差)。另外,这一模型中的矩阵 $D\neq 0$,因此也不符合本书一般的假设。但是我们暂且不管矩阵 D 的作用,则系统 4 和系统 1 就基本相同,即具有相同参数 $(n=4,\ m=3>2=p,\ m+p>n)$。

系统 5 (Wise, 1990) (bank-to-turn)导弹制导

在攻角为 16°,速度为 886.78 ft/s(0.8 马赫),高度为 4 000 ft(1 ft≈0.305 m)的飞行条件下,导弹刚体的线性化模型为

$$A=\begin{bmatrix}-1.3046 & 0 & -0.2142 & 0\\ 47.7109 & 0 & -104.8346 & 0\\ 0 & 0 & 0 & 1\\ 0 & 0 & -12769 & -135.6\end{bmatrix},\quad B=\begin{bmatrix}0\\ 0\\ 0\\ 12769\end{bmatrix},$$

$$C=\begin{bmatrix}-1156.893 & 0 & 189.948 & 0\\ 0 & 1 & 0 & 0\end{bmatrix}$$

这一模型的四个状态分别是攻角、俯仰速度、尾翼偏角和尾翼偏速。输入为尾翼偏角要求(rad)。两个输出分别是正常加速度(ft/s^2)和俯仰速度(rad/s)。

(1) 根据程序 5.2、程序 5.3 和程序 6.1,设计这个系统的动态输出反馈控制器的动态部分。因为 $CB=0$,所以我们设 $r=1$,$F=-10$,这样参数 $q=m+$

$r=3<4=n$。

(2) 对于以下四组特征值，计算配置这四组特征值的各自唯一的状态反馈增益 K

$$\{-5.12,\ -14.54,\ -24.03\pm \mathrm{j}18.48\}$$
$$\{-10\pm \mathrm{j}10,\ -24\pm \mathrm{j}18\}$$
$$\{-9.676\pm \mathrm{j}8.175,\ -23.91\pm \mathrm{j}17.65\}$$
$$\{-4.7\pm \mathrm{j}2.416,\ -23.96\pm \mathrm{j}17.65\}$$

(3) 根据以上四个状态反馈增益 K，计算各自对应的(1)里的动态输出反馈控制器的输出部分(计算 $K=\overline{K}[T^{\mathrm{T}} \mid C^{\mathrm{T}}]^{\mathrm{T}}$ 的最小方差解)。

(4) 比较这四个反馈控制设计的第(2)部分(状态反馈)和第(3)部分[动态输出反馈器实现的相当于三个输出的静态输出反馈(或广义状态反馈)]。比较这两部分的极点、鲁棒稳定性、增益大小和零输入响应。

系统 6 (Wilson et al., 1992) 中距离空对空导弹制导。

在攻角为 10°，速度为 2 420 ft/s(2.5 马赫)，动压力为 1 720 $\mathrm{lb/ft^2}$ 的飞行条件下，导弹体模型为

$$A=\begin{bmatrix}-0.501 & -0.985 & 0.174 & 0\\ 16.83 & -0.575 & 0.0123 & 0\\ -3227 & 0.321 & -2.1 & 0\\ 0 & 0 & 1 & 0\end{bmatrix},\quad B=\begin{bmatrix}0.109 & 0.007\\ -132.8 & 27.19\\ -1620 & -1240\\ 0 & 0\end{bmatrix}$$

这里的四个状态分别是:横向侧滑、偏航速、倾滚速和倾滚角。两个控制输入分别是方向舵位置和副翼位置。

(1) 针对系统 5 的四组特征值中的每一组特征值，用程序 9.1、程序 9.2 和解析解耦的设计方法分别计算出相应的特征向量和状态反馈增益 K。

(2) 比较(1)的四组特征值结果中的每一组三个设计结果和文献(Wilson et al., 1992)相对应的结果

$$K=\begin{bmatrix}1.83 & -0.154 & 0.00492 & -0.0778\\ -2.35 & 0.287 & -0.03555 & 0.0203\end{bmatrix}$$

$$K=\begin{bmatrix}5.6 & -0.275 & -0.00481 & -0.989\\ -4.71 & 0.359 & -0.00815 & 1.1312\end{bmatrix}$$

$$K=\begin{bmatrix}3.19 & -0.232 & 0.10718 & 0.1777 \\ -1.63 & 0.299 & -0.15998 & -0.4656\end{bmatrix}$$

$$K=\begin{bmatrix}1.277 & -0.172 & 0.10453 & 0.1223 \\ 0.925 & 0.2147 & -0.15696 & -0.2743\end{bmatrix}$$

这一比较可以是针对状态反馈增益的大小，也可以是针对 2.2.2 小节中的三个稳定性的敏感性指标式(2.23)～式(2.25)中的任何一个(但是最准确的应该是 M_3)。

系统 7 (Munro, 1979) 化学反应堆。

$$A=\begin{bmatrix}1.38 & -0.2075 & 6.715 & -5.676 \\ -0.5814 & -4.29 & 0 & 0.675 \\ 1.067 & 4.273 & -6.654 & 5.893 \\ 0.048 & 4.273 & 1.343 & -2.104\end{bmatrix},\quad B=\begin{bmatrix}0 & 0 \\ 5.679 & 0 \\ 1.136 & -3.146 \\ 1.136 & 0\end{bmatrix}$$

(1) 根据程序 9.1、程序 9.2 和解析解耦的设计方法分别计算与特征值 $\{-0.2, -0.5, -5.0566$ 和 $-8.6659\}$ 相应的特征向量和状态反馈增益 K。

(2) 文献(Kautsky et al., 1985)中关于程序 9.1 和程序 9.2 的 K 的结果分别是

$$\begin{bmatrix}0.23416 & -0.11423 & 0.31574 & -0.26872 \\ 1.1673 & -0.28830 & 0.68632 & -0.24241\end{bmatrix}$$

$$\begin{bmatrix}0.10277 & -0.63333 & -0.11872 & 0.14632 \\ 0.83615 & 0.52704 & -0.25775 & 0.54269\end{bmatrix}$$

将其与(1)的三个结果比较。

系统 8 (Kautsky et al., 1985) 蒸馏塔。

$$A=\begin{bmatrix}-0.1094 & 0.0628 & 0 & 0 & 0 \\ 1.306 & -2.132 & 0.9807 & 0 & 0 \\ 0 & 1.595 & -3.149 & 1.547 & 0 \\ 0 & 0.0355 & 2.632 & -4.257 & 1.855 \\ 0 & 0.00227 & 0 & 0.1636 & -0.1625\end{bmatrix}$$

$$B=\begin{bmatrix}0 & 0\\ 0.0638 & 0\\ 0.0838 & -0.1396\\ 0.1004 & -0.206\\ 0.0063 & -0.0128\end{bmatrix}$$

(1) 根据程序 9.1、程序 9.2 和解析解耦的设计方法分别计算与特征值 $\{-0.2,\ -0.5,\ -1,\ -1\pm j\}$ 相应的特征向量和状态反馈增益 K。

(2) 文献(Kautsky et al., 1985)中关于程序 9.2 的 K 的结果是

$$K=\begin{bmatrix}-159.68 & 69.844 & -165.24 & 125.23 & -45.748\\ -99.348 & 7.9892 & -14.158 & -5.9382 & -1.2542\end{bmatrix}$$

将其与(1)的答案进行比较。

参考文献

冯康,1979. 数值分析[M]. 北京:国防出版社.

韩京清,何关钰,许可康,1987. 线性系统理论代数基础[M]. 沈阳:辽宁科学技术出版社.

胡庭姝,施颂椒,张钟俊,1991. 状态反馈系统的 H^{∞} 低敏感性的设计[J]. 控制理论与应用,8:379-385.

黄琳,郑应平,张迪,1964. 李雅普诺夫第二方法和最优控制器的解析设计[J]. 自动化学报,2(4):202-218.

黄琳,1986. 系统与控制理论中的线性代数[M]. 北京:科学出版社.

姜长生,1985. Riccati 和 Lyapunov 矩阵代数方程解的一种简便快速算法[J]. 控制理论与应用,2:90-96.

毛剑琴,姜长生,金西岳,1988. 控制系统的计算机辅助设计[J]. 北京:北京航空学院出版社.

毛剑琴,1985. 奇异值理论研究及其在控制与导航系统中的应用[D]. 北京:北京航空学院.

徐洪国,1991. Solving algebraic Riccati equations via skew-Hamiltonian matrices [D]. 上海:复旦大学.

郑大钟,1990. 线性系统理论[M]. 北京:清华大学出版社.

周克敏,Doyle J C, Glover K, 2002. 鲁棒与最优控制[M]. 毛建琴,钟宜生,林岩,等译. 北京:国防工业出版社.

Anderson B D O, Moore J B, 1971. Linear Optimal Control, Englewood Cliffs [M]. NJ: Prentice-Hall.

Anderson B D O, 1979. Optimal Filtering, Englewood Cliffs [M]. NJ: Prentice-Hall.

Athans M, Falb P L, 1966. Optimal Control [M]. New York: McGraw-Hill.

Athanassiades M, 1963. Optimal control for linear time-invariant plants with time-, fuel-, and energy constraints [J]. IEEE Trans. Applied Ind., 81: 321 - 325.

Bachelier O, Bosche J, Mehdi D, 2006. On pole assignment via eigenstructure assignment approach [J]. IEEE Trans. Automatic Control, AC-51: 1554 - 1558.

Bachelier O, Mehcli D, 2008. Non-iterative pole placement technique: A step further [J]. J. Franklin Inst., 345: 267 - 281.

Balakrishnan A V, 1984. Kalman Filtering Theory [M]. New York: Optimization Software Inc.

Bjorck, Hammaling S, 1983. A Schur method for the square root of a matrix [J]. Linear Algebra Annuals, 52/53: 127 - 140.

Brand L, 1968. The companion matrix and its properties [J]. Ameri. Math. Monthly, 75: 146 - 152.

Bryson Jr A E, Ho Y C, 1969. Applied Optimal Control [M]. Waltham: Blaisdell Publishing Co.

Byers R, 1983. Hamiltonian and Symplectic Algorithms for the Algebraic Riccati Equation [D]. Cornell: Cornell University.

Byers R, 1987. Solving the algebraic Riccati equation with the matrix sign function [J]. Linear Algebra Annuals, 85: 267 - 279.

Byers R, 1990. A Hamiltonian Jacobi algorithm [J]. IEEE Trans. Automatic Control, AC - 35: 566 - 570.

Chang S S L, 1961. Synthesis of Optimal Control [M]. New York: McGraw-Hill.

Chen B M, Saberi A, Sannuti P, 1991. A new stable compensator design for exact and approximate loop transfer recovery [J]. Automatica, 27: 257 - 280.

Chen C T, 1984. Linear System Theory and Design [M]. 2nd ed. New York: Holt, Rinehart and Winston.

Chen C T, 1993. Analog & Digital Control System Design: Transfer-function, State-space, & Algebraic Methods [M]. Philadelphia: Sauders College Publishing.

Chen C T, 1999. Linear System Theory and Design [M]. 3rd ed. London:

Oxford University Press.

Cho D, Paolella P, 1990. Model-based failure detection and isolation of automotive powertrain systems [C]. Proc. 9th American Control Conf., 3: 2898-2905.

Choi S S, Sirisena H R, 1974. Computation of optimal output feedback gains for multivariable systems [J]. IEEE Trans. Automatic Control, AC-19: 257.

Chu D, 2000. Disturbance decoupled observer design for linear time-invariant systems: a matrix pencil approach [J]. IEEE Trans. Automatic Control, AC-45: 1569-1575.

Chu E W E, 1993. Approximate pole assignment [J]. International J. of Control, 58: 471-484.

Dahleh M A, Pearson Jr. B, 1987. L_1-optimal compensators for continuous-time systems [J]. IEEE Trans. Automatic Control, 32: 889-895.

Darouach M, 2000. Existence and design of functional observers for linear systems [J]. IEEE Trans. On Automatic Control, AC-45, 5, 940-943.

Davison E J, Wang S H, 1974. Properties and calculation of transmission zeros of linear multivariable systems [J]. Automatica, 10: 643-658.

Davison E J, 1975. The numerical solution of $X=A_1X+A_2X+D$, $X(0)=C$ [J]. IEEE Trans. Automatic Control, AC-20: 566-567.

Davison E J, 1976. Remarks on multiple transmission zeros of linear multivariable systems [J]. Automatica, 12: 195.

Davison E J, 1978. An algorithm for the calculation of transmission zeros of the system (C, A, B, D) using high gain output feedback [J]. IEEE Trans. Automatic Control, AC-23: 738-741.

DeJong L S, 1975. Numerical aspects of realization algorithms in linear systems theory [D]. Netherland: Eindhoven University.

Dickman A, 1987. On the robustness of multivariable linear feedback in state-space representation [J]. IEEE Trans. Automatic Control, AC-32: 407.

Dongarra, et al., 1979. LINPACK User's Guide [M]. Philadelphia: SIAM.

Dorato P, 1987. A historical review of robust control [J]. IEEE Control Systems Magazine, 7(2): 44-47.

Doyle J, 1978. Guaranteed margins for LQG regulators [J]. IEEE Trans. Automatic Control, AC-23: 756-757.

Doyle J, Stein G, 1979. Robustness with observers [J]. IEEE Trans. Automatic Control, AC-24: 607-611.

Doyle J, 1981. Multivariable feedback design: concepts for a classical/modern synthesis [J]. IEEE Trans. Automatic Control, AC-26: 4-16.

Doyle J, Glover K, Khargoneker P P, et al., 1989. State-space solutions to standard H_2 and H_∞ control problems [J]. IEEE Trans. Automatic Control, AC-34: 831-847.

Doyle J, Francis B A, Tannenbaum A R, 1992. Feedback Control Theory [M]. New York: MacMillan Publishing Company.

Duan G R, 1993a. Solution to matrix equation AV+VF=BM and their application to eigenstructure assignment in linear systems [J]. IEEE Trans. Automatic Control, AC-38: 276-280.

Duan G R, 1993b. Robust eigenstrcuture assignment via dynamic compensator [J]. Automatica, 29: 469-474.

Dullerud G E, Francis B A, 1992. L_1 analysis and design of sampled-data systems [J]. IEEE Trans. Automatic Control, AC-37: 436-446.

Emami-Naeini A, Akhter M, Rock S, 1988. Effect of model uncertainty on fault detection, the threshold selector [J]. IEEE Trans. Automatic Control, AC-33, 1106-1115.

Enns D E, 1990. Structured singular value synthesis design example: rocket stabilization [C]. Proc. 9th ACC, 3: 2514.

Fahmy Mm, O'Reilly J, 1982. On eigenstructure assignment in linear multivariable systems [J]. IEEE Trans. Automatic Control, AC-27: 690-693.

Fernando T L, Trinh H M, Jennings L, 2010. Functional observability and the design of minimum order linear functional observers [J]. IEEE Trans. On Automatic Control, AC-55, 5, 1269-1273.

Fletcher L R, Magni J F, 1987. Exact pole assignment by output feedback part 1, 2 [J]. International J. of Control, 45: 1995-2019.

Fortmann T E, Williamson D, 1972. Design of low-order observers for linear feedback control laws [J]. IEEE Trans. Automatic Control, AC-17: 301-

308.

Fowell R A, Bender D J, Assal F A, 1986. Estimating the plant state from the compensator state [J]. IEEE Trans. Automatic Control, AC - 31: 964 - 967.

Fox L, 1964. An Introduction to Numerical Linear Algebra [M]. London: Oxford University Press.

Francis B A, 1987. A Course in H_∞ Control Theory, 88 in Lecture Notes in Control and Information Sciences [M]. New York: Springer-Verlag.

Francis J G F, 1961, 1962. The QR transformation, Parts Ⅰ and Ⅱ [J]. Computer J., 4: 265 - 271, 332 - 345.

Frank P M, 1990. Fault diagnosis in dynamic systems using analytical and knowledge-based redundancy—A survey and some new results [J]. Automatica, 26, 459 - 474.

Friedland B, 1962. A minimum response-time controller for amplitude and energy constraints [J]. IEEE Trans. Automatic Control, AC - 7: 73 - 74.

Friedland B, 1986. Control System Design—An Introduction to State-Space Methods [J]. New York: McGraw-Hill.

Friedland B, 1989. On the properties of reduced order Kalman filters [J]. IEEE Trans. Automatic Control, AC - 34: 321 - 324.

Fu M Y, 1990. Exact, optimal, and partial loop transfer recovery [C]. Proc. 29th IEEE Conf. on Decision and Control, 1841 - 1846.

Gantmacher F R, 1959. The Theory of Matrices, 1 and 2 [M]. New York: Chelsea.

Ge W, Fang C Z, 1988. Detection of faulty components via robust observation [J]. International J. of Control, 47: 581 - 600.

Geromel J C, Peres P L D, Souza S R, 1993. H^∞ robust control by static output feedback [C]. Proc. 12th American Control Conf., 1.

Gertler J, 1991. Analytical redundancy methods I fault detection and isolation, survey and synthesis [C]. Proc. IFAC Safe Process Symposium.

Givens W, 1958. Computation of plane unitary rotations transforming a general matrix to triangular form [J]. J. Soc. Industr. Appli. Math., 6: 26 - 50.

Golub G H, Reinsch C, 1970. Singular value decomposition and least square problems [J]. Numer. Math., 14: 403.

Golub G H, Klema V, Stewart G, 1976a. Rank degeneracy and least squares solutions [J]. STAN-CS-76-559.

Golub G H, Wilkinson J H, 1976b. Ill-conditioned eigensystems and the computation of the Jordan form [J]. SIAM Rev., 18: 578.

Golub G H, Nash S, Van Loan C, 1979. A Hessenberg-Schur method for the problem AX+XB=C [J]. IEEE Trans. Automatic Control, AC-24: 909-913.

Golub G H, van Loan C F, 1989. Matrix Computations [M]. 2nd ed. Baltimore: Johns Hopkins Univ. Press.

Grace A, Laub A J, Little J N, et al., 1990. MATLAB User's Guide [M]. The Math Works, Inc., South Natick, MA.

Graham D, Lathyop R C, 1953. The synthesis of optimum response: Criteria and standard forms [J]. AIEE, 72, Part Ⅱ: 273-288.

Gupta R D, Fairman F W, Hinamoto T, 1981. A direct procedure for the design of single functional observers [J]. IEEE Trans. Circuits and Systems, CAS-28: 294-300.

Helmke U, Moore J B, 1992. L^2 sensitivity minimization of linear system representations via gradient flowes [J]. J. of Mathematical Systems and Control Theory, 5(1),79-98.

Horisberger H P, Belanger P R, 1974. Solution of the optimal constant output feedback problem by conjugate gradients [J]. IEEE Trans. Automatic Control, AC-19: 434-435.

Hou M, Muller P C, 1992. Design of observers for linear systems with unknown inputs [J]. IEEE Trans. Automatic Control, AC-37: 871-875.

Householder A S, 1958. Unitary triangularization of a nonsymmetric matrix [J]. J. Ass. Comp., 5: 339-342.

Hu T, Lin Z, 2001. Control Systems with Actuator Saturation: Analysis and Design [M]. Boston: Birkhäuser.

Hung Y S, MacFarlane A G J, 1982. Multivariable Feedback: A Quasi-Classical Approach, 40 in Lecture Notes in Control and Information Sciences [M]. New York: Springer-Verlag.

Jiang E X, 1993. Bounds for the smallest singular value of a Jordan block with an application to eigenvalue perturbation [C]. Proc. SIAM Conf. in China.

Juang Y T, Kuo T S, Hsu C F, 1986. Stability robustness analysis for state space models [C]. Proc. IEEE Conf. on Decision and Control, 745.

Kaileth T, 1980. Linear Systems, Englewood Cliffs [M]. NJ: Prentice-Hall.

Kalman R E, 1960. Contributions to the theory of optimal control [J]. Bol. Soc. Mat. Mex., 5: 102 - 119.

Kautsky J, Nichols N K, Van Dooren P, 1985. Robust pole assignment in linear state feedback [J]. International J. of Control, 41: 1129 - 1155.

Khargoneker P P, Peterson I R, Rotea M A, 1988. H^{∞}-optimal control with state feedback [J]. IEEE Trans. Automatic Control, AC - 33: 786 - 788.

Kimura H, 1975. Pole assignment by gain output feedback [J]. IEEE Trans. Automatic Control, AC - 20: 509 - 516.

Klein G, Moore B C, 1977. Eigenvalue-generalized eigenvector assignment with state feedback [J]. IEEE Trans. Automatic Control, AC - 22: 140 - 141.

Klema V, Laub A, 1980. The singular value decomposition: its computation and some applications [J]. IEEE Trans. Automatic Control, AC - 25: 164 - 176.

Konigorski U, 2012. Pole placement by parameter output [J]. System & Control Letters, 61, 292 - 297.

Kouvaritakis B, MacFarlane A G J, 1976. Geometrical approach to analysis and synthesis of system zeros [J]. International J. or Control, 23: 149 - 166.

Kudval P, Viswanadham N, Ramakrishna A, 1980. Observers for linear systems with unknown inputs [J]. IEEE Trans. Automatic Control, AC - 25: 113 - 115.

Kung S Y, Lin D W, 1981. Optimal Hankel-norm model reductions: multivariable systems [J]. IEEE Trans. Automatic Control, AC - 26: 832 - 852.

Kwakernaak H, Sivan R, 1972. Linear Optimal Control Systems [M]. New York: Wiley-Intersciences.

Kwakernaak H, 1993. Robust control and H^{∞}-optimization—Tutorial paper [J]. Automatica, 29: 255 - 273.

Kwon B H, Youn M J, 1987. Eigenvalue generalized eigenvector assignment by output feedback [J]. IEEE Trans. Automatic Control, AC - 32: 417 - 421.

Laub A J, Moore B C, 1978. Calculation of transmission zeros using QZ techniques [J]. Automatica, 14: 557 - 566.

Laub A J, 1979. A Schur method for solving algebraic Riccati equations [J]. IEEE Trans. Automatic Control, AC - 24: 913 - 921.

Laub A J, 1985. Numerical linear algebra aspects of control design computations [J]. IEEE Trans. Automatic Control, AC - 30: 97 - 108.

Laub A J, Linnemann A, 1986. Hessenberg and Hessenberg/triangular forms in linear system theory [J]. International J. of Control, 44: 1523.

Lawson C L, Hanson R J, 1974. Solving Least Square Problems, Englewood Cliffs [M]. NJ: Prentice-Hall.

Lay D C, 2006. Linear Algebra and Its Applications [M]. 3rd ed. Boston: Pearson Addison-Wesley.

Lehtomati N A, Sandell Jr N R, Athans M, 1981. Robustness results in linear-quadratic gaussian based multivariable control designs [J]. IEEE Trans. Automatic Control, AC - 26: 75 - 92.

Levine W S, Athans M, 1970. On the determination of optimal constant output feedback gains for linear multivariable systems [J]. IEEE Trans. Automatic Control, AC - 15: 44 - 48.

Levis A H, 1987. Research directions for control community: Report of September 1986 workshop [J]. IEEE Trans. Automatic Control, AC - 32: 275 - 285.

Lewkowicz L, Sivan R, 1988. Maximal stability robustness for state equations [J]. IEEE Trans. Automatic Control, AC - 33: 297 - 300.

Liu Y, Anderson B D O, 1990. Frequency weighted controller reduction methods and loop transfer recovery [J]. Automatica, 26: 487 - 497.

Liubakka M K, 1987. Application of failure detection and isolation theory to internal combustion engines [D]. Ann Arbor: University of Michigan.

Luenberger D G, 1967. Canonical forms for linear mulivariable systems [J].

IEEE Trans. Automatic Control, AC-12: 290-293.

Luenberger D G, 1971. An introduction to observers [J]. IEEE Trans. Automatic Control, AC-16: 596-603.

MacFarlane A G J, Karcanias N, 1976. Poles and zeros of linear multivariable systems: a survey of the algebraic, geometric and complex variable theory [J]. International J. of Control, 24: 33-74.

Magni J F, 1987. Exact pole assignment by output feedback, Part 3 [J]. International J. of Control, 45: 2021-2033.

Miminis G S, Paige C C, 1982. An algorithm for pole assignment of time-invariant linear systems [J]. International J. of Control, 34: 341-345.

Min P S, 1990. Validation of controller inputs in electronically controlled engines [C]. Proc. 9th ACC, 3: 2887.

Misra P, Patel R V, 1989. Numerical algorithms for eigenvalue assignment by constant and dynamic output feedback [J]. IEEE Trans. Automatic Control, AC-34: 579-588.

Moler C B, Stewart G W, 1973. An algorithm for generalized matrix eigenvalue problems [J]. SIAM J. Numerical Analysis, 10: 241-256.

Moore B C, 1976. On the flexibility offered by state feedback in multivariable systems beyond closed loop eigenvalue assignment [J]. IEEE Trans. Automatic Control, AC-21: 689-692.

Moore J B, Tay T T, 1989. Loop transfer recovery via H^{∞}/H^{2} sensitivity recovery [J]. International J. of Control, 49: 1249-1271.

Munro N, 1979. Proc. Instn. Elect. Engrs., 126: 549.

Niemann H H, Per Sogaard-Andersen, Stoustrup J, 1991. Loop transfer recovery for general observer architectures [J]. International J. of Control, 53: 1177-1203.

O'Reilly J, 1983. Observers for Linear Systems [M]. London: Academic Press.

Paige C C, van Loan C F, 1981. A Schur decomposition for Hamiltonian matrices [J]. Linear Algebra Annuals, 41: 11-32.

Patel R V, 1978. On transmission zeros and dynamic output feedback [J]. IEEE Trans. Automatic Control, AC-23: 741-742.

Patel R V, 1981. Computation of matrix fraction descriptions of linear time-invariant systems [J]. IEEE Trans. Automatic Control, AC-26: 148-161.

Petkov P, Christov N, Konstantinov M, 1984. Computational algorithm for pole assignment of linear multiinput systems [J]. IEEE Trans. Automatic Control, AC-29: 1044-1047.

Pontryagin L S, Boltyanskii V, Gankrelidze R, et al., 1962. The Mathematical Theory of Optimal Processes [M]. New York: Interscience Publishers.

Postlethwaite I, MacFarlane A G J, 1979. A Complex Variable Approach to the Analysis of Linear Multivariable Feedback Systems, 12 in Lecture Notes in Control and Information Sciences [M]. New York: Springer-Verlag.

Qiu L, Davison E J, 1986. New perturbation bounds for the robust stability of linear state space models [C]. Proc. IEEE Conf. on Decision and Control, 751.

Rosenbrock H H, 1973. The zeros of a system [J]. International J. of Control, 18: 297-299.

Rosenbrock H H, 1974. Computer-aided control system design [M]. London: Academic Press.

Rosenthal J, Wang X C, 1992. The mapping degree of the pole placement map [C]. SIAM Conf. on Control and Its Applications, CP9 - Linear Systems I.

Rothschild D, Jameson A, 1970. Comparison of four numerical algorithms for solving the Lyapunov matrix equations [J]. International J. of Control, 11: 181-198.

Saberi A, Sannuti P, 1990. Observer design for loop transfer recovery and for uncertain dynamic systems [J]. IEEE Trans. Automatic Control, AC-35: 878-897.

Saberi A, Chen B M, Sannuti P, 1991. Theory of LTR for non-minimum phase systems, recoverable target loops, and recovery in a subspace [J]. International J. of Control, 53: 1067-1115, 1116-1160.

Saberi A, Chen B M, Sannuti P, 1993. Loop Transfer Recovery: Analysis and Design [M]. New York: Springer Verlag.

Saeki M, 1992. H$^{\infty}$/LTR procedure with specified degree of recovery [J]. Automatica, 28: 509 - 517.

Safonov M G, Athans M, 1977. Gain and phase margin for multiloop LQG regulators [J]. IEEE Trans. Automatic Control, AC - 22: 173 - 179.

Sage A P, White C C, 1977. Optimum Systems Control [M]. 2nd ed. Englewood Cliffs, NJ: Prentice-Hall.

Shaked U, Soroka E, 1985. On the stability robustness of the continuous-time LQG optimal control [J]. IEEE Trans. Automatic Control, AC - 30: 1039 - 1043.

Sinswat V, Patel R V, Fallside F, 1976. A method of computing invariant zeros and transmission zeros of invertible systems [J]. International J. of Control, 23: 183 - 196.

Sogaard A, 1986. Issues in Robust Multivariable Observer-Based Feedback Design [D]. Denmark: Technical University of Denmark.

Sogaard A, 1987. Comments on "on the loop transfer recovery" [J]. International J. of Control, 45: 369 - 374.

Sobel K M, Shapiro E Y, Rooney R H, 1984. Synthesis of direct lift control laws via eigenstructure assignment [J]. Proc. Nat. Aero. Elect. Conf. Ohio: 570 - 575.

Spurgeon S K, 1988. An assignment of robustness of flight control systems based on variable structure techniques [D]. England: University of York.

Stein G, Athans M, 1987. The LQG/LTR procedure for multivariable feedback control design [J]. IEEE Trans. Automatic Control, AC - 32: 105 - 114.

Stewart G W, 1976. Introduction to Matrix Computations [M]. London: Academic Press.

Stoustrup J, Niemann H H, 1993. The general H$^{\infty}$ problem with static output feedback [C]. Proc. 12th American Control Conf. , 1.

Syrmos V L, Lewis F L, 1993. Output feedback eigenstructure assignment using two Sylvester equations [J]. IEEE Trans. Automatic Control, AC - 38: 495 - 499.

Syrmos V L, 1993. Computational observer design techniques for linear systems with unknown inputs using the concept of transmission zeros [J].

IEEE Trans. Automatic Control, AC-38: 790-794.

Syrmos V L, Abdallah C, Dorato P, 1994. Static output feedback: a survey [J]. Proc. 33rd IEEE CDC: 837-842.

Tahk M, Speyer J, 1987. Modeling of parameter variations and asymptotic LQG synthesis [J]. IEEE Trans. Automatic Control, AC-32: 793-801.

Tits A L, Yan Y, 1996. Globally convergent algorithm for robust pole assignment by state feedback [J]. IEEE Trans. Automatic Control, AC-41: 1432-1452.

Toivonen H T, 1985. A globally convergent algorithm for the optimal constant output feedback problem [J]. International J. of Control, 41: 1589-1599.

Truxal J G, 1955. Automatic feedback control system synthesis [M]. New York: McGraw-Hill.

Tsui C C, Chen C T, 1983a. An algorithm for companion form realization [J]. International J. of Control, 38: 769-779.

Tsui C C, 1983b. Computational Aspects of Realization and Design Algorithms in Linear Systems Theory [D]. Stony Brook: State University of New York.

Tsui C C, 1985. A new algorithm for the design of multi-functional observers [J]. IEEE Trans. Automatic Control, AC-30: 89-93.

Tsui C C, 1986a. An algorithm for computing state feedback in multiinput linear systems [J]. IEEE Trans. Automatic Control, AC-31: 243-246.

Tsui C C, 1986b. On the order reduction of linear function observers [J]. IEEE Trans. Automatic Control, AC-31: 447-449.

Tsui C C, 1986c. Comments on "new technique for the design of observers" [J]. IEEE Trans. Automatic Control, AC-31: 592.

Tsui C C, 1987a. A complete analytical solution to the equation TA－FT＝LC and its applications [J]. IEEE Trans. Automatic Control, AC-32: 742-744.

Tsui C C, 1987b. On preserving the robustness of an optimal control system with observers [J]. IEEE Trans. Automatic Control, AC-32: 823-826.

Tsui C C, 1988a. A new approach of robust observer design [J]. International J. of Control, 47: 745-751.

Tsui C C, 1988b. On robust observer compensator design [J]. Automatica, 24: 687 - 691.

Tsui C C, 1989. On the solution to the state failure detection problem [J]. IEEE Trans. Automatic Control, AC - 34: 1017 - 1018.

Tsui C C, 1990. A new robustness measure for eigenvector assignment [C]. Proc. 9th American Control Conf. , 958 - 960.

Tsui C C, 1992. Unified output feedback design and loop transfer recovery [C]. Proc. 11th American Control Conf. 3113 - 3118.

Tsui C C, 1993a. On the solution to matrix equation TA－FT＝LC and its applications [J]. SIAM. J. on Matrix Analysis, 14: 33 - 44.

Tsui C C, 1993b. Unifying state feedback/LTR observer and constant output feedback design by dynamic output feedback [J]. Proc. IFAC World Congress, 2: 231 - 238.

Tsui C C, 1993c. A general failure detection, isolation and accommodation system with model uncertainty and measurement noise [J]. Proc. IFAC World Congress, 6: 341 - 348.

Tsui C C, 1994a. A new robust stability measure for state feedback systems [J]. Systems & Control Letters, 23: 365 - 369.

Tsui C C, 1994b. A general failure detection, isolation an accommodation system with model uncertainty and measurement noise [J]. IEEE Trans. Automatic Control, AC - 39, 2318 - 2321.

Tsui C C, 1996a. A new design approach of unknown input observers [J]. IEEE Trans. Automatic Control, AC - 41: 464 - 468.

Tsui C C, 1996b. Author's reply to "comments on the loop transfer recovery" [J]. IEEE Trans. Automatic Control, AC - 41: 1396.

Tsui C C, 1997. The design generalization and adjustment of a failure isolation and accommodation system [J]. International J. of Systems Science, 28: 91 - 107.

Tsui C C, 1998a. What is the minimum function observer order? [J]. J. Franklin Institute, 35B/4: 623 - 628.

Tsui C C, 1998b. The first general output feedback compensator that can implement state feedback control [J]. International J. of Systems Science, 29: 49 - 55.

Tsui C C, 1999a. A design algorithm of static output feedback control for eigenstructure assignment [C]. Proc. 1999 IFAC World Congress, Q: 405-410.

Tsui C C, 1999b. A fundamentally novel design approach that defies separation principle [C]. Proc. 1999 IFAC World Congress, G: 283-288.

Tsui C C, 1999c. High performance state feedback, robust, and output feedback stabilization control—A systematic design algorithm [J]. IEEE Trans. Automatic Control, AC-44: 560-563.

Tsui C C, 2000a. The applications and a general solution of a fundamental matrix equation pair [C]. Proc. 3rd Asian Control Conf., 3035-3040.

Tsui C C, 2000b. What is the minimum function observer order [C]? Proc. 3rd World Congress on Intelligent Control and Artificial Intelligence, 2811-2816.

Tsui C C, 2001. A design algorithm of static output feedback control for eigenstructure assignment [J]. Proc. 2001 American Control Conf., 1669-1674, Arlington, VA.

Tsui C C, 2002. A new state feedback control design approach which guarantees the critical realization [C]. Proc. 4th World Congress on Intelligent Control and Automation, 199-205.

Tsui C C, 2003a. What is the minimum function observer order [C]? Proc. 2003 European Control Conf., Session Observer 1.

Tsui C C, 2003b. The applications and a general solution of a fundamental matrix equation pair [C]. Proc. 2003 European Control Conf., Session Robust Control 5.

Tsui C C, 2004a. An overview of the applications and solutions of a fundamental matrix equation pair [J]. J. Franklin Inst., 341/6: 465-475.

Tsui C C, 2004b. Six-dimensional expansion of output feedback design for eigenstructure assignment [C]. Proc. 2004 Chinese Control Conf., WA-4.

Tsui C C, 2004c. Robust control system design—advanced state space techniques [M]. 2nd ed. New York: Marcel Dekker.

Tsui C C, 2005. Six-dimensional expansion of output feedback design for eigenstructure assignment [J]. J. Franklin Inst., 342/7: 892-901.

Tsui C C, 2006. Eight irrationalities of basic state space control system design [C]. Proc. 6-th World Congress on Intelligent Control and Automation, 2304 - 2307.

Tsui C. C, 2012. Overcoming eight drawbacks of the basic separation principle of state space control design [C]. Proc. 2012. Chinese Control Conference. 213 - 218.

Tsui C C, 2012a. The best possible theoretical result of minimal order linear functional observer design [J]. Journal of Univ. of Science & Technology of China, vol. 42: 603 - 608.

Tsui C C, 2012b. Observer design for systems with time-delayed states [J]. Int. J. of Automation and Computing, 9(1): 105 - 107.

Tusi C C, 2014. The theoretical part of linear functional observer design problem is solved [C]. Proc. 2014 Chinese. Control Conf. pp: 3456 - 3461.

Tsui C C, 2015. Observer design—a survey [J]. Int. J. of Automation and Computing, 12(1): 50 - 61.

van Dooren P, Emaimi-Naeini, Silverman L, 1978. Stable extraction of the Kronecker structure of pencils [J]. Proc. IEEE 17th Conf. on Decision and Control, 521 - 524.

van Dooren P, 1981. The generalized eigenstructure problem in linear system theory [J]. IEEE Trans. Automatic Control, AC - 26: 111 - 129.

van Dooren P, 1984. Reduced order observers: a new algorithm and proof [J]. Systems & Control Letters, 4: 243 - 251.

van Loan C F, 1984. A symplectic method for approximating all the eigenvalues of a Hamiltonian matrix [J]. Linear Algebra Annuals, 61: 233 - 251.

Verschelde Jan, Yusong Wang, 1994. Computing dynamic output feedback laws [J]. IEEE Trans. Automatic Control, AC - 39: 1393 - 1397.

Vidyasagar M, 1984. The graphic metric for unstable plants and robustness estimates for some systems [J]. IEEE Trans. Automatic Control, AC - 29: 403.

Vidyasagar M, 1985. Control System Synthesis: A Factorization Approach [M]. Cambridge: MIT Press.

Wang J W, Chen C T, 1982. On the computation of the characteristic polynomial of a matrix [J]. IEEE Trans. Automatic Control, AC-27: 449-451.

Wang S H, Davison E J, Dorato P, 1975. Observing the states of systems with unmeasurable disturbances [J]. IEEE Trans. Automatic Control, AC-20: 716-717.

Wang X A, 1996. Grassmannian, central projection, and output feedback control for eigenstructure assignment [J]. IEEE Trans. Automatic Control, AC-41: 786-794.

Wang X A, Konigorski U, 2013. On linear solutions of the output feedback pole assignment problem [J]. IEEE Trans. On Automatic Control, AC-58, 9, 2354-2359.

Weng Z X, Shi S J, 1998. H_∞ loop transfer recovery synthesis of discrete-time systems [J]. International J. Robust & Nonlinear Control, 8: 687-697.

Wilkinson J H, 1965. The algebraic eigenvalue problem [M]. London: Oxford University Press.

Willems J C, 1995. Book review of mathematical systems theory: the influence of R. E. Kalman [J]. IEEE Trans. Automatic Control, AC-40: 978-979.

Wilson R F, Cloutier J R, Yedavali R K, 1992. Control design for robust eigenstructure assignment in linear uncertain systems [J]. Control Systems Magazine, 12(5): 29-34.

Wise K A, 1990. A Comparison of six robustness tests evaluating missile autopilot robustness to uncertain aerodynamics [C]. Proc. 9th ACC, 1: 755.

Yan W Y, Teo K L, Moore J B, 1993. A gradient flow approach to computing LQ optimal output feedback gains [C]. Proc. 12th American Control Conf., 2: 1266-1270.

Yeh H H, Banda S S, Chang B C, 1992. Necessary and sufficient conditions for mixed H_2 and H_∞ optimal control [J]. IEEE Trans. Automatic Control, AC-37: 355-358.

Youla D C, Bongiorno J J, Lu C N, 1974. Single-loop feedback stabilization of linear multivariable dynamic systems [J]. Automatica, 10: 159 - 173.

Zames G, 1981. Feedback and optimal sensitivity: model reference transformations, multiplicative seminorms, and approximate inverse [J]. IEEE Trans. Automatic Control, AC - 26: 301 - 320.

Zhang S Y, 1990. Generalized functional observer [J]. IEEE Trans. Automatic Control, AC - 35: 743 - 745.

Zheng D Z, 1989. Some new results on optimal and suboptimal regulators of LQ problem with output feedback [J]. IEEE Trans. Automatic Control, AC - 34: 557 - 560.

Zhou K M, 1992. Comparison between H_2 and H_∞ controllers [J]. IEEE Trans. Automatic Control, AC - 37: 1442 - 1449.

Zhou K M, Doyle J C, Glover K, 1995. Robust and Optimal Control [M]. New Jersey: Prentice-Hall.

索　引